"十二五"职业教育国家规划教材
经全国职业教育教材审定委员会审定

全国高等职业教育药品类专业
国家卫生健康委员会"十三五"规划教材

供药物制剂技术、化学制药技术、中药制药技术、
生物制药技术、药学专业用

药物制剂辅料与包装材料

第 **3** 版

主　编　张亚红

副主编　宁素云　江荣高

编　者　（以姓氏笔画为序）

王臣臣　（山东丹红制药有限公司）　　江荣高　（重庆三峡医药高等专科学校）

王雪杉　（上海卡乐康包衣技术有限公司）　李　辉　（湖南中医药高等专科学校）

宁素云　（山西药科职业学院）　　　　　张亚红　（重庆医药高等专科学校）

刘　阳　（重庆医药高等专科学校）　　　薛迎迎　（江苏省连云港中医药高等职业技术学校）

刘筱琴　（重庆化工职业学院）

人民卫生出版社

图书在版编目（CIP）数据

药物制剂辅料与包装材料/张亚红主编. —3 版.
—北京：人民卫生出版社,2018
ISBN 978-7-117-25636-0

Ⅰ.①药…　Ⅱ.①张…　Ⅲ.①药剂-辅助材料-高等
职业教育-教材②药品-包装材料-高等职业教育-教材
Ⅳ.①TQ460

中国版本图书馆 CIP 数据核字(2018)第 020249 号

人卫智网	www. ipmph. com	医学教育、学术、考试、健康， 购书智慧智能综合服务平台
人卫官网	www. pmph. com	人卫官方资讯发布平台

药物制剂辅料与包装材料

第 3 版

主　　编：张亚红
出版发行：人民卫生出版社(中继线 010-59780011)
地　　址：北京市朝阳区潘家园南里 19 号
邮　　编：100021
E - mail：pmph @ pmph. com
购书热线：010-59787592　010-59787584　010-65264830
印　　刷：中农印务有限公司
经　　销：新华书店
开　　本：850×1168　1/16　印张：20
字　　数：470 千字
版　　次：2009 年 1 月第 1 版　　2018 年 5 月第 3 版
　　　　　2024 年 1 月第 3 版第 6 次印刷（总第 13 次印刷）
标准书号：ISBN 978-7-117-25636-0/R·25637
定　　价：55.00 元

打击盗版举报电话：010-59787491　E-mail：WQ @ pmph. com
(凡属印装质量问题请与本社市场营销中心联系退换)

全国高等职业教育药品类专业国家卫生健康委员会 "十三五" 规划教材出版说明

《国务院关于加快发展现代职业教育的决定》《高等职业教育创新发展行动计划(2015—2018年)》《教育部关于深化职业教育教学改革全面提高人才培养质量的若干意见》等一系列重要指导性文件相继出台,明确了职业教育的战略地位、发展方向。为全面贯彻国家教育方针,将现代职教发展理念融入教材建设全过程,人民卫生出版社组建了全国食品药品职业教育教材建设指导委员会。在该指导委员会的直接指导下,经过广泛调研论证,人卫社启动了全国高等职业教育药品类专业第三轮规划教材的修订出版工作。

本套规划教材首版于2009年,于2013年修订出版了第二轮规划教材,其中部分教材入选了"十二五"职业教育国家规划教材。本轮规划教材主要依据教育部颁布的《普通高等学校高等职业教育(专科)专业目录(2015年)》及2017年增补专业,调整充实了教材品种,涵盖了药品类相关专业的主要课程。全套教材为国家卫生健康委员会"十三五"规划教材,是"十三五"时期人卫社重点教材建设项目。本轮教材继续秉承"五个对接"的职教理念,结合国内药学类专业高等职业教育教学发展趋势,科学合理推进规划教材体系改革,同步进行了数字资源建设,着力打造本领域首套融合教材。

本套教材重点突出如下特点:

1. 适应发展需求,体现高职特色 本套教材定位于高等职业教育药品类专业,教材的顶层设计既考虑行业创新驱动发展对技术技能型人才的需要,又充分考虑职业人才的全面发展和技术技能型人才的成长规律;既集合了我国职业教育快速发展的实践经验,又充分体现了现代高等职业教育的发展理念,突出高等职业教育特色。

2. 完善课程标准,兼顾接续培养 本套教材根据各专业对应从业岗位的任职标准优化课程标准,避免重要知识点的遗漏和不必要的交叉重复,以保证教学内容的设计与职业标准精准对接,学校的人才培养与企业的岗位需求精准对接。同时,本套教材顺应接续培养的需要,适当考虑建立各课程的衔接体系,以保证高等职业教育对口招收中职学生的需要和高职学生对口升学至应用型本科专业学习的衔接。

3. 推进产学结合,实现一体化教学 本套教材的内容编排以技能培养为目标,以技术应用为主线,使学生在逐步了解岗位工作实践、掌握工作技能的过程中获取相应的知识。为此,在编写队伍组建上,特别邀请了一大批具有丰富实践经验的行业专家参加编写工作,与从全国高职院校中遴选出的优秀师资共同合作,确保教材内容贴近一线工作岗位实际,促使一体化教学成为现实。

4. 注重素养教育,打造工匠精神 在全国"劳动光荣、技能宝贵"的氛围逐渐形成,"工匠精神"在各行各业广为倡导的形势下,医药卫生行业的从业人员更要有崇高的道德和职业素养。教材更加强调要充分体现对学生职业素养的培养,在适当的环节,特别是案例中要体现出药品从业人员的行为准则和道德规范,以及精益求精的工作态度。

5. 培养创新意识,提高创业能力　为有效地开展大学生创新创业教育,促进学生全面发展和全面成才,本套教材特别注意将创新创业教育融入专业课程中,帮助学生培养创新思维,提高创新能力、实践能力和解决复杂问题的能力,引导学生独立思考、客观判断,以积极的、锲而不舍的精神寻求解决问题的方案。

6. 对接岗位实际,确保课证融通　按照课程标准与职业标准融通,课程评价方式与职业技能鉴定方式融通,学历教育管理与职业资格管理融通的现代职业教育发展趋势,本套教材中的专业课程,充分考虑学生考取相关职业资格证书的需要,其内容和实训项目的选取尽量涵盖相关的考试内容,使其成为一本既是学历教育的教科书,又是职业岗位证书的培训教材,实现"双证书"培养。

7. 营造真实场景,活化教学模式　本套教材在继承保持人卫版职业教育教材栏目式编写模式的基础上,进行了进一步系统优化。例如,增加了"导学情景",借助真实工作情景开启知识内容的学习;"复习导图"以思维导图的模式,为学生梳理本章的知识脉络,帮助学生构建知识框架。进而提高教材的可读性,体现教材的职业教育属性,做到学以致用。

8. 全面"纸数"融合,促进多媒体共享　为了适应新的教学模式的需要,本套教材同步建设以纸质教材内容为核心的多样化的数字教学资源,从广度、深度上拓展纸质教材内容。通过在纸质教材中增加二维码的方式"无缝隙"地链接视频、动画、图片、PPT、音频、文档等富媒体资源,丰富纸质教材的表现形式,补充拓展性的知识内容,为多元化的人才培养提供更多的信息知识支撑。

本套教材的编写过程中,全体编者以高度负责、严谨认真的态度为教材的编写工作付出了诸多心血,各参编院校对编写工作的顺利开展给予了大力支持,从而使本套教材得以高质量如期出版,在此对有关单位和各位专家表示诚挚的感谢!教材出版后,各位教师、学生在使用过程中,如发现问题请反馈给我们(renweiyaoxue@163.com),以便及时更正和修订完善。

人民卫生出版社

2018 年 3 月

全国高等职业教育药品类专业国家卫生健康委员会
"十三五"规划教材
教材目录

序号	教材名称	主编	适用专业
1	人体解剖生理学（第3版）	贺 伟　吴金英	药学类、药品制造类、食品药品管理类、食品工业类
2	基础化学（第3版）	傅春华　黄月君	药学类、药品制造类、食品药品管理类、食品工业类
3	无机化学（第3版）	牛秀明　林 珍	药学类、药品制造类、食品药品管理类、食品工业类
4	分析化学（第3版）	李维斌　陈哲洪	药学类、药品制造类、食品药品管理类、医学技术类、生物技术类
5	仪器分析	任玉红　闫冬良	药学类、药品制造类、食品药品管理类、食品工业类
6	有机化学（第3版）*	刘 斌　卫月琴	药学类、药品制造类、食品药品管理类、食品工业类
7	生物化学（第3版）	李清秀	药学类、药品制造类、食品药品管理类、食品工业类
8	微生物与免疫学*	凌庆枝　魏仲香	药学类、药品制造类、食品药品管理类、食品工业类
9	药事管理与法规（第3版）	万仁甫	药学类、药品经营与管理、中药学、药品生产技术、药品质量与安全、食品药品监督管理
10	公共关系基础（第3版）	秦东华　惠 春	药学类、药品制造类、食品药品管理类、食品工业类
11	医药数理统计（第3版）	侯丽英	药学、药物制剂技术、化学制药技术、中药制药技术、生物制药技术、药品经营与管理、药品服务与管理
12	药学英语	林速容　赵 旦	药学、药物制剂技术、化学制药技术、中药制药技术、生物制药技术、药品经营与管理、药品服务与管理
13	医药应用文写作（第3版）	张月亮	药学、药物制剂技术、化学制药技术、中药制药技术、生物制药技术、药品经营与管理、药品服务与管理

序号	教材名称	主编	适用专业
14	医药信息检索(第3版)	陈 燕 李现红	药学、药物制剂技术、化学制药技术、中药制药技术、生物制药技术、药品经营与管理、药品服务与管理
15	药理学(第3版)	罗跃娥 樊一桥	药学、药物制剂技术、化学制药技术、中药制药技术、生物制药技术、药品经营与管理、药品服务与管理
16	药物化学(第3版)	葛淑兰 张彦文	药学、药品经营与管理、药品服务与管理、药物制剂技术、化学制药技术
17	药剂学(第3版)*	李忠文	药学、药品经营与管理、药品服务与管理、药品质量与安全
18	药物分析(第3版)	孙 莹 刘 燕	药学、药品质量与安全、药品经营与管理、药品生产技术
19	天然药物学(第3版)	沈 力 张 辛	药学、药物制剂技术、化学制药技术、生物制药技术、药品经营与管理
20	天然药物化学(第3版)	吴剑峰	药学、药物制剂技术、化学制药技术、生物制药技术、中药制药技术
21	医院药学概要(第3版)	张明淑 于 倩	药学、药品经营与管理、药品服务与管理
22	中医药学概论(第3版)	周少林 吴立明	药学、药物制剂技术、化学制药技术、中药制药技术、生物制药技术、药品经营与管理、药品服务与管理
23	药品营销心理学(第3版)	丛 媛	药学、药品经营与管理
24	基础会计(第3版)	周凤莲	药品经营与管理、药品服务与管理
25	临床医学概要(第3版)*	曾 华	药学、药品经营与管理
26	药品市场营销学(第3版)*	张 丽	药学、药品经营与管理、中药学、药物制剂技术、化学制药技术、生物制药技术、中药制剂技术、药品服务与管理
27	临床药物治疗学(第3版)*	曹 红 吴 艳	药学、药品经营与管理
28	医药企业管理	戴 宇 徐茂红	药品经营与管理、药学、药品服务与管理
29	药品储存与养护(第3版)	徐世义 宫淑秋	药品经营与管理、药学、中药学、药品生产技术
30	药品经营管理法律实务(第3版)*	李朝霞	药品经营与管理、药品服务与管理
31	医学基础(第3版)	孙志军 李宏伟	药学、药物制剂技术、生物制药技术、化学制药技术、中药制药技术
32	药学服务实务(第2版)	秦红兵 陈俊荣	药学、中药学、药品经营与管理、药品服务与管理

序号	教材名称	主编		适用专业
33	药品生产质量管理(第3版)*	李洪		药物制剂技术、化学制药技术、中药制药技术、生物制药技术、药品生产技术
34	安全生产知识(第3版)	张之东		药物制剂技术、化学制药技术、中药制药技术、生物制药技术、药学
35	实用药物学基础(第3版)	丁丰	张庆	药学、药物制剂技术、生物制药技术、化学制药技术
36	药物制剂技术(第3版)*	张健泓		药学、药物制剂技术、化学制药技术、生物制药技术
	药物制剂综合实训教程	胡英	张健泓	药学、药物制剂技术、化学制药技术、生物制药技术
37	药物检测技术(第3版)	甄会贤		药品质量与安全、药物制剂技术、化学制药技术、药学
38	药物制剂设备(第3版)	王泽		药品生产技术、药物制剂技术、制药设备应用技术、中药生产与加工
39	药物制剂辅料与包装材料(第3版)*	张亚红		药物制剂技术、化学制药技术、中药制药技术、生物制药技术、药学
40	化工制图(第3版)	孙安荣		化学制药技术、生物制药技术、中药制药技术、药物制剂技术、药品生产技术、食品加工技术、化工生物技术、制药设备应用技术、医疗设备应用技术
41	药物分离与纯化技术(第3版)	马娟		化学制药技术、药学、生物制药技术
42	药品生物检定技术(第2版)	杨元娟		药学、生物制药技术、药物制剂技术、药品质量与安全、药品生物技术
43	生物药物检测技术(第2版)	兰作平		生物制药技术、药品质量与安全
44	生物制药设备(第3版)*	罗合春	贺峰	生物制药技术
45	中医基本理论(第3版)*	叶玉枝		中药制药技术、中药学、中药生产与加工、中医养生保健、中医康复技术
46	实用中药(第3版)	马维平	徐智斌	中药制药技术、中药学、中药生产与加工
47	方剂与中成药(第3版)	李建民	马波	中药制药技术、中药学、药品生产技术、药品经营与管理、药品服务与管理
48	中药鉴定技术(第3版)*	李炳生	易东阳	中药制药技术、药品经营与管理、中药学、中草药栽培技术、中药生产与加工、药品质量与安全、药学
49	药用植物识别技术	宋新丽	彭学著	中药制药技术、中药学、中草药栽培技术、中药生产与加工

序号	教材名称	主编		适用专业
50	中药药理学（第3版）	袁先雄		药学、中药学、药品生产技术、药品经营与管理、药品服务与管理
51	中药化学实用技术（第3版）*	杨 红	郭素华	中药制药技术、中药学、中草药栽培技术、中药生产与加工
52	中药炮制技术（第3版）	张中社	龙全江	中药制药技术、中药学、中药生产与加工
53	中药制药设备（第3版）	魏增余		中药制药技术、中药学、药品生产技术、制药设备应用技术
54	中药制剂技术（第3版）	汪小根	刘德军	中药制药技术、中药学、中药生产与加工、药品质量与安全
55	中药制剂检测技术（第3版）	田友清	张钦德	中药制药技术、中药学、药学、药品生产技术、药品质量与安全
56	药品生产技术	李丽娟		药品生产技术、化学制药技术、生物制药技术、药品质量与安全
57	中药生产与加工	庄义修	付绍智	药学、药品生产技术、药品质量与安全、中药学、中药生产与加工

说明：* 为"十二五"职业教育国家规划教材。全套教材均配有数字资源。

全国食品药品职业教育教材建设指导委员会
成员名单

主任委员：姚文兵　中国药科大学

副主任委员：刘　斌　天津职业大学　　　　　　马　波　安徽中医药高等专科学校

冯连贵　重庆医药高等专科学校　　　　袁　龙　江苏省徐州医药高等职业学校

张彦文　天津医学高等专科学校　　　　缪立德　长江职业学院

陶书中　江苏食品药品职业技术学院　　张伟群　安庆医药高等专科学校

许莉勇　浙江医药高等专科学校　　　　罗晓清　苏州卫生职业技术学院

昝雪峰　楚雄医药高等专科学校　　　　葛淑兰　山东医学高等专科学校

陈国忠　江苏医药职业学院　　　　　　孙勇民　天津现代职业技术学院

委　　员（以姓氏笔画为序）：

于文国　河北化工医药职业技术学院　　杨元娟　重庆医药高等专科学校

王　宁　江苏医药职业学院　　　　　　杨先振　楚雄医药高等专科学校

王玮瑛　黑龙江护理高等专科学校　　　邹浩军　无锡卫生高等职业技术学校

王明军　厦门医学高等专科学校　　　　张　庆　济南护理职业学院

王峥业　江苏省徐州医药高等职业学校　张　建　天津生物工程职业技术学院

王瑞兰　广东食品药品职业学院　　　　张　铎　河北化工医药职业技术学院

牛红云　黑龙江农垦职业学院　　　　　张志琴　楚雄医药高等专科学校

毛小明　安庆医药高等专科学校　　　　张佳佳　浙江医药高等专科学校

边　江　中国医学装备协会康复医学　　张健泓　广东食品药品职业学院

　　　　装备技术专业委员会　　　　　张海涛　辽宁农业职业技术学院

师邱毅　浙江医药高等专科学校　　　　陈芳梅　广西卫生职业技术学院

吕　平　天津职业大学　　　　　　　　陈海洋　湖南环境生物职业技术学院

朱照静　重庆医药高等专科学校　　　　罗兴洪　先声药业集团

刘　燕　肇庆医学高等专科学校　　　　罗跃娥　天津医学高等专科学校

刘玉兵　黑龙江农业经济职业学院　　　郏枝花　安徽医学高等专科学校

刘德军　江苏省连云港中医药高等职业　金浩宇　广东食品药品职业学院

　　　　技术学校　　　　　　　　　　周双林　浙江医药高等专科学校

孙　莹　长春医学高等专科学校　　　　郝晶晶　北京卫生职业学院

严　振　广东省药品监督管理局　　　　胡雪琴　重庆医药高等专科学校

李　霞　天津职业大学　　　　　　　　段如春　楚雄医药高等专科学校

李群力　金华职业技术学院　　　　　　袁加程　江苏食品药品职业技术学院

莫国民　上海健康医学院

晨　阳　江苏医药职业学院

顾立众　江苏食品药品职业技术学院

葛　虹　广东食品药品职业学院

倪　峰　福建卫生职业技术学院

蒋长顺　安徽医学高等专科学校

徐一新　上海健康医学院

景维斌　江苏省徐州医药高等职业学校

黄丽萍　安徽中医药高等专科学校

潘志恒　天津现代职业技术学院

黄美娥　湖南食品药品职业学院

前　言

药物制剂辅料与包装材料是高职高专药物制剂技术、化学制药技术、中药制药技术、生物制药技术、药学专业的一门专业基础课程。本教材由人民卫生出版社组织编写,从全国多所高职高专院校遴选了具有丰富教学及实践经验的骨干教师组成新的编写班子,在第2版的基础上修订而成。

根据全国食品药品职业教育教材建设指导委员会的指导思想,在《药物制剂辅料与包装材料》第2版历经4年的教学实践基础上,针对高等职业教育培养高素质技能型人才的目标和满足学生考取职业证书的需要,以及力求进一步提高教材的职业性、针对性、高等教育性、实用性和开放性的目标,本次修订对第2版教材内容进行了适当的调整、修改与完善。

本版教材编写采用栏目设计,以增加新颖性和可读性。其中"导学情景"有利于引入新课,增加趣味性;"课堂活动"有利于教师教学中与学生的互动;"知识链接"有利于学生了解相关知识背景和应用,以及现代发展的相关知识;"点滴积累"有利于学生掌握所学知识;"案例分析"中大量的实际案例也充分体现了教材的职业教育性。

就知识内容而言,在保留第2版主要内容的基础上,更新了一些内容,如:增加第九章中药炮制用辅料;增加药用辅料常见品种【来源与制法】【性质】【应用】【注意事项】等内容,既结合了《中国药典》的标准,又能突出其实用性,便于进一步理解并掌握辅料的用法及作用;增加实训内容,在全书最后增加六个实训项目,供开展实验使用;增加了数字化资源:包括教学课件、同步练习等,方便教师和学生使用。

本书共13章,第一章、第三章由张亚红编写;第二章、第八章由江荣高编写;第四章由薛迎迎编写;第五章由刘筱琴编写;第六章由刘阳编写;第七章、第九章由宁素云编写;第十章由王雪杉编写;第十一章由王臣臣编写;第十二章、第十三章由李辉编写。书后附有参考文献、目标检测参考答案、课程标准等。

各位编者在编写过程中付出了艰辛的劳动和努力,第2版教材也为本书提供了扎实的基础,在此我们对第2版全部编者表示衷心的感谢。

由于编者水平有限,本书中难免有不妥之处,敬请广大读者给予批评指正。

编　者

2018年3月

目　录

上篇　药　用　辅　料

第一章　绪论　2

第一节　概述　2

　　一、药用辅料的概念　2

　　二、药用辅料在药物制剂中的作用　3

　　三、药用辅料的分类　5

第二节　国内外药用辅料的发展状况　6

　　一、我国药用辅料的发展现状及展望　6

　　二、国外药用辅料的现状和发展趋势　7

第三节　药用辅料的法律法规　8

　　一、药用辅料的标准　8

　　二、药用辅料的主要管理法规　10

第二章　表面活性剂　13

第一节　表面活性剂概述　13

　　一、表面现象与表面活性剂　13

　　二、表面活性剂的结构特征和分类　14

　　三、表面活性剂的常用品种　17

第二节　表面活性剂的基本性质　21

　　一、形成胶束　21

　　二、亲水亲油平衡值　22

　　三、克氏点与昙点　24

　　四、表面活性剂的生物学性质　24

第三节　表面活性剂在药剂中的作用　25

　　一、增溶　25

　　二、乳化　26

　　三、润湿　26

　　四、其他作用　26

　　五、应用及分析　　27

第三章　高分子材料　　32

第一节　高分子材料概述　　32

　　一、高分子的定义与分类　　32

　　二、高分子结构　　33

　　三、高分子的化学反应　　34

第二节　高分子的基本性质　　36

　　一、高分子的分子量和分子量分布　　36

　　二、玻璃化转变与玻璃化温度　　36

　　三、溶胀和溶解　　37

　　四、凝胶与溶胶　　38

　　五、对医药高分子材料的基本要求　　38

第三节　常用高分子材料及其应用　　39

　　一、常用种类　　39

　　二、应用及分析　　44

第四章　液体制剂辅料　　47

第一节　溶剂　　47

　　一、概述　　47

　　二、常用溶剂的种类　　48

　　三、应用及分析　　52

第二节　防腐剂　　53

　　一、概述　　53

　　二、常用防腐剂的种类　　54

　　三、应用及分析　　57

第三节　增溶剂与助溶剂　　58

　　一、概述　　58

　　二、常用增溶剂与助溶剂的种类　　60

　　三、应用及分析　　61

第四节　乳化剂　　62

　　一、概述　　62

　　二、常用乳化剂的种类　　63

　　三、应用及分析　　65

第五节　助悬剂　　66

一、概述 66

二、常用助悬剂的种类 67

三、应用及分析 67

第六节　矫味剂与着色剂 68

一、概述 68

二、常用矫味剂的种类 69

三、常用着色剂的种类 70

四、应用及分析 70

第五章　无菌制剂辅料 73

第一节　抗氧剂与抗氧增效剂 73

一、概述 73

二、常用抗氧剂的种类 74

三、应用及分析 79

第二节　pH 调节剂 79

一、概述 79

二、常用 pH 调节剂的种类 81

三、应用及分析 86

第三节　等渗与等张调节剂 86

一、概述 86

二、常用等渗与等张调节剂的种类 91

三、应用及分析 93

第四节　抑菌剂 93

一、概述 93

二、常用抑菌剂的种类 94

三、应用及分析 98

第五节　局部止疼剂 98

一、概述 98

二、常用局部止疼剂的种类 99

三、应用及分析 101

第六章　固体制剂辅料 104

第一节　稀释剂与吸收剂 104

一、概述 104

二、稀释剂与吸收剂的种类与常用品种 106

三、 应用及分析　　　109

第二节　黏合剂与润湿剂　　　109

一、 概述　　　109

二、 黏合剂与润湿剂的种类与常用品种　　　111

三、 应用及分析　　　113

第三节　崩解剂　　　113

一、 概述　　　113

二、 崩解剂的种类与常用品种　　　115

三、 应用及分析　　　117

第四节　润滑剂、助流剂与抗黏着剂　　　118

一、 概述　　　118

二、 润滑剂、助流剂与抗黏着剂的种类与常用品种　　　119

三、 应用及分析　　　120

第五节　增塑剂　　　121

一、 概述　　　121

二、 增塑剂的种类与常用品种　　　121

三、 应用及分析　　　122

第六节　包衣材料　　　122

一、 概述　　　122

二、 包衣材料的种类与常用品种　　　123

三、 应用及分析　　　126

第七节　胶囊材料　　　127

一、 概述　　　127

二、 胶囊材料的种类与常用品种　　　127

三、 应用及分析　　　128

第八节　成膜材料　　　128

一、 概述　　　128

二、 成膜材料的种类与常用品种　　　129

三、 应用及分析　　　131

第九节　滴丸基质与冷凝剂　　　131

一、 概述　　　131

二、 滴丸基质与冷凝剂的种类与常用品种　　　132

三、 应用及分析　　　133

第十节　栓剂基质　　　133

一、 概述　　　133

二、栓剂基质的种类与常用品种 135

三、应用及分析 136

第七章　半固体制剂基质与气体分散系统制剂辅料　140

第一节　软膏基质 140

一、概述 140

二、软膏基质的常用品种 141

三、应用及分析 146

第二节　凝胶基质 147

一、概述 147

二、凝胶基质的常用品种 147

三、应用及分析 147

第三节　硬膏基质 148

一、概述 148

二、硬膏基质的常用品种 148

三、应用及分析 149

第四节　抛射剂及其他附加剂 150

一、概述 150

二、抛射剂的常用品种 152

三、应用及分析 155

第八章　药物新剂型常用辅料　158

第一节　缓控释制剂辅料 158

一、概述 158

二、缓控释制剂辅料的种类 159

三、应用及分析 160

第二节　经皮给药系统辅料 161

一、概述 161

二、经皮给药系统辅料的种类 162

三、应用及分析 163

第三节　固体分散体载体 164

一、概述 164

二、固体分散体载体的种类 165

三、应用及分析 167

第四节　微型包囊和微型成球辅料 167

一、概述 167

二、微型包囊和微型成球辅料的种类 168

三、应用及分析 170

第五节　包合物辅料 171

一、概述 171

二、包合材料的种类 171

三、包合材料常用品种 172

四、应用及分析 173

第六节　脂质体载体材料 174

一、概述 174

二、脂质体载体的种类 175

三、脂质体载体常用品种 176

四、应用及分析 176

第七节　生物制品用辅料 176

一、概述 176

二、生物制品用辅料的分类 177

三、生物制品常用辅料品种 179

四、应用及分析 180

第九章　中药炮制用辅料 185

第一节　液体辅料 185

第二节　固体辅料 192

下篇　药品包装材料

第十章　药品包装概述 202

第一节　药品包装概念、特性与分类 202

一、药品包装的概念 202

二、药品包装的特性 203

三、药品包装的分类 203

第二节　药品包装的作用 204

一、保护作用 204

二、标识作用 205

三、便于使用和携带 206

四、促销作用 206

　　五、提高药物制剂的稳定性 　　207

　第三节　我国药品包装的法律法规 　　207

　　一、专门的法律法规体系 　　208

　　二、相关的法律法规体系 　　209

　第四节　药品包装的发展趋势 　　209

　第五节　包材的性能与标准 　　211

第十一章　药品包装材料 　　214

　第一节　纸类药包材 　　214

　　一、纸类药包材的特点 　　215

　　二、纸类药包材的主要检查项目 　　215

　　三、常用纸类药包材 　　215

　　四、纸类药包材的应用 　　217

　第二节　玻璃药包材 　　218

　　一、玻璃药包材的特点 　　218

　　二、玻璃药包材的主要检查项目 　　219

　　三、常用玻璃药包材 　　219

　　四、玻璃药包材的应用 　　221

　　五、陶瓷药包材 　　223

　第三节　金属药包材 　　224

　　一、金属药包材的特点 　　224

　　二、金属药包材的主要检查项目 　　224

　　三、常用金属药包材 　　224

　　四、金属药包材的应用 　　225

　第四节　塑料药包材 　　226

　　一、塑料药包材的特点 　　227

　　二、塑料药包材的主要检查项目 　　227

　　三、常用塑料药包材 　　227

　　四、塑料药包材的应用 　　228

　第五节　复合药包材 　　231

　　一、复合膜的特点 　　231

　　二、复合膜的结构与组成 　　232

　　三、复合工艺 　　232

　　四、复合膜的主要检查项目 　　233

　　五、常用复合药包材 　　233

六、复合药包材的应用　234

第六节　橡胶药包材　235

一、橡胶药包材的特点　235

二、橡胶药包材的主要检查项目　235

三、常用橡胶药包材　235

四、橡胶药包材的应用　236

第十二章　药品包装技术　239

第一节　无菌包装技术　239

一、概述　239

二、无菌包装系统　240

第二节　充填技术　242

一、概述　242

二、液体药剂的充填　242

三、稠性药品计量充填　243

四、固体物料充填　243

第三节　防潮包装　246

一、概述　246

二、防潮包装材料与容器　247

第四节　防霉腐包装技术　248

一、概述　248

二、常用的防霉腐包装技术　249

第五节　热成型包装技术　251

一、泡罩包装技术　251

二、贴体包装技术　254

三、泡罩包装与贴体包装的选用原则　255

第六节　防氧包装　256

一、真空与充气包装　256

二、加抗氧剂的防氧包装　257

第七节　喷雾包装技术　258

一、喷雾包装技术原理　258

二、喷雾包装的生产技术结构　259

三、喷雾包装的工艺流程　261

第十三章　辅助包装技术　265

第一节　防伪包装技术　265
一、概述　265
二、药品防伪包装技术的发展　267

第二节　封缄技术　268
一、黏合　268
二、热封法　269
三、用封闭物封缄　270

第三节　捆扎技术　271
一、概述　271
二、捆扎原件　271
三、捆扎技术　272
四、捆扎工具与设备　272

第四节　贴标技术　273
一、概述　273
二、常用贴标技术设备　274

实训项目　276

实训一　乳化植物油所需 HLB 值的测定　276
实训二　高分子材料的溶肽与助悬作用　278
实训三　乳化剂的性质考察　279
实训四　抗氧剂抗氧化作用实训　281
实训五　崩解剂对片剂崩解作用实训　283
实训六　不同包装材料的抗湿性能实验　284

参考文献　288

目标检测参考答案　289

药物制剂辅料与包装材料课程标准　293

上 篇

药用辅料

第一章

绪论

导学情景 ∨

情景描述：

2012年4月15日，央视《每周质量报告》当期节目《胶囊里的秘密》，对"非法厂商用皮革下脚料造药用胶囊"曝光。河北一些企业，用生石灰处理皮革废料，熬制成工业明胶，卖给绍兴新昌一些企业制成药用胶囊，最终流入药品企业，进入患者腹中。由于皮革在工业加工时，要使用含铬的鞣制剂，因此这样制成的胶囊，往往重金属铬超标。经检测，9家药厂13个批次药品，所用胶囊重金属铬含量超标。针对此事件，2012年4月21日，卫生部要求毒胶囊企业所有胶囊药停用，药用胶囊接受审批检验。2012年4月22日，公安部通报，经调查，公安机关已立案7起，依法逮捕犯罪嫌疑人9名，刑事拘留45人。

学前导语：

采用工业明胶制备的药用胶囊所含的铬离子超标，对人体危害较大。2015年版《中国药典》对其质量标准重新进行了修订和完善，重点对安全性项目进行控制，规定铬的含量不得过百万分之二，同时增加了多项杂质检查项目。从"毒胶囊"事件中，我们不难看出药用辅料的质量管控是保障药品质量的关键环节，本章就将带领大家去逐一认识药品制备过程中可能用到的各类药用辅料，了解它们的特点，学会如何选用合适的辅料。

第一节　概述

一、药用辅料的概念

药物是一类能改变人体局部或全身的某些生理功能而常用于保健、预防、诊断、治疗疾病的生物活性物质。药物可来源于天然的动物、植物、矿物，也可用人工方法通过生物发酵提取或化学合成制得。这些物质大多因使用不便或其他原因而不能直接使用，一般简称原料药。为适应医疗用药需要，将原料药制成各种便于给药的"形态"后，就总称为药物制剂，简称制剂。

制剂按不同给药方式、不同给药部位等而制成的不同"形态"称为剂型，如口服有片剂、胶囊剂、丸剂等，外用有软膏剂、栓剂等，注射有注射剂、输液等。剂型的种类很多，近年来又新发展了很多有特殊性能的新剂型，如微囊、脂质体、纳米粒、磁性药物制剂等。

药物被加工成各种类型的制剂时，绝大多数都要加入一些无药理作用的辅助物质，使制剂成品具有某些必要的理化特征或生理特性,以帮助药物更好地发挥疗效和方便药物的使用,这些辅助物质被称为药用辅料。药用辅料即指生产药品和调配处方时使用的赋形剂与附加剂,是除活性成分以外,在安全性方面已进行了合理的评估,且包含在药物制剂中的物质。药用辅料除了赋形、充当载体、提高稳定性外,还具有增溶、助溶、缓控释等重要功能,是可能会影响药品的质量、安全性和有效性的重要成分,特别是随着新药研究地不断发展,药用辅料在药物制剂中扮演着越来越重要的角色。

二、药用辅料在药物制剂中的作用

(一)药用辅料是制备药物制剂的必要条件

任何一种药物供给临床使用时,必须制成适宜于不同的医疗和预防应用的形式。药用辅料具有赋形和方便储运、使用等多种作用,药物制剂必须依赖药用辅料而存在,没有药用辅料,任何药物都难以用于患者,也就难以发挥预期的治疗或预防作用。比如,一些剂量很小的药物,如阿托品、地高辛等,一次用量只有几百微克至几毫克,如果不用填充剂等药用辅料,则无法制成制剂,就更谈不上用于临床使用。还有些药物,一次剂量虽然较大,可用常用的量器称量,似乎可以直接取药给患者服用,但实际上是不可能的。一是患者取用不便;二是储存、保管、运输不便;三是有些药物自身具有不良的臭味,或对胃肠道有刺激,或不能口服而需胃肠道外给药等,都必须使用药用辅料制成适宜剂型使用。总之,药物制剂从诞生之日起就离不开辅料,药用辅料是药物制剂存在的物质基础,没有药用辅料就没有药物制剂。

(二)药用辅料影响药物制剂的稳定性

影响药物制剂稳定性的因素可以归纳为化学因素、物理因素和生物因素三个方面。这些因素的存在及其变化,往往会产生下列影响:产生有毒物质,降低用药安全性;影响疗效,产生副作用,妨碍使用;无明显分解,含量、疗效、毒性等方面也都无显著改变,但有如色泽或澄明度变化,致使药物制剂不合规定;影响使用,如混悬剂中药物结块,难以重新摇匀,使每次剂量不易准确等。因此正确选用辅料对于提高制剂的稳定性十分重要。

1. 化学变化 制剂中药物的化学降解途径有水解、氧化、异构化、脱羧、分子重排等,其中以水解、氧化最为常见。有时可能会同时出现两种以上降解反应,例如盐酸普鲁卡因的水解反应与氧化反应可以同时进行。但各种降解反应有先后,反应程度也往往不同。

制剂中药物以一定速度发生降解反应,并由其化学性质所决定。这些降解反应的速度取决于反应物的浓度,空气中氧、水分、光线和催化剂等条件,在很多情况下,辅料(溶剂、赋形剂、附加剂)可对药物降解反应速度产生一定的影响,如聚乙二醇能促进氢化可的松、阿司匹林的分解。另外,采用介电常数低的溶媒如甘油、乙醇、丙二醇等可降低水解速度,如用丙二醇(60%)制成的苯巴比妥钠注射液,稳定性提高,有效期可达1年。

2. 物理变化 发生的物理变化包括结晶长大、晶型变化、崩解或溶出速度增加或减少、潮解、挥发、颜色变深或消退等。溶液发生沉淀或混浊,乳剂分层、乳析,混悬液凝聚、结块、结晶长大或其中甾体药物晶型改变都可以导致吸收速度的改变,并可能失去治疗作用;软膏或乳膏中结晶的生长不但影响吸收,甚至可引起对皮肤的刺激。

片剂经过长期贮存后,如崩解时间增加或其中有效成分溶出速度减慢,则该片剂的治疗效果会受到严重影响。一般而言,如果有效成分不易被吸收,药物的治疗效果必将下降。如苯巴比妥、非那西丁等用明胶或聚乙二醇制粒压成的片剂,贮存期间变化极少,而用羧甲纤维素制成的片剂,其溶出速度显著减慢。乳剂是高度分散的非均一体系,因此很不稳定,作为乳剂稳定剂的药用辅料有表面活性剂和亲水胶体等。前者如吐温类、司盘类,在乳剂的形成以及保持该体系的稳定方面起重要作用,它能吸附在液滴表面上,降低油、水两相的界面张力和液滴表面自由能,使体系处于稳定状态。此外,表面活性剂在油水界面上形成一层单分子吸附膜,分子定向排列成为极性基团向水、非极性基团向油的栅状层,它具有一定的机械强度,能阻止液滴集结。另外在乳剂中加入某些亲水胶体如甲基纤维素、西黄蓍胶、海藻酸钠等,能增加分散介质的黏度,减少分散相液滴的碰撞次数和强度,减少集结合并的机会,并延缓分散相的乳析。

3. 微生物污染引起的变化 药物制剂特别是液体制剂、半固体制剂,如糖浆剂、注射剂、滴眼剂、合剂、乳剂、混悬剂、软膏剂等容易发生微生物污染;固体制剂如片剂、丸剂等,亦有微生物污染和繁殖的可能。制剂中含有营养性成分如糖类、蛋白质时,更易成为微生物滋长繁殖的温床;粉针、输液可因瓶塞松动或多次抽取药液,滴眼剂因反复起塞使用,而易致污染;眼用软膏剂常因生产上消毒除菌不严,易受微生物污染,为解决这些难题,可通过加入抑菌剂等药用辅料来控制微生物的生长。

(三) 药用辅料影响药物的吸收

药用辅料与制剂中药物的吸收速率和吸收程度有密切关系,由于受各种因素影响(如络合物的形成、分子间的作用等),有可能加强、减弱或改变药物的物理性质,因而在制剂处方设计选择辅料时不仅应考虑对工艺性质和物理外观的影响,更重要的是研究辅料对药物生物利用度的影响。

1. 溶剂 溶液制剂中的药物需达到分子分散状态,才能发挥理想的效果,而且经服用或注射后在消化道或组织的局部也必须保持其分子分散状态。药物的溶解度及其在体内的状态视溶剂的性质而定,如因条件的改变(pH、温度、浓度、溶剂、介电性等)使药物分子集结而致沉淀或结晶,就会降低药物的吸收率,影响其效果。

2. 固体制剂辅料 固体制剂口服后必须崩解,药物从制剂中释放,才能被吸收而发挥治疗作用。对于一些难溶性药物的制剂而言,溶出过程是吸收的支配过程,影响药物溶出的因素也会影响吸收速率,因此也影响疗效的开始时间、持续时间和作用强度。作为片剂,崩解是其中药物溶出的前提,崩解缓慢的片剂,其有效成分溶出往往也缓慢。如果片剂崩解较快而且崩解成粒度极小的颗粒,药物的小粉粒能较早接触溶出介质,在其他条件相同时,其溶出速率往往较大。在很多情况下,片剂的崩解时间短,其中药物溶出就快。但有些片剂虽可迅速崩解,其溶出却很慢。有时某一药物用不同配方制成的片剂崩解时间虽都合格,但其中药物的溶出速率和生物利用度却有很大差别。基于以上原因,许多国家的药典规定对一些难溶性药物片剂需进行药物溶出度测定,并将溶出度列为片剂的重要质量指标之一。

另外,基质、表面活性剂等辅料对药物的吸收都有明显的影响。

（四）药用辅料影响药物的体内分布

肿瘤部位摄取到的药物量是药物抗肿瘤活性的一个主要的决定因素。化学治疗剂能到达肿瘤的最重要的途径是通过血管供给。但是肿瘤组织的血管供应系统相当有限,不易就近获得血液中药物,恶性肿瘤化疗的失败,在某些情况下可能是由于药物分布不适当,而使肿瘤中获得的药物浓度不足所致。

近代药剂学技术可以采用制剂手段控制药物在体内的分布,解决靶向给药问题。根据生物药剂学的设想,可将药物嵌入一种载体形成药物-载体复合物,给药后选择性地浓集于作用部位,载体破坏后,释放药物发挥疗效。作为载体的先决条件是必须具有特异性,能识别靶细胞。

▶▶ **课堂活动**

请谈谈你对药用辅料的认识,能不能举例说明药用辅料的重要性?

目前应用的载体主要为大分子物质,如脂质体、乳剂、蛋白质、可生物降解高分子物质、生物合成物等。

三、药用辅料的分类

药用辅料可按来源、化学结构、制剂剂型、作用和用途等多种方式进行分类,每种分类方法各有优缺点,主要分类方法简介如下:

1. 按来源分类 可分为天然物、半合成物和全合成物。天然物包括淀粉、蔗糖、糊精、纤维素、壳聚糖、磷脂等可再生资源;半合成物又叫半天然物,是由天然物经基团改造或衍生化形成的天然物半合成品,如羧甲淀粉钠、蔗糖硬脂酸酯、磺丁基醚-β-环糊精、羟丙纤维素、醋酸纤维素、羧甲基壳聚糖、羟丙基壳聚糖、氢化大豆卵磷脂等;全合成物如聚乙二醇、聚乙烯醇、卡波姆、聚山梨酯类、维生素E琥珀酸酯等。

2. 按化学结构分类 可分为酸类、碱类、盐类、醇类、酚类、酯类、醚类、纤维素类、单糖类、双糖类、多糖类等。这种分类方法其优点是每类辅料在化学结构上具有一定的共同性,但各个辅料又通常具有不同的理化特性,用途各异。以纤维素为例,纤维素的各种衍生物理化性质不同,用途各异。

3. 按制剂剂型分类 可分为溶液剂、合剂、乳剂、软膏剂、片剂、注射剂等辅料。这种分类方法其优点是剂型所需辅料一目了然。但是,有不少剂型,如溶液剂、合剂、混悬剂、乳剂、注射剂等往往需要使用同一种辅料,重复性太大。

4. 按作用和用途分类 可分为溶剂、增溶剂、助溶剂、助悬剂、乳化剂、渗透压调节剂、润湿剂、助流剂、包衣材料、囊衣材料、软膏基质等60多类。这种分类方法较为恰当和理想。其特点为:

（1）专一性:各个辅料虽然理化性质不完全相同,甚至差别较大,但因有共同的性质,作用机制和基本用途相同或相近,所以专一性强。如抗氧化剂,虽然品种多、理化特性各异,但它们都有失去电子被氧化的还原性。

（2）实用性:这种分类方法简便、实用,可减少重复,便于查阅和选择。

点滴积累 ∨ ···

1. 药用辅料是指在制剂处方设计时，为解决制剂的成型性、有效性、稳定性、安全性而加入处方中的除主药以外的一切药用物料的统称。

2. 药用辅料在药物制剂中具有不可代替的非常重要的作用。

3. 药用辅料有多种分类方法，其中按药用辅料的作用和用途分类较为实用。

第二节 国内外药用辅料的发展状况

一、我国药用辅料的发展现状及展望

药用辅料与药物制剂同时诞生，同时发展，两者相辅相成。汤剂是世界上最早使用的药物制剂，在我国商代已开始使用，与其同时使用的辅料就是作为溶剂的水。我国的药物制剂及其辅料的最早使用远在希波克拉底和格林之前。随着生产力，特别是科技文化的发展，在东汉张仲景所著的《伤寒论》和《金匮要略》中记述了栓剂、洗剂、软膏剂、糖浆剂、丸剂以及脏器制剂等十多种剂型，并首次记载了动物胶、炼蜜、淀粉糊作为药用辅料。张氏出色地总结了当时的医药成果，为我国药剂学及辅料的发展奠定了良好的基础。

晋代葛洪著的《肘后备急方》、唐代孙思邈著的《备急千金要方》和《千金翼方》以及王焘著的《外台秘要》，都收载了丰富的制剂及相当多的辅料。明代李时珍著的《本草纲目》，总结了我国16世纪以前的药物学、药剂学成就。在《本草纲目》中，专列"修治"一项，专论制剂及辅料，收载了药物剂型近40种及相关的中药辅料数十种。

从20世纪60年代中期到70年代末期的近20年时间里，由于受到当时政策的影响，我国的制药工业，包括药物制剂及其药用辅料发展缓慢，几乎处于停滞状态。然而，正是在这20多年的时间里，国外的药物制剂及其药用辅料获得了迅猛发展，新剂型、新制剂、新药用辅料不断涌现。我国与国外发达国家相比，本来已缩短的差距又大大拉开了。

目前，我国与发达国家相比，差距仍然很大。主要表现在以下几个方面：

1. 占全国绝大多数的中小制药企业仍然沿用传统药用辅料生产现代药物制剂，难以达到制剂新的质量要求，导致部分制剂质量低劣。如半固体制剂的软膏，多数厂家仍然使用凡士林，很少根据药物不同的性质和用途选用新的软膏基质。对于口服固体制剂的片剂，仍然千篇一律地使用淀粉、糊精、滑石粉等传统辅料，致使生产的片剂达不到新的质量标准，甚至外观、重量差异、硬度、含量均匀度、崩解时限、溶出等质量指标常不合格，有的片剂的生物利用度仅达50%左右。

2. 在医药工业系统内，药用辅料专业化生产能力远未形成，除了少数药用辅料品种在药厂作为附属产品外，多数药用辅料品种仍在化工、食品等行业中生产。由于专业不同，不但"药用"观念淡漠，而且质量意识差，没有统一的标准。

3. 虽然已开发和生产了一部分优良的新药用辅料,但是品种仍然较少,规格、型号不齐,还远不能适应新剂型、新制剂的开发、生产以及提高制剂质量的需要。

4. 对新药用辅料的应用研究还很落后。除了少数高校、研究所和大型制药企业的中心实验室对某些新药用辅料用于一些制剂进行了部分研究外,全国大多数制药企业对新药用辅料的应用研究还是空白。对于新药用辅料的理化性质,与各种药物和他种药用辅料的配伍,结合先进设备与工艺,多种辅料在某一方面应用的对比等尚未有深入系统的研究。

二、国外药用辅料的现状和发展趋势

近年来,随着药学领域中新兴学科的确立,随着化学工业,特别是高分子化学工业的发展,随着药物制剂向三效(高效、速效、长效)、三小(毒性小、副作用小、剂量小)和三化(现代化、机械化、自动化)方向发展,涌现出了一大批药物新剂型、新制剂,推动了药用辅料的研究、开发和应用,获得了空前的发展。其现状如下:

1. **新辅料不断涌现,品种多,规格全**　国外辅料质量不断提高外,新辅料已发展到包括微囊、毫微囊、微球、毫微球、脂质体载体材料,前体药物载体材料,固体分散体载体材料,磁性载体材料,成膜材料,增塑剂,抛射剂,透皮吸收促进剂,表面活性剂等几十种类型。还研究与开发出了一批具有特殊性能的新辅料,如聚乙二醇系列、聚羧乙烯系列、聚维酮系列、聚氧乙烯烷基醚系列、聚丙烯酸树脂系列、聚丙交酯系列等高分子聚合物辅料;黄原胶、环糊精、爱生兰、普鲁兰等生物合成多糖类辅料;淀粉甘醇酸钠、预胶化淀粉、纤维素系列等半合成辅料;海藻酸、红藻胶、卡拉胶等植物提取辅料,以及甲壳素、壳聚糖等动物提取辅料等。

2. **生产专业化,管理现代化**　发达国家的药用辅料均为药用辅料专业化厂家生产,像药物一样接受药政部门监督检查,实施《药品生产质量管理规范》(GMP)管理。其生产环境、设备优良,检测手段齐备,测试仪器先进,质量标准完善,因而质量高而稳定。

3. **广泛开展应用研究**　药用辅料专业生产厂家不仅重视开发新品种、新规格、新型号,重视药用辅料的质量,还特别注重新药用辅料的应用研究,研究的特点是紧密结合生产实际,为生产服务。研究的主要内容包括:新辅料的理化性质及如何适用于制剂的开发和生产实践;结合先进生产设备和制备工艺,研究辅料与药物的配伍特性,筛选最佳辅料配方;进行辅料间的配伍研究,结合生产实际,设计最佳的复合辅料,如微晶纤维素与乳糖的配合。

4. **严格控制生产质量,保证同一标准**　制剂生产厂家不仅非常关注引进和使用新辅料用以开发新制剂,而且十分重视药用辅料的质量。除了严格执行相应药典等标准外,还增加了内控指标和相应的测试方法,以控制和消除同一标准下出现的质量差异。例如,两个生产厂家的羟丙甲纤维素,均符合《美国药典》标准,但以同一配方在同一工艺条件下生产的缓释骨架片出现了严重的质量差异,后经进一步研究发现与药用辅料的粒度和羟丙基的含量有关。因而厂家增订了一项粒度限度指标,修正了一项羟丙基含量下限指标,从而消除了制剂产品质量的差异性,保证了产品质量的稳定性。现在,药用辅料和制剂生产厂家都尽可能地搜集、研究药用辅料的理化性质和技术参数,以保证同一药用辅料在同一标准下的一致性和稳定性。

5. 加强技术推广,注重技术服务 药用辅料专业生产厂家、研究机构不但重视应用研究,还十分重视将研究成果直接转化为生产力,重视成果的推广应用,进行转让,对药厂进行应用指导和技术服务,产生了良好的社会效益和经济效益。例如卡乐康公司为众多制药企业设计相应的包衣辅料,为公司取得了巨大的经济和社会效益。

目前,国外辅料发展的趋势是生产专业化、品种系列化、应用科学化、服务优质化。开发的重点有以下几方面:

(1) 优良的缓释、控释材料。

(2) 优良的肠溶、胃溶材料。

(3) 高效崩解剂和具有良好流动性、可压性、黏合性的填充剂和黏合剂。

(4) 具有良好流动性、润滑性的助流剂、润滑剂。

(5) 无毒高效的透皮促进剂。

(6) 适合多种药物制剂需要的复合辅料。

点滴积累

1. 药用辅料与药物制剂同时诞生,同时发展,两者相辅相成。 我国辅料工业的发展与发达国家相比,仍有较大差距。

2. 辅料发展的趋势是生产专业化、品种系列化、应用科学化、服务优质化。

第三节 药用辅料的法律法规

一、药用辅料的标准

我国药品生产企业所用辅料标准繁多,除了药典标准、部颁标准、局颁标准及地方药品监督管理部门颁布的标准外,GB 标准、HB 标准、QB 标准、行业标准、企业标准等也广泛应用于我国药用辅料研究生产领域。随着辅料在制药行业广泛使用,品种增多,国家药典委员会正在考虑推出药用辅料质量标准的单行册。

国家药用辅料标准,是指国家为保证药用辅料质量所制定的质量指标、检验方法以及生产工艺等技术要求,包括《中华人民共和国药典》(简称《中国药典》)和其他药用辅料标准,其中《中国药典》处于核心地位,但《中国药典》收载辅料数量有限。而近年来,国家对药用辅料非常重视,药用辅料标准的修订成为《中国药典》(2015 年版)修订工作的重要组成部分,药用辅料的安全标准也大幅提高。在大幅增加常用药用辅料标准收载同时,加强了对药用辅料通用性的要求,包括修订了"药用辅料通则",增订了"药用辅料功能性指标研究指导原则"。药用辅料单独成卷,有利于建立和完善药用辅料标准体系,提升药用辅料标准的水平,弥补当前我国药用辅料标准短缺的问题,对保证制剂安全性、有效性和稳定性以及推动药用辅料产业的发展都有十分积极的意义。

《中国药典》(2015 年版)收载辅料 270 种,其中修订原 2010 年版 97 种,新增 137 种。药用辅料品种收载的基本原则为:一是国内已生产的常用品种;二是国内已进口,且国内制药企业已广泛应用的国外辅料品种;三是已有食品、化工标准,且国内制药企业应用较多的品种,可参照 USP、EP、BP、JP 适当增列,并转换成《中国药典》格式或标准,原则上应确是成熟的标准才可以收入药典;四是开发新剂型所需的重要辅料(用量不大,但处于前沿的品种,对于促进我国新剂型的研究开发十分必要)。

此外,在《中国药典》(2015 年版)中,药用辅料的质量控制水平日益提高。《中国药典》(2015 年版)不仅强化对药用辅料的安全性控制,而且更加注重对辅料功能性的控制要求。在药用辅料的正文中针对特定用途设置了适宜的功能性指标,同一辅料按功能性指标不同建立了不同规格,如泊洛沙姆、聚乙二醇、聚山梨酯都有多规格标准,以满足制剂生产的不同需求,也使得药用辅料的标准实现了系列化。加强了可供注射用的药用辅料标准制定,《中国药典》(2015 年版)共收载可用于注射用的药用辅料品种为 23 个,而 2010 年版仅收载了 2 个品种。丙二醇、聚山梨酯 80、活性炭等常用的可供注射用辅料标准的制定和收载,对提升注射剂等高风险药品的安全性将发挥巨大作用。

《中国药典》(2015 年版)更加注重安全性控制。药用辅料作为药物制剂的重要组成部分,对药品安全性有重要的影响。本版药典在编制过程中强化药用辅料的安全性控制,淘汰了部分安全性存在隐患的品种。例如邻苯二甲酸二乙酯作为增塑剂主要用于药品的薄膜包衣中,2010 年版将其收载为药用辅料,但大量研究数据表明长期接触邻苯类增塑剂,特别是邻苯二甲酸二乙酯,将会对身体各功能产生危害。因此新版药典从安全性角度考虑,未予继续收载。另外,在国际上普遍限制含汞抑菌剂使用的背景下,新版药典药用辅料不再收载硫柳汞。

案例分析

[案例] 2011 年 5 月 23 日,我国台湾媒体报道台湾出现在食品添加物乳化剂中加入有害健康的塑化剂(DEHP)。涉及台湾昱伸公司,该公司是台湾最大乳化剂供应商,供应全台至少 45 家饮料、乳品制造商,还有健康食品的生物科技公司及药厂。多种产品包括水果饮料、茶饮料,就连水果糖浆、儿童钙片、乳酸菌咀嚼片都受到污染。

[分析] 研究者发现,人体会通过口腔、呼吸系统、药物注射、皮肤吸收等多种途径接触到增塑剂,而长期接触邻苯类增塑剂,特别是邻苯二甲酸二乙酯,将会对身体各功能产生危害。长期食用会对人体的生殖能力、免疫系统及消化系统造成损害,并会导致癌症,尤其酯类化合物最有可能导致肝癌、乳癌。此外,邻苯二甲酸酯类化合物对心血管系统和泌尿系统也有很大伤害,最大的风险是导致心血管疾病,而且邻苯二甲酸酯类化合物毒害人和生物之后,还会通过基因把损害遗传给下一代。

目前我国对药用辅料实行标准管理和注册管理(与新品同时报批)相结合。常用的安全辅料将逐步争取标准管理,新辅料一般为注册管理,成熟后进行标准管理,对辅料产业的监管政策只有

2006 年 3 月出台的《药用辅料生产质量管理规范》,属于非强制性规范;2015 年 8 月 13 日,国务院印发《国务院关于改革药品医疗器械审评审批制度的意见》(国发〔2015〕44 号),明确提出简化药品审评程序,要求实行药品与药用包装材料、药用辅料关联审批,将药用包装材料、药用辅料单独审批改为在审批药品注册申请时一并审评审批。2016 年 8 月 10 日,国家食品药品监督管理总局印发了《关于药包材药用辅料与药品关联审评审批有关事项的公告》(以下简称《公告》),明确规定自公告发布之日起,药用辅料应按程序与药品注册申请关联申报和审评审批;同时制定了关联审评审批的程序、关联审评审批的药用辅料范围、设置了过渡期。药用辅料标准体系建设是一项长期的基础性任务,关系重大,任重道远,我国将进一步稳步增加辅料品种数量,不断丰富药用辅料种类,重点建立体现药用辅料特点的功能性评价项目体系,注重药用辅料标准的规范与协调,统筹解决药用辅料品种管理交叉问题,不断提高我国药用辅料标准水平与管理水平。

二、药用辅料的主要管理法规

随着国家对药用辅料重视度的日益提升,我国药用辅料监管的法规体系逐渐充实与完善。

1998 年至 2010 年,两次修订并发布了《药品生产质量管理规范》(简称《规范》),《规范》中要求辅料应按品种、规格、批号分别存放,并由经授权的人员按照规定的方法进行取样、检测。

1999 年 3 月 12 日,国家药品监督管理局审议通过了《仿制药品审批办法》《进口药品管理办法》,要求制剂处方中药用辅料应说明来源并提供质量标准,并对特殊辅料在处方中所起的作用加以说明;当药品处方中辅料有变化时,须同时报送修改理由及其说明、修改所依据的实验研究资料以及原产国药品主管当局批准此项修改的证明文件。

2001 年 2 月 28 日发布的《中华人民共和国药品管理法》中指出,生产药品所需的辅料必须符合药用要求。

2005 年 7 月,为加强药用辅料的质量管理,国家食品药品监督管理局组织草拟了《药用辅料注册管理办法》,并且在社会上公开征集意见;2006 年 3 月,出台了《药用辅料生产质量管理规范》;2010 年 9 月,草拟了《药用原辅材料备案管理规定》,要求注射用辅料和新型辅料实行注册管理,同时实行备案管理;2012 年 8 月,印发了《加强药用辅料监督管理的有关规定》。国家食品药品监督管理局在 2007 年印发的《血液制品、疫苗生产整顿实施方案(2007 年)》《中药、天然药物注射剂基本技术要求》《化学药品注射剂基本技术要求(试行)》和《多组分生化药注射剂基本技术要求(试行)》对相应剂型辅料的供货、检验、使用提出了要求,指出注射剂所用辅料的种类及用量应尽可能少,尚未批准供注射途径使用的辅料,除特殊情况外,均应按新辅料与制剂一并申报。

药用辅料的监管是一项长期的基础性工作,随着医药生产技术的发展,药用辅料的品种也越来越多,我国也逐步在药品辅料标准中增加辅料品种数量,并向发达国家学习,加强对药用辅料的管理,不断提高药物制剂及辅料的质量。

点滴积累 ∨

1. 国家对药用辅料非常重视,药用辅料标准的修订成为《中国药典》(2015 年版)修订工作的重要组成部分,药用辅料的安全标准也大幅提高。

2. 目前我国对药用辅料实行标准管理和注册管理(与新品同时报批)相结合。

目标检测

一、选择题

(一) 单项选择题

1. 下列哪种分类方法是按药用辅料的用途分类的( )

A. 乳剂　　　　　B. 滴眼剂　　　　　C. 软膏剂　　　　　D. 增溶剂

2. 下列哪种说法是不正确的( )

A. 没有药用辅料,任何药物都难用于患者,药物就难以发挥预期的治疗或预防作用

B. 一些剂量小的药物,为了使其制成适宜的剂型,需加入填充剂等

C. 药用辅料在药物制剂中也可起到治疗作用

D. 药用辅料是药物制剂存在的物质基础,没有药用辅料就没有药物制剂

3. 下列哪种说法是错误的( )

A. 胰蛋白酶制成肠溶胶囊或片剂为消化药

B. 胰蛋白酶制成注射剂则用于治疗脓胸、肺结核等

C. 阿司匹林通常制成注射剂使用

D. 左旋多巴通过首关效应后,大部分被代谢,宜采用制成半胱氨酸的化合物做稳定剂制成注射剂使用

(二) 多项选择题

1. 按照药用辅料的用途分类,有哪些特点( )

A. 专一性　　　　B. 实用性　　　　　C. 准确性　　　　　D. 可控性

2. 剂量小的药物在制备片剂时应添加哪类辅料( )

A. 吸收剂　　　　B. 抗氧剂　　　　　C. 稀释剂　　　　　D. 填充剂

3. 下列哪些方法是用来增加难溶性药物溶解度的方法( )

A. 制成盐类　　　B. 加入增溶剂

C. 加入助溶剂　　D. 制成固体分散体

4. 药物制剂的"三效"是指( )

A. 高效　　　　　B. 速效　　　　　　C. 长效　　　　　　D. 短效

5. 药物制剂向着哪"三小"发展( )

A. 毒性小　　　　B. 副作用小　　　　C. 剂量小　　　　　D. 用量少

6. 目前国外辅料发展的趋势是( )

A. 生产专业化   B. 品种系列化   C. 应用科学化   D. 服务优质化

二、简答题

1. 药用辅料在药物制剂中主要起哪些作用?

2. 药用辅料按用途分类主要分为哪些种类?此种分类方法有哪些特点?

（张亚红）

第二章

ER-02章PPT

▲

表面活性剂

导学情景

情景描述：

　　环孢素（又称环孢素 A）是含有 11 个氨基酸的环状多肽。 它是一种强力的免疫抑制剂。 异基因器官移植的动物实验证明，本品能延长皮肤、心脏、肾脏、胰腺、骨髓、小肠或肺移植的存活期，被誉为免疫抑制治疗的基石和金标准药物。 但环孢素水溶性低，吸收不规则，且容易受进餐和昼间活动规律的影响，大大限制了其临床应用。 某医药公司通过处方工艺改进，使用了包括甘油酯化玉米油、聚乙二醇甘油酯、十二羟基硬脂酸、聚氧乙烯氢化蓖麻油、乙醇、丙二醇，制备的环孢素软胶囊制剂显著提高了生物利用度并降低了个体差异。

学前导语：

　　改良后的软胶囊口服后遇水或胃肠液可以自乳化为 30nm 左右的微乳，与环孢素的其他口服剂型比较，吸收迅速，平均生物利用度显著提高。 而新的处方中主要辅料为表面活性剂聚乙二醇甘油酯、十二羟基硬脂酸和聚氧乙烯氢化蓖麻油，它们在助乳化剂乙醇和丙二醇的辅助下，能将油相甘油酯化玉米油在遇到胃肠液（水相）时快速自发乳化成微乳，从而使其中的药物均匀分散，增进吸收。 本章就将具体讲解常用药用辅料表面活性剂。

第一节　表面活性剂概述

一、表面现象与表面活性剂

　　在自然界中物质以气相、固相、液相三态或三相存在。在同一相中物质的理化性质具有均一性；但不同相之间具有明显的分界限（称为界面），如固-气界面（如颗粒剂）、固-液界面（如混悬剂）、液-液界面（如乳剂）、液-气界面（如气雾剂）等。其中一相为气相的界面，习惯上称为表面，如固-气、液-气界面。

　　任何界面上都有界面（表面）张力，它是一种使界面分子具有向内运动的趋势，并使界面自动收缩至最小面积的力，比如荷叶上的露珠就是在表面张力的作用下收缩成球形。加入很少量就能使表面张力显著降低的物质称为表面活性剂，表面活性剂具有杀菌、去污、润湿、乳化、增溶和消泡等作用。

知识链接

表面活性剂降低表面张力的原理

表面活性剂降低表面张力是通过分子中亲水亲油基团分别对水相和油相的亲和，使水相和油相均将其看作本相的成分，分子排列在两相之间，使油水界面相当于转入表面活性剂分子内部，从而降低表面张力和表面自由能。应该注意的是，表面能并非系统表面上的能量，而是表面上的分子比同量的内部分子所额外超出的能量。

二、表面活性剂的结构特征和分类

表面活性剂分子一般由亲水(极性)基团和亲油性烃链(非极性)基团组成，其中亲油基通常由不少于 8 个碳原子的烃链组成，亲水基多为带电的离子基团(羧基、磺酸基、氨基、硫酸酯及其盐)和不带电的极性基团(羟基、酰胺基、醚键)。例如肥皂，其亲油基为含 17 个碳原子组成的碳氢链，亲水基为—COONa。

根据极性基团的解离性质不同，表面活性剂可

▶ **课堂活动**

观察食用油在水中的乳化现象：取 5ml 具塞试管两支，均加入 2ml 水和 5 滴食用油，观察油在水中的现象；向其中一支试管加入 2 滴吐温 80，振摇两支试管，静置约 1 分钟，观察现象的异同。分析：①油水分离现象；②表面活性剂的乳化作用。

分为离子型表面活性剂和非离子型表面活性剂，离子型表面活性剂又可进一步分为阴离子型表面活性剂、阳离子型表面活性剂和两性离子型表面活性剂。

(一) 阴离子型表面活性剂

1. 高级脂肪酸盐 也称肥皂类，通式为 $(RCOO^-)_n M^{n+}$，R 多在 $C_{11} \sim C_{17}$ 之间，如硬脂酸、油酸、月桂酸等；根据 M 不同分为一价碱金属皂(如钾皂)、二价碱土金属皂(如镁皂)和有机胺皂(如三乙醇胺皂)等。肥皂类表面活性剂具有一定的刺激性，只供外用，常用作软膏剂的乳化剂。

2. 硫酸化物 系硫酸化油和高级脂肪醇硫酸酯，通式为 $ROSO_3^- M^+$，R 多在 $C_{12} \sim C_{18}$ 之间。常用硫酸化蓖麻油(俗称土耳其红油)、十二烷基硫酸钠(SDS；亦称月桂醇硫酸钠，SLS)。SDS 乳化能力强，较肥皂类稳定，且更耐酸和盐。

3. 磺酸化物 包括脂肪族磺酸化物、烷基芳香族磺酸化物等，通式为 $RSO_3^- M^+$，如二辛基琥珀酸磺酸钠(商品名为阿洛索-OT)、十二烷基苯磺酸钠等。该类表面活性剂渗透力强，易起泡和消泡，去污力好，为优良的洗涤剂。

(二) 阳离子型表面活性剂

阳离子型表面活性剂又称阳性皂，主要是季铵盐类化合物(分子结构含有一个五价的氮原子)。如苯扎氯铵(又称洁尔灭)、苯扎溴铵(又称新洁尔灭)、度米芬、氯己定(又称洗必泰)等。特点是水溶性好，在酸性和碱性溶液中均较稳定。虽然具有良好的表面活性作用和很强的杀菌、防腐作用，但阳离子型表面活性剂毒性较大，故常用作杀菌剂和防腐剂，主要用于皮肤、黏膜、手术器械消毒，很少服用。

（三）两性离子型表面活性剂

分子结构中同时含有正电性基团（如氨基和季铵基等碱性基团）和负电性的亲水基团（如羧基、硫酸基、磷酸基和磺酸基等酸性基团），在酸性条件下呈现阳离子型表面活性剂的性质，在碱性条件下呈现出阴离子型表面活性剂的性质。

1. 天然的两性离子型表面活性剂　如卵磷脂，主要从大豆和蛋黄中提取纯化制得，称为大豆卵磷脂和蛋黄卵磷脂。分子中负电荷基团是磷酸型阴离子，正电荷基团是季铵盐型阳离子。卵磷脂为透明或半透明黄色或黄褐色油脂状物质，对热敏感，不溶于水，溶于乙醚、三氯甲烷、石油醚等有机溶剂。卵磷脂因毒性小、生物相容性好，是注射用乳剂和制备脂质体的主要辅料。

2. 合成的两性离子型表面活性剂　分氨基酸型和甜菜碱型。其阴离子部分主要是羧酸盐，其阳离子部分为季铵盐（氨基酸型）和胺盐（甜菜碱型）。其中氨基酸型在等电点时亲水性减弱，并可能产生沉淀，因此为了充分发挥其表面活性剂的作用，必须在偏离等电点 pH 的水溶液中使用；而甜菜碱型则无论在酸性、中性及碱性溶液中都能溶解，在等电点时也无沉淀，且其渗透力、去污力及抗静电等性能也较好，因此常用作乳化剂、柔软剂。两性离子型表面活性剂在碱性水溶液中呈阴离子型表面活性剂的性质，具有很好的起泡、去污作用；在酸性溶液中则呈阳离子型表面活性剂的性质，具有很强的杀菌能力。如十二烷基双（氨乙基)-甘氨酸盐酸盐（氨基酸型），其 1% 水溶液的喷雾消毒能力强于相同浓度的氯己定、苯扎溴铵及 70% 的乙醇，但毒性低于阳离子型表面活性剂。

（四）非离子型表面活性剂

分子由亲水基团（如多元醇，如甘油、山梨醇、聚乙二醇等）和亲油基团（如长链脂肪酸或长链脂肪醇，以及烷基、芳基等）以酯键或醚键结合而成。其毒性低，水中不解离，稳定性高，不易受强电解质和酸碱的影响，与其他表面活性剂能混合使用，相容性好。

1. 脂肪酸甘油酯　由甘油与饱和或不饱和的脂肪酸通过酯化反应而得，分为脂肪酸单甘油酯、脂肪酸二甘油酯和脂肪酸三甘油酯。外观多为褐色、黄色及白色油状、脂状或蜡状物质，易溶于三氯甲烷、乙醚和苯等有机溶剂，溶于石油醚，在水或乙醇几乎不溶。在水、热、酸、碱及酶等作用下易水解成甘油和脂肪酸。常用的有硬脂酸单/二甘油酯、油酸单/二甘油酯、棕榈酸单/二甘油酯、肉豆蔻酸单/二甘油酯、月桂酸单/二甘油酯，它们与皮肤相容性好，毒性低，但因其表面活性较弱，在食品和医药化妆品中常用作辅助乳化剂和黏度调节剂。

2. 多元醇型　有脂肪酸与多元醇（如乙二醇、甘油季戊四醇、失水山梨醇、蔗糖、氨基醇等）通过酯化反应而生成的酯类。

（1）蔗糖脂肪酸酯：简称蔗糖酯，有单酯、二酯、三酯及多酯等，以单酯为主。蔗糖单酯易溶于水；二酯和三酯难溶于水，易溶于油类和非极性溶剂。蔗糖脂肪酸酯对油和水均有一定的乳化作用，可生物降解，易被人体吸收，刺激性小，广泛应用于食品、化妆品和医药工业生产中用作乳化剂、洗涤剂和分散剂。

（2）脂肪酸山梨坦：为脱水山梨醇脂肪酸酯，商品名为司盘（Span），是黏稠状、白色至黄色的油状液体或蜡状固体。不溶于水，易溶于乙醇等有机溶剂，在酸、碱和酶的作用下容易水解。司盘类表面活性剂亲油性强，是常用的 O/W 型乳化剂和 O/W 型乳剂的辅助乳化剂。

根据脂肪酸种类不同,分为月桂山梨坦(司盘20)、棕榈山梨坦(司盘40)、硬脂山梨坦(司盘60)、三硬脂山梨坦(司盘65)、油酸山梨坦(司盘80)和三油酸山梨坦(司盘85)等。

(3) 聚山梨酯:为聚氧乙烯脱水山梨醇脂肪酸酯,商品名为吐温(Tween)。司盘类表面活性剂疏水性强,不溶于水,在其分子上加成环氧乙烷,得到聚氧乙烯脱水山梨醇脂肪酸酯。吐温类表面活性剂比司盘类亲水性强,且加成的环氧乙烷分子数越多,亲水性越强。吐温类易溶于水和乙醇以及多种有机溶剂,是常用的增溶剂、O/W 的乳化剂、分散剂和润湿剂。

根据脂肪酸和聚合度的不同,可分为聚山梨酯20(吐温20)、聚山梨酯40(吐温40)、聚山梨酯60(吐温60)、聚山梨酯65(吐温65)、聚山梨酯80(吐温80)、聚山梨酯85(吐温85)等多种型号。

3. 聚氧乙烯型 为环氧乙烷与含有活泼氢的化合物进行加成反应的产物,又称为聚乙二醇型非离子型表面活性剂。其分别有:①聚氧乙烯脂肪酸酯:商品名为卖泽(Myrij),系聚乙二醇与长链脂肪酸缩合而成的酯。如聚氧乙烯40硬脂酸酯具有水溶性高、乳化能力强等特点,是常用的增溶剂和 O/W 型乳化剂。②聚氧乙烯脂肪醇醚:商品名为苄泽(Brij),系聚乙二醇与脂肪醇缩合而成的醚。如平平加 O,为常用的 O/W 型乳化剂。

4. 聚氧乙烯-聚氧丙烯共聚物 又称泊洛沙姆(poloxamer),商品名为普郎尼克(Pluronic)。泊洛沙姆易溶于水或乙醇,溶于无水乙醇、乙酸乙酯、三氯甲烷,在乙醚或石油醚中几乎不溶。随分子量增加,本品从液体变为固体。聚合物结构中聚氧丙烯为亲油基,聚氧乙烯为亲水基,随着聚氧丙烯比例增加,亲油性增强;反之,亲水性增强。

本品具有乳化、润湿、分散、起泡和消泡等多种优良性能,还可用作水凝胶的基质。泊洛沙姆188(普郎尼克 F68)为 O/W 型乳化剂,常用作制备静脉用脂肪乳的乳化剂,制成的乳剂能够耐受热压灭菌和低温冷冻。

知识链接

新型表面活性剂

几种新型表面活性剂简介:①元素表面活性剂,含有氟、硅、磷和硼等元素的表面活性剂称为元素表面活性剂。其中含氟表面活性剂毒性非常小,含硅表面活性剂具有耐高温、耐气候老化、无毒、无腐蚀及较高生理惰性等特点,含硼表面活性剂高温下较稳定,可以水解,具有优良的表面活性、抗静电性及抗菌性。②Gemini 表面活性剂,为表面活性剂的二聚体,具有更为优良的表面活性。③Bola 型表面活性剂,是以一个疏水链连接两个亲水基团构成的两亲化合物,在溶液表面是以 U 形构象存在的,即两个亲水基伸入水相,弯曲的疏水链伸向气相,在自组装、制备超薄分子薄膜、催化和生物矿化、药物缓释、生物膜破解、纳米材料的合成等方面具有广阔的应用价值。④Dendrimer 型表面活性剂,树枝状表面活性剂用作涂料分散剂有两方面优势,首先,与颜料的相互作用更为亲和;其次,由于分子结构一致,且形状近似椭球形,在分散体系中比较容易获得较低黏度。⑤阴阳离子型表面活性剂,是由具有表面活性的阳离子和阴离子通过离子间相互作用结合而成,与经典表面活性剂相比具有十分显著的功效,不仅常常同时具有离子型和非离子型表面活性剂的某些特性,而且往往比它们的性能更为优越,使用效率远远高于其他类型的表面活性剂。

三、表面活性剂的常用品种

十二烷基硫酸钠

【**来源与制法**】　本品由十二醇经硫酸酯化,再用碳酸钠中和制得的以十二烷基硫酸钠($C_{12}H_{25}OSO_3Na$)为主(通常要求其含量大于85%)的烷基硫酸钠混合物,又称为月桂硫酸钠。

【**性质**】　本品为白色至淡黄色结晶或粉末;有特征性微臭。本品在水中易溶,可形成乳白色溶液,在乙醚和氯仿中几乎不溶。1%水溶液的pH为7.0~9.5,HLB值约等于40,20℃时临界胶束浓度为0.22g/L,30℃时0.05%的水溶液的表面张力为25.2mN/m。

【**应用**】　本品为阴离子型表面活性剂,广泛用于胃肠道制剂和化妆品中。作为阴离子乳化剂,能与脂肪醇形成自乳化基质,使用浓度为0.5%~2.5%;在浓度大于临界胶束浓度时,可用作增溶剂,使用浓度宜大于0.0025%;在片剂中可作为润滑剂,使用浓度通常为1.0%~2.0%。本品亦可作为去污剂和润湿剂,在酸性和碱性条件下均有作用。

【**注意事项**】　本品能与阳离子型表面活性剂发生反应,即使在不能形成沉淀的低浓度下仍可失去活性。十二烷基硫酸钠与皂类表面活性剂不同,能与弱酸、钙和镁离子配伍。pH 9.5~10.0的十二烷基硫酸钠溶液对低碳钢、铜、铝等有微弱的腐蚀性,与一些生物碱有配伍禁忌,与铅盐和钾盐发生沉淀。

　　本品为中等毒性物质,能对皮肤、眼睛、黏膜、上呼吸道和胃产生刺激等毒性反应。长期接触能造成皮肤干裂和接触性皮炎,长期吸入对肺有损害,可发生肺部过敏和导致严重的呼吸道功能紊乱。

　　操作时应佩戴护眼镜和防尘呼吸器,最好是戴手套或穿防护服,避免吸入或与皮肤接触,避免长期和重复接触。

苯　扎　氯　铵

【**来源与制法**】　本品为氯化二甲基苄基烃铵的混合物,系由 N-烷基-N-甲基苯扎明与氯甲烷在适宜的有机溶剂中反应而得,本品又称为洁尔灭。

【**性质**】　本品为白色蜡状固体或黄色胶状体;水溶液显中性或弱碱性反应,振摇时产生多量泡沫。本品在水或乙醇中极易溶解,在乙醚中微溶。10%的水溶液pH为5~8。本品对细菌、酵母菌和真菌都有广泛的抑制作用。苯扎氯铵与0.1%的依地酸二钠、苯甲醇、苯乙醇等联用时对铜绿假单胞菌产生抑制作用增强,但在枸橼酸盐或磷酸盐缓冲液中对其抑制作用减弱。

【**应用**】　本品为季铵类阳离子型表面活性剂,可用作消毒剂、防腐剂、增溶剂和润湿剂。在眼用制剂中苯扎氯铵是应用最广泛的抑菌剂之一,常用浓度为0.01%~0.02%,常与其他抑菌剂或赋形剂联用以增强抑制铜绿假单胞菌活性,特别是与0.1%磷酸氢二钠合用效果显著。在鼻用制剂和耳用制剂处方中,常用浓度为0.002%~0.02%,有时与0.002%~0.005%的硫柳汞合用;0.01%苯扎氯铵也被用作小剂量注射剂的抑菌剂;此外,本品还可用作化妆品抑菌剂。

【**注意事项**】　苯扎氯铵有吸湿性,光、空气和金属能影响其稳定性。稀释液贮藏在聚氯乙烯或聚亚胺酯泡沫塑料容器中,其抗菌活性可能丧失。散装品应避免接触金属。

　　与铝、阴离子型表面活性剂、枸橼酸盐、过氧化氢、羟丙纤维素、高岭土、羊毛脂、硝酸盐、高浓度的非离子型表面活性剂、水杨酸盐、肥皂、磺胺类药物和一些塑料混合物有配伍禁忌。本品溶液在过滤时可能被多种滤膜吸附,特别是疏水性或阴离子型滤膜。

苯扎氯铵对皮肤和眼睛有刺激性,重复接触皮肤可能引起过敏反应。苯扎氯铵的浓溶液意外溅到手上可能产生腐蚀及深部坏死和疤痕,应立即用水冲洗,再用大量肥皂水清洗。

卵 磷 脂

【来源与制法】 卵磷脂是细胞膜的重要组成部分,是一种不溶于丙酮的磷脂混合物,可广泛从动物及植物来源获取,如从大豆、花生、玉米、油菜籽中获得。大豆磷脂是商业上应用最为广泛的植物卵磷脂,系从大豆中提取精制而得的磷脂混合物,以无水物计算,含磷量应不得少于2.7%,含氮量应为1.5%~2.0%,含磷脂酰胆碱应不得少于45.0%,含磷脂酰乙醇胺应不得过30.0%,含磷脂酰胆碱和磷脂酰乙醇胺总量不得少于70%。蛋磷脂是人们最早发现的卵磷脂,是通过丙酮从液体蛋黄中提取或用乙醇从冻干的卵黄中提取的。卵磷脂也可以合成生产。

【性质】 本品为黄色至棕色的半固体、块状体,在乙醚和乙醇中易溶,在脂肪烃、芳香烃、卤化烃、矿物油和脂肪酸中均可溶,在冷的植物油和动物油、极性溶剂、丙酮和水中不溶,当与水混合时,卵磷脂水化形成乳剂。

卵磷脂在极端 pH 下降解,同时具有吸湿性,受热时卵磷脂氧化、变黑和降解。液体或蜡状卵磷脂在室温以上时降解,10℃以下时会引起分离。所有卵磷脂都应该存放在密闭较好的容器中,以避光和避氧,纯化的固体卵磷脂应在冰点以下的密闭容器中存放。

【应用】 卵磷脂在药剂中的应用比较广泛,比如吸入气雾剂(浓度为0.1%)、静脉注射剂(浓度为0.3%~2.3%)和口服混悬剂(浓度为0.25%~10.0%)。卵磷脂在肌内注射剂、静脉注射剂和非肠道营养制剂、乳膏剂和软膏剂等外用制剂中常用作分散剂、乳化剂和增溶剂;也可作为栓剂的基质以降低栓剂的脆性;在脂质体中作为包封药物的脂质双分子层的膜材。

【注意事项】 本品吸湿性强,暴露于空气中很不稳定,易吸湿潮解后氧化酸败变质。卵磷脂对眼睛有刺激性,建议操作时使用护眼镜和戴手套。

月桂山梨坦(司盘20)

【来源与制法】 山梨醇脱水生成1,4-山梨坦,然后与单月桂酸形成酯的混合物,系山梨醇脱水,在碱性催化剂下,与月桂酸酯化而制得;或由山梨醇与月桂酸在180~280℃下直接酯化而制得。

【性质】 本品为淡黄色至黄色黏稠油状液体,有轻微异臭,不溶于冷水,能分散于热水中呈半乳状乳浊液,微溶于乙酸乙酯,可溶于棉籽油中。当温度高于熔点时,可溶于甲醇、乙醇、乙醚、乙酸乙酯、苯胺、四氯化碳中。相对密度为1.01,HLB 值为8.6,1%水溶液的表面张力为28mN/m。

【应用】 脂肪酸山梨坦类作为亲脂性的非离子型表面活性剂,广泛应用于化妆品、食品和药品中,可作为乳化剂、非离子型表面活性剂、增溶剂、润湿剂和分散剂(助悬剂)。在制备局部应用的乳膏剂、乳剂及软膏剂时,主要用作乳化剂。当单独使用时可制备稳定的 W/O 型乳剂和微乳。值得注意的是,脂肪酸山梨坦很少单独使用,常与其他水溶性表面活性剂,尤其是与不同比例的聚山梨酯合用,可以制备各种 W/O 或 O/W 型的乳剂或软膏。司盘20在制备肌内注射乳剂时,可以在浓度范围0.01%~0.05%内使用。

【注意事项】 在强酸或强碱条件下逐渐皂化,在弱酸或弱碱中稳定。应存放在密闭容器中,并置于阴凉干燥处。偶有报道说局部用药后有皮肤过敏反应,当加热到分解温度时,会释放出刺激性的烟气。

本品为非离子型表面活性剂,具有乳化、分散、增溶和增稠等作用。在药剂中,主要用作 W/O 型乳化剂和增溶剂,用于乳剂、栓剂、乳膏剂等剂型的制备。

聚山梨酯80(吐温80)

【来源与制法】 聚山梨酯由山梨糖醇通过三步反应制得,首先山梨醇脱水形成脱水山梨糖,然后同脂肪酸(如油酸或硬脂酸)酯化生成己糖酯,最后在催化剂作用下同环氧乙烷反应生成聚山梨酯。聚山梨酯80 的化学名为聚氧乙烯20 山梨坦单油酸酯,属多元醇型非离子型表面活性剂,是聚山梨酯类中最常用的一种。

【性质】 聚山梨酯80 的分子量为1310,有异臭,25℃时为黄色油状液体。聚山梨酯80 湿水含量为3.0%,皂化值为45~55,*HLB* 值为15.0,25℃时比重为1.08,可溶于乙醇和水,在矿物油和植物油中不溶,20℃时表面张力为42.5mN/m,临界胶束浓度约14mg/L。

【应用】 聚山梨酯是一系列聚氧乙烯去水山梨醇的部分脂肪酸酯,是不同分子大小的混合物而不是单一的化合物,广泛用作稳定的 O/W 型乳剂的乳化剂,也可用作香精油和油溶性维生素的增溶剂,用作口服或非胃肠道混悬剂的润湿剂,研究发现还可作为提高 P-糖蛋白底物的药物分子的口服生物利用度。

聚山梨酯80 乳化性能优良,对电解质有显著的抵抗力,亲水性强,常用作 O/W 型乳化剂,在外用、口服和注射剂的乳剂中均可使用,用量一般为1%~15%。本品是中药注射剂最常用的增溶剂,能改善其澄明度,提高稳定性,用量一般为1%~2%。作为润湿剂时,用于疏水性片剂能使水分易于渗入,加快崩解速度。用于疏水性药物制成的混悬液体药剂中,如合剂、注射剂、气雾剂等能促进药物粒子分散,其反絮凝作用可以防止细小药物粒子聚集,增加其稳定性,用量一般为0.1%~0.2%。聚山梨酯80 的临界胶束浓度约14mg/L,亦可作为增溶剂。值得注意的是,聚山梨酯中含有聚氧乙烯,能与酚羟基化合物以氢键结合形成复合物,使含酚羟基的药物失效,如可使酚磺乙胺降效。此外,聚山梨酯还能和鞣质发生作用产生沉淀而影响中药注射剂的质量。

【注意事项】 聚山梨酯遇强酸、强碱会逐渐皂化,其油酸酯易于氧化,有吸湿性,使用前要检测含水量,必要时要干燥。聚山梨酯同其他聚氧乙烯表面活性剂一样,在贮存时间过长会长生过氧化物。贮存时应置于密封容器中,避光、阴凉、干燥处贮存。

聚山梨酯同多种物质,特别是苯酚、鞣酸、焦油类物质发生变色或沉淀反应。在聚山梨酯存在下,防腐剂羟苯酯类的抗菌活性会降低。

聚氧乙烯(40)氢化蓖麻油

【来源与制法】 聚氧乙烯蓖麻油衍生物是由不同重量环氧乙烷和蓖麻油或氢化蓖麻油反应得到的一系列物质,其中聚氧乙烯(40)氢化蓖麻油由1mol 氢化蓖麻油与40~45mol 环氧乙烷反应而制得。

【性质】 聚氧乙烯蓖麻油衍生物是由多种疏水基成分和亲水基成分组成的混合物。聚氧乙烯

(40)氢化蓖麻油中,混合物组成中约75%是疏水性基团,这些组分主要是数种乙氧基化甘油脂肪酸酯和数种聚乙二醇脂肪酸酯,亲水基团是由聚乙二醇和乙氧基化甘油组成。聚氧乙烯(40)氢化蓖麻油为白色半固体糊状物,在30℃时液化,可溶于蓖麻油、氯仿、乙醇、脂肪油、脂肪醇和橄榄油,在水溶液中微有异臭和味道,美国药典规定其皂化值为45~69。聚氧乙烯(40)氢化蓖麻油的HLB值为14~15,熔点约为30℃,凝固点为21~23℃,pH为6~7,临界胶束浓度约等于0.039%,1%水溶液的昙点为95.6℃,0.1%水溶液的表面张力为43.0mN/m。

聚氧乙烯(40)氢化蓖麻油在水醇溶液中是稳定的,但经长时间加热后冷却,可分离出固相和液相,但样品通过均化可恢复到原来的状态。

【应用】 聚氧乙烯蓖麻油衍生物是非离子型表面活性剂,应用于口服、局部和注射给药剂型中。聚氧乙烯(40)氢化蓖麻油和聚氧乙烯(35)蓖麻油相比,几乎无味,在口服制剂中被择优使用;在水醇溶液或全水溶液中,被用于增加维生素、精油和某些药物的溶解度,使用25%浓度的水溶液1ml,可增溶约88mg棕榈酸维生素A或大约160mg丙酸维生素A,还能增加其他药物的溶解度,如阿法多龙、阿法沙龙、海克替啶、左美丙嗪、咪康唑、丙泮尼地、硫喷托钠等;对脂肪酸和脂肪醇的乳化效果较佳。

在含水的气雾剂的介质中加入聚氧乙烯(40)氢化蓖麻油能改善抛射剂在水相中的溶解度,适用于增加二氯二氟甲烷和丙烷/丁烷混合物的溶解度。聚氧乙烯(40)氢化蓖麻油还用于乳化脂肪酸和脂肪醇。

【注意事项】 本品基本无毒、无刺激性,但在人体和动物上静脉注射可出现严重的致敏性。聚氧乙烯(40)氢化蓖麻油中的各种酯成分易在强酸和强碱溶液中皂化,水溶液中对于一定浓度的大多数电解质是稳定的。值得注意的是,本品遇含酚羟基的化合物,如苯酚、间苯二酚、鞣酸等在较高温度时会使其沉淀而发生配伍禁忌。

聚氧乙烯鲸蜡醇醚(苄泽52)

【来源与制法】 聚氧乙烯烷基醚是由链型脂肪醇和环氧乙烷缩合制备而成,采用所需分子量的聚乙二醇,控制反应以制成所需要的醚类。

【性质】 聚氧乙烯烷基醚是一种混合物。苄泽52为白色蜡状固体,可溶于乙醇和脂肪油,不溶于丙二醇与水,其HLB值为5.3,熔点为31℃。聚氧乙烯烷基醚在强酸或强碱条件下很稳定,但强电解质对其制成的乳剂的物理稳定性有不利影响。在保存时,能自动氧化,随酸性增加可形成过氧化物,通常加有抗氧剂(一般用0.001%丁羟茴香醚和0.005%枸橼酸混合物)。

【应用】 可用作乳化剂、增溶剂和润湿剂。作为非离子型表面活性剂广泛应用于局部给药剂型和化妆品中,主要作为W/O型和O/W型乳剂的乳化剂;也可作为精油、香料、维生素油、难溶性药物的增溶剂;还可作为混悬剂的粗颗粒的分散剂。

【注意事项】 与碘化物、汞盐、酚类物质、水杨酸盐、磺胺药物、鞣酸配伍可变色或沉淀。聚氧乙烯烷基醚和苯佐卡因和可氧化的药物也有配伍禁忌。由于氢键结合,一些酚类防腐剂(如羟苯酯类)抗菌效力减弱。氢键的结合使其昙点降低,除硝酸盐、碘化物和硫氰酸盐可导致昙点升高外,多数盐类也能使昙点降低。

泊洛沙姆188(普郎尼克F68)

【来源与制法】 为 α-氢-ω 羟基聚(氧乙烯)a-聚(氧丙烯)b-聚(氧乙)a 嵌段共聚物。由环氧丙烷和丙二醇反应,形成聚氧丙二醇,然后加入环氧乙烷形成嵌段共聚物。在共聚物中氧烯单元(a)为75～85,氧丙烯单元(b)为25～30,氧乙烯(EO)含量79.9%～83.7%,平均分子量为7680～9510。

【性质】 本品为白色半透明蜡状固体;微有异臭。本品在水、乙醇中易溶,在无水乙醇或乙酸乙酯中溶,在乙醚或石油醚中几乎不溶。2.5%浓度的水溶液pH为5.0～7.4,10%的水溶液昙点大于100℃,*HLB*值为29,25℃下0.1%浓度时表面张力为19.8mN/m、0.01%浓度时表面张力为24.0mN/m。

【应用】 作为非离子型的聚氧乙烯-聚氧丙烯共聚物,在药物制剂中主要用作乳化剂和增溶剂,亦可作为分散剂、共乳化剂、润湿剂和片剂润滑剂。在美国FDA《非活性成分指南》中,其可用于静脉注射剂、吸入制剂、眼用制剂,以及口服散剂、溶液剂、混悬剂、糖浆剂和局部用制剂。作为目前用于静脉乳剂的极少数合成乳化剂之一,泊洛沙姆188可用作静脉注射脂肪乳的乳化剂,用量一般为0.1%～5%;在糖浆剂和醑剂中用作增溶剂和稳定剂,以保持制剂的澄明度;还可作为润湿剂,用作软膏剂、栓剂和凝胶剂基质和作为片剂的黏合剂和包衣材料;泊洛沙姆188亦被用作人工代血浆中氟碳化合物的乳化剂和用于制备固体分散体;治疗上,口服泊洛沙姆188可用作治疗便秘的润湿剂和通便剂;滴眼剂的润湿剂。

【注意事项】 虽然泊洛沙姆的水溶液在酸、碱和金属离子的存在下稳定,但水溶液易生霉菌。泊洛沙姆188与苯酚和羟苯酯类的配伍禁忌取决于相对浓度。

点滴积累 ╲┈┈┈

　　1. 表面活性剂的概念: 显著降低表面张力。

　　2. 表面活性剂的结构特征: 极性基团和非极性基团。

　　3. 表面活性剂的分类: 离子型(阴离子、阳离子、两性离子)和非离子型。

第二节　表面活性剂的基本性质

一、形成胶束

1. 胶束与临界胶束浓度 在水中加入少量表面活性剂时,表面活性剂会聚集于液-气界面,此时亲水基插入水中,亲油基升向空气中。当表面活性剂浓度继续增加至溶液表面饱和不能再吸附后,其分子则转入溶液内部,由于表面活性剂的亲油基与水分子间的排斥力远大于两者之间的吸引力,许多表面活性剂分子的亲油基相互吸引,缔合在一起形成胶束,即形成亲油基向内、亲水基向外、大小不超过胶体粒子范围(1～100nm)、在水中稳定分散的聚集体,称之为胶束或胶团。表面活性剂分子缔合形成胶束的最低浓度称为临界胶束浓度(critical micelle concentration,*CMC*),不同表面活性

剂的 CMC 不同,通常为 $0.02\% \sim 0.5\%$。具有相同亲水基的同系列表面活性剂,若亲油基团越大,则 CMC 越小;到达临界胶束浓度时,溶液的表面张力基本达到最低,随着浓度的增加,分散系统由真溶液变成胶体溶液,增溶作用增强,起泡性能和去污力加大,渗透压、导电度、密度和黏度等突变,并出现丁达尔现象。

2. 胶束的结构 表面活性剂在一定浓度范围内,胶束多呈球形结构混悬于溶液中,胶束表面为亲水基团,而亲油基团则无序缠绕在一起形成内核。随着溶液中表面活性剂浓度增加,胶束结构逐渐转变成具有更高分子缔合数的棒状胶束,再到六角束状,乃至板状或层状结构,与此同时体系由液态转向液晶态,亲油基团也由分布紊乱转变为排列规整。在非极性溶剂中,油溶性表面活性剂如钙肥皂、司盘类也可形成类似的反向胶束。

知识链接

胶束聚集数与表面张力的测定

1. 胶束聚集数,又称胶团聚集数,是胶束大小的量度,即缔合成胶束的表面活性剂分子或离子单体数。聚集数一般在 30 到数百个分子,常用光散射法测量胶束聚集数。

2. 测量临界胶束浓度的方法主要有表面张力法、电导法、染料法、加溶作用法、光散射法等,原则上都是根据溶液的物理化学性质随浓度变化发生突变求得。

二、亲水亲油平衡值

表面活性剂分子中亲水和亲油基团对油或水的综合亲和力称为亲水亲油平衡值(hydrophile-lipophile balance,HLB)。一般将表面活性剂的亲水亲油平衡值范围限定在 $0 \sim 40$,其中非离子型表面活性剂的亲水亲油平衡值范围为 $0 \sim 20$,完全由疏水碳氢基团组成的石蜡分子的 HLB 值为 0,而完全由亲水性的氧乙烯基组成的聚氧乙烯的 HLB 值为 20,其他的则介于二者之间。HLB 值越低表面活性剂亲油性越大,HLB 值越高表面活性剂亲水性越大,即亲油型表面活性剂有较低的 HLB 值($HLB<9$),亲水型表面活性剂有较高的 HLB 值($HLB>9$)。表面活性剂的 HLB 值与其性能和应用密切相关,HLB 值在 $3 \sim 8$ 的表面活性剂适合作 W/O 型乳化剂,HLB 值在 $8 \sim 16$ 的表面活性剂适合作 O/W 型乳化剂,HLB 值在 $13 \sim 18$ 的表面活性剂适合作增溶剂,HLB 值在 $7 \sim 9$ 的表面活性剂适合作润湿剂与铺展剂。一些常用表面活性剂的 HLB 值见表 2-1。由于非离子型表面活性剂的 HLB 值具有加和性,故两组分的非离子型表面活性剂体系的 HLB 值通过以下公式计算:

$$HLB_{混合物} = HLB_A \times f_A + HLB_B \times (1-f_A) \qquad 式(2\text{-}1)$$

式中,HLB_A 和 HLB_B 分别为表面活性剂 A 和 B 的 HLB 值;$HLB_{混合物}$ 为混合表面活性剂的 HLB 值;f_A 为表面活性剂 A 所占比例,$(1-f_A)$ 为表面活性剂 B 所占比例。实际应用中,由于各种油制成稳定乳剂的最佳 HLB 值各不相同(见表 2-2),因此会根据需要选择不同的表面活性剂及其混合物。

表 2-1　常用表面活性剂的 *HLB* 值

表面活性剂名称	*HLB* 值	表面活性剂名称	*HLB* 值
油酸	1.0	聚氧乙烯氢化蓖麻油	12 ~ 18
二硬脂酸乙二酯	1.5	聚氧乙烯烷基酚	12.8
司盘 85	1.8	聚氧乙烯脂肪醇醚(乳白灵 A)	13.0
司盘 65	2.1	西黄蓍胶	13.0
卵磷脂	3.0	聚氧乙烯 400 单月桂酸酯	13.1
单硬脂酸丙二酯	3.4	吐温 21	13.3
司盘 83	3.7	聚氧乙烯辛基苯基醚甲醛加成物	13.9
单硬脂酸甘油酯	3.8	聚氧乙烯辛基苯基醚	14.2
司盘 80	4.3	吐温 60	14.9
阿特拉斯 G-917	4.5	吐温 80	15.0
司盘 60	4.7	卖泽 49	15.0
蔗糖酯	5 ~ 13	聚氧乙烯壬烷基酚醚(乳化剂 OP)	15.0
司盘 40	6.7	乳化剂 OP	15.0
阿拉伯胶	8.0	吐温 40	15.6
司盘 20	8.6	平平加 O	15.9
苄泽 30	9.5	卖泽 51	16.0
吐温 61	9.6	泊洛沙姆 188	16.0
明胶	9.8	聚氧乙烯月桂醇醚(平平加 O-20)	16.0
吐温 81	10.0	西土马哥	16.4
吐温 65	10.5	吐温 20	16.7
吐温 85	11.0	卖泽 52	16.9
卖泽 45	11.1	苄泽 35	16.9
聚氧乙烯 400 单油酸酯	11.4	油酸钠	18.0
聚氧乙烯 400 单硬脂酸酯	11.6	油酸钾	20.0
阿特拉斯 G-3300	11.7	阿特拉斯 G-263	25 ~ 30
油酸三乙醇胺	12.0	十二烷基硫酸钠	40.0

表 2-2　不同油相制成 O/W 型乳剂所需 *HLB* 值

油相	*HLB* 值	油相	*HLB* 值
棉籽油	7.5	十三醇	14
矿脂	7 ~ 8	葵醇	14
氯化石蜡	8	苯甲酮	14
蜂蜡	9	苯	15
石蜡	10	十六醇	15
硅油	10.5	月桂酸	16
烷烃矿物油	12	亚油酸	16
无水羊毛脂	12	蓖麻油酸	16
邻二氯苯	13	四氯化碳	16
矿物油	14	油酸	17
蓖麻油	14	硬脂酸	17
十二醇	14		

三、克氏点与昙点

（一）克氏点

十二烷基硫酸钠等离子型表面活性剂的溶解度一般随温度升高而增大，当温度上升到某一值后，溶解度急剧增加，此时的温度称为克氏点（Krafft point），克氏点对应的溶解度即为该表面活性剂的临界胶束浓度。

克氏点是表面活性剂应用温度的下限，亦即只有在温度高于克氏点时表面活性剂才能更大程度地发挥作用，例如十二烷基硫酸钠和十二烷基磺酸钠的克氏点分别约为8℃和70℃，前者可在室温下应用，而后者在室温下其表面活性并不理想。

（二）昙点

对于一些聚氧乙烯类非离子型表面活性剂，其水中溶解度随温度的升高而增大，但当温度升高到一定程度时，聚氧乙烯链与水之间的氢键断裂，致使其在水中的溶解度急剧下降并析出，溶液变混浊或分层，但冷却后则能重新形成氢键，溶液又恢复澄明，这种现象称为起昙或起浊，此温度称为昙点或浊点（cloud point）。在聚氧乙烯链长相同时，昙点随碳氢链的增长而降低；当碳氢链长相同时，昙点随聚氧乙烯链增长而升高。聚山梨酯类有起昙现象，如吐温20、吐温60、吐温80的昙点依次为90℃、76℃和93℃。

但某些聚氧乙烯类如泊洛沙姆188等水溶性极好，在常压下直至沸点也观察不到昙点。另外，含有能起昙的表面活性剂的制剂在加热或灭菌时应特别注意，因为当温度达昙点后，会析出表面活性剂，其增溶作用及乳化性能下降，还可能使被增溶物析出或使乳剂破坏，导致当温度降低到昙点以下时溶液难以恢复澄明。

四、表面活性剂的生物学性质

（一）对生物膜的影响

表面活性剂能溶解生物膜脂质，增加上皮细胞的通透性，促进药物的吸收，如十二烷基硫酸钠可促进四环素、磺胺脒等药物的吸收。

（二）与蛋白质的相互作用

蛋白质为两性化合物，可因外界pH的不同而与阳离子型表面活性剂或阴离子型表面活性剂发生电性结合。此外，离子型表面活性剂可破坏蛋白质二级结构中离子键、氢键、疏水键使蛋白变性失活。

（三）毒性和刺激性

一般而言，阳离子型表面活性剂毒性最大，阴离子型表面活性剂次之，非离子型表面活性剂毒性最小，而两性离子型表面活性剂的毒性因在不同pH环境中的荷电情况不同而表现出不同强度的毒性。当然，表面活性剂的毒性大小跟给药途径也有关系，比如静脉给药的毒性就大于口服给药的毒性。

是否有溶血现象是判断表面活性剂能否用于静脉给药的主要影响因素之一，阴离子及阳离子型表面活性剂具有较强的溶血作用，如十二烷基硫酸钠就具有强烈的溶血作用。非离子型表面活性剂也有轻微的溶血作用，其中聚山梨酯类的溶血作用一般比其他含聚氧乙烯基的表面活性剂小，溶血作用强度顺序为聚氧乙烯烷基醚>聚氧乙烯芳基醚>聚氧乙烯脂肪酸酯>聚山梨酯类;聚山梨酯类的溶血作用顺序为吐温 20>吐温 60>吐温 40>吐温 80。

表面活性剂外用时毒性较小,主要表现为刺激性,非离子型表面活性剂对皮肤和黏膜的刺激性最小。例如阳离子型表面活性剂季铵盐类在溶液中的浓度高于 1% 时即可对皮肤产生损害,阴离子型表面活性剂十二烷基硫酸钠在浓度高于 20% 以上才能产生损害,而非离子型表面活性剂聚山梨酯类对皮肤和黏膜的刺激性很小。

点滴积累 ∨

1. 表面活性剂的基本性质:降低表面张力,界面吸附,形成胶束。
2. 亲水亲油平衡值的计算:$HLB_{混合物} = HLB_A \times f_A + HLB_B \times (1 - f_A)$。
3. 表面活性剂的其他性质:克氏点、昙点、生物学性质。

第三节　表面活性剂在药剂中的作用

表面活性剂在药剂上有着广泛的应用,几乎所有的剂型,包括乳剂、混悬剂、片剂、胶囊剂、软膏剂、栓剂、注射剂、吸入剂等,都可能用上表面活性剂。表面活性剂常用于难溶性药物的增溶、油的乳化、混悬剂的润湿和助悬,亦可用于增加药物的稳定性、促进药物的吸收、增强药效,而阳离子型表面活性剂还可用于消毒、防腐和杀菌,表 2-3 列出了不同 *HLB* 值的表面活性剂的主要用途。

表 2-3　不同 *HLB* 值的表面活性剂的用途

HLB 值	表面活性剂的性质	用途
1 ~ 3	亲油性,溶于油	消泡剂
3 ~ 8	亲油性,溶于油	W/O 型乳化剂
7 ~ 9	水分散性	润湿剂
8 ~ 16	*HLB* 值在 6 ~ 9 时具油溶性,*HLB*>9 时具水溶性	O/W 型乳化剂
12 ~ 17	亲水性,溶于水	洗涤剂
16 ~ 20	亲水性,溶于水	增溶剂

一、增溶

在药物制剂中,一些难溶性药物在水中的溶解度很小,导致制剂在胃肠道等给药部位难以有效释放药物,达不到治疗所需浓度。增溶是指药物在表面活性剂胶束的作用下而增加溶解度的现象,具有增溶作用的表面活性剂称为增溶剂。如 1g 吐温 20 或吐温 80 能分别增溶 0.25g 和 0.19g 丁香油。

一般而言,临界胶束浓度越低,形成的胶团数量就越多,其增溶效果就越好。影响增溶作用的因素除增溶剂的种类、型号、用量和药物的性质外,还有加入顺序、增溶剂的 *HLB* 值、溶液的 pH、电解质、有机添加剂和温度等因素。比如一般认为表面活性剂最适宜的 *HLB* 值为 15 ~ 18,昙点之前比在昙点之后更有利于增溶,而将增溶剂与被增溶药物先行混合比增溶剂先与水混合效果也更好,溶液的 pH 最好能使药物保持在非解离状态更有利于增溶。

二、乳化

一般而言,HLB 值为 3~8 的表面活性剂适于作为制备 W/O 型乳剂的乳化剂,HLB 值为 8~16 的表面活性剂适于作为制备 O/W 型乳剂的乳化剂。表面活性剂在乳剂中能降低油水界面张力,其分子能在分散相液滴周围形成一层乳化层,从而提高乳剂的稳定性。阳离子型表面活性剂由于毒性较大,不适合用作口服乳剂的乳化剂;阴离子型表面活性剂一般作为外用乳剂的乳化剂;两性离子型表面活性剂如阿拉伯胶、西黄蓍胶、琼脂等可用作口服乳剂的乳化剂;非离子型表面活性剂毒性低,不易受 pH 或电解质的影响,可用作外用或口服乳剂的乳化剂,有的还可作为注射用乳剂的乳化剂。

案例分析

石灰搽剂

[处方] 植物油 100ml 饱和氢氧化钙溶液 100ml。

[制法] 量取植物油及氢氧化钙溶液各 100ml,置适宜容器中,用力振荡至乳剂生成。

[分析] ①本品用于轻度烫伤,具有收敛、止痛、润滑、保护等作用。 ②本处方中,乳化剂是采用新生皂法制得,亦即氢氧化钙与植物油中所含的少量游离脂肪酸进行皂化反应形成的钙皂（W/O 型乳化剂）作乳化剂,再乳化植物油制成 W/O 型乳剂。 ③本处方中所用植物油可选用菜籽油、芝麻油、花生油和棉籽油等。

三、润湿

在含有固体粉末的制剂中,有时候由于固体表面的疏水性或吸附的一层气膜阻碍了液体对固体的润湿,进而造成混悬剂中的药物粒子漂浮或下沉、片剂或胶囊剂崩解迟缓等不良影响。加入 HLB 值在 7~9 的表面活性剂,由于其分子吸附并定向排列于固-液界面,降低了表面张力和接触角,使固体容易被润湿而均匀分散或溶出介质容易进入固体制剂内部。

▶ **课堂活动**

将约 1g 硬脂酸镁置于装有 200ml 水的烧杯中,轻轻摇晃后静置 1 分钟,观察现象。 为什么硬脂酸镁不能分散于水中? 怎么才能让其更好地混悬于水中?

四、其他作用

表面活性剂还可做起泡剂和消泡剂、去污剂、消毒剂。起泡剂是指可产生泡沫作用和稳定泡沫的表面活性剂,一般具有较强的亲水性和较高的 HLB 值;表面活性剂作为起泡剂主要用于腔道给药和皮肤给药。消泡剂是用来破坏、消除泡沫的表面活性剂,一般具有较强的亲油性,HLB 值为 1~3;消泡剂主要用于破坏那些含有皂苷、树胶、蛋白等在剧烈搅拌时容易产生泡沫的溶液,破坏掉给操作带来困难的泡沫。消泡剂的作用原理是吸附于泡沫界面,取代原有起泡剂,形成脆弱的界面膜从而使泡沫破裂。

去污剂又称为洗涤剂,是指可以除去污垢的表面活性剂,其 *HLB* 值一般为 13～16。去污过程一般包括润湿、增溶、乳化、发泡等作用,以非离子型表面活性剂去污能力最强,其次是阴离子型表面活性剂。常用的去污剂有油酸钠、钠肥皂、钾肥皂、十二烷基硫酸钠和烷基磺酸钠等。

大部分阳离子型表面活性剂和少部分阴离子型表面活性剂都可与细菌生物膜蛋白质发生强烈作用而使之变性或破坏,从而发挥消毒或杀菌作用。如苯扎溴铵、甲酚磺酸钠和氯己定等都可作为消毒剂用于皮肤、伤口、黏膜、器械和环境等消毒。

五、应用及分析

(一) 地西泮静脉注射用亚微乳

[处方] 地西泮 0.5g　　　泊洛沙姆 108 4g　　　精制豆磷脂 0.3g

　　　　精制豆油 15g　　　甘油 2.5g　　　　　注射用水加至 100ml

[制法] 将精制豆磷脂、地西泮溶于精制豆油中作为油相,将泊洛沙姆 108 和甘油溶于注射用水中作为水相。油相和水相分别加热至 60℃,加至组织捣碎机中乳化 9 分钟得到初乳,之后转入高压均质机中循环 3 次,过滤,分装,灭菌即得。

[分析] ①地西泮不溶于水,制成静脉注射乳剂用以克服市售地西泮注射液中有机溶剂(如乙醇、苯甲醇等)所致毒性和血栓性静脉炎等不良反应。②泊洛沙姆 108 和精制豆磷脂作为混合型乳化剂,精制豆油作为地西泮的溶剂,甘油作为等渗调节剂。

(二) 醋酸氯己定栓

[处方] 醋酸氯己定　25g　　　吐温 80　100g　　　冰片醑　250ml

　　　　甘油　3200g　　　　明胶　900g　　　　纯化水加至 5000ml

　　　　共制 1000 粒

[分析] ①醋酸氯己定为阳离子型表面活性剂,抗菌谱广,对多数革兰阳性及阴性细菌都有杀灭作用,对铜绿假单胞子菌也有效。醋酸氯己定栓适用于宫颈糜烂、化脓性阴道炎、霉菌性阴道炎,也适用于滴虫性阴道炎等。②栓剂进入腔道后,药物首先从基质释放出来,然后分散或溶解于分泌液中,方能发挥疗效。在上述栓剂处方中加入表面活性剂吐温 80,可以促进药物被腔道分泌液润湿,增加黏膜栓剂中药物的吸收。

知识链接

表面活性剂的发展与应用

1. 表面活性剂的发展史　公元前 2500 至 1850 年羊油和草木灰制造肥皂;19 世纪中叶出现化学合成的表面活性剂;20 世纪 50 年代开始随着石油化工业飞速发展。

2. 表面活性剂的用途　享有"工业味精"的美称,几乎渗透到一切技术经济部门,品种逾万种。应用领域从日用化学工业发展到石油、食品、农业、卫生、环境、新型材料等技术部门。

点滴积累　∨

1. 表面活性剂的应用：增溶、乳化、润湿、起泡、消泡、去污、消毒。

2. 不同 HLB 值表面活性剂的用途：消泡剂 $1\sim3$，W/O 型乳化剂 $3\sim8$，润湿剂 $7\sim9$，O/W 型乳化剂 $8\sim16$，去污剂 $12\sim17$，增溶剂 $16\sim20$。

目标检测

一、选择题

（一）单项选择题

1. 具有起浊现象的表面活性剂是（　　）

　　A. 卵磷脂　　　　　B. 肥皂　　　　　C. 吐温 80　　　　　D. 司盘 80

2. 属于阴离子型的表面活性剂是（　　）

　　A. 吐温 80　　　　　B. 月桂醇硫酸钠　　　　　C. 乳化剂 OP　　　　　D. 普郎尼克 F68

3. 将吐温 80（$HLB=15$）和司盘 80（$HLB=4.3$）以 $2:1$ 的比例混合，混合后的 HLB 值最接近的是（　　）

　　A. 9.6　　　　　B. 17.2　　　　　C. 12.6　　　　　D. 11.4

4. 表面活性剂结构特点是（　　）

　　A. 是高分子物质　　　　　　　　　　B. 结构中含有羟基和羧基

　　C. 具有亲水基和亲油基　　　　　　　D. 结构中含有氨基和羟基

5. 具有临界胶束浓度是（　　）

　　A. 溶液的特性　　　　　　　　　　　B. 胶体溶液的特性

　　C. 表面活性剂的一个特性　　　　　　D. 高分子溶液的特性

6. 以下表面活性剂毒性最强的是（　　）

　　A. 吐温 80　　　　　B. 肥皂　　　　　C. 司盘 20　　　　　D. 氯苄烷铵

7. 以下不是阴离子表面活性的是（　　）

　　A. 硬脂酸钠　　　　　　　　　　　　B. 十二烷基硫酸钠

　　C. 硬脂酸三乙醇胺　　　　　　　　　D. 蔗糖硬脂酸酯

8. 以下不是阳离子表面活性的是（　　）

　　A. 苯扎氯铵　　　　　B. 苯扎溴铵　　　　　C. 新洁尔灭　　　　　D. 硬脂酸钠

9. 下列叙述正确的是（　　）

　　A. 表面活性剂可以使蛋白质产生变性

　　B. 非离子型表面活性剂毒性最强且溶血作用也较强

　　C. 阳离子型表面活性剂毒性和溶血作用都较强

　　D. 阴离子型表面活性剂毒性最低溶血作用也很轻微

10. 关于两性离子型表面活性剂叙述错误的是（　　）

A. 当 pH 低于等电点时,多呈阳离子型表面活性剂的性质

B. 毒性与刺激性非常大

C. 具有较好的耐硬水性和高浓度电解质

D. 几乎可以同其他所有类型的表面活性剂进行复配

11. 表面活性剂结构特点是(　　)

A. 含烃基的活性基团　　　　　　　　B. 是高分子物质

C. 分子由亲水基和亲油基组成　　　　D. 结构中含有氨基和羟基

12. 以下表面活性剂毒性最强的是(　　)

A. 吐温 80　　　　　B. 肥皂　　　　　C. 司盘 50　　　　　D. 苯扎溴铵

13. HLB 值为 13～15 的表面活性剂通常用作(　　)

A. 润湿剂　　　　　B. 增溶剂　　　　　C. 洗涤剂　　　　　D. W/O 型乳化剂

14. 对表面活性剂的叙述正确的是(　　)

A. 非离子型的毒性大于离子型,两性离子型毒性最小

B. HLB 值越小,亲水性越强

C. 做乳化剂使用时,浓度应大于 CMC

D. 做 O/W 型乳化剂使用,HLB 值应大于 8

15. 40% 的司盘 80($HLB=4.3$)与 60% 吐温 80($HLB=15.0$)混合后的 HLB 值是(　　)

A. 4.3　　　　　B. 6.42　　　　　C. 8.56　　　　　D. 10.72

(二) 配伍选择题

[1～5]

A. 15～18　　　　　B. 13～15　　　　　C. 8～16

D. 7～11　　　　　E. 3～8

1. W/O 型乳化剂的 HLB 值(　　)

2. 湿润剂的 HLB 值(　　)

3. 增溶剂的 HLB 值(　　)

4. O/W 型乳化剂 HLB 值(　　)

5. 去污剂的 HLB 值(　　)

[6～10]

A. 泊洛沙姆　　　　　B. 卵磷脂　　　　　C. 新洁而灭

D. 羟苯乙酯　　　　　E. 月桂醇硫酸钠

6. 阴离子型表面活性剂(　　)

7. 阳离子型表面活性剂(　　)

8. 两性离子型表面活性剂(　　)

9. 非离子型表面活性剂(　　)

10. 防腐剂(　　)

[11~15]

　　A. 司盘　　　　　　B. 吐温　　　　　　C. 二者均是　　　　D. 二者均不是

11. 制备疏水性药物片剂的是(　　)

12. 属于非离子型表面活性剂的是(　　)

13. 制备 O/W 型乳剂的是(　　)

14. 制备 W/O 型乳剂的是(　　)

15. 可作静脉乳剂生产的是(　　)

（三）多项选择题

1. 属于非离子型的表面活性剂有(　　)

　　A. 司盘 80　　　　B. 月桂醇硫酸钠　　C. 乳化剂 OP　　　D. 普郎尼克 F68

2. 可用于注射乳剂生产的表面活性剂有(　　)

　　A. 新洁尔灭　　　B. 司盘 80　　　　C. 豆磷脂　　　　D. 普郎尼克 F68

3. 表面活性剂在药剂上可作为(　　)

　　A. 润湿剂　　　　B. 乳化剂　　　　C. 防腐剂　　　　D. 洗涤剂

4. 有关表面活性剂叙述正确的是(　　)

　　A. 阴阳离子型表面活性剂不能配合使用

　　B. 制剂中应用适量表面活性剂可利于药物吸收

　　C. 表面活性剂可作消泡剂也可作起泡剂

　　D. 起浊现象是非离子型表面活性剂的一种特性

5. 对表面活性剂的叙述错误的是(　　)

　　A. 非离子型的毒性大于离子型

　　B. *HLB* 值越小,亲水性越强

　　C. 作乳化剂使用时,浓度应大于 *CMC*

　　D. 作 O/W 型乳化剂使用,*HLB* 值应大于 8

6. 下列可用作 W/O 型乳化剂的有(　　)

　　A. 司盘 60　　　　B. 卖泽 45　　　　C. 单硬脂酸甘油酯　　D. 吐温 20

7. *HLB* 值在 8~16 的表面活性剂可用作为(　　)

　　A. O/W 型乳化剂　　B. W/O 型乳化剂　　C. 润湿剂　　　D. 去污剂

二、概念题

1. 表面活性剂

2. 胶束

3. 亲水亲油平衡值

4. 昙点

5. 克氏点

6. 临界胶束浓度

三、计算题

35g 司盘 80($HLB=4.3$)与 75g 吐温 80($HLB=15.0$)混合,混合物的 HLB 值是多少?

四、填空题

1. 增溶是当水溶液中的表面活性剂达到_____后,能显著增加一些水不溶性药物或微溶性物质溶解度的作用。

2. HLB 值越低表明表面活性剂_____越大,HLB 值越高表明表面活性剂_____越大。

3. 随着表面活性剂在水溶液中浓度增大,溶液表面不能再吸入,表面活性剂随即转入溶液内部,亲水基团朝外,其亲油基团之间相互吸引缔合朝内形成_____。

4. 表面活性剂分为_____和离子型表面活性剂,后者又可分为_____、_____、_____三种。

五、简答题

1. 表面活性剂在药剂中有哪些应用? 举例说明。

2. 不同用途表面活性剂的 HLB 值要求如何? 混合表面活性剂的 HLB 值如何计算?

（江荣高）

第三章

高分子材料

导学情景 V

情景描述：

双氯芬酸二乙胺凝胶为白色或淡黄色乳脂样凝胶，味香。适用于缓解局部的疼痛及炎症，局限性软组织病，如腱鞘炎、肩-手综合征和滑囊炎、关节周围病变、四肢与脊柱的骨关节炎；肌腱、韧带、肌肉和关节的创伤后炎症，如扭伤、劳损和挫伤。

学前导语：

该凝胶的处方为：双氯芬酸二乙胺 1.0g，丙二醇 10ml，乙醇 20ml，卡波姆 1.0g，三乙醇胺 1.0 ~1.2g，羟苯乙酯 0.1g，水 100ml。其中以高分子材料卡波姆作为凝胶剂的基质，具有水溶性基质的特点，要比其他基质药物释放速度快，吸收好。

第一节　高分子材料概述

一、高分子的定义与分类

（一）高分子的定义

高分子指的是分子量很高（一般为 $10^4 \sim 10^6$）的一类化合物，是以共价键连接若干个重复单元所形成的以长链结构为基础的化合物，常称为高分子化合物或高聚物。重复单元是高分子链的基本组成单位，可以是一个单体，如乙烯单体聚合成聚乙烯，也可以是两个单体，如对苯二甲酸和乙二醇两个单体经过聚合反应，脱水形成聚对苯二甲酸乙二醇酯。此外还有 2 种以上单体共聚而成的共聚物，如乙烯/醋酸乙烯共聚物。高分子所含重复单元的数目，称为该高分子的聚合度。

> **知识链接**
>
> 高分子化合物的特点
>
> 高分子化合物通常又称为聚合物，但严格地讲，两者并不相同，因为有些高分子化合物并非简单的重复单元连接而成，而仅仅是分子量很高的物质，这就不宜称作聚合物。但通常，这两个词是相互混用的。高分子材料也称为聚合物材料，它是以高分子化合物为基本组成，除此之外，一般还加有各种添加剂以获得各种实用性能或改善其成型加工性能。如作为塑料使用的高分子材料添加有颜料、增塑剂、稳定剂、润滑剂等。

（二）高分子的命名

高分子的命名方法有多种,其中习惯命名比较简单而常用,主要根据来源(天然、半合成、合成)分三种方式进行命名。①天然的有纤维素、淀粉、木质素、蛋白质、壳多糖(甲壳素)、阿拉伯胶、海藻酸。②半合成的在其天然聚合物名称前冠以衍生的基团名即可,例如羧甲纤维素、羧甲淀粉等。③合成聚合物命名方法是以聚合物的合成原料或者以链节来源的单体为基础进行命名。具体分三种情况:①由一种单体聚合得到的高分子,只要在单体名称前冠以"聚"字即可,如聚乙烯、聚丙烯、聚乳酸、聚甲基丙烯酸甲酯等。②由两种单体缩合聚合得到的高分子,在两种单体形成的链节结构名称前冠以"聚"字即可,如聚对苯二甲酸乙二醇酯、聚己二酰己二胺等。③另外由两种或两种以上单体共聚得到的高分子,也可在单体名称后面加上后缀"共聚物",如乙烯/醋酸乙烯共聚物、乙交酯/丙交酯共聚物、聚氧乙烯/聚氧丙烯共聚物等。

▶▶ **课堂活动**

聚氧乙烯/聚氧丙烯共聚物具有两亲性,请问哪部分是亲水,哪部分是亲油?

另外,还有由国际纯粹和应用化学联合会(IUPAC)提出的以化学结构为基础的系统命名法。命名步骤如下:如聚苯乙烯,先确定结构重复单元为苯乙烯,再排好重复单元中次级单元的次序,并根据化学结构命名重复单元为1-苯乙烯,最后在重复单元名称前加上一个"聚"字即成聚(1-苯乙烯)。

（三）高分子的分类

高分子化合物的种类繁多,性质各不相同。常见分类方法有习惯分类法,分类如表3-1 所示。

表3-1　高分子化合物的习惯分类法及举例

分类的依据	类型	举例
按聚合物的来源	天然材料、合成材料	纤维素;聚乙二醇
按聚合反应	加聚树脂、缩聚树脂	丙烯酸树脂;酚醛树脂
按分子形状	线型聚合物、体型聚合物	聚乙烯醇;固化硅橡胶
按聚合物热性质	热塑性树脂、热固性树脂	聚苯乙烯;脲醛树脂
按性能和用途	塑料、橡胶、纤维	聚乙烯;硅橡胶;尼龙

另外还有科学分类法,按高分子的化学结构分类,主要分三大类:①有机高分子:主链结构均含碳原子,如酚醛树脂。②元素有机高分子:主链结构不含碳原子,由硅、硼、铝、钛等原子和氧原子组成,如聚二甲基硅氧烷。③无机高分子:由除碳以外的其他元素原子组成,如玻璃。

二、高分子结构

如同蛋白质一样,高分子的结构也存在不同结构层次,从而衍生出不同的性能及特点,可以说高分子材料的性能是各个结构层次作用的综合表现,也是内部结构本质的反映,适当了解对理解材料性能有帮助。主要分为高分子链结构、高分子聚集态结构。

（一）高分子链结构

1. 近程结构　又称一级结构,主要指聚合物的主链和侧链的化学结构,包括链的化学组成、单体的链接方式、结构单元和空间结构。其中键接方式又包括头-头、尾-尾、头-尾结构,共轭双烯聚合生成的 1,4、1,2 加成结构,支化与交联结构,共聚组成与序列分布,端基结构等内容。空间构型则包括立体异构(旋光异构)以及双烯类单体 1,4 加成产生的顺反异构(几何异构)。近程结构是聚合物的最基本结构,是在单体聚合过程或大分子化学反应过程中形成的,通过物理方法不能改变聚合物的近程结构。

2. 远程结构 又称二级结构,是指整个分子的结构状态,包括链的长短(分子量大小)和分子链的构象。高分子主链中的单键可以绕键轴旋转,使具有同一构型的分子中的原子相互的空间位置发生变化,产生各种内旋异构体,这种内旋使高分子链表现不同程度卷曲柔性。通常大分子的柔性对材料的许多物理-力学性能如耐热性、高弹性、强度等具有重要影响。

(二) 高分子聚集态结构

聚集态结构是指高分子链间的排列和堆砌结构,也称为三级结构。借助分子间的作用力,即非键合原子之间、基团之间和分子之间的内聚力,如范德华力和氢键而形成。它包括晶态结构、非晶态结构、取向态结构和织态结构。

1. 晶态与非晶态结构 聚合物因受整个分子长链的牵制,一般只能部分结晶,故晶态和非晶态共存,大多数结晶聚合物的结晶度在 50%,少数超过 80%。结晶比例受到高分子本身的结构以及结构温度、应力、杂质等结晶条件的影响,通常是高分子链的对称性、规整性越好,则结晶程度越高。聚乙烯、聚乙烯醇、聚酰胺、乙基纤维素等均为结晶性高分子。聚合物结晶态时,其透明度降低,密度、熔点、耐溶剂性、耐热性和刚硬性提高。但高弹性、断裂伸长、抗冲击强度等均有所下降。

2. 取向态结构 在外力作用下,聚合物的分子链沿外力方向平行排列形成的结构,称为聚合物的取向态结构。取向有单轴取向和双轴取向之分,单轴为单一方向,双轴为纵横两个相互垂直的方向拉伸。聚合物拉伸取向后,有助聚合物的结晶,因为它是一种分子链有序化的过程,结果在取向方向上的机械强度增大,如聚氯乙烯纤维经过拉伸 5.5 倍后,强度提高 4 倍。应注意的是,某些高分子化合物取向后具有复原的趋势,可致产品贮存、应用过程中发生变形、断裂、收缩等现象。

3. 织态结构 为提高或拓宽高分子材料的应用范围或性能,往往在聚合物当中添加其他物质,或者将性质不同的两种聚合物混合起来成为多组分复合材料,这样不同聚合物之间或聚合物与其他成分之间存在如何堆砌排列的问题,这就是高分子的织态结构。织态结构属于高分子聚集态结构,将两种或两种以上的高分子材料加以物理混合,形成混合物的过程称为共混,得到的混合物称为共混聚合物。共混的结果改善高分子的性能,如聚苯乙烯是一种脆性材料,如果其中加入 5% ~ 10% 的橡胶,所形成的共混物具有韧性和耐冲击性能。又如聚乙烯和聚丙烯共混时加入乙烯/醋酸乙烯共聚物,可减少相分离和提高抗冲击性能。共混时最好选择性能不同但混容性较好的材料,这有助于共混聚合物性能的改善。目前常用的共混方法主要有干粉共混、溶液共混、乳液共混及熔融共混四种。

三、高分子的化学反应

高分子化合物尽管分子链长,但依然存在端基或不饱和键,与小分子一样具有如取代、消除、环化、加成等化学反应,一般根据聚合度和侧基或端基的变化,高分子的化学反应可分为三类:基团反应、交联反应和降解反应。

（一）基团反应

基团反应系指高分子侧基或端基发生的化学反应,主要用于制备改性高分子。药剂中常用的纤维素改性物,就是利用其分子中的羟基、烷基、羧基等形成具有不同性能的纤维素酯、醚等产物,如纤维素与环氧乙烷、环氧丙烷等进行醚化反应合成的羟乙纤维素、羟丙纤维素。基团反应的特点是聚合度不变,只是端基侧基的改性。除此酯化、醚化以外,还可以进行卤化、磺化、硝化、酰胺化、缩醛化、醇解水解等。含不饱和键的尚可进行加氢反应。

（二）交联反应

交联反应系指高分子间成键而产生交联结构的化学反应,特点是聚合度变化巨大。反应的条件往往是光、热、辐射能或者交联剂,交联的结果形成三维网状结构或体型结构。产物的性能改变较大,往往不溶于任何溶剂,也不能熔融,但形变稳定性、耐化学侵蚀性大大提高,强度、硬度、弹性提高。如具有柔软性的明胶,经过交联剂甲醛的作用可形成固化的微囊。

（三）降解反应

降解反应系指高分子链断裂而发生解聚、无规则断裂等反应,特点是聚合度明显减少。降解的条件有光、热、机械力、化学试剂、微生物等外界因素。目前降解的类型主要有以下几种:

1. 热降解　系指在热的作用下发生的降解反应,如有氧参与就叫热氧降解。热降解可分为解聚、无规则断裂和取代基的消除。

2. 机械降解　系指在机械力的作用下使高分子发生主链的断裂、分子量降低。如研磨、撞击、挤拉和强烈搅混都会造成分子链断裂。如橡胶塑料的加工。

3. 生物降解　系指高分子在水、酶、微生物作用下,产生碎片或其他降解产物的现象。生物降解的过程包括水解、氧化、酶解等反应。目前具有生物降解性能的高分子在医药领域中有着广泛的应用。如避孕药的植入型可生物降解缓释制剂,药物缓释完全后,高分子会生物降解成为无毒的产物,由生物体吸收或排除,无须手术取出,大大提高依从性。此外,还可以应用于外科修复、吸收性肠线等。目前主要有天然和合成的两类生物降解材料,前者包括蛋白质、壳多糖、纤维素、右旋糖酐等,而合成的有聚酯、聚酰胺、聚原酸酯、聚酸酐类。

4. 高分子的老化与防老化　老化系指高分子在使用或保存过程中性能变坏的现象。变坏主要指发硬、发黏、变脆、变色、强度下降等现象。所有的高分子材料都会老化,只是材质不同,性能不同,老化的时间有所不同。高分子链上的活泼元素或基团,以及不饱和的碳碳双键是高分子老化的内部因素。光照和化学试剂的作用可加速老化,老化可以是降解也可以是交联。针对高分子材料老化的现象及原因,可以通过添加小分子化合物的方法防止老化,如添加蔽光剂提高耐光性,添加光稳定剂可以吸收紫外线,减慢老化,还可以添加抗氧剂,通过降低活性自由基作用,从而抑制自由基聚合。

▶▶ **课堂活动**

　　长期放在室外的塑料管,为什么会变脆、龟裂呢?

点滴积累 V

1. 高分子指的是分子量很高（一般为 $10^4 \sim 10^6$）的一类化合物，常称为高分子化合物或高聚物。

2. 高分子的结构分为高分子链结构和高分子聚集态结构，即近程结构、远程结构和聚集态结构，也可称为一级结构、二级结构和三级结构。

3. 高分子的化学反应分为基团反应、交联反应和降解反应。

第二节 高分子的基本性质

一、高分子的分子量和分子量分布

（一）高分子的分子量特点及分子量表示法

高分子的分子量具有两大特点：①分子量大，高达 $10^4 \sim 10^6$；②具有多分散性。实际上聚合物是不同分子量同系物所组成的混合物，其分子量其实是统计平均值。为此在高分子化合物分子量表征时必须关注平均分子量的大小，同时要兼顾分子量的分布状况。目前高分子分子量的表达方法有以下几种：

数均分子量：$M_n = \sum N_i M_i / \sum N_i$ 式(3-1)

M_i 是分子量，N_i 指分子数。

重均分子量：$M_w = \sum N_i M_i^2 / \sum N_i M_i$ 式(3-2)

黏均分子量：$M_\eta = \left\{ \sum n \left[\left(W_i / \sum M_i \right) \right] M_i^\alpha \right\}^{1/\alpha}$ 式(3-3)

α 为与高分子和溶剂性质有关的参数。

（二）分子量分布的表示方法

通常高分子聚合物的分子量不是均一的，这种不均一性称为多分散性。多分散指数是描述分子量分布的常用指标，用 HI 表示，$HI = M_w / M_n$，HI 越大，表明分子量分布得越宽；HI 越小，表明分子量分布越窄，分子量越集中。若 $HI = 1$，表明聚合物为单一分散，一般聚合物在 $1.5 \sim 2.0$ 之间。

（三）分子量及其分布对高分子性能的影响

高分子的许多物理性质与分子量及其分布密切相关。通常高分子的力学性能，如抗张强度、抗冲击强度、硬度及黏合强度随着分子量的增加而增加，但当分子量抵达一定程度时，性能提高减慢。而分子量的分布对物理性能也有影响，如聚苯乙烯，当 M_n 相同时，HI 大的样品力学强度较高，因为含有高分子量的级分多些，而强度主要取决于高分子量级分。

二、玻璃化转变与玻璃化温度

与低分子化合物相比，高分子化合物具有不同的物理性能，对于线型高分子，其长链中的单链可以旋转，使高分子呈现特有的柔软性。同时分子量较大，使分子间的色散力、偶极引力、氢键要比低分子量化合物大得多，从而呈现较高的机械强度。往往提高聚合度、提高分子量可提升高分子化合物的机械强度。对于低分子化合物只存在固态和流动态两种力学状态。而高分子化合物则存在玻璃态、高弹态与黏流态等三种力学状态。玻璃态系指在相当强的外力作用下,高分子化合物只有很小的改变,当外力除去后可恢复原状的状态。如在外力作用下高分子化合物可有较大的形状改变,而外力除去后自动恢复原态,那么这种力学状态称为高弹态。但若在外力作用下高分子化合物发生很大的流动,外力消除后也不能恢复原态,即形变不可逆,并且流动时显出很大的黏度,这种状态称为黏流态。升高温度可使高分子化合物由玻璃态转变到高弹态,这两种状态转变的温度称为玻璃化温度(T_g);继续升高温度,可由高弹态转变到黏流态,这两种状态转变的温度称为流动温度(T_f)。

▶▶ 课堂活动

玻璃态、高弹态和黏流态之间的关系如何? T_g、T_f 与无机物的熔点有何差异? 为什么出现这种现象?

由于高分子的分子量的多分散性,玻璃化温度通常不是一个急剧的转折点(如图 3-1),而存在一个温度范围。玻璃转化温度与高分子材料的使用性能密切相关,它是聚合物使用时耐热性的重要指标。如塑料应处于玻璃态,T_g 是非晶态塑料使用的上限温度;而对于橡胶,应处于高弹态,T_g 是它使用的下限温度。而黏流温度的确定和黏性流动规律的掌握对聚合物的加工成型极其重要,因为大多数聚合物都是利用其黏流态下的流动性进行加工成型的。

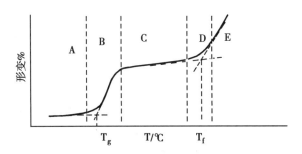

图 3-1 高分子化合物的热-形变曲线
A. 玻璃态;B. 过渡区;C. 高弹态;D. 过渡区;E. 黏流态
T_g. 玻璃化温度;T_f. 流动温度

三、溶胀和溶解

高分子化合物在溶液中的溶解过程缓慢,主要存在溶胀和溶解两个过程。溶胀是指溶剂分子扩散进入分子内部,使其体积增大的现象。溶解是指溶胀的聚合物逐渐分散成真溶液的过程。高分子溶解过程表现出的溶胀性使得它能够在片剂中产生崩解作用。晶态聚合物由于分子间排列规整、堆砌紧密,分子间相互作用较强,溶解较难。相反对于非晶态聚合物,因为分子间堆砌松散,分子间作用力较弱,溶剂分子进入较易,容易产生溶胀和溶解。而交联聚合物,由于三维网状结构的存在,只能溶胀,不能溶解。制备高分子溶液时要关注溶胀的方法,关键是确保材料在溶解时的分散,防止黏团,对于如聚乙烯醇或甲基纤维素等,因为更易溶于热水,则应是先用冷水润湿及分散,然后加热使溶解,对纤维素衍生物,一般要溶解后再室温贮藏 48 小时,以使其充分水化,以便获得最好的黏度和澄明度;羟丙甲纤维素,在冷水中比在热水中容易溶

▶▶ 课堂活动

在制备羧甲纤维素钠胶浆,先把粉末撒在水的表面,等充分溶胀后再搅拌溶解,为什么? 如果直接放水中搅拌,会影响溶解吗?

解,则应先在 80~90℃ 的热水中急速搅拌,使其充分分散,然后用冷水(5℃左右)溶胀、分散及溶解。

四、凝胶与溶胶

凝胶系指溶胀的三维网状结构高分子。其特点是空间网状结构内的空隙中填充液体介质。

1. 分类 凝胶可分为两类,一类是在聚合反应或交联反应中形成的,称为不可逆凝胶(或称化学凝胶),如聚苯乙烯凝胶,不能熔融,也不能溶解,结构稳定;一类是线型或支链高分子在溶剂中通过分子间的范德华力或氢键等相聚集形成凝胶(或称物理凝胶),如明胶,这种凝胶在一定条件下,凝胶中的分子可以分散,以单个分子溶解在溶剂中形成溶液。根据液体含量不同可分为冻胶和干胶。冻胶液体含量高,如明胶凝胶液体含量达 99%;干胶如明胶粉末,液体含量为 15%。高分子溶液转变为凝胶的过程称为胶凝作用,浓度、温度和电解质是其主要影响因素,每种高分子溶液都有一个形成凝胶的最小浓度;一般温度低有利于胶凝。

2. 性质 凝胶具有以下性质:①触变性:系指凝胶在如搅拌或振摇等外力作用下,从半固体胶凝状态转变成流体,但外力作用停止又恢复原态,这种性能就叫触变性。②溶胀性:系指凝胶吸收液体后自身体积明显增大的现象。③脱水收缩性:系指溶胀的凝胶在低蒸气压下保存,液体缓慢地自动从凝胶中分离出来的现象。脱水收缩的结果使凝胶网状结构更加紧密,部分液体被挤出,表面干燥形成干凝胶,如明胶片。④透过性:凝胶内部含有一定量的液体,可作为扩散介质。对于小分子,扩散速度与溶液中几乎相同,但随着凝胶浓度的提高,交联度的增大,迂回的孔道增多,物质的扩散速度会减小;另外如果凝胶网络上的大分子带电荷,对离子的扩散与透过则具有选择性。利用凝胶这种透过性特点,可以用于控释与缓释药物制剂中,目前应用最广的是亲水凝胶。

五、对医药高分子材料的基本要求

高分子材料是指源于高分子化合物的大量实用性材料如橡胶、塑料、纤维的总称,因其独特的物理-力学性能而被广泛应用。对药用高分子材料的基本要求,国际药用辅料协会(IPEC)的定义是:药用辅料是在药物制剂中经过合理的安全评价的不包括生理有效成分或前提的组成。因此,医药用高分子必须具备:

1. 材料本身纯度要高,其中不应包含催化剂、添加剂以及单体等杂质,材料本身及其分解产物应无毒,不会引起炎症和组织变异反应,无致癌性。

2. 材料能够经受消毒或灭菌处理。

3. 口服制剂用高分子材料可以是不被人体消化吸收的惰性材料,最好具有生物降解性。

4. 具有适宜的载药能力和载药后适宜的释药能力,不影响药物的药理作用和含量测定。

5. 包装贮存用的高分子材料具有一定的物理和机械性能,如材料的强度、气密性、透明性等。

点滴积累 ╲

1. 高分子化合物具有不同的物理性能,呈现出柔软性或较高的机械强度并具有玻璃态、高弹态与黏流态等三种力学状态。

2. 高分子的分子量以数均分子量、重均分子量、黏均分子量表示，多分散指数（*HI*）是描述分子量分布的常用指标。

3. 高分子化合物的溶解过程存在溶胀和溶解两个过程，利用其溶胀性，可形成凝胶，也可作为片剂处方中的崩解剂。

第三节　常用高分子材料及其应用

一、常用种类

（一）淀粉类

预胶化淀粉

【来源与制法】本品是将普通淀粉在高于糊化温度的条件下处理，使淀粉吸水膨胀，破坏分子间氢键甚至破坏淀粉颗粒，然后升温，待糊化完全后，通过滚筒干燥机压制成薄膜经粉碎制得。

【性质】本品为白色的物理变性的淀粉粉末，含水量12%，堆密度0.62g/ml，具有一定的冷水可溶性和直接压片的流动性和黏合性。游离态支链和直链淀粉的含量一般分别为15%和5%。粒度分布：80目以上含2%，200目以上含25%，通过270目者为50%。

【应用】本品主要用作片剂、丸剂、颗粒剂的稀释剂、黏合剂以及直接压片的黏合剂、崩解剂。和天然淀粉相比，本品有许多优点：①流动性好，无论是干的还是湿的，流动性都很好，并兼有黏合和崩解性能；②可压性好，适用于全粉末直接压片；③有润滑作用，减少了片剂从模圈顶出的力量；④良好的崩解性；⑤与主药不发生反应，并有稳定药物的作用。本品与国外常用的直接压片辅料如微晶纤维素、无水乳糖相比，以压成的阿司匹林片为例，其可压性、硬度和崩解性都以使用本品者为佳。目前主要用于作片剂的黏合剂（湿法制粒压片用浓度为5%～10%，直接压片用浓度为5%～20%）、崩解剂（5%～10%），片剂及胶囊剂的稀释剂（5%～75%）。

【注意事项】本品可食用，无毒、无刺激性，口服过量有害，可形成淀粉结石，引起肠梗阻。本品接触到腹膜、脑膜，可引起肉芽肿反应，手术伤口被外科手术手套上的预胶化淀粉接触也可引起肉芽肿损害。本品在直接压片处方中加入预胶化淀粉作为润滑剂，用量一般不超过0.5%。

本品性质稳定，但容易吸湿，应密闭贮藏，置于阴凉、干燥处。

案例分析

复方阿司匹林片

［处方］	阿司匹林 268g	对乙酰氨基酚 136g	咖啡因 33.4g
	淀粉 266g	淀粉浆（15%～17%）85g	滑石粉 25g
	轻质液体石蜡 2.5g	酒石酸 2.7g	
	共制成 1000 片		

[制法] 将咖啡因、对乙酰氨基酚与1/3处方量的淀粉混匀，加淀粉浆制软材，过14目或16目尼龙筛制粒，70℃干燥，过12目尼龙筛整粒，将此颗粒与阿司匹林混匀，加剩余的淀粉及吸附有液体石蜡的滑石粉，混匀后，再过12目尼龙筛，压片，即得。

[作用与用途] 解热镇痛。用于发热、头痛、神经痛、牙痛、月经痛、肌肉痛、关节痛等。

[分析] ①阿司匹林遇水易水解成水杨酸和醋酸，其中水杨酸对胃黏膜有较强的刺激性，长期应用会导致胃溃疡。因此，加入阿司匹林量1%的酒石酸，可有效减少水杨酸水解。②本品中三种主药混合易产生低共熔现象，所以采用分别制粒的方法，可避免阿司匹林与水直接接触，保证了制剂的稳定性。③阿司匹林的水解受金属离子的催化，必须采用尼龙筛网制粒；不得使用硬脂酸镁，而应使用滑石粉作为润滑剂。④阿司匹林的可压性极差，因而采用较高浓度的淀粉浆（15% ~17%）作为黏合剂。⑤处方中的液体石蜡用量为滑石粉的10%，它可使滑石粉更易于黏附在颗粒表面，在压片震动时不易脱落。⑥处方中1/3量的淀粉作为稀释剂参与湿法制粒，剩余部分作为崩解剂外加到干颗粒中。

（二）纤维素类

1. 纤维素 微晶纤维素（MCC）（详见第六章第一节）

2. 纤维素酯类衍生物

醋酸纤维素

【来源与制法】本品系在硫酸存在下，将木纤维或棉纤维用醋酸和醋酐混合液乙酰化而制得。本品有三种生成物，按照酯化度不同，可分为一醋酸纤维素、二醋酸纤维素、三酸酸纤维素。控制醋酸和醋酐混合液的用量可制得三种产品，三种产品的溶解性等有较大的差异。

【性质】本品按照酯化度不同，其性质不同，酯化度大小对溶解性能有很大影响，酯化度降低则在极性溶剂中的溶解度增加，但在非极性溶剂中溶解度减小。

一醋酸纤维素，为白色疏松小粒或纤维碎粉状物。无臭、无味、无毒。相对密度在1.24~1.34。可溶于冰醋酸、三氯甲烷、丙酮与水的混合溶剂等。

二醋酸纤维素，为白色疏松小粒或纤维碎粉状物。无臭、无味、无毒。醋酸含量为51%~58%，相对密度在1.36。溶于冰醋酸、三氯甲烷、乙酸甲酯、丙酮等溶剂。溶液具有成膜性。在弱酸和油脂中稳定，遇酸、碱易还原成纤维素。

三醋酸纤维素为白色颗粒或细条。无臭、无味、无毒。醋酸含量为60%~61.5%，相对密度在1.33。因含羟基少，对水不敏感，既不溶于水，也不溶于醇和醚，溶液具有成膜性和抽丝性。在弱酸和油脂中稳定，遇强酸、碱易还原成纤维素。

【应用】本品在药剂制造中主要作为成膜材料和缓释材料，用于制备涂膜剂、膜剂、微囊剂、贴片剂和其他缓释制剂。此外，还用于制备过滤膜、印刷制板及制涂料、玻璃纤维黏结剂等。其中，一醋酸纤维素和二醋酸纤维素常供药用，缓释和控释包衣材料则多用后者。三醋酸纤维素具生物相容性，可作肾渗析膜及透皮吸收制剂的载体。

【注意事项】本品遇较强酸、碱发生水解而还原成纤维素。本品安全，对人体无毒，对皮肤黏膜无刺激性。在机体内,短时间是相对惰性的,但长期会逐渐降解而失重,故不能用作埋植装置的材料。本品已为FDA所接受,但与之配伍的增塑剂、稳定剂等添加剂必须是无毒的。

本品宜置于密闭容器中,贮存于阴凉、干燥、通风处,注意防潮。

邻苯二甲酸醋酸纤维素(CAP)

【来源与制法】本品是纤维素的部分醋酸酯在三元有机碱(如吡啶)存在下同邻苯二甲酸酐反应而制得,又称邻苯二甲酸二醋酸纤维酯。

【性质】本品为白色的易流动粉末,无味,有轻微的醋臭。不溶于水、乙醇,溶于一定数量的酮类、酯类、醚醇类、环状乙醚类及某些混合溶剂,可溶于pH低于6.0的缓冲溶液和碱液中。长时间处于高温和高湿条件下将发生缓慢水解,并导致酸度、黏度的增加,使醋酸臭味增加。

【应用】本品常用作肠溶包衣材料、微囊囊膜材料、缓释材料。作为包衣材料,使用量为片芯重量的0.5%~0.9%,可采用常法包衣工艺或较新的喷雾工艺。作其他用途的使用量酌情而定。使用与邻苯二甲酸二甲酯或邻苯二甲酸二乙酯或甘油或丙二醇等相容的增塑剂可以增强膜的抗水性。

【注意事项】本品与以下物质有配伍禁忌:硫酸亚铁、三氯化铁、硝酸银、枸橼酸钠、硫酸铝、氯化汞、硝酸钡、碱式醋酸铅、强碱、强酸等。经动物实验,本品未见毒性反应,一般认为是安全的。使用时CAP总是被加入到溶媒中,不可倒加。在使用混合溶剂时,溶解在具较大溶解力的溶剂中,然后再加入第二种溶剂。

本品应置于密闭容器中,贮存于阴凉干燥处。防止过量粉尘积聚,因过量细尘会引起尘埃爆炸。

3. 纤维素醚类衍生物

羟丙纤维素(HPC)

【来源与制法】本品系用高浓度氢氧化钠浸渍处理木浆或木素浆,生成碱性纤维溶液,将此溶液过滤及压榨,除去过剩的氢氧化钠后,进一步与环氧丙烷反应而得。

【性质】本品为无臭无味、白色或类白色粉末。在水中膨胀,可溶于多种极性溶剂,在乙醇、丙酮或乙醚中不溶,在甲醇中产生白色絮状沉淀。有强烈的亲水性,在冷水中膨胀度大,微溶于冷水。软化温度为130℃,水溶液pH为5~8.5,可在胃中崩解,也可在肠道中崩解。其10%碱溶液在(20±0.2)℃温度下黏度为0.02~0.08Pa·s,本品溶解于10%的氢氧化溶液中呈黏状液体。具有良好的抗酶解性能,对片剂有稳定作用。遇蒽酮溶液呈蓝色,逐渐转为绿色。

【应用】本品主要作片剂崩解剂和黏合剂,其特点是:容易压制成型,适用性较强,特别是对不易成型、塑性和脆性大的片子,加入羟丙纤维素就能提高片剂的硬度和外观的光亮度,还能使片剂崩解迅速,用羟丙纤维素制得的片剂长期保存崩解度不受影响。羟丙纤维素作片剂黏合剂,用量为5%~20%,作片剂崩解剂,用量为2%~10%,内加和外加均可,视具体处方而定。羟丙纤维素属非离子型纤维素醚,可用作药物的赋形剂,用于片剂薄膜包衣、微囊包衣,与传统的淀粉赋形剂比较,其成型性好,抗霉变性强,提高药片的崩解率,易为人体吸收,提高药物疗效。

【注意事项】本品与对羟基苯甲酸盐和高浓度的电解质有配伍禁忌。本品安全无毒,$LD_{50}>15g/kg$。放于室内通风干燥处,注意防潮。

（三）丙烯酸类

卡 波 姆

【来源与制法】 卡波姆为丙烯酸键合烯丙基蔗糖或季戊四醇烯丙醚的聚合物。按干燥品计算,卡波姆中羧酸基团含量约为 56% ~68% 。

【性质】 卡波姆为白色疏松粉末,有特殊微臭。堆密度约为 208kg/m^3,玻璃化温度为 100 ~ 105℃。吸湿性强,在水中可迅速溶胀。因其分子中含有大量羧基而呈弱酸性,1% 水分散体的 pH 为 2.5 ~3.0,黏度小,用碱中和形成凝胶。一般情况下,中和 1g 卡波姆约消耗三乙醇胺 1.35g 或氢氧化钠 0.4g。

固态卡波姆较稳定,104℃加热 2 小时不影响其性能,但 260℃加热 30 分钟完全分解。长时间贮藏后,黏性略有增加,但光照下贮放黏性会有很大损失,加入抗氧剂可使反应减慢。卡波姆的水分散液中要加入防腐剂,如氯甲酚、0.18% 羟苯甲酯、0.02% 羟苯丙酯或 0.01% 硫柳汞。加入高浓度(0.1%)的某些抑菌剂如苯扎氯铵或苯甲酸钠会使凝胶黏度减小,并产生沉淀。

【应用】 卡波姆具有优良的增稠性、凝胶性、黏合性、乳化性、悬浮性和成膜性。在药剂中主要用作软膏剂、凝胶剂等的水溶性基质,固体制剂的黏合剂与薄膜包衣材料、缓释骨架材料,以及乳化剂和助悬剂等。

（1）外用制剂的基质:如软膏剂、洗剂、乳膏剂、栓剂或亲水性凝胶剂的基质,润滑性、铺展性良好,常用量为 0.5% ~3.0%。

（2）黏合剂与包衣材料:作为颗粒剂和片剂的黏合剂,常用量为 0.2% ~10.0%;卡波姆具有很强的生物黏附性,可用作制备眼部、鼻腔、肠道和直肠黏膜等生物黏附制剂,使之在黏膜滞留时间长,提高药物的生物利用度。作为包衣材料具有衣层牢固、细腻等特点。

（3）缓释控释材料:卡波姆的缓控释作用是基于其溶胀与形成凝胶的性质。卡波姆可与碱性药物生成盐并形成可溶性凝胶,发挥缓控释作用,特别适合于制备缓释液体制剂,如滴眼剂、滴鼻剂等,同时还可以发挥掩味作用。一般用量为 6% ~10%。

（4）乳化剂与助悬剂:卡波姆可作为乳化剂,用于外用 O/W 型乳剂。卡波姆 1342 是一种新型的高分子乳化剂,常用量为 0.1% ~0.5%;因卡波姆具有交联的网状结构,可用作助悬剂,常用量为 0.5% ~1% ,0.4% 卡波姆 940 与 2.3% 羧甲纤维素（CMC）或 6.0% 黄原胶的助悬效果相当。

【注意事项】 卡波姆易吸水,应保持干燥。水溶液易霉变,应加入防腐剂。遇间苯二酚变色,高浓度电解质、强酸、强碱可使凝胶黏性下降,故不能与盐类电解质、碱土金属离子、阳离子聚合物、强酸等配伍,否则会降低或失去黏性。本品干粉对眼、黏膜及呼吸道有刺激性。与眼接触时,需要用盐水冲洗。以卡波姆为骨架材料、阻滞剂或黏合剂的缓控释制剂,贮藏一段时间后其释药性能可能发生变化,实际应用中必须注意。

卡波姆粉末应保存在阴暗、干燥条件下,置于密闭的防腐容器中。含有卡波姆的制剂宜用玻璃、塑料或加有树脂内衬的容器保存。应用铝质容器包装的制剂要求其 pH<6.5,其他金属管或容器中的制剂 pH>7.7,以提高卡波姆的稳定性。

（四）乙烯类（详见第六章固体制剂辅料）

（五）其他类

明　胶

【来源与制法】　本品从动物的皮、白色连接组织和骨获得胶原经部分水解而得到,分 A 型明胶（用酸法制得）、B 型明胶（用碱法制得）。本品的主要成分为蛋白质,水解后的产物为氨基酸。

【性质】　本品为浅黄色或琥珀色半透明微带光泽的易碎固体,呈薄片、条状、碎片或粗细不等的粉末。颗粒大的颜色较深,颗粒小的颜色较浅。无明显气味,在干燥的空气中稳定,但受潮或溶液状态,易被微生物分解。冷水中不溶,浸于水中则膨胀变软,可吸收本身质量 5~10 倍的水;溶于热水,形成澄明溶液,冷后呈凝胶状;溶于乙酸、甘油和水的热混合液;不溶于乙醇、氯仿、乙醚。

【应用】　明胶被用于各种药物制剂中,可被用作包衣剂、成膜剂、凝胶剂、助悬剂、片剂黏合剂、包囊材料、增黏剂。最常用于制备硬胶囊或软胶囊囊壳。明胶在植入传递系统中用作生物可降解的骨架材料,也用于药物的微囊化,即活性药物被封装在一个微型胶囊或小囊中,之后按散剂办法处理。最早被微囊化的药物是被包裹于一个通过乳化过程制备的明胶小胶丸中的鱼油和油性维生素。

【注意事项】　明胶广泛应用于各种药物剂型中,其中包括口服和非胃肠道制剂。总的来说,在口服制剂中,明胶基本上是无毒无刺激性的。但是,偶见明胶胶囊黏附食管的报道,这可能导致局部的刺激性。明胶是两性物质,与酸和碱都发生反应,也可被大多数蛋白酶水解系统水解而生成氨基酸。明胶还可与以下物质发生反应:醛和醛糖、阴离子和阳离子聚合物、电解质、金属离子、增塑剂、防腐剂、表面活性剂。明胶可被以下物质沉淀:乙醇、三氯甲烷、乙醚、汞盐、鞣酸。如果不加防腐剂或妥善保存,明胶会变质成液样状。干明胶在空气中稳定,如果以无菌状态存放在阴凉处,明胶水溶液会长时间保持稳定。大量原料应装于密闭容器内,存放于阴凉、干燥处。

壳　聚　糖

【来源与制法】　本品系甲壳质(chitin)经脱乙酰基而得到的一种天然阳离子多糖,通过化学方法处理虾、蟹等甲壳类动物的壳而得。本品又称作脱乙酰甲壳素、甲壳胺。

【性质】　本品为无臭,白色或奶白色粉末或片状。壳聚糖的性质与它的聚合电解质和聚合碳水化合物的性质有关。几乎所有的壳聚糖功能性质都取决于链长、电荷密度和电荷分布。大量研究表明壳聚糖盐的形式、分子量、脱乙酰度以及 pH,都会影响聚合物在药物制剂中的使用。

本品密度为 1.35~1.40g/cm³,玻璃化转变温度为 203℃,本品吸附大气中的水分,水的吸附量取决于最初的水分、温度和周围空气相对湿度。本品易溶于水,几乎不溶于乙醇及其他有机溶剂、中性或 pH 6.5 以上的碱性溶液。壳聚糖易溶于多数的稀和浓的有机酸溶液,壳聚糖在水中的溶解度受脱乙酰程度影响,受溶液中加入的盐影响也很大。离子强度越高,由于盐析效应,溶解度越低,导致了壳聚糖在溶液中析出。

【应用】　壳聚糖是迄今为止唯一发现的阳离子碱性多糖,以电中和及吸附架桥方式沉降带负电荷的蛋白质、黏液质、鞣质等胶体粒子,达到澄清药液和去除杂质的目的。本品主要用作絮凝澄清剂,与中药浸膏传统的醇沉精制工艺对比,运用本品通常有效成分转移率相近或更高,还可省去醇沉的乙醇,节约成本。作为澄清剂,本品一般溶解在乙酸中,根据药液的质量,用量一般在 200~

1200mg/kg 之间,即按照处理药液的 12% 加入浓度为 1% 的澄清剂。

【注意事项】壳聚糖通常被视为一种无毒的无刺激性物质。壳聚糖是可燃烧的,应避免明火。壳聚糖对温度是敏感的,不应加热超过 200℃。

壳聚糖可能引起皮肤或眼睛不适。经皮肤吸收可能是有害的,如被吸入,可能对黏膜和上呼吸道有刺激性。应避免长期或重复接触(吸入),并在通风良好场地操作并且戴口罩。另外,本品和强氧化剂存在配伍禁忌。

聚乳酸(PLA)

【来源与制法】聚乳酸(polylactic acid,PLA)又称为聚丙交酯(polylactide),低分子量 PLA 可由乳酸直接脱水缩聚制备,但其机械强度差;高分子量 PLA 是先将乳酸制成二聚体丙交酯(lactide),然后在酸催化剂及有机金属催化剂存在下开环聚合而制得。

【性质】乳酸是光学活性物质,因此聚乳酸有聚 D-乳酸(PDLA)、聚 L-乳酸(PLLA)和聚 D,L-乳酸(PDLLA)。PDLA 属高结晶性聚合物,结晶度在 37% 左右,不易加工;PLLA 为半结晶聚合物,熔点为 185℃,具有优良的力学强度且降解时间很长(一般为 3~3.5 年),是制作内植骨固定装置的理想材料。PDLLA 系无定形聚合物,降解和吸收速度较快,一般为 3~6 个月,适合用于药物控释系统,也可作为软组织修复材料。

聚乳酸的降解属水解反应,降解速度与其相对分子质量和结晶度有关。相对分子质量越高,降解越慢。调节丙交酯和乙交酯的比例可以得到不同结晶度的 PLGA。PLGA 的降解亦属水解反应。水解速度在很大程度上取决于共聚单体的配比。共聚物的结晶度均低于各自的均聚物。

【应用】聚乳酸具有很好的可生物降解性、生物相容性和生物可吸收性,目前主要用于医用手术缝合线、骨折内固定材料、组织缺损修补材料和药物缓释性载体,如注射用微囊、微球、埋植剂等的制备。

二、应用及分析

(一)泼尼松片

[处方] 泼尼松 20g　　　　　　　速溶山梨醇 126g　　　　　　微晶纤维素 10g
　　　　交联羧甲纤维素钠 6g　　　硬脂酸镁 2g
　　　　共制 1000 片

[分析] ①本品中速溶山梨醇为填充剂,可直接压片,所制得的片剂崩解时限为 3 分钟;②微晶纤维素和交联羧甲纤维素钠为高分子材料,是片剂制备中常用的辅料。其中微晶纤维素为崩解剂和填充剂,交联羧甲纤维素钠为崩解剂。

(二)复方氧氟沙星涂膜剂

[处方] 氧氟沙星 5g　　　　　　　壳聚糖 45g　　　　　　　　甘油 100ml
　　　　盐酸丁卡因 5g　　　　　　冰醋酸适量　　　　　　　　纯化水加至 1000ml

[分析] ①本品为涂膜剂,涂搽患处后可形成薄膜。处方中壳聚糖为成膜材料,甘油为增塑剂,增加膜的韧性。②壳聚糖为高分子材料,具有成膜性,不溶于水,滴加冰醋酸可使其溶解。

（三）雌二醇经皮给药系统

［处方］雌二醇　　　　　　　　　　　　　　羟丙纤维素（HPC）

　　　　乙烯-醋酸乙烯共聚物（EVA）　　聚异丁烯压敏胶

［分析］①本品为经皮给药系统,通过皮肤给药,可产生全身作用;②羟丙纤维素、乙烯-醋酸乙烯共聚物、聚异丁烯压敏胶均为高分子材料,羟丙纤维素在乙醇中形成凝胶作为贮库介质,乙烯-醋酸乙烯共聚物为膜控释材料,可使药物缓慢释放;③聚异丁烯压敏胶在轻微压力下可实现粘贴同时又容易剥离,是经皮给药系统的重要组成材料之一,保证释药面与皮肤充分紧密接触,使药物扩散顺利进行。

（四）冠心丹参滴丸

［处方］丹参提取物270g　　　　　三七提取物180g　　　　　降香油10.5ml

　　　　聚乙二醇6000 550g

［分析］①聚乙二醇6000为高分子材料,可作为滴丸基质;②聚乙二醇6000凝固点为53～58℃,熔点为55～60℃,化学稳定性好,对药物有助溶作用,且释药性良好,极易与药物熔融成固体分散体。

点滴积累 ∨

1. 高分子材料是指源于高分子化合物的大量实用性材料,目前的应用主要包括剂型中的应用和包装中的应用两个方面。

2. 药用高分子材料在制剂中可作为助悬剂、黏合剂、崩解剂、软膏剂和滴丸剂基质、成膜材料、固体分散体载体等应用。

目标检测

一、选择题

（一）单项选择题

1. 高分子的物理状态不包括以下哪个状态（　　）

　　A. 玻璃态　　　　　　B. 黏流态　　　　　　C. 黏弹态　　　　　　D. 高弹态

2. 生物降解的主要形式不包括（　　）

　　A. 氧化　　　　　　B. 酶解　　　　　　C. 热降解　　　　　　D. 水解

3. 不是用来描述高分子材料大小的分子量为（　　）

　　A. 数均分子量　　　B. 重均分子量　　　C. 黏均分子量　　　D. 平均分子量

4. 多分散指数HI表示方式为下列哪个（　　）

　　A. M_w/M_n　　　　　B. M_n/M_w　　　　　C. M_w/M_η　　　　　D. M_η/M_n

5. 下列哪个选项正确（　　）

　　A. $T_g>T_f>T_d$　　　B. $T_d>T_f>T_g$　　　C. $T_d>T_f>T_g$　　　D. $T_f>T_d>T_g$

（二）多项选择题

1. 高分子的链结构主要包括哪几个层次（　　）

A. 近程结构　　　　B. 远程结构　　　　C. 聚集态结构　　　　D. 螺旋结构

2. 高分子的化学反应包括以下哪几项(　　)

A. 基团反应　　　　B. 交联反应　　　　C. 降解反应　　　　D. 老化反应

3. 高分子材料有哪些性能(　　)

A. 溶胀性　　　　B. 黏稠性　　　　C. 成膜性　　　　D. 胶黏性

4. 凝胶的性质包括哪些项目(　　)

A. 触变性　　　　B. 溶胀性　　　　C. 透过性　　　　D. 脱水收缩性

5. 高分子的溶胀性在药剂学中的具体应用包括下列哪几项(　　)

A. 超级崩解剂　　B. 崩解剂　　　　C. 阻滞剂　　　　D. 混悬剂

二、概念题

1. 高分子

2. 数均分子量、重均分子量和黏均分子量

3. 玻璃态、高弹态和黏流态

三、简答题

1. 玻璃态、高弹态和黏流态之间的关系如何？与温度关系如何？与分子量的分布有何关系？

2. 高分子材料有何特性？溶解性与分子量的关系如何？

3. 高分子材料的结构特点有哪些？

ER-03章习题

（张亚红）

第四章

液体制剂辅料

ER-04章PPT

▲

导学情景 ∨

情景描述：

　　某患者去药店买钙制剂，营业员推荐两种药品供其选择，一种为葡萄糖酸钙口服溶液，规格为每毫升含葡萄糖酸钙 100mg，每支 10ml，每盒 10 支；辅料为甜菊糖苷、香精。一种为葡萄糖酸钙片，规格为每片含葡萄糖酸钙 0.5g，每瓶 100 片；辅料为淀粉、羧甲淀粉钠和硬脂酸镁。

学前导语：

　　上面的情景，是我们在日常生活中经常会遇到的，相同的药物，既有液体制剂，又有固体制剂。这就需要我们掌握不同剂型的特点。那么，与固体制剂相比，液体制剂有何优缺点？制作液体制剂的辅料与固体制剂的辅料有何区别？这章就将详细地为同学们答疑解惑。

第一节　溶剂

一、概述

（一）含义

　　液体制剂系指药物分散在适宜的分散介质中制成的液体形态的剂型，可供内服或外用。包括化学药物分散在适宜分散介质中形成的液体制剂，如高分子溶液剂、混悬剂、乳剂、糖浆剂等；也包括用适宜的浸出溶剂及方法提取药材有效组分而制得的浸出制剂，如汤剂、酒剂、酊剂等；还包括注射剂和滴眼剂等无菌制剂。

　　在制备液体制剂中，需要将原料药或辅料（可以是固体、液体或气体），在一定条件下分别以颗粒、液滴、胶粒、分子、离子或其混合形式存在于分散介质中，或将药材有效组分浸出、提取而分散在液体分散介质中，这种液体分散介质统称为溶剂。

　　溶剂是液体制剂中不可或缺的药用辅料，在液体制剂中所占比例较大，且大多存留在最终产品中。

（二）选用原则

　　溶剂的选择对液体制剂的理化性质和质量及所产生的药效都有很大影响。优良的溶剂应具有的条件是:①无毒、无刺激性、无不适的臭味;②对药物具有良好的溶解性和分散性;③理化性质稳定,不与主药或附加剂发生反应;④不影响制剂的检查和含量测定;⑤成本低、易获取。但是完全符合以上条件的溶剂很少,因此应根据药物性质、临床给药途径以及用药目的等来选择相对适宜的溶剂,特别注意混合溶剂的使用。

1. **根据药物理化性质进行选择** 根据"相似相溶"原则,选择与溶质极性相似的溶剂,即溶质极性大的选用极性溶剂,如水;半极性溶质选用半极性溶剂,如丙二醇;难溶于水的非极性溶质应选用非极性溶剂,如液体石蜡;对某些易水解或在水中不稳定的药物,可以选择介电常数低的非水溶剂,其可延缓药物的水解,如乙醇、丙二醇、甘油等。

2. **根据临床给药途径进行选择** 口服液体制剂的溶剂要求无毒和无刺激性,如蒸馏水、乙醇。外用液体制剂的溶剂要求无刺激性和无过敏性,如水、甘油、乙醇等。注射剂应选用复合注射用标准的溶剂,如液体针剂可选用注射用水、甘油、乙醇、聚乙二醇类等溶剂;大输液和冻干粉针剂应选用注射用水;滴眼剂应选用对眼睛无刺激性的溶剂,如注射用水、甘油等。

3. **混合溶剂的选择** 一些难溶性药物,其溶解度往往达不到临床治疗所需浓度,常用两种或多种混合溶剂增加其溶解度。如氯霉素在水中的溶解度仅为0.25%,采用含20%水、25%乙醇和55%甘油的混合溶剂,则可制成12.5%的氯霉素溶液。

案例分析

[案例] 药物易溶于甲醇和乙醇两种溶剂,①如需把该药物制成液体口服制剂应选用甲醇还是乙醇为溶剂? ②质检科为了测量药物的含量,需用溶剂溶解配成溶液以便用高效液相色谱仪测量,这时应选用甲醇还是乙醇为溶剂?

[分析] ①首先考虑安全性,其次考虑其溶解性能,甲醇毒性太大,不能作为药用辅料,故选用乙醇;②分析的时候,主要考虑分析结果的准确性,高效液相色谱仪测量时选用甲醇能得到更精确的结论,所以选用甲醇。

二、常用溶剂的种类

(一) 极性溶剂

常用的有水、甘油、二甲基亚砜(DMSO)等。

水

【来源与制法】水是药物生产中用量大、使用广的一种物质,用于生产过程和药物制剂的制备。《中国药典》(2015年版)中所收载的制药用水,因其使用的范围不同而分为饮用水、纯化水、注射用水和灭菌注射用水,一般应根据各生产工序中使用目的与要求选用适宜的制药用水。制备水性液体药剂应至少使用纯化水。将饮用水经离子交换、电渗析、反渗透和蒸馏等适宜方法处理,可制备得到纯化水。将纯化水经蒸馏即得到注射用水。

【性质】本品为无色、澄明、无臭的液体,是最常用的溶剂。

【应用】能与乙醇、甘油、丙二醇等溶剂以任意比例混溶,可溶解大多数无机盐类、生物碱类、糖类、苷类、蛋白质等多种极性有机物,但不能用于遇水不稳定的药物。

【注意事项】

（1）水易霉变,不宜久贮。

（2）常规液体制剂中所用水一般为纯化水,无菌液体制剂中所用水为注射用水。

甘　油

【来源与制法】甘油主要是在肥皂、脂肪酸的生产中作为副产品由油、脂肪制得。也可用天然产物,如在大量亚硫酸钠存在下,将甜菜根糖蜜发酵获取。化学合成方面,可以将丙烯氯化和皂化来制备。

【性质】本品为澄清、无色、无臭、黏稠、吸湿性液体;有甜味,约为蔗糖甜度的0.6倍;能与水、乙醇等以任意比例混溶,对苯酚、鞣酸、硼酸的溶解度大于水。

【应用】甘油广泛应用于口服、耳、眼、局部以及非胃肠道给药制剂。在局部用药物制剂（如乳膏剂、乳剂）以及化妆品中,甘油主要用作保湿剂和柔和剂;在注射用制剂中,甘油主要作为溶媒;在口服溶液剂中,甘油用作溶媒、甜味剂、抗菌防腐剂、增稠剂;在膜包衣中也用作增塑剂;在明胶软胶囊和明胶栓剂中,甘油用作增塑剂。甘油广泛应用于临床治疗制剂,同时,也作为食品添加剂。含甘油30%以上有防腐作用,可供口服和外用,但多作为外用制剂的溶剂,特别是黏膜用药物的溶剂。作为辅料或食品添加剂使用时,一般认为甘油无不良作用,是无毒、无刺激性的材料。

【注意事项】

（1）甘油广泛应用于口服、眼、局部以及注射用制剂。不良反应主要来源于甘油的脱水性。

（2）大剂量可能导致头痛、口渴、恶心和高血糖。大剂量甘油非胃肠道给药,30～60分钟内给成年人注射70～80g来降低颅压,但可能导致溶血、血尿和肾损伤。缓慢给药未见毒性。

（3）甘油如果与强氧化剂混合（比如三氧化铬、氯酸钾、高锰酸钾等）,可能爆炸。在稀溶液中,该反应速度较低,有几种氧化产物形成。光照或与碱式硝酸铋、氧化锌接触时,甘油变黑。

（4）如果有铁污染物掺杂其中,会导致含有苯酚、水杨酸、丹尼酸的混合物颜色变黑。

二甲基亚砜（DMSO）

【来源与制法】二甲基亚砜一般采用二甲硫醚氧化法制得,由于所用的氧化剂和氧化方式不同,因而有不同的生产工艺。

【性质】本品为无色、无臭、澄明、呈微苦味的液体的油状黏性液体,吸湿性较强,能与水、甘油、乙醇、丙二醇等溶剂以任意比例混溶。本品溶解范围广,对许多水溶性、脂溶性及难溶于水、甘油、乙醇等溶剂的药物均能溶解,因此有"万能溶剂"之称。

【应用】是一种既溶于水又溶于有机溶剂的极为重要的非质子极性溶剂,可作为难溶性药物的溶剂;对皮肤有极强的渗透性,有助于药物向人体渗透,常作为外用制剂的渗透促进剂;DMSO也是一种渗透性保护剂,能够降低细胞冰点,减少冰晶的形成,因此可作为防冻剂。

【注意事项】

（1）DMSO存在一定的毒性作用,与蛋白质疏水基团发生作用,导致蛋白质变性,具有血管毒性和肝肾毒性。

（2）吸入高挥发浓度可能导致头痛、晕眩和镇静。

（3）该品采用铝桶、塑料桶或玻璃瓶包装。贮存于阴凉通风干燥处,按易燃有毒物品规定贮运。

（二）半极性溶剂

常用的有乙醇、丙二醇、聚乙二醇(PEG)等,其中聚乙二醇的介绍详见第六章第九节。

乙　　醇

【来源与制法】乙醇可以由淀粉、蔗糖或其他糖类为原料用控制酶的发酵法制备。被发酵的液体被制成15%的乙醇,分馏后可获得95%(ml/ml)的乙醇。也可以通过一系列合成方法制备。

【性质】本品为无色、澄明、易挥发燃烧的液体,可与水、丙二醇、甘油等溶剂以任意比例混溶,能溶解大部分有机药物和药材中的有效成分,如生物碱盐、挥发油、苷类、鞣质、树脂、有机酸和色素等。无特殊说明,乙醇是指95%(ml/ml)乙醇。乙醇含量达20%以上时具有防腐作用。

【应用】乙醇和各种浓度的乙醇水溶液广泛应用于药物制剂和化妆品中。乙醇主要用作溶剂,也常用作溶液的抗菌防腐剂。局部用乙醇溶液也用做皮肤促进剂和消毒剂。

【注意事项】

（1）在酸性条件下,乙醇溶液可以同氧化性物质剧烈反应;与碱混合时,与残存的醛反应,颜色可能变深;可使有机盐或阿拉伯胶从水溶液或分散系统中沉淀出来。乙醇溶液也与铝容器有禁忌,可能同一些药物有相互作用。

（2）应在良好的通风环境下使用乙醇和乙醇水溶液。乙醇对眼睛和黏膜有刺激性,最好在操作时使用护眼镜和手套。乙醇易燃,加热时应小心。固定的贮罐应该安全接地以防在输送乙醇时因静电放电而引起火灾。

丙　二　醇

【来源与制法】丙烯同氯水反应生成氯乙醇,水解产生1,2-环氧丙烷,1,2-环氧丙烷进一步水解生成丙二醇。

【性质】本品为无色、澄明、无臭、黏稠、具吸湿性的液体。药用通常为1,2-丙二醇,性质似甘油,但黏度比甘油小,毒性低,无刺激性。可与水、乙醇、甘油等溶剂以任意比例混溶。能溶解多种有机药物,如维生素A、维生素D、生物碱和局麻药等。

【应用】丙二醇广泛用作注射用和非注射用药物制剂的溶剂,提取溶剂和防腐剂;能溶解各种物质如皮质类固醇、苯酚、磺胺类药物、巴比妥酸盐、维生素A和维生素D、大部分生物碱和许多局麻药。作为抑菌剂类似于乙醇,抑制霉菌的功效与甘油相似,略低于乙醇。丙二醇通常用作水性薄膜包衣材料的增塑剂。丙二醇在化妆品和食品工业中用作乳化剂的载体,用作香料的溶剂,效果优于乙醇,因为它的不挥发性有助于保持稳定的香气。

【注意事项】

（1）操作应在通风环境中进行;注意保护眼睛。

（2）丙二醇大量摄取会引起中枢神经系统的不良反应,尤其是对新生儿和儿童,其兴奋效应约为乙醇的 1/3。大量服用丙二醇或投于新生儿、4 岁以下小孩、孕妇以及肾功能或肝功能不全病人使用极可能引起不良反应;不良反应也可能发生在采用戒酒硫或甲硝唑治疗的病人。

（3）WHO 根据代谢和毒理试验数据,将丙二醇的日摄取量定为 25mg/kg。含有 35% 丙二醇的处方能致溶血。

（三）非极性溶剂

常用的有脂肪油、液体石蜡、乙酸乙酯等。

脂 肪 油

【来源与制法】由各种脂肪酸的甘油酯组成,为常用的非极性溶剂,如花生油、麻油、大豆油、橄榄油等植物油。

【性质】脂肪油能溶解脂溶性药物,如挥发油、激素、油溶性维生素、游离生物碱和一些芳香族药物。

【应用】多用于外用制剂,如搽剂、洗剂、滴鼻剂等;也可用作静脉乳剂的油相。

【注意事项】脂肪油中常含游离脂肪酸、水分、植物蛋白等,在贮存过程中易受到空气、光线的影响,发生氧化和酸败,因此,脂肪油需经过精制后才能使用。同时,脂肪油易与碱性药物发生皂化反应。

知识链接

脂肪油的质量要求

脂肪油,常用的有芝麻油、豆油、花生油、橄榄油等植物油,能溶解油溶性药物如激素、挥发油、游离生物碱和许多芳香族药物。 脂肪油易酸败,也易受碱性药物的影响而发生皂化反应。 脂肪油多作外用制剂的分散介质,如洗剂、擦剂、滴鼻剂等。 脂肪油也用于口服制剂,如维生素 A 和维生素 D 溶液剂。 脂肪油的三个质量要求:①酸价:中和 1g 油脂中的游离脂肪酸所需氢氧化钾的毫克数,酸价越高,越易有刺激性及影响药物的稳定性,所以需控制在 0.56 以下。 ②皂化价:中和 1g 油脂所需氢氧化钾的毫克数,表示油脂中脂肪酸相对分子质量的大小,皂化价越大,越接近于固体不能用于注射,反之,则亲水性太强,失去油脂的性质。 所以皂化价应在一定范围内,即碳原子数控制在 C_{16} ~ C_{18} 之间。 ③碘价:100g 油脂与碘起加成反应所需的碘克数,碘价过低的油含有较多的杂质如固醇、蜡或矿物油等,碘价过高,不饱和价太多,易氧化变质,不适合作注射溶剂用。

液 体 石 蜡

【来源与制法】液体石蜡由石油蒸馏制得,是由石油的精炼液态饱和脂肪烃(C_{14} ~ C_{18})和环烃的混合物。

【性质】本品为无色、无臭、无味的黏性液体,化学性质稳定,有轻质(密度为 0.828 ~ 0.860g/ml)和重质(密度为 0.860 ~ 0.890g/ml)两种,轻质多用于外用液体制剂,重质常用于软膏剂。

【应用】液体石蜡主要用作局部用制剂的赋形剂,由于其润肤性质可作为软膏基质中的一个组分。此外,它还可用于 O/W 乳剂,可作为溶剂以及胶囊剂和片剂中的润滑剂,并还可作为可可豆脂栓剂的脱模剂,但用的不多。最近,它已被用于制备微球剂。在治疗方面,液体石蜡被用作通便剂,它不被消化,因而吸收有限。由于具有润滑性,被用于眼用制剂,它还可用于化妆品和某些食品中。

【注意事项】

(1) 长期口服液体石蜡可能会降低食欲,并影响对脂溶性维生素的吸收。因此,应避免长期使用液体石蜡,当液体石蜡被乳化时,一定程度上可被吸收,并可导致肉芽肿。注射本品时也可发生类似的反应;注射本品还可引起血管痉挛。

(2) 液体石蜡最严重的不良反应是由吸入本品而引起的脂肪性肺炎。因此,儿童、老人或体弱症的人不要使用含有液体石蜡的产品。

(3) 本品与强氧化剂有配伍禁忌。

乙 酸 乙 酯

【来源与制法】 在浓硫酸存在下,乙醇和乙酸的混合物缓慢蒸馏制得乙酸乙酯。也可在乙醇铝催化剂存在条件下由乙烯制得。

【性质】 本品为无色或淡黄色、微臭的透明液体,易燃、易挥发,相对密度(20℃)为 0.897 ~ 0.906。可与乙醇、乙醚、挥发油等混溶,但在空气中易氧化变色,需加入抗氧剂。

【应用】 在药物制剂中,乙酸乙酯主要是作为溶剂使用,也可用作香料调料。作为溶剂,它用于外用溶液剂和凝胶剂中,并且可用于片剂的可食性印字墨水。乙酸乙酯可以增加氯噻酮的溶解度,制备新戊酸吡罗昔康及甲芬那酸的多晶型,并可用于微球的制备。乙酸乙酯在食品加工中主要用作香料调料。本品也用于人工水果香精调料中,在食品加工中用作提取溶剂。

【注意事项】

(1) 乙酸乙酯与强氧化剂、强碱、强酸和硝酸盐产生剧烈反应,可导致火灾或爆炸。本品与氯磺酸、氢化锂铝、2-氯甲基呋喃及四丁基氢氧化钾也起剧烈反应。

(2) 乙酸乙酯受热降解,生成乙醇和乙酸,同时伴有腐蚀性烟和刺激性臭。本品易燃,其蒸气可触及远距离火源可引起回火。

案例分析

[案例] 制取盐酸异丙嗪糖浆:焦亚硫酸钠 1g, 维生素 C 1g, 盐酸异丙嗪 2g, 依次溶于溶剂中,过滤,于滤液中加入 10% 羟苯甲酯溶液 10ml 搅匀,添加单糖浆至 1000ml,搅拌均匀即得。 溶剂应为哪一种: 蒸馏水、乙醇、乙酸乙酯?

[分析] 药物为极性较强的易溶于水的物质,所以选用蒸馏水为溶剂。

三、应用及分析

(一) 碘甘油

[处方] 碘 10g   碘化钾 10g   纯化水 10ml

          甘油加至 1000ml

[制法] 将碘化钾溶于适量纯化水中,然后加入碘,搅拌溶解,再加适量甘油,使成1000ml。

[分析] 碘难溶于水(1∶2950),碘化钾为碘的助溶剂,它与碘在水溶液中可形成络合物而溶解,并且可减少碘的刺激性和挥发性。甘油作用缓和,作为碘的溶剂可缓解碘对黏膜的刺激性,同时,可延长药物与患处的接触时间而起到延效的作用。配制时,应控制水量,不然会增加药物对黏膜的刺激性。

(二) 复方紫草油

[处方] 紫草30g　　　冰片15g　　　忍冬藤30g　　　白芷30g

麻油500g

[分析] 紫草的主要有效成分是脂溶性的紫草素,易溶于脂肪油等非极性溶剂中,因此宜选用脂溶性的麻油作为溶剂。

点滴积累 ∨

1. 溶剂是液体制剂中不可或缺的药用辅料,在液体制剂中起溶解、分散、浸出作用。

2. 常用的液体制剂溶剂有极性溶剂(如水、DMSO、甘油等)、半极性溶剂(如乙醇、丙二醇、PEG等)和非极性溶剂(如脂肪油、液体石蜡、乙酸乙酯等)。

第二节　防腐剂

一、概述

(一) 防腐的重要性

液体制剂尤其是以水为溶剂的液体制剂,易引起细菌、真菌等微生物污染而发霉变质,特别是含有蛋白质、糖类等营养成分的液体制剂,微生物更容易在其中繁殖生长。中药合剂、糖浆剂、煎膏剂等一旦被微生物污染,就会引起制剂霉败变质,严重影响制剂质量,甚至危害人体。在生产液体制剂的过程中不可避免地会受到微生物污染,加入适宜的防腐剂可抑制微生物的生长繁殖,保证制剂的稳定性。

(二) 含义

防腐剂是指能抑制微生物生长繁殖的化学物品。一般把用于各类液体制剂和半固体制剂的称为防腐剂,把用于注射剂和滴眼剂的称为抑菌剂。

(三) 作用机制

防腐剂的作用机制随防腐剂种类的不同而不同,主要有以下几种:

1. 使病原微生物蛋白变性、沉淀或凝固,如乙醇、苯甲醇等。

2. 影响或阻断病原微生物的新陈代谢过程,如苯甲酸、羟苯酯类。

3. 降低表面张力,增加菌体胞浆膜的通透性,使病原微生物细胞破裂、溶解,如阳离子型表面活性剂。

（四）选用原则

优良的防腐剂应满足以下要求：①一定的溶解性，能达到有效的防腐、抑菌浓度；②抑菌力强，抑菌谱广；③在抑菌浓度范围内无毒、无刺激性、口服无异味；④理化性质稳定，不易受热和 pH 影响；⑤长期贮藏稳定，不与制剂中的其他成分及包装材料发生化学反应。目前，几乎没有一种防腐剂能满足上述要求，但通过合理选择和使用还是能保证临床用药安全。

1. 严格控制防腐剂的应用范围和用量　在能使用其他方法保证制剂无菌或卫生要求时，不用或少用防腐剂。需要使用防腐剂时应从制剂的安全性出发，保证使用的防腐剂品种和浓度符合制剂规定；一般防腐剂的用量尽量控制在抑菌的最低有效浓度，保证药品在使用和贮存有效期内微生物限度合格。如果使用复合防腐剂，可以适当降低各单一防腐剂的浓度，以减少不良反应的发生，保障安全。

知识链接

抑菌剂的使用

注射剂、滴眼剂加抑菌剂要慎重，多剂量包装的、采用无菌操作法或滤过灭菌法制备的和低温灭菌的注射剂、滴眼剂宜加抑菌剂。 静脉用或脊椎腔用注射剂和眼外伤用的眼用制剂不得添加抑菌剂。

---

2. 采用复合防腐剂　当液体制剂中含有糖类、蛋白质、淀粉等营养物质时，为了达到扩大抗菌谱、提高作用强度等目的，通常要采用两种或两种以上的复合防腐剂。复合防腐剂之间可产生协同作用，因此可减少单一防腐剂用量，同时降低防腐剂自身毒性及增大溶解度。如羟苯乙酯与苯甲酸复合使用，抑菌效果显著好于单用羟苯乙酯和苯甲酸。

3. 考虑防腐剂与制剂中其他成分及包材的相容性　选择防腐剂时应考虑制剂中药物或其他辅料与防腐剂之间的相互作用，如聚山梨酯、聚乙二醇、聚维酮等会降低防腐剂的作用。除此，还应考虑包装材料对防腐剂的影响，如塑料瓶能吸附防腐剂而影响抑菌效果。

二、常用防腐剂的种类

（一）羟苯酯类

亦称尼泊金类，常用甲酯、乙酯、丙酯、丁酯等，是目前应用最广的一类无毒、无味、无臭、化学性质稳定的优良防腐剂。其抑菌作用随烷基碳数增加而增加，但溶解度却减小；在酸性溶液中作用较强，在弱碱性溶液中，由于酚羟基解离，使防腐作用减弱，对大肠埃希菌的作用最强。本类防腐剂混合使用可产生协同作用，如浓度均为 0.01% ~ 0.25% 的乙酯与丙酯（1∶1）或乙酯与丁酯（4∶1）合用。另外，表面活性剂能增加本类防腐剂在水中的溶解度，但不能增加抑菌活性。该类防腐剂广泛用于口服液体制剂。

羟 苯 甲 酯

【来源与制法】　由甲醇和对羟基苯甲酸酯化而成。将对羟基苯甲酸加入过量的甲醇中溶解，搅拌下缓缓加入浓硫酸。加热回流 10 小时后倒入水中析出结晶,经水洗、碳酸钠溶液洗、水洗,得粗品。用水或 25% 乙醇重结晶而得成品,回收率为 85%。

【性质】 本品为白色结晶粉末或无色结晶,易溶于醇,醚和丙酮,极微溶于水,沸点 270~280℃。

【应用】 主要用作有机合成、食品、化妆品、医药的杀菌防腐剂,也用作于饲料防腐剂。

【注意事项】

(1) 不慎与眼睛接触后,请立即用大量清水冲洗并征求医生意见。

(2) 戴适当的手套和护目镜或面具。

羟 苯 乙 酯

【来源与制法】 羟苯乙酯由对羟基苯甲酸和乙醇酯化制得。酯化完成后在水中结晶,再经过滤、酸洗得成品。

【性质】 本品为白色结晶性粉末;无臭或有轻微的特殊香气,味微苦、灼麻。在甲醇、乙醇或乙醚中易溶,在三氯甲烷中略溶,在甘油中微溶,在水中几乎不溶。

【应用】 羟苯乙酯作为抗菌防腐剂,在化妆品、食品和药物制剂中得到了广泛的应用。它既可单独使用,也可和其他羟苯酯类或抗菌剂联合使用。在化妆品中它是最经常应用的抗菌防腐剂之一。这些羟苯酯类物质能在很大 pH 范围内发挥作用,且具有光谱抗菌活性,其中对酵母菌和霉菌最有效。

【注意事项】

(1) 有非离子型表面活性剂存在时,本品防腐作用降低。不同烷基的酯之间存在着交叉敏感。

(2) 遇铁变色,遇强酸、强碱易水解。

(二) 有机酸及其盐类

1. 苯甲酸及其盐

苯 甲 酸

【来源与制法】 最初苯甲酸是由安息香胶干馏或碱水水解制得,也可由马尿酸水解制得。工业上苯甲酸是在钴、锰等催化剂存在下用空气氧化甲苯制得;或由邻苯二甲酸酐水解脱羧制得。

【性质】 为具有苯或甲醛的气味的鳞片状或针状结晶,它的蒸气有很强的刺激性,吸入后易引起咳嗽。微溶于水,易溶于乙醇、乙醚等有机溶剂。

【应用】 主要用于抗真菌及消毒防腐,用于医药、染料载体、增塑剂、香料和食品防腐剂等的生产,也用于醇酸树脂涂料的性能改进,也作为钢铁设备的防锈剂、农业化学品。还可以用作食品、饲料、乳胶、牙膏的防腐剂。在酸性条件下,对霉菌、酵母和细菌均有抑制作用,但对产酸菌作用较弱。

【注意事项】

(1) 苯甲酸的防腐效果在 pH>4 时,效果已明显下降,且有不良味道。

(2) 外用该品局部可能有轻度刺激。油膏剂不宜贮存于温度过高处。

(3) 对环境有危害,对水体和大气可造成污染。

(4) 遇明火、高热可燃。

苯 甲 酸 钠

【来源与制法】将苯甲酸用碳酸钠或碳酸氢钠处理制得。

【性质】大多为白色颗粒,无臭或微带安息香气味,味微甜,有收敛性;易溶于水(常温)53.0g/100ml 左右,pH 在 8 左右;苯甲酸钠也是酸性防腐剂,在碱性介质中无杀菌、抑菌作用;其防腐最佳 pH 是 2.5~4.0,在 pH 5.0 时 5% 的溶液杀菌效果也不是很好。

【应用】在化妆品、食品和药物制剂中主要用作抗菌防腐剂。在口服制剂中,常用浓度为 0.02%~0.5%,在注射制剂中常用浓度为 0.5%,在化妆品中常用浓度为 0.1%~0.5%。由于苯甲酸钠的作用范围所需的 pH 范围较窄,它的用途也受到限制。

【注意事项】

(1) 苯甲酸钠的防腐效果在 pH>4 时,效果已明显下降,且有不良味道。

(2) 与以下四种化合物有配伍禁忌:白明胶、正铁盐、钙盐和重金属盐,包括银,铅和汞。

(3) 散装物应置于密闭的容器中,在阴凉、干燥处保存。

2. 山梨酸及其盐

山 梨 酸

【来源与制法】天然的山梨酸可以从山白蜡树的浆果中以内酯(类山梨酸)的形式被提取出来。山梨酸的合成方法有以下几种:由巴豆醛和乙烯酮在三氟化硼的存在下缩合制得;由巴豆醛和丙二酸在吡啶溶液中缩合制得;由 1,1,3,5-四烷氧己烷制得。也可在还有细菌的培养基中发酵山梨醛或山梨醇的方法制得。

【性质】本品为白色至微黄白色结晶性粉末;有特臭。本品在乙醇中易溶,在乙醚中溶解,在水中极微溶解。属酸性防腐剂,在接近中性(pH 6.0~6.5)的食品中仍有较好的防腐作用。

【应用】山梨酸是一种抗菌防腐剂,具有抗细菌和真菌的性质,用于药品、食品、肠溶制剂及化妆品中。山梨酸一般用于口服和局部用制剂中(其浓度为 0.05%~0.2%),尤其适用于含有非离子型表面活性剂的制剂。

【注意事项】

(1) 山梨酸易被氧化,尤其在光照条件下。在水溶液中比在固体状态下更易发生氧化。

(2) 山梨酸应保存于密闭容器中,避光,温度不应超过 40℃

(3) 山梨酸与碱、氧化剂和还原剂有配伍禁忌。

山 梨 酸 钾

【来源与制法】山梨酸钾是由山梨酸和氢氧化钾制得。

【性质】本品为白色至浅黄色鳞片状结晶、晶体颗粒或晶体粉末,无臭或微有臭味,长期暴露在空气中易吸潮、被氧化分解而变色。山梨酸钾易溶于水,溶于丙二醇、乙醇。属酸性防腐剂,在接近中性(pH 6.0~6.5)的食品中仍有较好的防腐作用。

【应用】山梨酸钾是一种抗菌防腐剂,属于酸性防腐剂,在药剂、食品、肠溶制剂和化妆品中应用具有抗细菌和抗真菌的性质。通常在口服和局部用药,特别是含有非表面活性剂的制剂中,使用浓度是 0.1%~0.2%。

【注意事项】

（1）山梨酸钾与碱、氧化剂和还原剂有配伍禁忌。

（2）遇非离子型表面活性剂和某些塑料,山梨酸钾的抗菌活性降低。

（三）季铵化合物类

为阳离子型表面活性剂,以苯扎溴铵(又称新洁尔灭)为代表。

（四）醋酸氯己定

又称醋酸洗必泰,为广谱杀菌剂。溶于乙醇、丙二醇、甘油等溶剂中,微溶于水。用量为 0.02% ~0.05% 。

（五）其他防腐剂

（1）酚类:邻苯基苯酚,使用浓度为 0.005% ~0.2% 。

（2）挥发油:桉叶油使用浓度为 0.01% ,桂皮油为 0.01% 、薄荷油为 0.05% 。

（3）有机汞类:硫柳汞、醋酸苯汞、硝酸苯汞等。

案例分析

案例1

［处方］阿昔洛韦 1g　　硼酸 6.8g　　硼砂 8.6g　　氯化钠 2.8g

羟苯乙酯/硫柳汞适量注射用水加至 1000ml

问:防腐剂用羟苯乙酯和硫柳汞哪一种更合适?

［分析］选用硫柳汞,因为其适合于弱碱性溶液。

案例2

［处方］硝酸毛果芸香碱 10g　　聚乙烯吡咯烷酮 40g　　氯化钠 6.8g

羟苯乙酯/硫柳汞适量注射用水加至 1000ml

问:防腐剂用羟苯乙酯和硫柳汞哪一种更合适?

［分析］选用羟苯乙酯,因为其在酸性条件下防腐效果非常好。

三、应用及分析

（一）龙掌口含液

［处方］飞龙掌血根皮 50g　　　飞龙掌血叶 50g　　　地骨皮 50g

升麻 100g　　　　　　薄荷脑 0.2g　　　　玫瑰香精 6ml

椰子香精 4ml　　　　吐温 80 5g　　　　　甘油 150g

羟苯甲酯 1.5g　　　　羟苯乙酯 1.5g

［分析］羟苯甲酯和羟苯乙酯为防腐剂,两者以 1:1 比例混合使用,可以产生协同防腐作用,效果更显著;薄荷脑、玫瑰和椰子香精是矫味剂;吐温 80 是增溶剂,可加大薄荷脑的溶解度;甘油起到矫味和防止药材中鞣质析出的作用。

（二）猴菇饮

[处方] 猴头菇100g　　　　　蜂蜜(炼)300g　　　　　山梨酸钾2.5g

枸橼酸钠6g

[分析] 处方中山梨酸钾和枸橼酸钠均为防腐剂,使用剂量分别为0.25%和0.6%。

（三）盐酸恩丹司琼口服液

[处方] 盐酸恩丹司琼0.4g　　　　羟苯乙酯0.5g　　　　甘油120ml

蒸馏水加至1000ml

[分析] 盐酸恩丹司琼为主药;羟苯乙酯为防腐剂;甘油为矫味剂。

点滴积累 V

1. 为避免液体制剂被微生物污染,常需加入防腐剂。常用的防腐剂有羟苯酯类和有机酸及其盐类。

2. 羟苯酯类是一类无毒且化学性质稳定的优良防腐剂,在酸性溶液中的作用优于碱性溶液,对大肠埃希菌的作用强,常用于口服液体制剂。

3. 山梨酸毒性低,对霉菌和酵母菌的作用强;苯甲酸及其盐常与羟苯酯类合用来防止中药液体制剂发霉、发酵。

第三节　增溶剂与助溶剂

一、概述

（一）含义

液体制剂中难溶性药物在溶剂中常存在溶解度低的问题,特别是中药液体制剂。为了使难溶性药物达到临床治疗所需的安全有效浓度,必须采用方法来增加药物的溶解度。某些难溶性药物可以通过制成可溶性盐、使用复合溶剂、引入亲水基团等方法来增加溶解度,也可在溶液中加入溶剂和药物以外的第三种物质来增加难溶性药物的溶解度。增溶剂和助溶剂就是常用来增加难溶性药物溶解度的第三种物质。

增溶是指某些难溶性药物在表面活性剂形成胶束的作用下,在溶剂(主要是水)中溶解度增大的现象。具有增溶作用的表面活性剂称为增溶剂,被增溶的物质称为增溶质。增溶剂能显著增加难溶性药物的溶解度。相关内容详见第二章表面活性剂。

助溶系指难溶性药物与加入的第三种物质在溶剂中形成可溶性络合物、复盐或分子缔合物等,使药物在溶剂中溶解度大大增加的现象。这第三种物质称为助溶剂。助溶剂多为低分子化合物。

（二）增溶剂的选用原则

增溶剂在液体制剂中应用很广,可用于口服制剂、注射剂和外用制剂。在选择增溶剂时,应

▶▶ **课堂活动**

在制备液体制剂时,有些药物因难溶于水而不能制成液体制剂,根据你所掌握的知识说出目前有哪些方法可用于增加难溶于水的药物在水中的溶解度?

根据增溶质的性质、制剂需求和增溶剂的特性来确定增溶剂的种类和用量。同时,要充分考虑到使用过程中影响增溶效果的因素、对药物吸收的影响,尽量选择毒副作用小、增溶量大、价廉易买的增溶剂。

1. 增溶剂的用量　增溶体系是由溶剂、增溶剂、增溶质组成的三元体系。增溶剂的用量可以通过三元相图来确定。该图是增溶质、增溶剂和溶剂三者间因为组成百分比发生变化,引起体系相变的图解。通过实验得到的三元相图可以确定增溶剂的最小用量以及增溶质被增溶的最大浓度和可稀释程度,从而选择适宜的配比。三元相图对指导制剂处方设计有重要意义。

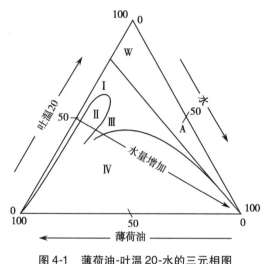

图 4-1　薄荷油-吐温 20-水的三元相图

如图 4-1 是薄荷油-吐温 20-水的三元相图,在 Ⅱ、Ⅳ 两相区内的任一比例,均不能制得澄明溶液;在 Ⅰ、Ⅲ 两相区内任一比例均可制得澄明溶液,但只有在沿曲线的切线 AW 上方区域内的任意配比,如 A 点(代表 7.5% 薄荷油,42.5% 吐温 20 和 50% 水),再加水稀释时才不会出现混浊。

2. 增溶剂与药物的性质　非离子型增溶剂的增溶能力比离子型的强。HLB 值越高,亲水性越强,对极性强的药物增溶效果越好;HLB 值越低,亲油性越强,对极性低的药物增溶效果越好。同时,在选择增溶剂的过程中应注意与药物的配伍。相关内容详见第二章表面活性剂。

3. 增溶剂的毒副作用　目前,增溶剂常用于液体制剂和注射剂的制备。不同类型的增溶剂,其毒副作用大小不一样;给药途径不同,同类型增溶剂产生的毒副作用强弱也不相同。所以,在选用增溶剂时,必须注意其毒性、溶血性等不良作用。

(1) 毒性:不同类型表面活性剂的毒性:阳离子型>阴离子型>非离子型;给药途径不同,同类型表面活性剂的毒性大小:静脉注射>口服>外用。

(2) 溶血性:阴、阳离子型表面活性剂不仅毒性大,而且溶血作用强,不能用于注射剂;聚山梨酯类表面活性剂的溶血作用比含聚氧乙烯基的表面活性剂小,但不同分子量的聚山梨酯溶血作用也有差异:吐温 20>吐温 60>吐温 40>吐温 80;除此,还与使用浓度有关系,家兔静脉注射和体外溶血实验表明,使用 0.1% 的吐温 80,体内、体外均无溶血现象;而使用 0.25% 的吐温 80,体外出现溶血现象,5 天后体内出现溶血现象。

（三）助溶剂的选用原则

助溶剂的应用主要是利于难溶性药物液体制剂的配制,从而提高药物浓度,满足药品质量要求。研究表明,助溶剂用量与难溶性药物的溶解度在一定范围内呈正相关,因而当助溶剂用量较大时,宜选用无生理活性的助溶剂。助溶剂的选择目前无明确规律,但应考虑以下条件:①无刺激性,无毒副作用;②不降低药物的疗效和稳定性;③较低浓度的助溶剂即能使难溶性药物的溶解度大大提高。

知识链接

增加药物溶解度的其他方法

通常增加难溶于水药物在水中溶解度的方法还有：①调节酸碱度使有机弱酸或有机弱碱性药物成盐；②使用复合溶剂（潜溶剂）：如合用乙醇水溶液可大大增加氯霉素、氢化可的松在水中的溶解度。

二、常用增溶剂与助溶剂的种类

（一）增溶剂的种类

1. 非离子型表面活性剂 用途最广的增溶剂,可用于外用制剂、口服制剂和注射剂,常见的有聚山梨酯类、聚氧乙烯脂肪酸酯类、聚氧乙烯脂肪醇醚类,详见第二章第一节。

2. 阴离子型表面活性剂 毒性比阳离子型表面活性剂小,但常有溶血和刺激黏膜等强烈的生理作用,故供外用制剂使用,常见的有肥皂类、硫酸化物,详见第二章第一节。

几种常见难溶性药物及其常用的增溶剂见表4-1。

表4-1 常见难溶性药物及其常用的增溶剂

药物	增溶剂
维生素 A、D$_2$、E、K	吐温 20、吐温 40、吐温 60、吐温 80
黄体酮	月桂醇硫酸钠、聚山梨酯类
维生素 A、D、E	卖泽 49、卖泽 51、卖泽 53
泼尼松	吐温 80、胆酸钠
丙酸睾酮	聚山梨酯类、油酸钠
薄荷油、桂皮油、桉叶油	吐温 80、吐温 20
醋酸可的松	吐温 20、吐温 80
氯霉素	吐温 80
利血平	吐温 80

（二）助溶剂的种类

常用的助溶剂根据其化学结构可分为三类：

1. 有机酸及其盐 如水杨酸、苯甲酸、对氨基水杨酸及其钠盐等。

2. 酰胺类化合物 如二乙胺、乙酰胺、烟酰胺、尿素、乌拉坦等。

3. 其他 包括无机盐（如磷酸钠、碘化钾）、酯类（如甘氨酸酯）、多聚物（如 PVP、PEG）、丙二醇、多元醇、甘油等。

一些难溶性药物可选用的助溶剂见表4-2。

表4-2 常见的难溶性药物与助溶剂

药物	助溶剂
碘	碘化钾、聚维酮
咖啡因	苯甲酸钠、枸橼酸钠、水杨酸钠、对氨基苯甲酸钠、烟酰胺
己烯雌酚	二磷酸酯、磷酸二钠盐、甘氨酸酯
茶碱	二乙胺、其他脂肪族胺、烟酰胺、苯甲酸钠
盐酸奎宁	乌拉坦、尿素
地西泮	水杨酸
维生素 B_2	烟酰胺、尿素、乙酰胺、苯甲酸钠、水杨酸钠、乌拉坦
卡巴克络	水杨酸钠、烟酰胺、乙酰胺
红霉素	乙基琥珀酸酯、维生素 C
氢化可的松	苯甲酸钠、烟酰胺、二乙胺、琥珀酸钠、磷酸酯
倍他米松	磷酸钠、醋酸酯
泼尼松龙	琥珀酸钠

三、应用及分析

（一）柴胡注射液

［处方］ 柴胡 1000g　　吐温 80 3g　　氯化钠 9g

注射用水加至 1000ml

［分析］本品采用水蒸气蒸馏法收集柴胡挥发油芳香水,吐温 80 作增溶剂,增大挥发油在水中的溶解度,使用剂量为 0.3%。

（二）氯霉素注射液

［处方］ 氯霉素 2.5g　　吐温 60 20ml　注射用水加至 1000ml

［分析］氯霉素在水中的溶解度小,吐温 60 作为增溶剂,可以增大氯霉素在水中的溶解度。

（三）维生素 B_2 注射液

［处方］ 维生素 B_2 0.5g 烟酰胺 20g　　注射用水加至 1000ml

［分析］处方中的维生素 B_2 又称为核黄素,为主药,其在水中的溶解度很小。烟酰胺是助溶剂,增大维生素 B_2 在水中的溶解度。烟酰胺还可以作为咖啡因、茶碱等药物的助溶剂。

点滴积累 ∨

1. 增溶剂和助溶剂可增加难溶性药物在溶剂中的溶解度,使难溶性药物达到临床所需的安全有效浓度。

2. 增溶是利用增溶剂形成胶束的作用来增加难溶性药物在溶剂中的溶解度;助溶是利用助溶剂与难溶性药物在溶剂中形成可溶性络合物、复盐或分子缔合物来增加难溶性药物的溶解度。

3. 吐温 80 是常用的增溶剂,属于非离子型表面活性剂,毒性小,主要作为液体制剂的增溶剂。

第四节　乳化剂

一、概述

（一）含义

乳剂是两种互不相溶的液相组成的非均相分散体系,通常是一种液体经乳化后形成球状微滴均匀稳定地分散在另一种液体体系中。这种起乳化作用的物质称为乳化剂。它是乳剂中除水相和油相以外的重要组成部分,对乳剂的形成、稳定及药效发挥等方面起着关键作用。

（二）作用机制

在乳剂中,乳化剂可被吸附在油水界面上,乳化剂通过降低界面张力、形成乳化膜或电屏障发挥乳化作用,形成乳剂。

1. 降低界面张力　乳剂的油相与水相之间存在界面张力,两相间的界面张力越大,表面自由能就越大,形成乳剂的能力就越小。因而,要保持乳剂的分散状态和稳定性,必须极大限度地降低界面张力和表面自由能。

乳化剂能被吸附在乳滴的周围,使乳滴在形成过程中有效地降低界面张力或界面自由能,使乳滴易于形成,并保持高度分散的状态和稳定性。

2. 形成牢固的乳化膜　乳化剂能被吸附在乳滴周围,有规律地定向排列在液滴界面形成牢固的乳化膜,乳化膜在油水之间起着机械屏障作用,阻止乳滴合并,从而起到稳定作用。乳化膜的强度决定了乳剂的稳定性,即乳化膜越牢固,乳剂就越稳定。乳化膜有三种类型:

（1）单分子乳化膜:表面活性剂作乳化剂时,会在油水界面定向排列成单分子乳化膜,除能阻止乳滴合并,还能明显地降低界面张力,从而使乳剂稳定。

（2）多分子乳化膜:亲水性高分子化合物类乳化剂被吸附在乳滴周围,形成多分子乳化膜。形成的乳化膜可阻止乳滴合并,且能增加分散介质的黏度,使乳剂稳定。

（3）固体微粒乳化膜:固体微粒乳化剂被吸附在乳滴周围,排列形成固体微粒层,称为固体微粒乳化膜,阻止乳滴合并且提高乳剂稳定性。

3. 形成电屏障　某些离子型表面活性剂作为乳化剂时,会定向排列在乳滴周围,形成双电层结构的电屏障。该屏障利用电荷的排斥作用来阻止乳滴的合并,从而起到稳定作用。

知识链接

影响乳剂稳定性的因素

影响乳剂稳定性的因素:①乳化剂的用量,一般应控制在0.5% ~10%;②分散相的浓度,一般宜在50%左右;③分散介质的黏度。

（三）选用原则

1. 乳化剂的要求

优良的乳化剂应具备以下要求：①有较强的乳化能力，且能在乳滴周围形成牢固的乳化膜；②稳定性好，受各种因素影响小；③对机体无毒副作用、无刺激性，来源广、价廉。

2. 乳化剂的选用

选择适宜的乳化剂是制备乳剂的关键。应根据乳剂的使用目的、药物性质、处方组成、欲制备乳剂的类型和乳化方法等综合考虑，适当选择。

（1）根据乳剂的类型选择：设计乳剂处方时应先确定乳剂的类型，根据乳剂类型选择所需的乳化剂。O/W 型乳剂应选择 O/W 型乳化剂，而 W/O 型乳剂则应选择 W/O 型乳化剂。

（2）根据乳剂的给药途径选择：口服乳剂应选择无毒、无刺激的天然乳化剂或某些亲水性非离子乳化剂；外用乳剂应选择对局部无刺激性，长期应用无毒性的乳化剂；注射用乳剂应选择泊洛沙姆、磷脂等乳化剂。

（3）根据乳化剂性能选择：乳化剂的种类很多，性能各不相同，应选择乳化能力强、性质稳定、受外界因素（pH、酸碱、盐等）影响小、无毒、无刺激性的乳化剂。

（4）混合乳化剂的选择：乳化剂混合使用有很多优点，一是可调节乳化剂的 HLB 值，以改变其亲水、亲油性，使乳化剂有更好的适应性；二是增加乳化膜的牢固性，并增加乳剂的黏度和提高乳剂的稳定性。一般，非离子型乳化剂之间、非离子乳化剂与离子型乳化剂可混合使用，但阳离子型乳化剂和阴离子型乳化剂不能混合使用，同时，必须符合油相对 HLB 值的要求。乳化油相所需的 HLB 值见表4-3。

表4-3　各种乳化油相所需的 HLB 值

油相名称	HLB 值		油相名称	HLB 值	
	O/W 型	W/O 型		O/W 型	W/O 型
液体石蜡(重)	10 ~ 12	4	凡士林	9	4
液体石蜡(轻)	10.5	4	羊毛脂	15	8
蜂蜡	10 ~ 16	5	硬脂酸	15	—
鲸蜡醇	15	—	棉籽油	10	5
硬脂醇	14	—	挥发油	9 ~ 16	—

二、常用乳化剂的种类

（一）天然乳化剂

来源于植物或动物的复杂高分子化合物，亲水性较强，能形成 O/W 型乳剂。该类乳化剂大多数黏性较大，能增加乳剂的稳定性。天然乳化剂易受细菌和真菌的污染而变质，在使用时须新鲜配制或加入适宜的防腐剂。植物来源的天然乳化剂常用品种有阿拉伯胶、西黄蓍胶、皂苷、大豆磷脂、海藻酸钠等;动物来源的常用品种有亲水性的有磷脂、明胶等,亲油性的有羊毛脂、胆固醇等。

阿 拉 伯 胶

【来源与制法】 来源于豆科的金合欢树属的树干渗出物,因此也称金合欢胶。目前也有经过精制过程而得的粉末状阿拉伯胶。

【性质】 市售阿拉伯胶为白色或黄白色薄片、类球形、颗粒、粉末或喷雾干燥粉末。无臭,无味,易燃。在水中可逐渐溶解成呈酸性的黏稠状液体,不溶于乙醇。

【应用】 阿拉伯胶主要在口服和局部用药物制剂中作为助悬剂和乳化剂,通常与西黄蓍胶联合使用。也用作片剂的黏合剂。阿拉伯胶还被用于化妆品、糖果和食品中。

【注意事项】

(1) 阿拉伯胶对眼睛、皮肤和在吸入时有刺激作用。建议使用手套、护眼镜和防尘口罩。

(2) 阿拉伯胶中的一种氧化酶可能会影响含有易氧化物质的制剂。但是在100℃下短时间加热,可使酶失活。

(3) 在乳剂制备过程中,阿拉伯胶溶液与皂类有配伍禁忌。

西 黄 蓍 胶

【来源与制法】 西黄蓍胶为豆科植物西黄蓍胶树的干枝被割伤后渗出的树胶,经干燥而得。

【性质】 本品为白色或黄白色粉末或半透明薄片,遇水膨胀成有黏性胶状物。本品黏度在pH=5时最大,pH<4.5或pH>6时黏度则显著下降。

【应用】 为润滑剂、助悬剂、黏合剂及浮化剂等。其黏性较大,但乳化力较差,故常与阿拉伯胶配合应用。

【注意事项】

(1) 勿与碱性溶液或碱式硝酸铋配伍。西黄蓍胶溶胶溶液加乙醇超过35%时,即析出沉淀。

(2) 干燥处密闭保存。

磷 脂

【来源与制法】 动物磷脂主要来源于蛋黄、牛奶、动物体脑组织、肝脏、肾脏及肌肉组织部分。植物磷脂主要存在于油料种子,且大部分存在于胶体相内,并与蛋白质、糖类、脂肪酸、维生素等物质以结合状态存在,是一类重要的油脂伴随物。

【性质】 依据加工和漂白程度不同而呈乳白、浅黄或棕色,易溶于乙醚、苯、三氯甲烷、正己烷,不溶于丙酮、水等极性溶剂。属于两性表面活性剂,具有乳化性。可进行水解反应、乙酰基化、羟基化、酰基化、磺化、饱和化(氧化使磷脂饱和)、活化(引入不饱和基团)等反应。

【应用】 磷脂常被用作乳化剂,豆磷脂毒性小,是一种理想的制备口服和注射用乳剂的乳化剂。精制品可供静脉注射用。

（二）表面活性剂类乳化剂

这类乳化剂分子中有较强的亲水基和亲油基,乳化能力强,性质较稳定。能显著降低液体表面张力,易在乳滴周围形成单分子乳化膜,通常使用混合乳化剂形成复合凝聚膜来提高乳剂的稳定性。

常见的包括阴离子型乳化剂,如硬脂酸钠、硬脂酸钾、硬脂酸钙、油酸钠、油酸钾、十二烷基硫酸钠、十六烷基硫酸化蓖麻油等,非离子型乳化剂,如单甘油脂肪酸酯、三甘油脂肪酸酯、蔗糖单硬脂酸酯、聚甘油硬脂酸酯、司盘类(W/O 型)、吐温类(O/W 型)、卖泽类(O/W 型)、苄泽类(O/W 型)、平平加O、泊洛沙姆等,详见第二章第一节。

（三）固体粉末乳化剂

这类乳化剂为不溶性固体微粉,乳化时可在油与水之间形成稳定的界面膜,防止分散相液滴相互接触合并。根据亲和性,此类乳化剂分为 O/W 型乳化剂和 W/O 型乳化剂。前者为亲水性乳化剂,易被水润湿,可用于制备 O/W 型乳剂,常用的有氢氧化镁、氢氧化铝、二氧化硅、硅藻土等;后者为疏水性乳化剂,易被油润湿,可用于制备 W/O 型乳剂,常用的有氢氧化锌、氢氧化钙、硬脂酸镁等。

（四）辅助乳化剂

是指与乳化剂合并使用能增加乳剂稳定性的乳化剂。辅助乳化剂的乳化能力很弱或无乳化能力,但能提高乳剂黏度,同时能增加乳化膜的强度,阻止乳滴合并。该类乳化剂有两种类型:

1. 增加水相黏度的辅助乳化剂　甲基纤维素(MC)、羟丙纤维素(HPC)、羧甲纤维素钠(CMC-Na)等。

2. 增加油相黏度的辅助乳化剂　鲸蜡醇、蜂蜡、硬脂酸、硬脂醇、单硬脂酸甘油酯等。

三、应用及分析

（一）鱼肝油乳

[处方] 鱼肝油 500ml　　　阿拉伯胶(细粉)125g　　杏仁油 1ml

　　　　糖精钠 0.1g　　　　西黄蓍胶(细粉)17g　　羟苯乙酯 0.5g

　　　　纯化水加至 1000ml

[分析] 本品为 O/W 型乳剂,制备时常采用湿胶法,即将油相加到含乳化剂的水相中。鱼肝油是主药;阿拉伯胶和西黄蓍胶是乳化剂;糖精钠是矫味剂;杏仁油为芳香矫味剂。

（二）复方苏合香油口服乳剂

[处方] 泊洛沙姆 188 0.6g　　油酸钠 0.2g　　　　吐温 80 0.5g

　　　　苯甲酸钠 0.4g　　　　甜菊苷 0.4g　　　　豆磷脂 1g

　　　　司盘 80 0.4g　　　　降香油 4g　　　　　苏合香油 6g

　　　　加水至 100ml

[分析] 降香油和苏合香油为主药;泊洛沙姆 188、油酸钠、吐温 80、豆磷脂和司盘 80 为乳化剂;

甜菊苷为矫味剂;苯甲酸钠为防腐剂。

> **点滴积累** ∨
>
> 1. 在乳剂中起到乳化作用的物质称为乳化剂。 乳化剂通过降低油水界面张力、形成乳化膜或电屏障发挥乳化作用。
> 2. 常用乳化剂有天然和表面活性剂类。 其中豆磷脂具有很强的乳化作用，形成稳定、高度分散、均匀的 O/W 型乳剂，且毒性小，是制备口服和注射用乳剂较理想的乳化剂。

第五节 助悬剂

一、概述

（一）含义

混悬剂是指难溶性固体药物以微粒分散于液体分散介质中形成的非均相液体分散体系的剂型，其大多数是液体制剂,在临床上可用于口服、注射和外用。混悬剂是热力学与动力学的不稳定体系，存在微粒聚集与沉降的趋势,因此在制备时需加入稳定剂来使药物分散悬浮于体系中,提高混悬剂的稳定性。

助悬剂是混悬剂的稳定剂之一，能增加分散介质的黏度以降低微粒的沉降速度或增加微粒的亲水性,形成保护膜,使混悬剂稳定。助悬剂多为高分子亲水胶体物质,通过增加分散介质黏度和吸附于微粒表面形成保护屏障,来防止或减少微粒间的吸引或絮凝,保持微粒均匀的分散状态。

（二）选用原则

助悬剂一般选择具有塑性或假塑性,兼具有触变性的最为理想。通常塑性助悬剂黏度低,常用于临用混悬剂的制备;假塑性助悬剂黏度高,适宜用于长时间贮存的混悬剂。为了达到满意的效果,可根据以下条件进行选择。

1. **根据药物性质选择** 药物相对密度小的可用低分子助悬剂,如甘油、糖浆等;相对密度大的可用黏性强的助悬剂,如西黄蓍胶。疏水性药物可多加助悬剂,亲水性药物可少加助悬剂。

2. **与混悬剂其他稳定剂配合使用** 助悬剂常与混悬剂的其他稳定剂,如润湿剂、絮凝剂与反絮凝剂配合使用,满足混悬剂分散均匀不下沉、流动性好、易于倾倒、涂抹和注射,或者虽下沉,但易于再分散的全面质量要求。

3. **结合混悬剂的 pH 选择** 选择助悬剂还必须考虑混悬剂的 pH,大多数助悬剂的黏度大小还受溶液的 pH 影响,比如羧甲纤维素钠一般在 pH 5~7 时黏度较大,产生较好的助悬效果,西黄蓍胶为 pH 4~6,聚维酮受酸碱度影响较小。

案例分析

案例1：盐酸丁卡因凝胶

[处方] 盐酸丁卡因10g　　甘油200ml 助悬剂适量

　　　　羟苯乙酯0.5g　　　蒸馏水加至1000ml

问：现可供选择的助悬剂有：西黄蓍胶、羧甲纤维素钠，请问应选择哪一个为该制剂中的助悬剂，说出你的理由。

[分析] 这里应选西黄蓍胶，因为盐酸丁卡因属酸性液，刚好在西黄蓍胶的pH最佳范围。

案例2：阿昔洛韦凝胶

[处方] 阿昔洛韦30g　　丙二醇100g　　月桂氮䓬酮20g

　　　　助悬剂适量氢氧化钠溶液（0.1mol/L）200ml

　　　　蒸馏水加至1000ml

问：可供选择助悬剂为阿拉伯胶和卡波姆，请选择并说出理由？

[分析] 卡波姆，从处方组成可以看出该制剂为碱性液，而阿拉伯胶在酸性液中助悬效果较好，卡波姆在pH 6～11碱性液中助悬效果较好，所以选择卡波姆。

二、常用助悬剂的种类

1. 低分子助悬剂　常用甘油、糖浆等。外用混悬剂多加入甘油。糖浆主要用于口服的混悬剂，同时还具有矫味作用。

2. 高分子助悬剂

（1）天然高分子助悬剂：常用的有阿拉伯胶、西黄蓍胶、海藻酸钠、琼脂等。阿拉伯胶、西黄蓍胶可用粉末或胶浆，前者用量为5%～15%，后者用量为0.5%～1%。琼脂用量为0.2%～0.5%。此类助悬剂使用时需加防腐剂。

（2）合成或半合成高分子助悬剂：有甲基纤维素、羧甲纤维素钠、羟丙纤维素、卡波姆、聚维酮等。这类助悬剂性质稳定，受pH影响小，水溶液透明，具有一定黏度，但应注意某些助悬剂与药物或其他附加剂有无配伍变化，详见第六章第二节。

3. 皂土类　主要是硅藻土，为天然含水的硅酸铝，不溶于水或酸，但在水中体积膨胀增加约10倍，形成具有触变性、假塑性和高黏度的凝胶。在pH>7时，膨胀性更大，黏度更高，助悬效果更好。

4. 触变胶　具有触变性的胶体称为触变胶。触变性是指凝胶与溶胶在一定温度下可逆转变的性质，即静置时形成凝胶防止微粒沉降，搅拌或振摇时变为溶胶有利于倾出，使用触变胶作助悬剂有利于混悬剂的稳定。单硬脂酸铝溶于植物油中可形成触变胶。

三、应用及分析

（一）利锌洗剂

[处方] 乳酸依沙吖啶1g　　　　氧化锌100g　　　　　　滑石粉100g

薄荷脑 3g   甘油 50ml   甲基纤维素 1g

乙醇 100ml   蒸馏水加至 1000ml

〔分析〕本品为混悬剂。处方中乳酸依沙吖啶和氧化锌为不溶于水的药物;甲基纤维素作助悬剂,使混悬剂稳定,摇匀本品后 5 分钟内无明显分层现象;薄荷脑为止痒剂;乙醇能促进薄荷脑的分散和更好地发挥止痒作用;滑石粉对酸碱稳定,分散性好,附着性好,对皮肤破损有润滑、减少摩擦和干燥的作用。

（二）复方次碳酸铋合剂

〔处方〕次碳酸铋 50g   颠茄酊 15ml   西黄蓍胶 10g

复方樟脑酊 125ml   甘油 75ml   橙皮糖浆 200ml

纯化水加至 1000ml

〔分析〕本品为混悬剂。次碳酸铋、颠茄酊为主药;西黄蓍胶为助悬剂,增加混悬剂的黏稠度;橙皮糖浆为矫味剂、助悬剂;甘油为润湿剂、助悬剂。

（三）炉甘石洗剂

〔处方〕炉甘石 150g   氧化锌 50g   甘油 50ml

CMC-Na 2.5g   纯化水加至 1000ml

〔分析〕炉甘石与氧化锌均为不溶于水的亲水性药物,能被水润湿;甘油为润湿剂;CMC-Na 为助悬剂,使微粒周围形成水化膜以阻碍微粒的聚合,振摇时易再分散。

点滴积累 ∨

1. 助悬剂多为高分子亲水胶体物质，通过增加分散介质的黏度和在微粒表面形成保护屏障来防止或减少微粒间的吸引或絮凝，从而保持微粒均匀分散。

2. 常用的高分子助悬剂有阿拉伯胶、西黄蓍胶、海藻酸钠、琼脂和纤维素及其衍生物。

3. 硅藻土在水中体积膨胀而形成具有触变性、假塑性和高黏度的凝胶。 且在 pH >7 时，膨胀性、黏度均提高，助悬效果更好。

第六节　矫味剂与着色剂

一、概述

（一）含义

1. **矫味剂**　许多药物具有不良臭味,患者服用后易引起恶心、呕吐等反应,特别是儿童,因而导致患者用药的依从性降低,如甲硝唑有苦味、鱼肝油有腥味等。矫味剂是一类能掩盖和矫正制剂的不良臭味,使制剂更加可口,便于患者服用的物质。矫味剂一般能改善制剂的味觉或嗅觉。

2. **着色剂**　有些药物制剂本身无色,但为了达到某些目的需加入到制剂中进行调色的物质称着色剂,亦称色素或染料。着色剂可以改变制剂的外观颜色,用以识别制剂的品种、区分应用方法和减少患者对服药的厌恶感。特别是着色剂与矫味剂配合协调,更容易提高患者治疗的依从性。

（二）矫味剂的选用原则

使用矫味剂调整药物的气味和味道是制剂过程中的重要环节,选用矫味剂必须在不影响药物质量和保证用药安全的前提下,根据药物的性质适当添加,以达到减轻患者对药物的排斥感和应有的治疗效果。使用矫味剂必须通过小量试验,一般以滋味清淡纯正为度,不要过于浓郁特殊,以免患者产生不适感。

1. **苦味药物** 很多药物都具有苦味,特别是生物碱、苷类、抗生素、抗组胺类药物苦味较大,可用甜味剂加上气味浓烈的芳香剂(巧克力香精、复方薄荷制剂、大茴香等)来掩盖和矫正。但苦味的健胃药中不能添加矫味剂。

2. **咸味药物** 卤族盐类药物多具咸味,可用含芳香成分的糖浆剂(橙皮糖浆、柠檬糖浆、甘草糖浆等)进行矫味。

3. **涩味、酸味与刺激性药物** 宜选用能增加黏度的胶浆剂和甜味剂进行矫正。

4. **治疗特殊疾病的制剂** 治疗糖尿病的药物制剂不能使用蔗糖作为甜味剂,可使用木糖醇、糖精钠、山梨醇、甜菊苷等甜味剂。

（三）着色剂的选用原则

药用的着色剂应具备无毒安全、溶解范围广、性质稳定、耐热、抗氧化还原等性质,能与其他着色剂配合使用。通常从以下方面选择适宜的着色剂。

1. **色泽** 根据制剂的使用部位、治疗效果、患者对颜色的心理习惯及臭味选用合适的色泽。如外用制剂最好与肤色一致;安眠药用暗色;带薄荷、留兰香味的退热药用淡绿色;带橙皮味的制剂用橙黄色;带樱桃味的用粉红色;漱口剂用淡黄色、淡红色;止咳糖浆常用咖啡色等。制剂颜色一经确定,不宜随意改变。

2. **用量** 在液体药剂中,着色剂的一般用量以 0.0005% ~ 0.001% 为宜。

3. **配色** 不同色素相互配色可产生多样化的着色剂。

此外,制剂所用的溶剂、pH 均对色调产生影响;光照、氧化剂、还原剂的作用会导致很多着色剂褪色。

二、常用矫味剂的种类

1. **甜味剂** 为具有甜味的物质,包括天然和合成两大类,能掩盖药物的苦、咸、涩味。天然甜味剂以蔗糖、单糖浆应用最广,芳香味糖浆如橙皮糖浆、枸橼酸糖浆不仅能矫味,还能矫臭。合成甜味剂主要有糖精钠、阿司帕坦等。

（1）甜菊苷:为天然甜味剂,白色粉末,无臭、有清凉甜味,其甜度为蔗糖的300倍,性质稳定,耐热、酸、碱,在水中溶解度(25℃)为1:10,安全可靠。本品甜味持久且不被吸收,甜中带苦,常与蔗糖或糖精钠合用,常用量为 0.025% ~ 0.05%。

（2）糖精钠:为合成甜味剂,甜度为蔗糖的 200 ~ 700 倍,易溶于水中,但不稳定。常用量为0.03%,常与甜菊苷、蔗糖等合用作为咸味药物的矫味剂。

（3）阿司帕坦：白色、无臭的结晶性粉末，甜度比蔗糖大 180～300 倍，无不良苦味；无毒，安全性高，代谢不需胰岛素参与，几乎不产生热量。广泛用于食品、饮料和医药行业尤其适用于糖尿病、肥胖症患者。一般用量在 0.01%～0.6%。

（4）木糖醇：甜度与蔗糖相当，味质好，安全性高，代谢不需胰岛素参与，但用量大、成本高。

此外，甘油、甘梨醇、山梨醇等也可作为甜味剂。

2. 芳香剂　是在药品生产中用于改善药物气味的物质，包括天然芳香剂和人工合成芳香剂。天然芳香剂包括天然芳香挥发油，如橙皮油、茴香油、桂皮油、薄荷油等，以及挥发油制成的制剂，如酊剂、醑剂等。人工合成的香料有苹果香精、橘子香精、香蕉香精等。

3. 胶浆剂　胶浆剂具有黏稠缓和的性质，通过干扰味蕾的味觉，阻止药物向味蕾扩散，降低药物的刺激性达到矫味的作用。胶浆剂中加入甜味剂，可增加胶浆剂矫味的效果。常用淀粉、羧甲纤维素钠、阿拉伯胶、海藻酸钠、甲基纤维素、明胶等。

4. 泡腾剂　是用有机酸（如枸橼酸、酒石酸）与碳酸氢盐混合，加适宜辅料（香精、甜味剂）制成的。泡腾剂遇水后产生大量二氧化碳，其溶于水后呈酸性，能麻痹味蕾而达到矫味的目的。

三、常用着色剂的种类

分为天然色素和人工合成色素两类。后者又分为食用色素和外用色素。只有食用色素可用于口服制剂。

1. 天然色素　常用植物性和矿物性色素，可作为口服制剂的着色剂。植物性色素红色的有苏木、紫草根、甜菜红等；黄色的有姜黄、胡萝卜素等；绿色的有叶绿酸铜钠盐；蓝色的有松叶兰；棕色的有焦糖等。矿物性色素有氧化铁（棕红色）、朱砂（朱红色）、雄黄（黄色）等。

2. 人工合成色素　人工合成色素色泽鲜艳，品种多，价格低廉，但多数毒性较大，用量不能过多。目前我国批准的可供口服的合成食用色素有苋菜红、胭脂红、胭脂蓝、柠檬黄及日落黄，常配成 1% 贮备液使用，用量不得超过万分之一。外用液体几种常用的色素有伊红（曙红，适用于中性或弱碱性溶液）、品红（适用于中性或弱酸性溶液）、亚甲蓝（美蓝，适用于中性溶液）等，根据需要可将上述三种原色按不同比例混合，拼制各种色谱。

四、应用及分析

（一）参芪五味子糖浆

［处方］五味子酊 300ml　　　　党参流浸膏 30ml　　　　黄芪流浸膏 60ml

酸枣仁流浸膏 15ml　　　　蔗糖 265g　　　　糖精钠 0.38g

乙醇　适量　　　　蒸馏水加至 1000ml

［分析］处方中前四味为主药，将蔗糖（250g）制成单糖浆作为矫味剂，而将蔗糖（15g）制成焦糖液作为着色剂，使制剂呈棕色。糖精钠也作为矫味剂。乙醇与水作为溶剂。

（二）丁香风油精

［处方］桉叶油 460g　　　　丁香酚 150g　　　　薄荷脑 120g

樟脑 10g　　　　　　香油精 100g　　　　　叶绿素 1g

液体石蜡加至 1000g

[分析]处方中前五味为主药,薄荷脑除了发挥止痛、消炎、驱虫的功效外,兼具芳香矫味剂作用。液体石蜡为溶剂。叶绿素为着色剂,使制剂呈淡绿色的油状液体,与清凉的味道相宜。

点滴积累

1. 矫味剂和着色剂通过改善制剂的味觉、嗅觉和外观颜色,以增加患者用药治疗的依从性。
2. 常用的矫味剂有甜味剂、芳香剂、胶浆剂和泡腾剂。
3. 常用的着色剂主要使用天然的植物或矿物性色素,用于口服制剂。

目标检测

一、选择题

(一)单项选择题

1. 对助悬剂的错误表述是(　　)
   A. 助悬剂能增加分散介质的黏度　　　　B. 高分子溶液常用作助悬剂
   C. 助悬剂可降低混悬微粒的亲水性　　　D. 表面活性剂不能用作助悬剂

2. 下列哪种物质不能作助悬剂(　　)
   A. 西黄蓍胶　　　B. 海藻酸钠　　　C. 硬脂酸钠　　　D. 羧甲纤维素钠

3. 以下为 W/O 型乳化剂的是(　　)
   A. 阿拉伯胶　　　B. 吐温 80　　　C. 司盘 80　　　D. 十二烷基硫酸钠

4. 下面为外用着色剂的是(　　)
   A. 焦糖　　　B. 叶绿素　　　C. 靛蓝　　　D. 亚甲蓝

5. 不能作防腐剂的是(　　)
   A. 山梨酸　　　B. 苯扎溴铵　　　C. 山梨醇　　　D. 薄荷油

6. 不能作矫味剂的是(　　)
   A. 甜菊苷　　　B. 薄荷油　　　C. 苋菜汁　　　D. 阿拉伯胶浆

(二)多项选择题

1. 聚山梨酯类表面活性剂具有(　　)
   A. 增溶作用　　　B. 助溶作用　　　C. 润湿作用　　　D. 乳化作用

2. 常用的助溶剂有(　　)
   A. 尿素　　　　　　　　　　B. 水杨酸钠
   C. 对氨基苯甲酸钠　　　　　D. 枸橼酸钠

3. 可作为乳化剂的是(　　)
   A. 阿拉伯胶　　　B. 氢氧化钙　　　C. 硬脂酸镁　　　D. 三氯化铝

4. 下列为人工合成色素的是(　　)

    A. 柠檬黄   B. 叶绿素   C. 品红   D. 苋菜红

5. 下面可作为防腐剂的是(　　)

    A. 山梨酸   B. 对羟基苯甲酸   C. 羟苯乙酯   D. 苯甲酸

二、简答题

1. 液体药剂常用溶剂有哪些？试述其特点。

2. 常用的乳化剂有哪些？如何选择使用？

3. 助悬剂的作用是什么？常用助悬剂有哪些？

三、实例分析

试分析处方中各成分的作用。

复方硫洗剂

[处方] 硫酸锌 30g　　　降硫(疏水性药物)30g　　　樟脑醑 250ml

        甘油 100ml　　　羧甲纤维素钠 5g　　　纯化水加至 1000ml

ER-04章习题

（薛迎迎）

第五章

无菌制剂辅料

导学情景 ∨

情景描述：

　　在药物制剂的制备和储藏中，经常会因为药物自身性质、温度、光线、空气、金属离子和水分等因素影响而发生氧化变质，导致制剂有效成分含量降低，甚至产生有毒物质，危害健康。如葡萄糖输液在贮存过程中，易降解生成有毒物质5-羟甲基糖醛，影响质量。

学前导语：

　　氧化作用系指加氧或脱氢以及丢失电子的化学反应。当一个分子被氧化时，另一个分子则被还原，即氧化和还原存在于同一个化学反应中，因此可把包括氧化过程的反应称为氧化还原反应。

　　药物的氧化作用给药物制剂的使用带来了较大的安全隐患，而采用有效的抗氧化技术，如加入抗氧剂、通入惰性气体隔绝空气、采用新型包装材料、应用新技术新剂型等，可以很大程度地降低药物的氧化率，保证了药物的有效性和安全性。

第一节　抗氧剂与抗氧增效剂

一、概述

　　药物的氧化是最常见的药物降解反应，也是药物制剂不稳定的原因之一。为防止药物在制备与贮存过程中发生氧化变质，保证用药安全有效，在药物制备过程中常加入某些电位低的还原性物质，以延缓或防止药物制剂发生氧化反应，这类物质称为抗氧剂。除加入抗氧剂外，还可加入某些本身不易被氧化但可增强抗氧剂的抗氧化效果的物质，这类物质称为抗氧增效剂。

　　抗氧剂都是还原性物质，当其与易氧化的药物共存时，首先被氧化，从而避免药物的氧化。而抗氧增效剂则是指自身不消耗氧，但与一些抗氧剂合并使用时能增强抗氧化效果的一类化合物。如在维生素C注射液中加入少量的依地酸二钠，可与金属离子形成稳定的络合物，从而有效地抑制金属离子的催化作用，增强抗氧化效果，增加药物制剂的稳定性。

抗氧剂和抗氧增效剂的重要性

无菌液体制剂中有些药物如维生素 C、肾上腺素、吗啡、磺胺嘧啶钠、氨基比林等较易氧化降解，出现如变色、沉淀、失效甚至产生有毒物质等情况。在制备时加入适宜的抗氧剂和抗氧增效剂，对于保证药物制剂的稳定性具有极其重要的意义。

药物制剂是否选用抗氧剂和抗氧增效剂，选用何种抗氧剂，其用量如何确定必须遵循一定的原则。

1. 易氧化的药物需加入抗氧剂，加入的抗氧剂的还原电位应低于药物制剂中易氧化药物的还原电位，抗氧剂先被氧化从而避免药的氧化。

2. 根据药液的 pH 选用适宜的抗氧剂。如焦亚硫酸钠和亚硫酸氢钠适用于偏酸性药液，亚硫酸钠与硫代硫酸钠仅适用于偏碱性药液，维生素 C 则适用于偏酸性或微碱性药液。

3. 选用的抗氧剂与抗氧增效剂应不与药物发生理化作用，使药物活性下降或失效。如在 pH 5～6 时，亚硫酸钠可使维生素 B_1 分解为嘧啶与噻唑而失效；亚硫酸氢盐可与肾上腺素反应，生成无效的加合物。

4. 加入的抗氧剂和抗氧增效剂其本身应无毒、无害，经氧化还原反应后的产物也应对人体无害，同时应高效。

5. 加入的抗氧剂和抗氧增效剂不得影响制剂的质量检查。

6. 注意抗氧剂的用量限度。无论以何种机制发挥作用的抗氧剂，用量多在 0.2% 左右，有机硫化物的用量多在 0.05% 左右。

抗氧剂与抗氧增效剂的加入方法得当与否对抗氧化效果有很大影响。较好的方法是在药物溶解前加入一部分，以完全除去溶剂和配制过程溶解的氧，防止连锁反应的发生，最后加入全部抗氧剂。加入时应注意操作要快，温度尽量偏低以保证贮藏过程中抗氧剂的有效浓度。

二、常用抗氧剂的种类

抗氧剂根据其溶解性能可分为水溶性抗氧剂和油溶性抗氧剂两大类。

（一）水溶性抗氧剂

按化学结构可分为亚硫酸盐类、维生素 C 类、硫代化合物类、氨基酸类、胺类、有机酸类和酚类。

1. **亚硫酸盐类** 常用的有亚硫酸钠、亚硫酸氢钠、焦亚硫酸钠等。

无水亚硫酸钠

【来源与制法】本品系将结晶碳酸钠溶液与二氧化硫充分饱和，产生亚硫酸氢钠液，再用等量碳酸钠溶液饱和，在隔绝空气的条件下，浓缩结晶而得。

【性质】本品为白色结晶或粉末，味清凉而咸。溶于水或甘油，在乙醇中极微溶解，在乙醚中几乎不溶。水溶液呈弱碱性，在 pH 7～10 范围内较稳定，在酸存在下分解为二氧化硫。

【应用】在药剂中常用作偏碱性药液的抗氧剂。

【注意事项】

（1）不宜与酸性药物配伍。

（2）应密封保存。

亚硫酸氢钠

【来源与制法】　本品为向氢氧化钠溶液或饱和碳酸钠溶液中通入二氧化硫,经过结晶、脱水、干燥而制得。

【性质】　本品为白色颗粒或结晶性粉末,有二氧化硫的微臭。易溶于水,水溶液呈酸性(1% 水溶液 pH 为 4.0~5.5),在乙醇或乙醚中几乎不溶。久置空气中可析出二氧化硫,并缓慢氧化为硫酸氢钠;与强酸反应放出二氧化硫,遇热(温度高于65℃)也易分解生成二氧化硫。

【应用】　广泛用作偏酸性药物的抗氧剂。另外,本品还可增加醛、酮类药物的溶解度。

【注意事项】

（1）与碱性药物、钙盐、邻位或对位羟基衍生物有配位禁忌。

（2）本品遇热易分解,释放二氧化硫,且易在空气中分解,故应避强酸且在40℃以下避光密封保存。

焦亚硫酸钠

【来源与制法】　在亚硫酸氢钠溶液内,加入一定量的纯碱,使其生成亚硫酸钠的悬浮液,再通入二氧化硫气体,即生成焦亚硫酸钠结晶,经分离、干燥而得。

【性质】　本品为无色、白色或类白色结晶或结晶性粉末,有二氧化硫臭,味酸而咸,会发生缓慢氧化,久置色渐变黄。易溶于水和甘油,极微溶解于乙醇。水溶液呈酸性反应,pH 为 3.5~5.0 [20℃,5%(w/v)水溶液]。1.38%水溶液与血清等渗。在空气中,特别是加热的条件下,焦亚硫酸钠的溶液易分解,释放出二氧化硫。

【应用】　本品具有强还原性,广泛用于注射剂、滴眼剂等液体和半固体制剂,尤适用于偏酸性药物。此外,本品还可作为抑菌剂使用。

【注意事项】

（1）与交感神经类药物、邻位或对位羟基苯甲醇衍生物、氯霉素、顺铂、醋酸苯汞等有配位禁忌。

（2）人体如大量摄入焦亚硫酸钠会出现过敏、胃绞痛、腹泻、中枢神经系统抑制、循环系统紊乱等不良反应,哮喘和过敏体质者慎用。

（3）本品应遮光,密封保存,避免高温。

知识链接

亚硫酸盐类物质的安全问题

亚硫酸盐类物质如亚硫酸钠、亚硫酸氢钠、焦亚硫酸钠等,常作为酸性药物的抗氧剂使用。在肾上腺素、异丙嗪、甲氧氯普胺、阿昔洛韦、地塞米松、多巴胺、氨基酸、多巴酚丁胺、去甲肾上腺素等注射液中均含有亚硫酸盐。有文献报道,此类物质易导致病人出现过敏反应和肝脏损伤,应引起重视。

2. 维生素 C 类　常用的有维生素 C（L-维生素 C）、D-异维生素 C。

维生素 C

【来源与制法】　又称抗坏血酸,可从植物中提取,也可通过化学合成方法制备。市售商品由葡萄糖通过山梨醇合成或微生物发酵而得。

【性质】　本品为白色结晶或结晶性粉末,无臭,味酸,久置色渐变微黄,光照下颜色逐渐变暗。易溶于水,水溶液呈酸性,微溶于乙醇,不溶于三氯甲烷、苯、乙醚、石油醚等溶剂。比旋度为 $+20.5° \sim +21.5°$（0.1g/ml 水溶液）。本品在空气中相对稳定,在无氧化物质存在时,对热也稳定;在碱性溶液中不稳定,在酸性溶液中较稳定,在 pH 为 5.4 时呈最大稳定性。本品的抗氧化机制是和氧结合为去氢维生素 C 而显示抗氧作用,其氧化速度由 pH 和氧的浓度决定,并受金属离子影响,特别是 Cu^{2+} 的影响,如 0.0002mol/L 的 Cu^{2+} 能使其氧化速度增快 10 000 倍。

【应用】　本品在药剂中主要作抗氧剂。此外,也可用作助溶剂,提高一些难溶性药物的溶解度。

【注意事项】

（1）本品易氧化,光、金属离子可加速其氧化。

（2）本品与碱性物质、重金属离子（特别是 Cu^{2+}、Fe^{3+}）、氧化剂、乌洛托品、盐酸去氧肾上腺素、马来酸吡拉明、水杨酰胺、亚硝酸钠、水杨酸钠等有配伍禁忌。

（3）应避光,密闭贮存在非金属容器中。

▶ **课堂活动**

请问抗坏血酸的相关品种,如抗坏血酸钠、抗坏血酸钙和抗坏血酸棕榈酸酯也能作为抗氧剂使用吗?

3. 氨基酸类　常用的有 L-半胱氨酸盐酸盐、L-蛋氨酸等。

L-半胱氨酸盐酸盐

【来源与制法】　将毛发用盐酸加热 6 ~ 8 小时进行水解,用氨水中和,得到 L-胱氨酸粗结晶,精制重结晶后,再用盐酸溶解并进行电解还原,然后浓缩、冷却、结晶、干燥而得。

【性质】　本品为无色至白色结晶或结晶性粉末,有特异臭和酸味,易溶于水、乙醇、丙酮,不溶于乙醚、苯,1% 水溶液显酸性。在中性、弱碱性或含微量金属离子的溶液中不稳定,易被空气氧化成胱氨酸。

【应用】　本品一般用作酸性溶液的抗氧剂。

【注意事项】

（1）不与含铁离子及重金属离子的化合物配伍。

（2）本品应密封保存。

4. 有机酸类　常用的有苹果酸、反丁烯二酸（富马酸）、顺丁烯二酸（马来酸）、L-酒石酸等。

苹 果 酸

【来源与制法】　本品系在适当催化剂存在下,由顺丁烯二酸,进行水合加成,最后分离而得的消旋混合物。

【性质】　本品为白色结晶性粉末,无臭,无味。在水或乙醇中易溶,在丙酮中微溶。比旋度为 $-0.10° \sim +0.10°$（0.2g/ml 水溶液）。缓冲指数 3.26,离解常数 $pK_{a1} = 3.40$（25℃）,$pK_{a2} = 5.05$（25℃）,25℃时,1% 水溶液的 pH 为 2.4 ~ 2.5。本品熔点为 128 ~ 132℃,在 150℃ 以下稳定,超过 150℃ 开始脱水逐渐变为反丁烯二酸,180℃ 分解。易潮解,也易被微生物降解。

【应用】本品在药剂中主要用作抗氧剂和 pH 调节剂。与二丁基羟基甲苯等共用,可增加抗氧效果。在泡腾片剂中,可代替柠檬酸使用。

【注意事项】

(1) L-苹果酸为左旋体结构,由酶工程法或发酵法反应并经分离纯化制得,其用途和 DL-苹果酸相似。

(2) 本品与氧化剂和碱性物质有配伍禁忌。

(3) 应遮光,密封保存。

5. 硫代化合物类　常用的有硫代硫酸钠、硫脲、硫代甘油、2-二巯基乙醇、二巯基丙醇等。

硫代硫酸钠

【来源与制法】本品有三种制备方法。第一种方法,亚硫酸钠法;即将纯碱溶解后,用亚硫酸钠溶液中和至碱性,再加入硫磺粉反应后,经浓缩、过滤、结晶、脱水而制得。第二种方法,硫化钠法;用硫化钠经蒸发、结晶制得。第三种方法,重结晶法;将粗制的硫代硫酸钠晶体溶解,经除杂、浓缩、结晶而得。

【性质】本品为无色透明的结晶或结晶性细颗粒,无臭,味咸。在 33℃ 以上的干燥空气中有风化性,在潮湿空气中有潮解性。易溶于水,不溶于乙醇,水溶液呈微弱的碱性反应,10% 水溶液的 pH 为 6.5～8.0。2.98% 溶液与血浆等渗。本品熔点为 48.45℃,加热到 100℃ 失去结晶水。

【应用】主要作为药剂中偏碱性药物的抗氧剂。另外,本品还可制成注射剂用于氰化物、砷、汞、铅、铋、碘等中毒的解救。

【注意事项】

(1) 本品不可用于酸性药液,会产生沉淀;与重金属、氧化剂有配伍禁忌;与氯酸盐、硝酸盐、高锰酸盐一起研磨,即产生爆炸。

(2) 本品应密封保存。

6. 胺类　如盐酸吡哆胺,本品具还原性,可用作药物抗氧剂。

7. 酚类　如对苯二酚、对氨基苯酚、8-羟基喹啉。

(二) 油溶性抗氧剂

常见的油溶性抗氧剂有没食子酸及其酯类、维生素 E、亮氨酸、二丁基羟基甲苯等。

没 食 子 酸

【来源与制法】本品天然存在于鞣质中,通常以鞣酸作原料,经水解而制得。

【性质】本品为白色或淡黄色结晶或结晶性粉末,无臭,味微苦。在热水、甲醇、乙醇和丙酮中易溶,在水、乙醚中微溶,在苯、三氯甲烷和石油醚中几乎不溶。

【应用】在药剂生产中,用作油脂和含油脂制剂的抗氧剂,也可作为食品和化妆品的抗氧剂。

【注意事项】

(1) 本品与碱、铁盐、重金属、氧化剂有配伍禁忌。

(2) 应密封,在干燥处保存。

维生素 E

【来源与制法】 维生素 E 有天然提取和人工合成两大来源,目前80%的维生素 E 都来自合成,常以三甲基氢醌与异植醇为原料,通过缩合反应制得。维生素 E 有8种异构体,《中国药典》(2015年版)收录了合成型(dl 型)和天然型(d 型)的 α-生育酚醋酸酯。

【性质】 本品为微黄色至黄色或黄绿色澄清的黏稠液体,几乎无臭。在空气或暴露于阳光下则缓慢氧化至暗褐色,有铁盐或银盐存在时,氧化速度加快。天然型放置后会固化,25℃左右熔化。在无水乙醇、丙酮、乙醚、三氯甲烷、植物油中易溶,在水中不溶。

【应用】 本品可作为抗氧剂使用。另外,因其为高亲脂性化合物,还可作为难溶性药物的良好溶剂。

【注意事项】

(1) 本品在使用过程中应避免与氧化剂及铁、铜等金属离子配伍,可被塑料吸收。

(2) 应避光,密封保存。

亮 氨 酸

【来源与制法】 本品是由异己酸溴化后,再氨基化而制得;也可由氨基丙二酸二酯制得;还可以从谷朊、酪朊、角朊分离制得。

【性质】 本品为白色结晶或结晶性粉末,无臭,味微苦。在甲酸中易溶,在水中略溶,在乙醇或乙醚中极微溶解。1%水溶液的 pH 为 5.5~6.5,比旋度为+14.5°~+16.0°。

【应用】 本品在临床上用作营养剂以补充氨基酸。在药剂中,也可用作抗氧剂及增溶剂。

【注意事项】

(1) 本品遇氧化剂易破坏,遇酸和碱易成盐,在配伍上应特别注意。

(2) 宜遮光,密封保存。

(三) 抗氧增效剂

依地酸二钠

【来源与制法】 乙二胺四乙酸(EDTA)由乙二胺与一氯醋酸钠缩合制得,反应的水溶液在约90℃下反应10小时,冷却,加盐酸使 EDTA 析出即得。本品为乙二胺四乙酸二钠盐二水合物。

【性质】 本品为白色或类白色结晶性粉末,无臭。在水中溶解,在甲醇、乙醇或三氯甲烷中几乎不溶。加热至120℃失去结晶水,有轻度吸湿性。1%水溶液(无二氧化碳)pH 为 4.3~4.7,2%水溶液 pH 约为 4.7,5% 水溶液 pH 为 4.0~5.5。4.44% 浓度的水溶液和血浆等渗。本品可与金属离子形成稳定的水溶性螯合物,螯合物中的离子几乎没有游离离子的特性,因此螯合过程即为将离子从溶液中"除去"的过程。

【应用】本品作为金属离子螯合剂,可通过发挥螯合金属离子的作用来减少氧化反应的发生,在药剂中用作抗氧增效剂。同时,使细菌不能获得生长发育所必需的微量金属离子而发挥抑菌作用,故也可作为抗菌增效剂。

【注意事项】

(1) 本品与强氧化剂、强碱和高价金属离子如铜、镍和铜合金有配伍禁忌。依地酸二钠能螯合人体内钙离子,大剂量时能引起钙的减少,导致低血钙症,应加以注意。

(2) 本品应密闭,在干燥处保存。

三、应用及分析

(一) 复方安乃近注射液

[处方] 安乃近 500g　　　盐酸氯丙嗪 25g　　　焦亚硫酸钠 2g

依地酸二钠 0.3g　　　注射用水加至 1000ml

[分析] ①安乃近和氯丙嗪易氧化变色,需加入焦亚硫酸钠或维生素 C 作抗氧剂;②依地酸二钠作抗氧增效剂,以避免药物被氧化。

(二) 磺胺嘧啶钠注射液

[处方] 磺胺嘧啶钠 200g　　　硫代硫酸钠 1g　　　注射用水加至 1000ml

[分析] ①磺胺嘧啶钠易氧化变色,处方中需加入硫代硫酸钠或亚硫酸钠作抗氧剂;②也可另加入依地酸二钠以增强抗氧化效果。

点滴积累　∨

1. 抗氧剂都是强还原剂,而抗氧增效剂是与抗氧剂合并使用时能增强抗氧化效果的一类化合物。

2. 亚硫酸氢钠、焦亚硫酸钠和没食子酸常用于弱酸性的药液,亚硫酸钠和硫代硫酸钠常用于弱碱性的药液,维生素 C 适用于偏酸或微碱性药液。

3. 依地酸二钠是最常用的抗氧增效剂,能与大多数金属生成稳固的络合物以消除金属离子对药物氧化的催化作用。

第二节　pH 调节剂

一、概述

在药物制剂工作中需要对药液的酸碱性进行控制,使其处于最适合的 pH 状态,以满足药物制剂安全、稳定、有效的要求。通过调节药液 pH 以达到制剂所需 pH 范围的酸或碱均称为 pH 调节剂。

知识链接

pH 的定义

在标准温度（25℃）和压力下，纯水的 $[H^+] = [OH^-] = 10^{-7}$ mol/L，水的离子积 $K_w = [H^+] \cdot [OH^-] = 10^{-14}$。为了使用方便，将 $[H^+]$ 的负对数叫做 pH，即 $pH = -lg[H^+]$，用来表示溶液的酸碱性。pH 的大小可以衡量溶液酸碱性的强弱。

调节 pH 时，应考虑药物的稳定性、溶解度、安全性以及人体的生理耐受性和局部刺激性。调节 pH 之前，先进行试验以确定药液的最稳定 pH，以便选用相应的 pH 调节剂。

（一）注射剂 pH 调节剂的选用原则

正常人体血液的 pH 在 7.3 ~ 7.4 之间，血液 pH 的恒定是细胞生理功能正常运转的必要条件。血液 pH 的突然改变可能引起酸中毒或碱中毒，对细胞的代谢有不良影响，甚至危及生命。

1. 应根据主药和辅料的理化性质选用适宜的 pH 调节剂　如维生素 C 注射液选用碳酸氢钠调节 pH 较选用氢氧化钠更适宜，原因是溶液中形成碳酸盐缓冲对，以维持药液中 pH 的相对稳定，不仅可以减轻注射液的刺激性，且增加了药液的稳定性。

2. 应根据药物本身的酸或碱来选择适宜的 pH 调节剂　如盐酸普鲁卡因用盐酸来调节，氨茶碱用乙二胺来调节，可避免药物制剂中引入其他离子。

3. 应根据注射剂的不同给药途径来调整适宜的 pH 范围　小量的注射液因为血液本身具缓冲能力，故 pH 在 4 ~ 9 之间；大输液则尽量接近 7.4 为宜，特别是脊椎腔注射液由于脊髓液仅 60 ~ 80ml，循环也慢，故 pH 应与其相等，而且只能制成水溶液。

（二）滴眼剂 pH 调节剂的选用原则

正常人体泪液的 pH 在 7.3 ~ 7.5 之间，滴眼剂 pH 的选择应考虑药物的溶解度、稳定性、最佳药效及对眼睛的刺激性，一般控制 pH 范围在 5.0 ~ 9.0 之间，小于 5.0 或大于 11.4 时眼睛会感到明显不适，甚至损伤角膜。故滴眼剂中常选用缓冲液作 pH 调节剂以避免或减轻滴眼剂对眼睛造成的刺激，如磷酸盐缓冲液、硼酸盐缓冲液、硼酸缓冲液等。

知识链接

pH 调节剂的选用

针对不同品种在 pH 调节剂的筛选上不仅要考虑酸碱调节问题，还应全面考虑具体品种的特性。如鱼腥草滴眼液呈酸性，对眼部有刺激性，使用 NaOH 作 pH 调节剂时溶液的 pH 不稳定，灭菌前后及放置过程中 pH 都会产生较大的变化，而使用硼酸-硼砂缓冲液调节 pH 时，pH 变化较小，且硼砂外用还有清热解毒的作用，对目赤肿痛有辅助治疗作用。

二、常用 pH 调节剂的种类

（一）酸

常用于调节 pH 的酸性化学物质有盐酸、硫酸、磷酸、醋酸、枸橼酸、酒石酸、苹果酸（见抗氧剂部分）、酸性氨基酸、乳酸、马来酸等。

盐　　酸

【来源与制法】本品系氯化氢气体的水溶液。氯化氢的制法有：第一，用氯化钠与硫酸反应制得；第二，氢气与氯气合成制得；第三，将电解食盐产生的氢气和氯气通入合成炉，燃烧生产氯化氢气体，冷却后吸收而得。

【性质】本品为无色发烟的澄清液体，有强烈的刺激臭，呈强酸性。能与水混溶，在乙醇和乙醚中均能溶解。

【应用】本品主要用作 pH 调节剂。

【注意事项】

（1）本品与碱剧烈反应产生大量热；与金属反应会发出氢气；能与许多金属氧化物、盐类和氰化物反应。

（2）浓盐酸(36%)在空气中发烟，遇氨蒸气生成白色烟雾。

（3）本品有强腐蚀性，食入或与眼睛、皮肤接触会引起严重损伤，贮运和操作过程中应注意通风和防护。

（4）在实际应用中，一般使用稀盐酸作 pH 调节剂，即将浓盐酸稀释成含盐酸 9.5%～10.5% 的稀溶液。

（5）本品应贮存于密封的玻璃瓶或耐酸塑料瓶内，于 30℃以下存放，远离浓碱、金属和氰化物。

案例分析

10% 葡萄糖注射液

［处方］注射用葡萄糖 100g　1% 盐酸适量　注射用水加至 1000ml

［制法］取处方量葡萄糖，加入煮沸的注射用水中，使成 50%～70% 浓溶液；加盐酸适量，调节 pH 至 3.8～4.0；加活性炭 0.1%～0.2%（g/ml）混匀，煮沸 20～30 分钟，趁热滤除活性炭；滤液中加注射用水至 1000ml，测定 pH 和含量，合格后，进行预滤和精滤处理，罐装，封口，115℃、68.7kPa 条件下热压灭菌 30 分钟，即得。

［作用与用途］补充体液、营养、强心、利尿、解毒作用。用于失水过多、血糖过低等。

［分析］本处方较为简单，其中葡萄糖为主药，1% 盐酸作为 pH 调节剂，先调节至 3.8～4.0 再进行稀释，最终要求制剂的 pH 在 3.2～6.5 即为合格。

硫　　酸

【来源与制法】本品系将焙烧含硫矿产生的二氧化硫通过五氧化二钒的作用，转化为三氧化硫,再通入水中,即生成硫酸。

【性质】本品为无色、无臭的澄清油状液体,呈强酸性。密度约为 $1.84g/cm^3$(20℃)。本品吸水性强,能与水或乙醇互溶,同时释放出大量的热,并猛烈飞溅。

【应用】本品主要用作 pH 调节剂,也可用作成盐助剂。

【注意事项】

(1) 本品有强腐蚀性,浓溶液口服或与眼睛、皮肤接触会导致严重损伤,浓蒸气对眼、鼻和呼吸系统也有伤害,在贮存和操作中应注意个人防护。

(2) 在稀释浓硫酸时,只能将硫酸缓慢加入水中。

(3) 本品为无机强酸和强氧化剂,可与碱反应生成盐,与弱酸盐反应生成弱酸,与有机物和易燃物反应会发生燃烧或爆炸。能与碳、硫、金属、重金属氧化物、有机物等反应。不能与有机物、易燃物、金属粉末、碱类、氰化物、氧化剂和电石等共储运。

▶▶ 课堂活动

请问浓硫酸溅于皮肤上应如何处理?

(4) 本品应密封于塑料、玻璃、耐酸陶瓷等容器中,在阴凉、干燥处存放。

醋　　酸

【来源与制法】又称乙酸。常采用乙醛氧化法制备,分别用乙烯、乙炔、乙醇为原料在催化剂作用下,氧化成乙醛,再进一步氧化为醋酸。

【性质】本品为无色澄明液体,有刺激性特臭和辛辣的酸味。能与水、乙醇或甘油混溶。无水醋酸在低温时凝固成冰块状,又称冰醋酸。

【应用】可用作 pH 调节剂和缓冲液。

【注意事项】

(1) 本品浓溶液具有腐蚀性,会对皮肤、眼、鼻、消化系统等造成损伤,一般稀释后使用。

(2) 本品能与碱、金属氧化物反应生成盐,与氯反应生成氯醋酸,与醇反应生成酯。

(3) 应置玻璃瓶内,密封保存。

枸　橼　酸

【来源与制法】本品天然存在于许多水果中。市售商品是由粗糖和黑曲霉菌种经真菌发酵制成;也可从柠檬或菠萝中提取;还可从淀粉水解发酵而制得。

【性质】本品为无色的半透明结晶、白色颗粒或结晶性粉末,无臭,味极酸。在干燥空气中微有风化性。在水中极易溶解,水溶液呈酸性反应,在乙醇中易溶,在乙醚中略溶。本品性质稳定,溶液可高压灭菌;但稀溶液放置后可发酵。

【应用】在药剂中可用作 pH 调节剂、稳定剂和酸化剂。

【注意事项】

(1) 本品与氧化剂、还原剂、酒石酸钾、碱、碱金属、硝酸盐、醋酸盐、碳酸盐、亚硫酸盐和硫化物等有配伍禁忌。

(2) 贮运和操作过程中应注意通风和防护,避免粉尘直接接触眼部。

（3）在储藏过程中,蔗糖能从含枸橼酸等糖浆中析出。

（4）本品通常认为无毒,但过多或频繁使用会导致牙齿腐蚀。

（5）枸橼酸及其盐会提高肾病患者对铝的吸收,使用时应注意。

（6）应在阴凉干燥处,密封保存。

酒石酸

【来源与制法】 酒石酸最早是从酿造葡萄酒的副产物酒石中提取而得。现在常采用合成法,即以顺丁烯二酸酐为原料,过氧化氢为氧化剂,钨酸为催化剂,催化氧化生成环氧丁二酸,然后经过水、冷却、结晶、分离、干燥得酒石酸成品。

【性质】 本品为白色或类白色颗粒或结晶性粉末。在水中极易溶解,在乙醇和甘油中易溶,几乎不溶于氯仿。1.5% 水溶液 pH 约为 2.2。比旋度为 $-0.10° \sim +0.10°$。

【应用】 主要用作 pH 调节剂和泡腾剂。

【注意事项】

（1）本品酸性较强,与碱类、氧化剂、银、碳酸盐、重碳酸盐有配伍禁忌。

（2）对眼睛和皮肤有刺激性,受热易分解放出酸性气体和烟雾,贮运和操作过程中应注意通风和防护。

> ▶ **课堂活动**
>
> 请查找《中国药典》(2015 年版)四部后回答: 还可以用作 pH 调节剂的酸性物质有哪些?

（3）本品的浓溶液有轻度的刺激性,口服后可能会引起肠胃炎。

（4）应遮光,密封保存。

（二）碱

常用于调节 pH 的碱性化学物质有浓氨溶液、氢氧化钠、碳酸钠、有机胺类(如三乙醇胺、乙二胺等)、碱性氨基酸等。

浓氨溶液

【来源与制法】 氯化铵和氢氧化钠反应制得氨气,或将铵盐和碱混合制得氨气后,再将氨气通入水中,形成氨水,即浓氨溶液。

【性质】 本品为无色的澄清液体,有强烈刺激性的特臭,易挥发,显碱性反应。能与水或乙醇任意比例混溶。相对密度为 0.91(25% 溶液)。

【应用】 主要用作碱化剂和 pH 调节剂。

【注意事项】

（1）本品与酸、氧化物有配伍禁忌。

（2）有强腐蚀性,易挥发,蒸气有刺激性气味。吸入蒸气会引起喷嚏、咳嗽和肺水肿,严重甚至窒息;眼睛接触蒸气,伤害结膜和黏膜。贮运和操作过程中应注意通风和防护。

（3）本品应密封,在 30℃ 以下保存。

氢氧化钠

【来源与制法】 本品主要由电解法制备,即电解氯化钠饱和水溶液而制得;也可利用石灰乳与纯碱水溶液反应来制备。

【性质】本品为熔制的白色干燥颗粒、块、棒或薄片,质坚脆,折断面显结晶性,吸湿性强,在空气中易吸收二氧化碳。极易溶于水,易溶于乙醇和甘油,不溶于丙酮。氢氧化钠溶解于水时会放出大量的热,水溶液呈强碱性。

【应用】在药剂中主要用作 pH 调节剂。

【注意事项】

(1) 本品为强碱,遇酸成盐,加入有机碱的盐溶液会生成沉淀,与易水解和氧化的化合物有配伍禁忌。

(2) 本品及其浓溶液有腐蚀性,不能直接与皮肤、眼睛接触,更不能直接入口,在贮运和操作中应注意做好防护。

(3) 应使用非金属容器盛装,在阴凉,干燥处密封贮存。

知识链接

氢 氧 化 钾

氢氧化钾主要采用氯化钾电解制得,为白色的固体,呈小丸状、薄片状、棒状或其他形状,质坚、脆,具有结晶断裂面,易吸收空气中的水分与二氧化碳。在水中极易溶解,在乙醇中易溶。性质与氢氧化钠相似,主要用作 pH 调节剂。

(三) 缓冲溶液

缓冲溶液是理想的 pH 调节剂,其缓冲作用可抑制少量酸或碱引起的 pH 变化,维持药液 pH 的相对稳定性。常用的有硼酸盐缓冲液(巴氏缓冲液)、磷酸盐缓冲液(沙氏缓冲液)、吉斐氏缓冲液和醋酸钠-硼酸缓冲液等。

1. 硼酸盐缓冲液(巴氏缓冲液) 硼酸盐缓冲液由 1.24% 的硼酸溶液(酸性溶液)和 1.19% 的硼砂溶液(碱性溶液)储备液组成,临用前将两者按照不同比例混合,得到的 pH 为 6.77～9.11 的缓冲液(如表 5-1 所示)。此缓冲液非常适用于磺胺类药物,因为其能使磺胺类药物的钠盐稳定而不析出结晶。也适用于可卡因、丁卡因、水杨酸毒扁豆碱、盐酸肾上腺素等。

2. 磷酸盐缓冲液(沙氏缓冲液) 磷酸盐缓冲液为 0.8% 的无水磷酸二氢钠溶液(酸性溶液)和 0.934% 的无水磷酸氢二钠溶液(碱性溶液)按不同比例混合得到的 pH 为 5.91～8.04 的缓冲液(如表 5-2 所示)。在实际使用中还需加入适量氯化钠调节等渗,并加入防腐剂。其中,两种溶液等量混合而得到的缓冲液的 pH 为 6.81,最常用。适用于抗生素、麻黄碱、阿托品、毛果芸香碱等药物,但不能与锌盐配伍,以防生成磷酸锌沉淀。

3. 吉斐氏缓冲液 吉斐氏缓冲液的酸性储备液含硼酸 1.24% 和氯化钾 0.74%,碱性储备液含无水碳酸钠 2.12%,临用前,按不同比例混合得到的 pH 为 4.66～8.47 的缓冲液。适用于盐酸可卡因、盐酸丁卡因、东莨菪碱、阿托品等滴眼剂。

表 5-1 不同 pH 的硼酸盐缓冲液配制表

pH	硼砂溶液（ml）	硼砂溶液（ml）
6.77	97	3
7.09	94	6
7.36	90	10
7.60	85	15
7.89	80	20
7.94	75	25
8.08	70	30
8.20	65	35
8.41	55	45
8.60	45	55
8.69	40	60
8.84	30	70
8.98	20	80
9.11	10	90

表 5-2 不同 pH 的磷酸盐缓冲液配制表

pH	磷酸二氢钠溶液（ml）	磷酸氢二钠溶液（ml）
5.91	90	10
6.24	80	20
6.47	70	30
6.64	60	40
6.81	50	50
6.98	40	60
7.17	30	70
7.38	20	80
7.73	10	90
8.04	5	95

4. 醋酸钠-硼酸缓冲液 醋酸钠-硼酸缓冲液以2%醋酸钠溶液和1.9%硼酸溶液按照比例混合配制得到的 pH 为 5.00～7.60 的缓冲液。适用于含生物碱盐和硝酸银的滴眼剂。

知识链接

增 稠 剂

为了减少药物或附加剂对眼睛的刺激性，常在滴眼剂中加入增稠剂。增稠剂在滴眼剂中可适当增加溶液黏度，既有利于减少药物对眼睛的刺激性，延长药物在眼内停留的时间，还可以减少药物流失量，从而提高药效。常用的增稠剂有甲基纤维素（MC）、聚乙烯醇（PVP）、羟丙甲纤维素（HPMC）、聚维酮（PVP）等。

三、应用及分析

（一）维生素 C 注射液

[处方] 维生素 C 104g   依地酸二钠 0.05g   亚硫酸氢钠 2.0g

    碳酸氢钠 49.0g   注射用水加至 1000ml

[分析] ①pH 调节剂的选用：维生素 C 分子中有烯二醇结构，显强酸性，注射时刺激性大，产生疼痛，故需在处方中加入碳酸氢钠调节药液的 pH；②抗氧剂与抗氧增效剂的选用：维生素 C 易氧化变质，空气中的氧气、金属离子（特别是铜离子）等对其稳定性的影响很大，处方中需加入亚硫酸氢钠或焦亚硫酸钠作抗氧剂；依地酸二钠作金属离子螯合剂以避免药物被氧化。

（二）人工泪液

[处方] 羟丙甲纤维素 3.0g   氯化钾 3.7g   氯化钠 4.5g

    苯扎氯铵 0.2ml   硼酸 1.9g   硼砂 1.9g

    纯化水加至 1000ml

[分析] 眼睛对酸、碱刺激都很敏感，故滴眼剂的 pH 调节剂一般都选择缓冲液，控制在 5.0～9.0 之间，该滴眼剂用硼酸盐缓冲液调节 pH。

点滴积累

1. pH 调节剂是指能通过调节药液 pH 以达到制剂所需 pH 范围的酸或碱。
2. pH 调节剂的使用既要考虑药物制剂的稳定性和安全性，也要考虑机体的适应性，减少对局部组织的刺激。
3. 应根据制剂的不同给药途径选用适宜的 pH 调节剂。

第三节　等渗与等张调节剂

一、概述

正常人体的血浆、泪液均具有一定的渗透压。凡与血浆、泪液等体液具有相同渗透压的溶液称为等渗溶液，如 0.9% 的氯化钠溶液。维持血浆渗透压关系到红细胞的正常功能和保持体内水分的平衡。红细胞膜是半透膜，如果血液中注入大量的低渗溶液，水分子可迅速进入红细胞内，使之膨胀破裂产生溶血，患者感到头胀、胸闷，严重可发生麻木、寒战、高热、尿中出现血红蛋白，甚至危及生命。反之，如果注入大量的高渗溶液会使红细胞内的水分渗出从而引起红细胞萎缩，有形成血栓的可能。但若注入量不大，且速率缓慢，机体可自行调节，不致产生不良反应。脊椎腔内注射必须调节至等渗。另外，眼球能适应的渗透压范围相当于浓度为 0.5%～1.6% 的氯化钠溶液，超过 2% 氯化钠溶液的渗透压时就会产生明显的不适感。

某些药液虽然是等渗溶液，但注入体内与红细胞接触后仍会产生不同程度的溶血现象。如盐酸普鲁卡因、甘油、丙二醇、尿素配制成的等渗溶液,注入人体后可引起不同程度的溶血。究其原因,药物的等渗溶液是经过物理化学方法,以理想的半透膜为模型计算而得,但人体生物膜并非理想的半透膜,这些药物能迅速自由地通过细胞膜,同时促使细胞外的水分进入细胞,使红细胞肿胀破裂出现溶血现象,为此提出了等张的概念。等张溶液系指渗透压与红细胞膜张力相等的溶液,也就是能使在其中的红细胞保持正常体积和形态的溶液。

等渗溶液属于物理化学的概念,等张溶液属于生物学的概念。如果药物分子不能自由通过红细胞膜,这些药物所形成的等渗溶液与等张溶液相同或接近;反之,如果分子能自由通过细胞膜并促使细胞外的水分进入细胞,这些药物形成的等渗溶液就不是等张溶液了。

（一）等渗调节剂选用原则

选用等渗调节剂应遵循以下基本原则:

1. 选用的等渗调节剂应无毒、无害、无刺激性、无致敏性、无异味。

▶ 课堂活动

我们知道等渗溶液不一定等张,那等张溶液一定等渗吗?

2. 选用的等渗调节剂应不与主药有配伍禁忌,不影响制剂的质量检查。例如含灯盏花的制剂如灯盏细辛输液剂、灯盏花素输液剂等,不能使用氯化钠作为渗透压调节剂,因氯化钠会影响灯盏花乙素的含量测定,而应该改用葡萄糖、甘油等调节等渗。

3. 选用的等渗调节剂应考虑药液的 pH,保证其在制剂中具有稳定性。

（二）调节等渗的计算方法

对于低渗溶液必须进行调节,常用的渗透压调节方法有冰点降低数据法、氯化钠等渗当量法和以溶血性计算药物等张浓度的方法。

表 5-3 列出一些药物和辅料的 1% 水溶液的冰点降低数值（ΔT_f）和氯化钠等渗当量,根据这些数据可计算该药物配制成等渗溶液的浓度,该药的低渗溶液调为等渗溶液需加等渗调节剂的量。

表 5-3　一些药物和辅料水溶液的冰点降低值与氯化钠等渗当量

药物名称	1%（g/ml）水溶液冰点降低值（℃）/ΔT_f	1g 药物氯化钠等渗当量（E）
丙二醇	0.26	0.45
醋酸钠	0.267	0.46
谷氨酸	0.144	0.25
甘露醇	0.098	0.18
甘油	0.203	0.34
吐温 80	0.01	0.02
枸橼酸	0.10	0.17
枸橼酸钾	0.182	0.31
枸橼酸钠	0.173	0.31
聚乙二醇 400	0.047	0.08

续表

药物名称	1%（g/ml）水溶液冰点降低值（℃）/ΔT_f	1g 药物氯化钠等渗当量（E）
聚乙二醇1500	0.036	0.06
聚乙二醇4000	0.008	0.02
焦亚硫酸钠	0.389	0.67
硫代硫酸钠（无水）	0.18	0.31
氯化钾	0.44	0.76
氯化钠	0.58	1.0
磷酸二氢钠	0.232	0.40
硼酸	0.28	0.48
硼酸钠	0.24	0.42
硼砂	0.25	0.35
乳酸	0.24	0.41
乳糖	0.04	0.07
山梨醇	0.093	0.16
碳酸氢钠	0.37	0.65
无水葡萄糖	0.104	0.18
硝酸钾	0.35	0.60
乙醇	0.375	0.65
依地酸二钠	0.132	0.23
依地酸钙钠	0.12	0.21
亚硫酸钠	0.37	0.65
亚硫酸氢钠	0.35	0.61
烟酸	0.0145	0.025
蔗糖	0.046	0.08
氨茶碱	0.098	0.17
巴比妥钠	0.173	0.3
苯巴比妥钠	0.139	0.24
苯甲酸	0.098	0.17
苯甲酸钠	0.23	0.40
茶碱	0.058	0.10
磺胺嘧啶钠	0.139	0.24
咖啡因（无水）	0.046	0.08
氯化铵	0.63	1.08
氯霉素	0.06	0.10
硫喷妥钠	0.155	0.27

续表

药物名称	1%（g/ml）水溶液冰点降低值（℃）/ΔT_f	1g 药物氯化钠等渗当量（E）
硫酸阿托品	0.076	0.13
硫酸苯丙胺	0.127	0.22
硫酸多黏菌素 B	0.052	0.09
硫酸卡那霉素	0.041	0.07
硫酸链霉素	0.041	0.07
硫酸新霉素	0.067	0.12
尼可刹米	0.104	0.18
葡萄糖	0.093	0.16
青霉素钠	0.104	0.18
戊巴比妥钠	0.145	0.25
乌拉坦	0.18	0.31
乌洛托品	0.14	0.24
维生素 C	0.105	0.18
硝酸毛果芸香碱	0.133	0.23
盐酸苯海拉明	0.162	0.28
盐酸东莨菪碱	0.09	0.15
盐酸可卡因	0.09	0.16
盐酸氯丙嗪	0.058	0.10
盐酸链霉素	0.099	0.17
盐酸吗啡	0.086	0.15
盐酸麻黄碱	0.171	0.30
盐酸普鲁卡因	0.121	0.18
盐酸肾上腺素	0.168	0.29
盐酸四环素	0.078	0.14
盐酸金霉素	0.07	0.12
盐酸异丙嗪	0.104	0.18

1. **冰点降低数据法** 冰点相同的稀溶液都具有相等的渗透压。血浆和泪液的冰点均为 -0.52℃，因此任何溶液只要将其冰点调整为 -0.52℃，即为等渗溶液。其用量可按下式计算：

$$W = (0.52 - a)/b \qquad \text{式(5-1)}$$

式中，W 为配制 100ml 等渗溶液需加入的等渗调节剂的量（g）；a 为未经调整的药物水溶液的冰点降低值（℃），若溶液中含有两种或多种药物，或有其他附加剂时，则 a 为处方中各组分的冰点降低值的加和;b 为 1% 等渗调节剂的冰点降低值(℃)。

例1:下述 1% 硫酸链霉素滴眼液是否等渗?若不等渗,用氯化钠调节,应加多少?

【处方】硫酸链霉素 1g   硼酸 1.203g   硼砂 0.057g

蒸馏水加至 100ml

解:查表 5-3 得硫酸链霉素、硼酸和硼砂的 ΔT_f 值分别为 0.041、0.28 和 0.25,则 $a = 0.041 \times 1 + 0.28 \times 1.203 + 0.25 \times 0.057 = 0.392$,而 0.392<0.52,所以该滴眼液不等渗。

将 $a = 0.392$,$b = 0.58$,代入式(5-1):

$$W = (0.52 - 0.392)/0.58 = 0.22g$$

即需加入 0.22g 氯化钠才能调整为等渗溶液。

对于成分不明或查不到冰点降低数据的药液,可通过实验测定其冰点降低数据,再按上式进行计算。在测定药物的冰点降低值时,为使测定结果更准确,测定浓度应与配制溶液浓度相近。

▶▶ **课堂活动**

请问:欲配制 2% 盐酸普鲁卡因注射液 100ml,需加入多少克氯化钠才能调整为等渗溶液?

2. 氯化钠等渗当量法 该法是用氯化钠等渗当量(E)来计算药液是否等渗的方法。氯化钠等渗当量系指与 1g 药物呈等渗的氯化钠的量,用 E 表示,可按下式计算:

$$X = 0.009V - G_1E_1 - G_2E_2 \cdots\cdots \qquad 式(5-2)$$

式中,X 为配制成 Vml 等渗溶液需加的氯化钠的量(g);V 为欲配制溶液的体积(ml);G_1、G_2 药液中溶质的质量(g);E_1、E_2 分别为 G_1、G_2 的 E 值。

例2:欲配制 2% 的盐酸普鲁卡因注射液 1000ml,需加入多少克氯化钠?

解:查表 5-1 得知,盐酸普鲁卡因的 E 值为 0.18,2% 的盐酸普鲁卡因溶液 1000ml 需要药物 $W = 20g$,代入式(5-2):

$$X = 0.009 \times 1000 - 0.18 \times 20 = 5.4g$$

即配制 2% 的头孢噻唑钠注射液 1000ml,需加入 5.4g 氯化钠才能调整为等渗溶液。

3. 以溶血性计算药物的等张浓度 以溶血性求药物等张浓度的方法,一般分两步进行。第一步,先求药物的渗透系数,即溶血法的 i 值;第二步,与等张的氯化钠溶液(0.9%)比较,按下式求出某些药物的等张浓度:

$$W_D = \frac{i_{NaCl} \times W_{NaCl} \times M_D}{M_{NaCl} \times i_D} \qquad 式(5-3)$$

式中,i_D 为待求药物的溶血法 i 值;i_{NaCl} 为 1.86;W_{NaCl} 为 100ml 溶液中 NaCl 的克数(g);M_D 为待求药物的摩尔质量(g/mol);M_{NaCl} 为 NaCl 的摩尔质量(g/mol);W_D 为 100ml 溶液中待求药物的克数(g)。

例3:求氯化钾的等张浓度?

测定氯化钾溶血法的 i 值为 1.77，氯化钾摩尔质量为 74.55，氯化钠摩尔质量为 58.45，代入式（5-3）：

$$W=(1.86×0.9×74.55)/(58.45×1.77)=1.2g$$

即 1.2% 的氯化钾溶液为等张溶液。

表 5-4 列出一些药物的等张数据，可供查阅。

表 5-4　一些药物的等张数据

药物名称	溶血法 i 值（37℃）	相当于 0.9% 氯化钠的百分含量/%
氯化钾	1.77	1.2
碘化钾	1.85	2.58
苯甲酸钠	1.85	2.24
枸橼酸钠	4.20	1.84
氯化钙	2.76	1.15
葡萄糖酸钙	2.77	4.45
氯化镁	2.90	0.94
硫酸镁	1.99	1.73
硫酸阿托品	1.91	10.16
甘露醇	1.37	3.83
山梨醇	1.36	3.83
蔗糖	1.37	7.16

二、常用等渗与等张调节剂的种类

注射剂中常用的等渗调节剂有氯化钠、葡萄糖、氯化镁、硝酸钾、氯化钙、甘油、果糖等。以前也经常使用山梨醇和甘露醇作渗透压调节剂，鉴于其自身的生理活性问题，现已较少使用。

氯　化　钠

【来源与制法】本品为海水、盐井、盐池、盐泉等中的盐水，经过日晒蒸发而得到的结晶，再经过精制，即为纯净的氯化钠。

【性质】本品为无色、透明的立方形结晶或白色结晶性粉末，无臭，味咸。在水中易溶，在乙醇中几乎不溶。

【应用】主要用作渗透压调节剂。

【注意事项】

（1）在酸性介质中，氯化钠遇强氧化剂会释放出氯。

（2）本品溶于水后可与银、铅、汞盐反应生成沉淀，对铁有腐蚀性。

（3）应密封保存。

案例分析

氯霉素滴眼液

[处方] 氯霉素 2.5g　　　　氯化钠 9g　　　　羟苯甲酯 0.23g

羟苯丙酯 0.11g　　　蒸馏水加至 1000ml

[制法] 取羟苯甲酯和丙酯，加煮沸的蒸馏水溶解，于 60℃时加入氯霉素和氯化钠，过滤，加蒸馏水至足量，灌装，100℃、30 分钟流通蒸汽灭菌。

[作用与用途] 用于治疗沙眼、急慢性结膜炎、眼睑缘炎、角膜溃烂、麦粒肿、角膜炎等。

[分析] ①氯霉素对热稳定，所以可采用 100℃流通蒸汽灭菌。 ②处方中羟苯甲酯和丙酯为抑菌剂，氯化钠为渗透压调节剂。 ③处方中可选择加入硼砂、硼酸作缓冲液，亦可调节渗透压，还增加氯霉素的溶解度，或选用生理盐水做溶剂，制剂更稳定且刺激性小。

葡　萄　糖

【来源与制法】 本品系玉米淀粉进行酸水解或酶水解制得。

【性质】 本品为无色结晶或白色结晶性或颗粒性粉末，无臭，味甜，甜度约为蔗糖的 70%。在水中易溶，在乙醇中微溶，不溶于乙醚、丙酮、氯仿。比旋度为 +52.6°～+53.2°（0.2g/ml 水溶液）。5.51%（w/v）的葡萄糖水溶液与血清等渗。

【应用】 本品在药剂中用作矫味剂、渗透压调节剂、填充剂等。

【注意事项】

（1） 本品与一些药物如维生素 B_{12}、硫酸卡那霉素、新生霉素钠和华法林有配伍禁忌。

（2） 葡庚糖酸红霉素在 pH 低于 5.05 的葡萄糖溶液中不稳定。

（3） 本品与强碱作用可降解，颜色变棕色。

（4） 醛式葡萄糖与有机胺、酰胺、氨基酸、多肽和蛋白质会发生反应，使用时需注意。

（5） 应密封保存。

硝　酸　钾

【来源与制法】 硝酸钾的制备方法有合成法、溶剂萃取法、复分解法、离子交换法、硝土制取法等。

【性质】 本品为白色或无色透明结晶，无臭，味咸而清凉。在水中易溶，在乙醇中微溶。暴露于空气中有微吸湿性。具有强氧化性。

【应用】 本品在药剂中主要用作渗透压调节剂，用于调节滴眼剂等的渗透压。

【注意事项】

（1） 不得与还原性药物，如亚硫酸氢钠、焦亚硫酸钠、维生素 C 等配伍

（2） 应密封保存。

▶▶ 课堂活动

请问：氯化钙、氯化钾、氯化镁等能作为渗透压调节剂使用吗？

三、应用及分析

（一）甲硝唑注射液

[处方] 甲硝唑 5g　　　　氯化钠 8.12g　　　　注射用水加至 1000ml

[分析] 0.5% 甲硝唑溶液为低渗溶液,需加入氯化钠调节其渗透压,避免出现溶血现象。

（二）静脉注射用脂肪乳

[处方] 精制大豆油 150g　　　　精制大豆磷脂 15g　　　　甘油 25g

注射用水加至 1000ml

[分析] 为维持等渗,该输液剂加入甘油作等渗调节剂,也可用葡萄糖或山梨醇,但不得使用氯化钠,以防电解质作用使乳滴破坏。

点滴积累

1. 等渗溶液系指与血浆渗透压相等的溶液,属于物理化学概念。等张溶液系指渗透压与红细胞膜张力相等的溶液,属于生物学概念。
2. 注射剂应调为等渗或稍偏高渗,绝对不能为低渗溶液,注入椎管的注射剂必须为等渗。
3. 常用的渗透压调节方法有冰点降低数据法和氯化钠等渗当量法。

第四节　抑菌剂

一、概述

无菌制剂是指采用某一无菌操作方法或技术制备的不含任何活的微生物繁殖体和芽胞的一类药物制剂。将制剂中抑制微生物生长繁殖的附加剂称为抑菌剂。绝大多数注射剂不需要加入抑菌剂,只有多剂量包装的、采用滤过灭菌法或无菌操作法制备和低温灭菌的注射剂才需添加抑菌剂。凡注射量超过 5ml 的注射剂添加抑菌剂时,应慎重选择;供静脉注射(除另有规定外)或椎管注射的注射剂不得添加抑菌剂。用于眼外伤的滴眼剂及眼内注射溶液要求无菌,且不得添加抑菌剂;一般滴眼剂要求无致病菌,可酌加抑菌剂。加有抑菌剂的注射剂和滴眼剂仍应采取适宜的方法灭菌。

抑菌剂的作用易受溶液的 pH、黏度及温度等影响,如酚类抑菌剂在酸性溶液中比在碱性溶液中抑菌效能强,在油溶液中抑菌效果比在水中弱。

知识链接

抑菌剂的作用机制

抑菌剂的作用机制大致包括:①使微生物的蛋白质凝固或变性,从而干扰其生长和繁殖,如醇类、酚类、醛类、有机汞类等;②对微生物的细胞壁或细胞膜产生作用,或作用于微生物体内酶系,抑制酶活性,影响或阻断其新陈代谢,如苯甲酸、羟苯酯类。

（一）注射剂中抑菌剂的选用原则

1. 所用抑菌剂应不影响药物理化性质和疗效的发挥，并不得对质量检查产生干扰。

2. 在抑菌范围内对人体无害，无刺激性。

3. 抑菌剂本身性质稳定，长期贮存不分解失效。

4. 静脉输液与脑池内、硬膜外、椎管内用的注射液均不得加抑菌剂；除另有规定外，一次注射量超过 5ml 注射液不得加抑菌剂；眼内注射溶液及供手术、伤口、角膜穿通伤用的眼用制剂均不应加抑菌剂。

（二）滴眼剂中抑菌剂的选用原则

1. 滴眼剂的抑菌剂不仅要求抑菌作用确切，还要求作用迅速，能在患者两次滴眼间隔时间内发挥抑菌作用，并要求在实验条件下 1 小时内能将铜绿假单胞菌和金黄色葡萄球菌杀死。

2. 有适宜的 pH 范围，并与主药和其他辅料不得有配伍禁忌。

3. 对眼无刺激性。

知识链接

滴眼剂中加入抑菌剂的必要性

铜绿假单胞菌和金黄色葡萄球菌是临床上最常见的化脓性感染的细菌，且耐药性极强，如果滴眼剂被这两种细菌污染了，会导致眼睛的感染，严重的可引起失明。滴眼剂中的抑菌剂对铜绿假单胞菌和金黄色葡萄球菌的杀菌作用必须快而有效。

二、常用抑菌剂的种类

在无菌制剂中抑菌剂种类根据其化学结构和性质可分为以下六类：

（一）季铵类

苯扎溴铵(新洁尔灭)

【来源与制法】本品由 *N*-烷基-*N*-甲基苄胺溶液与溴代甲烷，在宜于季铵盐沉淀的有机溶液中反应制得。

【性质】在常温下为黄色胶状体，低温时可能逐渐形成蜡状固体，极易吸潮，具芳香味，味极苦。在水或乙醇中易溶，在丙酮中微溶，在乙醚中不溶。水溶液呈碱性反应，振摇时产生大量泡沫。本品毒性低，无刺激性，使用安全。

【应用】本品为阳离子型表面活性剂，常用作抑菌剂。

【注意事项】

（1）本品与碘、碘化钾、硝酸银、硫酸锌、酒石酸、水杨酸盐、枸橼酸盐、白陶土、磺胺类药物等有配伍禁忌。

（2）遇肥皂、阴离子型表面活性剂、有机物（如血清、脓液等），作用减弱。

▶ **课堂活动**

在药剂生产中，洁尔灭和新洁尔灭除用作无菌制剂的抑菌剂外，还有什么其他的用途？

（3）本品杀菌能力是苯酚的 300 ~ 400 倍,常用浓度为 0.02% ~ 0.2% 。

（4）应遮光,密闭保存。

（二）醇类

苯 甲 醇

【来源与制法】本品系由氯化苄和碳酸钾或碳酸钠经蒸馏制备而成,或由苯甲醛经坎尼扎罗反应而制得。

【性质】本品为无色液体,具有微弱香气及灼烧味,有引湿性。在水中溶解,与乙醇、三氯甲烷或乙醚能任意混合。在水中稳定,耐高温,在 206℃ 时不分解。在空气中缓慢氧化生成苯甲醛和苯甲酸。

【应用】主要用作抑菌剂,在滴眼剂中一般用 0.5% ~ 1.0% 。

【注意事项】

（1）本品与氧化剂、强酸、甲基纤维素有配伍禁忌。

（2）非离子型表面活性剂会降低苯甲醇的抗菌活性,但降低程度低于羟苯酯类或季铵盐类化合物。

（3）能被橡胶、聚乙烯等吸附。

（4）苯甲醇引起的常见不良反应有头晕、恶心、呕吐、腹泻、中枢神经抑制和呼吸困难等。添加苯甲醇的制剂易导致儿童臀肌挛缩症,禁用于儿童肌内注射。另外,苯甲醇含量高的注射液在静注时易引发溶血。一般来说,应控制制剂处方中苯甲醇的量,以减少不良反应的发生,用于静脉注射等产品原则上不应添加苯甲醇。

（5）应遮光,密闭保存。

苯 氧 乙 醇

【来源与制法】本品系由苯酚在碱性条件下与环氧乙烷缩合而制得。

【性质】本品为无色微具黏稠性的油状液体,有灼烧味和芳香味。易溶于乙醇、甘油、乙醚,微溶于水。

【应用】常用于滴眼剂的抑菌剂,浓度为 0.3% ~ 0.6% 。

【注意事项】

（1）对铜绿假单胞菌有特殊的抑菌力,对变形杆菌和其他革兰阴性菌作用较次,对革兰阳性菌作用极微。

（2）应密闭保存。

三 氯 叔 丁 醇

【来源与制法】本品是在粉状氢氧化钾催化下,将氯仿与丙酮缩合而制得。

【性质】本品为白色结晶,有微似樟脑的特臭,易挥发。在乙醇、三氯甲烷、乙醚或挥发油中易溶,在水中微溶。熔点不低于 77℃ 。

【应用】 在药剂中主要作为抑菌剂和增塑剂使用。

【注意事项】

(1) 与碱性药物、橡胶、塑料、三硅酸镁、薄荷脑、安替比林、苯酚等有配伍禁忌。

(2) 具有抑制细菌和霉菌的作用,但在高温和碱性溶液中易发生分解而降低抑菌效果。有实验数据显示,pH 2～4 时,其抑菌效果明显,但当 pH 达到 5～10 时,则对微生物无抑制作用。故本品一般用于偏酸性的注射剂和滴眼剂,通常使用浓度为 0.5%。

(3) 本品作为眼用制剂的抑菌剂应用较广泛,但可能存在潜在毒性,个别病人有不适感,产生角膜炎。

(4) 在阴凉处,密封保存。

(三) 酸及其盐类

如苯甲酸及其盐类、山梨酸及其盐类等,详见第四章第二节。

(四) 酚类

苯 酚

【来源与制法】 苯酚最早由煤焦油回收精制而得,目前绝大部分是采用合成方法。我国最常用的生产方法是异丙苯法,即丙烯与苯在三氯化铝催化下生成异丙苯,再将异丙苯氧化为氧化异丙苯后,用硫酸或树脂分解生成苯酚。

【性质】 本品为无色至微红色的针状结晶或结晶性块,有特臭,有吸湿性。在乙醇、三氯甲烷、乙醚、甘油、脂肪油或挥发油中易溶,在水中溶解,在液体石蜡中略溶。水溶液呈微酸性,遇光或在空气中颜色逐渐变深,碱性条件下,变化加速。凝固点不低于 40℃。

【应用】 常用作酸性药液的抑菌剂,使用浓度为 0.1%～0.5%。

【注意事项】

(1) 本品遇樟脑、薄荷脑、乙酰苯胺、安替比林、苯佐卡因、乌洛托品、水杨酸苯酯、间苯二酚、麝香草酚、水合萜类以及含生物碱的药物会发生液化或皂化;会使蛋白质和明胶沉淀;遇碘、溴、碱式盐、铁盐均会生成沉淀;遇高锰酸钾和过氧化氢等强氧化剂,可被氧化成草酸和二氧化碳。

(2) 本品未稀释时有毒并具有腐蚀性,能腐蚀皮肤、黏膜。

(3) 应遮光,密封保存。

甲 酚

【来源与制法】 本品系从煤焦油中分离得到。

【性质】 本品为几乎无色、淡紫红色或淡棕黄色澄清液体,有类似苯酚的臭气。与乙醇、三氯甲烷、乙醚、甘油、脂肪油或挥发油能任意混合,在水中略溶,在碱性溶液中溶解,饱和水溶液呈中性或弱酸性反应。本品久贮或在日光下色渐变深。

【应用】 抑菌作用强于苯酚,常用作酸性药液的抑菌剂,使用浓度为 0.25%～0.3%。

【注意事项】

（1）本品有一定的毒性和刺激性,使用浓度不宜过高。

（2）应避光,密封保存。

（五）汞化合物类

▶▶ 课堂活动

煤酚皂溶液的主要成分是什么? 有哪些用途?

硝　酸　苯　汞

【来源与制法】本品由醋酸苯汞在苯中加入硝酸铵一起熔融制得正硝酸苯汞,然后再发生水解而得。

【性质】本品为白色略带芳香气味的结晶性粉末。易溶于硝酸或氢氧化碱存在的溶液中,溶于脂肪油,微溶于甘油及乙醇中,极微溶于水。

【应用】硝酸苯汞为广谱抑菌剂,可用于注射剂、滴眼剂中作抑菌剂,在注射剂和滴眼剂中使用浓度分别为0.001%和0.002%。

【注意事项】

（1）与卤化物(特别是溴化物或碘化物)、铅、氨、铵盐和一些含硫化合物有配伍禁忌。在阴离子型乳化剂和悬浮剂存在下,抗菌活性降低。

（2）本品浓溶液对局部有刺激性,6～12小时后可引发红斑、水疱。重复损伤的皮肤接触试验结果显示,2%溶液可产生极强的皮肤过敏。

（3）一般认为有机汞在晶状体中很少有蓄积,对眼无害,也不影响视力,但含本品的眼用制剂仍主张不宜长期应用,以防汞的蓄积中毒。

（4）应避光,置于非铝容器中,密封保存。

硫　柳　汞

【来源与制法】本品系在氢氧化钠作用下,硫柳酸的甲醇溶液与氯化氢基汞或氢氧化乙基汞反应而制得。

【性质】本品为无色或乳白色结晶性粉末,微具特臭。在水中易溶,在乙醇中溶解,在乙醚中几乎不溶。1%水溶液pH约6.7。在空气中稳定,在日光下不稳定,溶液可通过高压或过滤灭菌。

【应用】硫柳汞作为抑菌剂用于注射剂和滴眼剂中,常用浓度为0.01%～0.02%。

【注意事项】

（1）与强氧化剂、强酸、强碱、氯化钠溶液、金属(如铅、铜等)、卵磷脂、苯汞基化合物、季铵化合物、巯基乙酸盐、蛋白质和许多生物碱有配伍禁忌。与焦亚硫酸钠、依地酸及其盐共存会降低其抑菌活性。可被塑料吸附。

（2）本品的抗菌效力和毒性均低于氯化汞。如使用浓度适宜,一般较安全。

（3）应遮光,密封保存。

（六）羟苯酯类

为一类对羟基苯甲酸酯类化合物,包括羟苯甲酯、羟苯甲酯钠、羟苯乙酯、羟苯丙酯、羟苯丙酯钠、羟苯丁酯、羟苯苄酯等,详见第四章第二节。

知识链接

新型抑菌剂简介

人工合成的化学抑菌剂的毒副作用日益受到人们的关注,近年来,新型抑菌剂的研究开发飞速发展,如天然抑菌剂绿原酸、乳酸菌素、肉桂油、紫苏油、茶树油、桉叶油、薰衣草油、芥子油等;还有新型的化学防腐剂富马酸二甲酯（DMF）和邻苯基苯酚钠（SOPP）等。

三、应用及分析

（一）醋酸可的松滴眼液（混悬液）

[处方] 醋酸可的松（微晶）5.0g　　　吐温 80 0.8g　　　硝酸苯汞 0.02g

硼酸 20.0g　　　羧甲纤维素钠 2.0g　　　纯化水加至 1000ml

[分析] ①为避免滴眼剂因多次使用造成污染,故使用硝酸苯汞作抑菌剂。②等渗调节剂选硼酸而不选氯化钠,主要是硼酸兼具等渗调节和 pH 调节的作用,同时因氯化钠能使羧甲纤维素钠黏度显著下降,促使结块沉降,改用 2% 的硼酸后,不仅改善氯化钠降低药液黏度的缺点,且能减轻药液对眼黏膜的刺激性。③吐温 80 作润湿剂,羧甲纤维素钠作助悬剂。

（二）肝素钠注射液

[处方] 肝素钠 10 000U/ml　　　苯甲醇 9g　　　氯化钠 9g

注射用水加至 1000ml

[分析] ①苯甲醇作抑菌剂;②氯化钠作等渗调节剂。

点滴积累 ∨

1. 抑菌剂系指无菌制剂中抑制微生物生长繁殖的附加剂。

2. 用于静脉或椎管注射用的注射液均不得添加抑菌剂。

3. 苯氧乙醇对铜绿假单胞菌的抑菌能力强。

第五节　局部止疼剂

一、概述

某些注射剂由于药物本身或其他原因,用于肌内或皮下注射时,可局部产生刺激从而引起疼痛。

在采取相应措施如提高注射剂质量、调节适宜的 pH 与渗透压后,若仍产生疼痛,可加入某些辅料以减轻疼痛,添加的这类辅料称为局部止疼剂。

对于有些注射剂进行肌内或皮下注射而引起的注射局部疼痛,不可草率地直接加入局部止疼剂。因为局部止疼剂仅能解决局部的疼痛问题,不能解决引起刺激反应的本质问题,因此应认真研究,找出引起疼痛的具体原因,采取相应措施后仍产生疼痛的,再考虑加入局部止疼剂。选用局部止疼剂时应注意以下几点:①选用的局部止疼剂应无毒、无害,止疼效果好;②应不与主药发生配伍禁忌,不影响注射剂的质量检查;③应注意注射剂 pH 对其稳定性的影响;④浓度的选择应适宜,选择的浓度既要有较强的止疼作用,又要避免出现溶血、局部硬结等不良反应的发生。

二、常用局部止疼剂的种类

常用的局部止疼剂按化学结构和性质可分为以下几类:

(一)醇类

1. 苯甲醇　参见本章第四节。本品用作局部止疼剂的用量为 0.5% ~ 2.0%。连续注射可产生局部硬结,对药物的吸收亦有影响,使用时应予注意。

知识链接

苯甲醇引发的用药不良反应

有文献报道,在临床病例中,有多例心律失常患者口服胺碘酮片无不良反应,但使用胺碘酮注射液时则容易出现注射部位疼痛、皮疹、低血压等血管刺激反应。经分析,是因为胺碘酮注射液含有辅料苯甲醇,从而引起血管刺激反应。

2. 三氯叔丁醇　参见本章第四节。本品用作局部止疼剂的用量为 0.3% ~ 0.5%,只适用于弱酸性溶液且不用热压灭菌的品种。

(二)氨基苯甲酸类、酰胺类

盐酸普鲁卡因

【来源与制法】 本品是对硝基苯甲酚在硫酸催化下与乙醇发生酯化反应,再与 β-二乙氨基乙醇进行酯交换,最后用铁酸还原后成盐而制得。

【性质】 本品为白色结晶或结晶性粉末,无臭,味微苦,随后有麻痹感。易溶于水,略溶于乙醇,微溶于三氯甲烷,几乎不溶于乙醚,水溶液呈中性反应。熔点为 154 ~ 157℃。

【应用】 本品属于局部麻醉药,用于某些引起疼痛的肌内注射剂,常用量为 0.25% ~ 1.0%。

【注意事项】

(1)遇碱、氧化剂及碱性较强的药物均可发生分解而失效;遇生物碱沉淀剂可逐渐析出沉淀。

（2）本品无毒，一般认为是安全的。但使用量过大或浓溶液快速注射进入血管可引起恶心、出汗、呼吸困难、颜面潮红、兴奋、惊厥，甚至出现过敏性休克。过敏体质病人应用时需做皮试。

（3）应遮光，密封保存。

盐酸利多卡因

【来源与制法】 本品系 2,6-二甲基苯胺氯乙酰化后，生成的氯乙酰二甲基苯胺与二乙胺缩合而得。

【性质】 本品为白色结晶性粉末，无臭，味苦，随后有麻痹感。易溶于水或乙醇，溶于三氯甲烷，不溶于乙醚。

【应用】 本品为常用的局部麻醉药和抗心律失常药，在注射剂中用作局部止痛剂。

【注意事项】

（1）与重金属盐可发生沉淀反应，在碱性水溶液中容易水解。

（2）本品安全无毒，对皮肤、黏膜没有刺激性。作局部止痛剂时，使用浓度不宜过高，否则会引起药物吸收不良或其他副作用。

> ▶▶ **课堂活动**
>
> 盐酸丁卡因、盐酸甲哌卡因等局麻类药物，也可以作为局部止疼剂使用吗？

乌 拉 坦

【来源与制法】 本品由乙醇与硝酸脲于 120～130℃加热制得，或由氨作用于碳酸乙酯或氯甲酸乙酯而制得。

【性质】 本品为无色或白色结晶性粉末，无臭，味咸苦，熔点为 48～50℃。极易溶于水，易溶于乙醇、甘油、三氯甲烷。

【应用】 具有局部止痛兼助溶作用。

【注意事项】

（1）易与水合氯醛、樟脑、安替比林、薄荷脑、酚、间苯二酚、麝香草酚等形成共熔物，遇酸、氧化物、碱可发生氧化、水解等反应。

（2）本品有一定毒性，在应用时需注意剂量的控制。

（3）应密封保存。

（三）酚类

有些酚可用作注射剂的止痛剂，如丁香酚、异丁香酚。

知识链接

支　架　剂

支架剂又名填充剂,常在冷冻干燥制品外形不饱满或萎缩时使用,起固体支撑作用,使干燥制品保持原有的体积,并维持足够的强度,避免贮存时破裂。支架剂除必须具备注射用辅料的一般要求外,还应具备引湿性小,溶解速率快,共熔点高,冻干后色泽洁白、均匀、细腻,且价廉易得等特点。常用的支架剂包括糖类与多元醇,如甘露醇、山梨醇、葡萄糖、乳糖、PVP 和右旋糖酐等,但以甘露醇最为常用。

三、应用及分析

(一) 己烯雌酚注射液

[处方] 己烯雌酚 1g　　　　苯甲醇 1g　　　　注射用油加至 1000ml

[分析] 己烯雌酚肌内注射可引起疼痛,故加入苯甲醇作局部止痛剂。

(二) 维生素 B_6 注射液

[处方] 维生素 B_6　25g　　　三氯叔丁醇 5g　　　氯化钠 9g

注射用水加至 1000ml

[分析] ①三氯叔丁醇作局部止痛剂;②氯化钠作等渗调节剂。

点滴积累 ∨

1. 局部止疼剂系指能减轻注射剂引起的疼痛和刺激性的辅料。

2. 苯甲醇和三氯叔丁醇既可作抑菌剂,又可作局部止痛剂。

3. 局部止疼剂应在采取相应措施后仍感疼痛时方可使用。

目标检测

一、选择题

(一) 单项选择题

1. 某注射剂中加入焦亚硫酸钠,其作用为(　　　)

　　A. 局部止疼剂　　　　B. 抗氧剂　　　　C. 金属螯合剂　　　　D. 抑菌剂

2. 适用于碱性药液的抗氧剂为(　　　)

　　A. 亚硫酸钠　　　　B. 亚硫酸氢钠　　　　C. 焦亚硫酸钠　　　　D. 葡萄糖

3. 1% 氯化钠水溶液的冰点下降值为(　　　)

　　A. 0.53℃　　　　B. 0.62℃　　　　C. 0.52℃　　　　D. 0.58℃

4. 对铜绿假单胞菌有特殊抑菌力的抑菌剂是(　　　)

A. 苯甲醇   B. 苯甲氯铵   C. 苯氧乙醇   D. 三氯叔丁醇

5. 盐酸普鲁卡因的氯化钠等渗当量为0.18,若配制100ml 0.5%盐酸普鲁卡因等渗溶液,需加入多少克氯化钠( )

A. 0.68g   B. 0.81g   C. 1.62g   D. 1.86g

（二）多项选择题

1. 关于等渗溶液和等张溶液,以下说法正确的是( )

A. 0.9%氯化钠溶液既等渗又等张

B. 等渗是物理化学概念

C. 常用的渗透压调节方法有冰点降低数据法和氯化钠等渗当量法

D. 等张是生物学概念

2. 以下说法正确的是( )

A. 滤过除菌法制备的注射液需加入抑菌剂

B. 椎管内用的注射液不得加抑菌剂

C. 静脉输液不得加抑菌剂

D. 眼内注射溶液不得加抑菌剂

3. 常用的渗透压调节剂有( )

A. 氯化钠   B. 甲酚   C. 苯甲醇   D. 葡萄糖

4. 适用于酸性药液的抗氧剂是( )

A. 维生素C   B. 亚硫酸氢钠

C. 焦亚硫酸钠   D. 硫代硫酸钠

5. 既有抑菌作用又有局部止疼作用的辅料是( )

A. 三氯叔丁醇   B. 乌拉坦   C. 苯甲醇   D. 盐酸普鲁卡因

6. 滴眼剂中必须检查的致病菌是( )

A. 大肠埃希菌   B. 铜绿假单胞菌

C. 金黄色葡萄球菌   D. 变形杆菌

二、计算题

1. 欲配制1%盐酸吗啡注射液100ml,需加入多少克氯化钠才能调整为等渗溶液？（1%盐酸吗啡溶液的冰点降低值为0.086）

2. 硫酸阿托品滴眼液：

[处方] 硫酸阿托品10g   氯化钠 适量   注射用水加至1000ml

硫酸阿托品的氯化钠等渗当量为0.13,需加入多少克氯化钠使成等渗溶液？

三、实例分析

请分析以下处方:盐酸金霉素滴眼剂

［处方］盐酸金霉素 5g　　　　硼酸 8g　　　　　　硼砂 3g

　　　　氯化钠 2.9g　　　　　依地酸二钠 0.1g　　亚硫酸钠 0.5g

　　　　注射用水加至 1000ml

（刘筱琴）

第六章

固体制剂辅料

导学情景 ╲

情景描述:

　　社会民生新闻中经常报道,老年人花费巨资购买的"灵丹妙药""包治百病"的"神奇小药片"其实全是一堆淀粉。欺骗老年人的犯罪分子被捕后,通常也对所谓的"神药"仅仅是淀粉供认不讳,还美其名曰没有害人,老人吃了虽然没效,但是对人体没有伤害云云。那为什么犯罪分子选择用淀粉来假冒呢? 又为什么用淀粉冒充药物做的药片,购买时无法认出呢?

学前导语:

　　淀粉属于固体制剂,特别是片剂最常用的辅料,是片剂片状固体形态的赋形剂。它白色粉末状,无臭无味的外观,与大多数药物外观相似,因此,用淀粉混合药物制备的药片,和单用淀粉制备的药片,在外观上并无差异。同时,淀粉无毒,大量服用也不会中毒,不容易引发骗局败露,所以犯罪分子选用淀粉造假行骗,类似的还有如糊精等辅料。本章就将逐一讲解固体制剂的各种主要辅料。

第一节　稀释剂与吸收剂

一、概述

　　固体制剂采用能使主药均匀分散并增加主药质量和体积的填充剂作为赋形剂。填充剂分为稀释剂和吸收剂。由于主药含量少,用以增加主药重量和体积的辅料称为稀释剂。由于主药为液体,例如挥发油或含有水分,用以吸收液体制成固体形态的辅料称为吸收剂。填充剂广泛用于散剂、颗粒剂、片剂、胶囊剂、丸剂等固体制剂。

　　在固体制剂中,填充剂占有相当大的比例,这是因为通常制剂中主药剂量都较小,但机械化生产需要最小可操作单元,这个最小可操作单元就有最低要求的质量和体积。例如片剂多使用冲模压制而成,最小冲模直径为6mm,以此直径制备片剂,需要一定的厚度和硬度,要求片重一般大于100mg,主药剂量通常都小于100mg,如马来酸氯苯那敏片仅含主药4mg,维生素 B_2 片仅含主药5mg,不足的质量和体积依靠填充剂补足。另外,对于主药剂量超过100mg的片剂来说,填充剂仍然需要,这主要是考虑填充剂增加主药的压缩成型性。

（一）稀释剂与吸收剂的要求

填充剂对制剂的质量有重要影响。一般来讲,填充剂应具备以下基本性质,以确保其在制剂中发挥应有作用的同时,不影响制剂的质量:①填充剂应为惰性物质,无生理活性;②理化性质稳定,不与主药发生反应,不影响主药的定性与定量检查;③应具有较大的"容纳量",以较少的用量与药物或药材提取物混合时,物料仍具有良好的成型性和流动性,不易吸湿等;④对药物的溶出、吸收应无不良影响;⑤来源应较为广泛,容易获得,且成本低廉。

（二）稀释剂与吸收剂的选用

稀释剂与吸收剂的选用应考虑吸湿性、流动性对制剂的影响,以及根据不同剂型的需要来进行选择。

1. **吸湿性**　水溶性物质以临界相对湿度（CRH）来衡量其吸湿性强弱,CRH 越小越容易吸湿。根据 Elder 假说:"混合物的临界相对湿度大约等于各物质的临界相对湿度的乘积,而与各组分的比例无关。"可知:水溶性物质混合后 CRH 一定小于任一组分 CRH,所以,对于 CRH 小的易吸湿水溶性药物,若选用水溶性填充剂,应选择 CRH 尽可能大的品种;若选用水不溶性填充剂,因为其并没有 CRH 参数,考虑到吸湿有加和性,还是选择吸湿性越弱的品种越好。

2. **流动性**　流动性反映的是固体物料在一定外力作用下,粒子间相互作用所表现出的物料的一种整体性能。填充剂的流动性是固体制剂制备过程中必须考虑的重要性质,流动性不仅影响正常的生产过程,而且影响制剂质量,如散剂分包、胶囊剂分装、片剂分剂量等操作都要求原料有良好的流动性以保证分剂量的准确。常用的测定粉体流动性的方法有休止角测定法和流速测定法两种。

影响粉体流动性的因素包括:①粒子大小及其分布:一般情况下,当粒子的粒径大于 $200\mu m$ 时,其流动性较好;粒径在 $100 \sim 200\mu m$ 时,粒径越小,粒子间的摩擦力越大,流动性变差;当粒径小于 $100\mu m$ 时,其黏着力大于重力,流动性很差;②含湿量:流动性较好的干燥的粉粒吸收一定量的水分后,由于粒子表面吸附了一层水膜,因为表面张力以及毛细管力等的作用,使粒子间的引力增强,使粉粒的流动性变差;但当粉粒的含水量更高时,其流动性又变好,但当含湿量达此范围时,在实际生产中已不能应用,例如压片时会发生黏冲等;③粒子的形态:粒子的形态对粉粒的流动性有影响,粒子呈球形或接近球形的粉粒在流动时,粒子多发生滚动,粒子间的摩擦力较小,所以流动性好;而粒子形态距球形远,例如呈针状、鳞片状,其粉粒在流动时由于粒子间多发生滑动,摩擦力较大,又因有机械力等,所以流动性一般不好;④其他成分:在粉粒中加入其他成分,对其流动有时有影响。如前所述,在粒径大的氧化镁粒中加入氧化镁细粉末对其流动性有影响。但在粗粉中加入细粉末对其流动性是否有影响,与两者的性质有关系。例如当用颗粒压片时,经常加入滑石粉等细粉末为助流剂,以改善其流动性,反使其流动性变好。

3. **选择填充剂应根据不同剂型特点分别对待**

（1）浸膏剂:浸膏剂一般易于吸湿,因此应选用不吸湿或吸湿性小的填充剂,并经干燥除去所含水分,否则会造成回潮、结块,使浸膏不易粉碎、混合。

（2）颗粒剂:颗粒剂是传统中药剂型改革中出现的新剂型,当前颗粒剂受制备工艺和设备限制,辅料主要起吸收剂的作用,存在用量过大、成型难、易吸湿潮解、单剂量偏大等问题,应改进工艺和设备,如变稠浸膏为干浸膏粉等以及选用"容纳量"大、*CRH*值大的水溶性填充剂或吸湿性小的非水溶性填充剂,使辅料用量减到最低限。若作成混悬型颗粒剂还可用处方中某些"出粉率"高的药材粉末作填充剂。

(3) 散剂与胶囊剂:散剂中制备倍散时要使用填充剂。倍散是指剂量小的毒性药品加入一定比例量的稀释剂而制成的散剂。因此,选用的稀释剂除应注意其吸湿性外,还应特别注意其相对密度是否与被稀释的主药相近,否则会因密度差异大而致分层,影响倍散的用药安全。倍散处方中,若含有较多量液体成分,不能被其他组分吸收完时,方可考虑加入吸收剂,达到不显潮湿为度。胶囊剂使用填充剂与散剂有类似之处。

(4) 丸剂:中药丸剂中的浓缩丸或半浓缩丸是以中药材提取物加填充剂制成。一般情况下,作稀释剂使用的辅料可以是处方中部分药材的细粉,此种丸剂为半浓缩丸。而对中药材组分的全提取物加入常用的稀释剂,含挥发油类则需加入吸收剂的丸剂称为全浓缩丸。显然,选用的稀释剂与吸收剂的要求与颗粒剂相似。

(5) 片剂:片剂系用机械化生产,有一压缩成型过程,因此,对在小剂量药物片剂中占较大比例的填充剂的物理特性有特殊要求,尤其在全粉末直接压片中,一般宜选用流动性好、可压性高、"容纳量"大的填充剂。片剂的填充剂宜选用塑性变形体,而不是完全弹性体。若作液体片的填充剂,则必须考虑应具有良好的溶解性能。

二、稀释剂与吸收剂的种类与常用品种

(一) 稀释剂的种类

稀释剂按水溶性可分为水溶性和水不溶性稀释剂,水溶性稀释剂如乳糖、蔗糖、甘露醇、山梨醇等;水不溶性稀释剂如淀粉、糊精、预胶化淀粉、微晶纤维素等。此类稀释剂有喷雾干燥乳糖、改良淀粉等。目前,粉末直接压片用稀释剂成为发展趋势,将崩解剂、润湿剂一并加入作为稀释剂一起使用,压片时不再额外添加。如蔗糖-转化糖复合物(Nu-Tab)就是直接压片稀释剂,由95%加工蔗糖、4%转化糖、0.1%~0.2%淀粉和硬脂酸镁组成。

(二) 吸收剂的种类

吸收剂可按化学成分分为无机和有机两类。容纳量大的有机稀释剂品种如乳糖、淀粉、半乳糖、交联聚维酮等。通常使用无机类作为挥发油类的吸收剂,优点是容纳量大、吸收后不易浸出、吸湿性小,无机盐类吸收剂包括硫酸钙、磷酸氢钙、氧化镁、甘油磷酸钙、氢氧化铝、皂土等。

(三) 常用品种

乳 糖

【来源与制法】 本品系来自于哺乳动物乳汁中的双糖,由牛奶中的乳清(约含乳糖5%)经加热或加石灰乳处理,除去蛋白质后浓缩、冷却、结晶、干燥而得。乳糖有喷雾干燥乳糖、无水乳糖、球粒状乳糖和一结晶水乳糖(α-乳糖),常用的是α-乳糖。

【性质】 分子式为 $C_{12}H_{22}O_{11} \cdot H_2O$,分子量为360.31,白色或类白色结晶性颗粒或粉末,无臭,微甜。在水中易溶,在乙醇、三氯甲烷或乙醚中不溶。

【应用】稀释剂、矫味剂。乳糖作为稀释剂性能优良,无吸湿性,可与多数药物配伍,在压片过程中即使压力稍有变化,也不至于明显影响片剂的硬度,片重差异变化小,较少出现黏冲、脱片等现象,制成的片剂光洁美观,长期存放不致崩解延迟,对含量测定影响小。

【注意事项】乳糖可与伯胺类药物发生 Maillard 反应,使片剂日久呈现棕黄色,原因是乳糖中或多或少含有 5-羟甲基糠醛等杂质,能与胺类药物如异烟肼、苯丙胺等生成棕黄色的加成物。处方中如同时含有酒石酸盐、枸橼酸盐或醋酸盐等时,或在碱性润滑剂的影响下,能加速变色反应,使用时宜加注意。

蔗　糖

【来源与制法】本品主要来自甘蔗、甜菜提取而得。将甘蔗或甜菜用机器压碎,收集糖汁,过滤后用石灰处理,除去杂质,再用二氧化硫漂白;将经过处理的糖汁煮沸,抽去沉底的杂质,刮去浮到面上的泡沫,然后熄火待糖浆结晶成为蔗糖。

【性质】本品为 β-D-呋喃果糖基-α-D-吡喃葡萄糖苷,分子式为 $C_{12}H_{22}O_{11}$,分子量为342.30,无色结晶或白色结晶性的松散粉末,无臭,味甜。在水中极易溶解,在乙醇中微溶,在无水乙醇中几乎不溶。

【应用】稀释剂、黏合剂、矫味剂、糖衣包衣材料。作稀释剂时,通常是低温干燥粉碎成糖粉来使用,其优点是黏合力强,并具有甜味可以兼作矫味剂。一般不单独使用,常与糊精、淀粉配合使用。遇高温融化引起颗粒变硬,遇酸高温下结块明显,黏结力过强,用量大会阻碍片剂溶出。作糖衣包衣材料时,常用浓度70%(w/w)。久贮或长时间加热使蔗糖发生转化,转化糖不适宜包衣。糖浆本身有较大黏度,有时可再加明胶、阿拉伯胶等增加糖衣附着力,提高糖衣机械强度。

【注意事项】蔗糖吸湿性较强,长期贮存,会使片剂的硬度过大,崩解或溶出困难。酸碱过强的药物易致蔗糖转化增加吸湿性,不宜配伍,如亚硝酸盐。对铝有腐蚀作用。

甘　露　醇

【来源与制法】本品为甘露糖的六元醇,以蔗糖和葡萄糖为原料,通过水解、差向异构与酶异构,然后加氢而得。

【性质】分子式为 $C_6H_{14}O_6$,分子量为182.17,白色或无色结晶性粉末,无臭,清凉味甜,无吸湿性,在水中易溶,可溶于甘油,在乙醇或乙醚中几乎不溶。

【应用】稀释剂。用作片剂的稀释剂时,因无吸湿性,用于易吸湿性药物有助于保持颗粒的干燥,多用于维生素类、制酸剂类药物的压片,用于压制咀嚼片,可缓和口腔内不适的感觉;作为硝酸甘油片的辅料,制成颗粒型后可作为直接压片的赋形剂,用甘露醇制的颗粒流动性较差,往往需要较多的润滑剂和助流剂,但加入的量不宜超过其他物质量的25%(w/w)。许多药物如巴比妥、苯海拉明、盐酸普鲁卡因等溶于熔融的甘露醇中,可形成固体分散体,此种分散体可直接压片,也可用在悬浮剂中作增稠剂以及作为冷冻干燥制剂的骨架剂使用。

【注意事项】甘露醇不可与木糖醇输液配伍;不可与金属离子(铁、铝、钙)配伍。

淀　粉

【来源与制法】本品指禾本科植物玉蜀黍 *Zea mays* L. 的颖果或大戟科植物木薯 *Manihot utilissima* Pohl. 的块根中制得的多糖类颗粒。

【性质】本品为白色或类白色粉末,无臭、无味。粉末由微小的球状或卵形颗粒组成,其大小、形状决定于植物种类。《中国药典》(2015 年版)收录了小麦淀粉、马铃薯淀粉、木薯淀粉、玉米淀粉,其中玉米淀粉使用较多。玉米淀粉在水或乙醇中均不溶解。

【应用】稀释剂、崩解剂。淀粉在散剂中用作色素或毒剧药物的稀释剂,便于生产中后续混合操作。在硬胶囊剂中,淀粉作为稀释剂,用于胶囊填充时调节体积。在片剂处方中,淀粉作为剂量小、高黏性主药的稀释剂,新配制的 5%～25%(w/w)浓度的淀粉糊也可用作片剂颗粒的黏合剂。淀粉的巨大表面积有利于吸收水分,因此常用作崩解剂,常用浓度为 3%～15%(w/w)。但普通淀粉可压性差,制出的片子易碎,高浓度时易顶裂,作为填充剂时,可通过与糖粉、糊精或滑石粉等的适当配合,选用适当黏合剂,从而得到光洁美观的片剂。

【注意事项】淀粉容易吸湿,需在干燥环境中保存,但并不潮解,在空气中颇稳定,与大多数药物不起作用,保持其稳定性,在甾体类药物片剂中,这些水分能影响药物的溶出速率。

某些酸性较强的药物不宜用淀粉作填充剂,因为湿颗粒在干燥过程中能使淀粉部分水解,影响片剂的质量。

本品能妨碍钙离子的扩散,影响其吸收。本品对一些药物有吸附作用,如能吸附度米芬,使其含量降低,抑菌效力减弱。

微晶纤维素(MCC)

【来源与制法】本品系含纤维素植物的纤维浆制得的 α-纤维素,在无机酸的作用下部分解聚,纯化而得的可自由流动的极细微的短棒状或粉末状多孔状颗粒。

【性质】本品为白色或类白色粉末或颗粒状粉末,无臭,无味,在水、乙醇、乙醚、稀硫酸或 5% 氢氧化钠溶液中几乎不溶。

【应用】稀释剂、黏合剂、崩解剂、润滑剂。其可压性好,兼具黏合、助流、崩解等作用,尤适用于直接压片工艺,压制的片剂硬度好,又易崩解。微晶纤维素在加压过程中呈塑性变形,加之毛细管作用,极易引水入内破坏粒子之间的结合力,促使片子崩解。微晶纤维素的摩擦系数很小(无论动态还是静态),当药物或其他辅料的含量不超过 20% 时,压片一般不需要加润滑剂;微晶纤维素的价格较常用的稀释剂如淀粉、糊精、糖粉等为高,故除非特殊需要,一般不单独用作稀释剂而作为稀释、黏合、崩解剂使用。缺点是含水量超过 3% 时,在混合及压片过程中易产生静电,出现分离和条痕现象,此时可先用干燥方法除去其中部分水分。当微晶纤维素用于湿法制颗粒时,由于它的吸水作用,故即使润湿剂稍有过量,仍能制得较均匀的颗粒,无结块现象。

【注意事项】本品吸湿性强,不能与对水敏感的药物如阿司匹林、抗生素、维生素类等配伍。对强氧化性药物有配伍禁忌。

糊 精

【来源与制法】本品系由淀粉或部分水解的淀粉,在干燥状态下经加热改性而制得的聚合物。

【性质】白色或类白色的无定型粉末,无臭,味微甜,在冷水中溶解较慢,沸水中易溶,在乙醇和乙醚中不溶。

【应用】稀释剂、黏合剂。作片剂稀释剂时,常因黏性太强,使用不当而至片剂表面出现麻点、水印或崩解溶出迟缓,影响含量测定的准确性,较少单独使用,常与蔗糖、淀粉配合使用。

【注意事项】在药物检测中影响药物提取以至干扰其含量测定,故含量较低的药物制剂应慎重使用。

表 6-1 为湿法制粒中常用的填充剂。

表 6-1　湿法制粒中常用的填充剂

水溶性填充剂	水不溶性填充剂
乳糖(结晶性或粉状)、糊精、蔗糖粉、甘露醇、葡萄糖、山梨醇、果糖、赤藓糖、氯化钠	淀粉(玉米、马铃薯、小麦)、微晶纤维素、磷酸二氢钙、碳酸镁、碳酸钙、硫酸钙、水解淀粉、部分 α 化淀粉、合成硅酸铝、特殊硅酸钙

三、应用及分析

(一) 硝酸甘油片

[处方] 10% 硝酸甘油乙醇溶液 0.6ml　　乳糖 8.9g　　　　糖粉 3.8g

17% 淀粉浆适量　　　　硬脂酸镁 0.1g

共制成 100 片

[分析] 本品为采用舌下吸收治疗心绞痛的小剂量片剂,不宜加入不溶性辅料,因此选用能溶于水、无吸湿性、可压性好的乳糖作为稀释剂。

(二) 多潘立酮片

[处方] 多潘立酮 1.0g　　微晶纤维素 2.5g　　淀粉 0.8g

滑石粉 0.8g　　硬脂酸镁 0.4g

共制成 100 片

[分析] 微晶纤维素作为粉末直接压片的稀释剂,兼有黏合、助流、助崩解的作用。

点滴积累　∨

1. 填充剂包括稀释剂和吸收剂。用以增加药物重量与体积,利于制剂成型和分剂量的称为稀释剂;用以吸收原料中多量液体成分的称为吸收剂。

2. 填充剂的选用要充分考虑物料的吸湿性和流动性,应根据不同剂型特点分别对待。

第二节　黏合剂与润湿剂

一、概述

(一) 黏合剂的定义

在制备片剂、胶囊剂、颗粒剂、丸剂等制剂时,若处方中原辅料无足够的黏性,常需加入有黏性的辅料(固体粉末或溶液状态加入),以便于物料粉末聚结成颗粒或压缩成型,这类具有黏性作用的辅料称之为黏合剂。

(二) 润湿剂的定义

本身无黏性,但可诱发待制粒、压片物料的黏性,以利于制粒、压片进而制成片剂、胶囊剂、颗粒剂等的液体辅料称为润湿剂。

(三) 黏合剂与润湿剂的作用机制

黏合剂与润湿剂在制剂中起到了使固体粉末黏结成型的重要作用,其作用机制为:

1. 通过液体桥使粉末黏结成颗粒 颗粒剂、片剂湿法制颗粒时以及丸剂用泛制法制备时,均需加入润湿剂或黏合剂,当液体渗入固体粉末中时,借助其表面张力与毛细管力使粉末黏结在一起,这种结合力称为液体桥。湿颗粒干燥前液体桥是主要的结合力形式。

知识链接

泛制丸的定义

中药丸剂主要包括塑制丸、泛制丸和滴制丸三种制备方法。 其中,泛制丸系指以药物细粉用适宜的液体为黏合剂泛制成小球形的丸剂,如水丸、水蜜丸、部分浓缩丸、糊丸等。

---

2. 通过固体桥使粉末黏结成颗粒 湿颗粒在干燥过程中,虽然水分绝大部分被除去,液体桥大大削弱,但粉末仍然黏结在一起,这是因为固体桥的结合作用。有以下几种情况可形成固体桥:一是由黏合剂形成固体桥联结粉粒。黏合剂多系亲水性高分子化合物,具胶体特性,有较高内聚力,与粉末混合成颗粒后,使内聚力增高,形成坚固的固体桥。也可因具较强的黏合力,足以对抗颗粒压缩成片时形成的弹性回复力,保持片剂的外形。二是可溶性成分因干燥时溶剂蒸发,使其在相邻粉粒间结晶,形成固体桥,而将粉粒连接。三是物料受压会产生热,导致局部温度升高,使某些成分在粉粒间熔融,随后又凝固形成固体桥。

3. 通过范德华力、表面自由能使粉末固结 用干法制粒时,干燥黏合剂是借助压缩的机械力使粉粒间距离接近,以分子间力和表面自由能为主要结合力。

(四) 黏合剂与润湿剂的选用原则

黏合剂与润湿剂选用是否恰当,不仅影响制剂成型和外观质量,也影响成品的内在质量,既可能使颗粒、丸剂和片剂不能成型,或在运输贮存中易松散、碎裂;也可能长时间不溶散、崩解,或有效成分不能溶出、生物利用度低。因此,正确选用关系到制剂的整体质量。

1. 合理选用黏合剂与润湿剂 应该注意黏合剂的黏性强弱和处方中辅料本身是否具有黏性或诱发性。不具有黏性或不诱发黏性者可考虑使用强黏合力的品种,相反者应考虑使用较弱黏合力的品种,或使用润湿剂即可。有人用相同条件制备不同黏合剂的 ST 片剂,把硬度最大片剂的黏合剂力定为 100,如此得到黏合剂的黏合力为羧甲纤维素 100、明胶 99、西黄蓍胶 79、蔗糖 60、糊精 52、乳糖 43。也有人将常用的黏合剂与润湿剂的浓度及黏性由强至弱排列为 25% ~50% 液状葡萄糖>10% ~25% 阿拉伯胶浆>10% ~20% 明胶(热)溶液>66%(g/g)糖浆>60% 淀粉浆>6% 高纯度糊精浆>水>乙醇。全粉末中药片剂,含粉料多的混悬型颗粒剂选用较强黏性的黏合剂。

2. 黏合剂与润湿剂的用量要恰当　黏合剂与润湿剂的用量对制剂的硬度或粒度、崩解或溶散以及溶出影响较大,通常情况下,用量增加硬度增加,崩解和溶出时间延长,溶出量减少。一般以尽可能少的黏合剂,既满足制剂硬度,又能满足崩解度和溶出度要求为原则。

3. 应注意润湿剂的品种、用量和浓度　这主要是指不同浓度的乙醇,如处方中原辅料经水润湿而产生极强的黏性,则应选用高浓度乙醇作润湿剂,使用量亦不宜过大;相反者,则应选用低浓度的乙醇,并可酌情增加用量。

4. 其他

（1）根据不同的工艺选用黏合剂:如直接压片时应选用固体黏合剂。

（2）应注意原料药的种类:如为化学药品,一般应使用黏合剂;如为中药、天然药物,应注意浸膏的黏度,黏度强的本身就是黏合剂,不必再使用黏合剂或使用不同浓度的乙醇(其浓度多在30%~70%)作润湿剂即可。

（3）还应根据制剂质量要求选用黏合剂:如要求制成水溶性片剂、颗粒剂,则应选用水溶性黏合剂,以使制成的片剂、颗粒剂能溶解澄明。

二、黏合剂与润湿剂的种类与常用品种

（一）黏合剂

黏合剂按照不同的方法可以分成不同的类别,如下所述:

1. 按来源分为天然黏合剂和合成黏合剂,天然黏合剂如淀粉浆、蔗糖、明胶浆、阿拉伯胶浆、西黄蓍胶浆、海藻酸及其盐等。淀粉浆一般用8%~15%的水溶液作为制粒用的黏合剂,如物料可压性差可提高到20%;淀粉价廉易得且黏合性好,所以只要淀粉浆能够制粒且满足要求的情况下一般尽量选用。

合成黏合剂如羧甲纤维素钠、甲基纤维素、聚维酮、乙基纤维素、聚乙二醇4000等,此类黏合剂多为高分子聚合物。

2. 按用法分为制成水溶液或胶浆才具黏性的黏合剂,如淀粉、明胶、羧甲纤维素钠(CMC-Na)等;干燥状态下也具黏性的干燥黏合剂,如高纯度糊精、改良淀粉、微晶纤维素等,本类黏合剂在溶液状态下的黏性一般更强(约为干燥状态的两倍);经非水溶剂溶解或润湿后具黏性的黏合剂,如乙基纤维素、聚乙烯吡咯烷酮、羟丙甲纤维素等,此类黏合剂适用于遇水不稳定的药物。

3. 按水溶性分为水溶性黏合剂和水不溶性黏合剂,水溶性黏合剂如蔗糖、液状葡萄糖、聚维酮、羧甲纤维素、明胶、聚乙二醇等,水不溶性黏合剂如糊精、淀粉、微晶纤维素、乙基纤维素等。

（二）润湿剂

有水、黄酒、白酒、不同浓度的乙醇、蜂蜜等。

（三）常用品种

甲基纤维素(MC)

【来源与制法】 本品是将碱化纤维用氰甲烷甲基化而制得。由于纤维素有3个氨基和葡萄糖残基,可以制得不同性质(溶度和黏度)的数种产品。适用药剂应用的含有1~2甲氧基(含甲氧基

27.5% ~31.5%)和葡萄糖残基。

【性质】本品为白色或类白色纤维状或颗粒状粉末,无臭、无味。具吸湿性、在冷水中溶胀成澄清或微混浊的胶状溶液。不溶于热水、无水乙醇、乙醚、三氯甲烷和饱和的盐溶液。溶于冰醋酸及等量混合的醇和三氯甲烷溶液。本品溶液可被盐、多元酸、酚及鞣质凝聚,加乙醇或乙二醇的二醋酸酯,可防止其凝聚。本品微有吸湿性。溶液在室温时,pH 2 ~12 范围内对碱和弱酸稳定。加热和冷却会导致不可逆的黏度下降。55℃左右时,溶液凝胶化。贮存溶液时应加入适当的防腐剂。

【应用】黏合剂、助悬剂、增稠剂、包衣材料。作片剂黏合剂时,低或中等黏度级较好,用量为干颗粒质量的1% ~5%,常用胶浆浓度为2% ~10%。5% MC 水溶液相当于10%淀粉浆的黏度。作片剂包衣材料时,可应用高黏度级置换低黏度级作薄膜包衣,亦用于包糖衣前包于核外作隔离层。

【注意事项】本品与氨基吖啶盐酸盐、氯甲苯酚、氯化汞、酚、间苯二酚、鞣酸、硝酸银、十六烷基吡啶盐酸盐、对羟基苯甲酸、对氨基苯甲酸、对羟基苯甲酸甲酯、丙酸及丁酯均有配伍禁忌。

羧甲纤维素钠(CMC-Na)

【来源与制法】本品为纤维素羧甲基醚的钠盐。纤维素用氢氧化钠处理成碱纤维素,再与一氯醋酸反应,经热化数日(20 ~30℃)制得粗品,最后用酸或异丙醇精制而成。

【性质】相对分子质量242.16。白色纤维状或颗粒状粉末。无臭,无味,无味,有吸湿性,不溶于有机溶剂。为白色或乳白色纤维状粉末或颗粒,密度0.5 ~0.7g/cm³,几乎无臭、无味,具吸湿性。易于分散在水中成透明胶状溶液,在乙醇等有机溶媒中不溶。1% 水溶液 pH 为6.5 ~8.5,当 pH>10 或<5 时,胶浆黏度显著降低,在 pH=7 时性能最佳。对热稳定,在20℃以下黏度迅速上升,45℃时变化较慢,80℃以上长时间加热可使其胶体变性而黏度和性能明显下降。易溶于水,溶液透明;在碱性溶液中很稳定,遇酸则易水解,pH 为2 ~3 时会出现沉淀,遇多价金属盐也会反应出现沉淀。

【应用】黏合剂、助悬剂、增稠剂、包衣材料。作为制粒用的黏合剂时,用量为干颗粒质量的2% ~10%,常用胶浆浓度为0.5% ~3%。

【注意事项】本品能螯合微量金属离子,能延缓某些含有金属离子杂质的片剂在贮藏期间的变色,与羟苯酯类无络合现象。本品与强酸、强碱、重金属离子(如铝、锌、汞、银、铁等)配伍均属禁忌。本品宜置于密闭容器中,贮存于阴凉干燥处。

聚乙烯吡咯烷酮(PVP)

【来源与制法】是以单体乙烯基吡咯烷酮(NVP)为原料,通过本体聚合、溶液聚合等方法得到。

【性质】白色、乳白色或微黄色粉末,微有特异臭味,化学性质稳定,略有吸湿性,既能溶于水成为黏稠胶状液,也能溶于乙醇、丙二醇等有机溶剂,易发霉,须加防腐剂。

【应用】在药剂中用作增稠剂、助悬剂、分散剂、助溶剂、固体分散体载体、黏合剂、包衣材料,作黏合剂常用量为0.5% ~3%(g/g),溶液浓度为2% ~20%(w/v)。由于本品既溶于水,又溶于乙醇,因此对水与热敏感的药物用 PVP 乙醇液制粒稳定。制造胶囊剂时,如主药质轻,用1% ~2%乙醇液制粒,可改善流动性,便于填充;用5% PVP 无水乙醇溶液与碳酸氢钠、无水枸橼酸混合制成的泡腾片颗粒有良好的可压性,而且泡腾效果好;以50% PVP 乙醇溶液作黏合剂制得的氢氧化铝和氢氧化镁的复方抗酸咀嚼片效果很好。

【注意事项】本品与磺胺噻唑钠、水杨酸钠、水杨酸、苯巴比妥、鞣质及其他一些化学物质在溶液中可形成分子加合物,应引起注意。

表6-2为常用于湿法制粒的黏合剂。

表6-2　常用于湿法制粒的黏合剂

	黏合剂	制粒用溶剂
淀粉类	淀粉(浆)	水
	糊精	
	预胶化淀粉	水
	蔗糖	水
纤维素类	甲基纤维素(MC)	水
	羟丙纤维素(HPC)	水或乙醇
	羟丙甲纤维素(HPMC)	水或乙醇-水
	羧甲纤维素钠(CMC-Na)	水
	微晶纤维素(MCC)	干黏合剂
	乙基纤维素(EC)	乙醇
合成高分子	聚乙二醇(PEG4000,6000)	水或乙醇
	聚乙烯醇(PVA)	水
	聚维酮(PVP)	水或乙醇
天然高分子	明胶	水

三、应用及分析

茶碱缓释小丸

[处方]　茶碱一水合物40.0g　　微晶纤维素1.0g

羟丙基维生素0.7g　　0.25%羟丙甲纤维素水溶液6.0g

共制成100片

[分析]　本品以0.25%羟丙甲纤维素为黏合剂,制得的小丸光滑均匀,药物溶解度好。

点滴积累　∨

1. 黏合剂与润湿剂主要是增加无黏性物料的黏性,利于物料粉末黏结成颗粒或压缩成型。
2. 黏合剂主要是通过液体桥、固体桥和范德华力来起作用。
3. 黏合剂与润湿剂的选用要从辅料黏性的强弱、制剂崩解及溶出时间长短等方面综合考虑来选择。

第三节　崩解剂

一、概述

(一) 崩解剂的定义及其作用

崩解剂是指加入固体制剂中能促使其在体液中迅速崩解成小粒子的辅料。崩解是药物溶出发挥疗效的第一步,为使固体制剂更好地发挥疗效,除要求药物缓慢释放的口含片、植入片、长效片等片剂外,一般均需加入崩解剂。

从生物药剂学的观点看,崩解剂的作用不仅是要消除黏合剂的黏合力与片剂压制时承受的机械力,使片子变为细小颗粒,而且还应使颗粒变为粉末,并能促进药物溶出。因此,衡量崩解剂的性能除用崩解时限外,还应加上溶出度指标。

(二)崩解剂的作用机制

崩解剂的作用机制尚不完全明确,一般认为是受以下四个方面的作用使片剂崩解。

1. 膨胀作用 崩解剂多为高分子亲水性物质,压制成片后,遇水易于被润湿并通过自身膨胀使片剂崩解。这种膨胀作用还包括润湿热所致的片剂中残存空气的膨胀,如 L-HPC、CCMC-Na、PVPP、CMS-Na 等。

2. 毛细管作用 一些崩解剂和填充剂,特别是直接压片辅料,多为圆环形亲水性聚集体,在加压下形成了无数孔隙和毛细管,具有强烈的吸水性,使水迅速进入片剂中,将整个片剂润湿而崩解。主要有淀粉及其衍生物、纤维素衍生物。

3. 产气作用 在泡腾制剂中加入的泡腾崩解剂遇水即产生气体,借气体的膨胀使片剂崩解。

4. 酶解作用 有些酶对片剂中的某些辅料有作用,当把它们配制在一片剂中时,片剂遇水即能迅速崩解。常用的黏合剂及其相应作用的酶有淀粉与淀粉酶、纤维素类与纤维素酶、树胶与半纤维素酶、明胶与蛋白酶、蔗糖与转换酶等。

(三)崩解剂加入的方法

崩解剂加入的方法是否恰当,将影响片剂崩解和溶出效果,应根据具体对象和要求分别对待,加入的方法有三种:

1. 内加法 崩解剂在制粒前加入,与黏合剂共存于颗粒中,一经崩解,便成粉粒,有利于溶出。

2. 外加法 崩解剂加到经整粒后的干颗粒中,此种情况崩解剂存在于颗粒之外、各个颗粒之间,因而水易于透过,崩解迅速,但颗粒内无崩解剂,不易崩解成粉粒,故溶出稍差。

3. 内、外加法 一般将崩解剂分成两份,一半按内加法加入,另一半按外加法加入。亦有建议内加 50% ~ 70%,外加 50% ~ 25% 者。内、外加法集中了前两种方法的优点。显然,就崩解速度而言,外加法>内、外加法>内加法;就溶出度而言,内、外加法>内加法>外加法。

> **▶▶ 课堂活动**
>
> 崩解剂的作用主要是使制剂崩解,而就崩解速度而言,外加法应该是崩解速度最快,为什么说内、外加法却是最好的加入方法?

表面活性剂作辅助崩解剂的加入方法也有三种:①溶于黏合剂内;②与崩解剂混合加入干颗粒中;③制成醇溶液,喷于干颗粒中。

以第三种方式加入崩解时限最短。

(四)崩解剂的选用原则

崩解剂的选择关系到片剂的崩解时限是否符合要求,其实质是影响片剂的生物利用度,是片剂处方设计的关键之一。在考虑影响片剂崩解度诸多因素的情况下,选用适合的崩解剂对保证片剂质量尤为重要。

1. 选用适宜的崩解剂品种　崩解剂的品种不同,同一药物的片剂的崩解时限差异较大,如用同一浓度(5%)不同崩解剂制成的氢氧化铝片,其崩解时限为淀粉29分钟,海藻酸钠11.5分钟,羧甲淀粉钠不足1分钟。可见,羧甲淀粉钠具有良好的崩解效能,其原因可能是崩解剂有高的松密度,遇水后体积能膨胀200~300倍之缘故。若崩解剂是水溶液具有较大黏性的物质,可因其黏度影响扩散,使片剂崩解时限延长,溶出度降低。如羧甲淀粉钠作崩解剂的对乙酰氨基酚片,其崩解、溶出均较用交联PVP者快得多。

2. 根据主药的性质选择崩解剂　同一种崩解剂可因主药性质不同,表现出不同的崩解效能。如淀粉是常用的崩解剂,但对不溶性或疏水性药物的片剂才有较好的崩解作用,而对水溶性药物则较差。这是因为水溶性药物溶解时产生的溶解压力使水分不易透过溶液层到片内,致使崩解缓慢。有些药物易使崩解剂变性失去膨胀性,使用时应尽量避免。如卤化物、水杨酸盐、对氨基水杨酸钠等能引起淀粉胺化,阻止水分渗入,失去膨胀条件,反而使片剂崩解时限延长。

3. 崩解剂的用量对其效能的影响　一般情况下,崩解剂用量增加,崩解时限缩短。如在相同条件下制备的阿司匹林片,测其崩解时限,5%淀粉为50秒,10%淀粉为7秒。但是,有些崩解剂用量愈大,崩解溶出的速度愈慢。因此,一定要通过实验确定用量。

二、崩解剂的种类与常用品种

(一) 种类

1. 按其结构和性质分类

(1) 淀粉及其衍生物:本类系经过专门改良变性后的淀粉类物质。其自身遇水具较大膨胀特性,如改良淀粉、羧甲淀粉钠等。干淀粉是最常用的崩解剂之一,将淀粉在100~105℃下干燥1小时,含水量在8%以下即为干淀粉;用量一般为配方总量的5%~20%,其崩解作用较好。仅适用于水不溶性或微溶于水的药物,对易溶性药物的崩解作用较差。

(2) 纤维素类:此类崩解剂吸水性强,易于膨胀,常用的有低取代羟丙纤维素、微晶纤维素等。

(3) 表面活性剂:表面活性剂作崩解剂主要是增加片剂的润湿性,使水分借助于毛细管作用,能迅速渗透到片芯引起崩解。但单用效果较差,需与其他崩解剂合用。

(4) 泡腾混合物:即泡腾崩解剂,它是借遇水能产生CO_2气体的酸碱中和反应系统达到崩解作用的。所以,此类崩解剂一般由碳酸盐和酸组成。常见的酸-碱系统有枸橼酸、酒石酸混合物加碳酸氢钠或碳酸钠等。

(5) 其他类:包括胶类,如琼脂等;海藻酸盐类,如海藻酸等;黏土类,如皂土;阳离子交换树脂,如弱酸性阳离子交换树脂钾盐等。

2. 按溶解性能分类

(1) 水溶性崩解剂:如泡腾混合物、羧甲纤维素钠、羟丙纤维素、海藻酸钠等。

(2) 水不溶性崩解剂:如淀粉、羧甲淀粉、交联聚维酮等。

（二）常用品种

羧甲淀粉钠（CMS-Na）

【来源与制法】 本品系淀粉中大约25%的葡萄糖单元引入羧甲基钠基团制得的多糖衍生物，是先将淀粉用氢氧化钠处理成碱性淀粉，然后与一氯醋酸或丙烯腈反应得粗品，最后用硫酸洗去残存的一氯醋酸的氢氧化钠，经脱水、干燥而得。构成淀粉的葡萄糖羧基与羧甲基形成醚键，这种键合度为置换度或醚化度。10个葡萄糖有3~5个羧甲基及羧基置换，多数置换度为0.3~0.5。

【性质】 本品为白色流动性粉末，具有良好的亲水性、吸水性和膨胀性，膨胀为本身体积的200~300倍，但不完全溶于水，不溶于乙醇、乙醚等有机溶剂；溶解度随取代度的多少而异，吸水后粉粒膨胀而不溶解。用于如磷酸钙等疏水性辅料的片剂，崩解效果更好。用量一般在2%~8%，过多会延长片剂的崩解时限。2%水溶液pH为7~7.5。水溶液在80℃以上长时间加热则黏度降低。水溶液会被空气中细菌部分水解，黏度也会降低。水溶液在碱中稳定，在酸中较差。颗粒本身不易破碎，具有优良的可压性和流动性。无毒、无刺激性。

【应用】 崩解剂、助悬剂。作片剂、丸剂的崩解剂时，崩解性能优于淀粉和羧甲纤维素钠，常用量一般为1%~8%。本品外加比内加效果好，与阳离子交换树脂合用效果更好。羧甲淀粉钠吸水膨胀作用显著，对用如磷酸钙等疏水性辅料的片剂，崩解效果更好，特别适用于难溶于水的药物的崩解，最佳用量为4%，过多会延长片剂的崩解时限。

【注意事项】 本品遇酸会析出沉淀，遇多价金属离子则生成不溶于水的金属盐沉淀；与维生素C有配伍禁忌。应贮藏在密闭容器中，以防止湿度和温度的变化较大可能引起结块。

低取代羟丙纤维素

【来源与制法】 本品由精制棉和环氧丙烷在隔绝空气条件下进行醚化而得。

【性质】 白色或类白色粉末、无臭、无味。在水中溶胀成胶体溶液，在乙醇、丙酮或乙醚中不溶。在氢氧化钠溶液中溶解，形成黏性溶液，在水中不溶解但可溶胀。

【应用】 崩解剂、黏合剂。用作片剂的崩解剂时，常用于速释片剂。低取代羟丙纤维素具有很大的表面积和孔隙率，有很好的吸水速度和吸水量，其吸水膨胀率为500%~700%，常与微晶纤维素联用能取得更好的效果。常用量2%~5%。低取代羟丙纤维素的表面积大兼具有黏结崩解作用，对不易成型的药品可改善片剂的成型和增加片剂的硬度，崩解差的片剂本品可加速其崩解和增加崩解后分散的细度，从而提高药物的溶出速率和生物利用度。与高取代的羟丙纤维素特性是黏合为主相比，低取代羟丙纤维素侧重于崩解性能。

【注意事项】 本品与碱性药物可发生反应。片剂处方中含有碱性物质在经过长时间的贮藏后，崩解时间有可能延长。

交联羧甲纤维素钠

【来源与制法】 本品由木浆或棉纤维的纤维素经碱化交联而得。

【性质】 白色或类白色粉末，无臭无味，有引湿性，不溶于水、乙醇、乙醚和丙酮。遇水迅速膨胀，无黏性。

【应用】 崩解剂。用作片剂的崩解剂时，适用于粉末直接压片和湿法制粒压片。由于交联键的存在不溶于水,能吸收数倍于本身重量的水而膨胀,所以具有较好的崩解作用;当与羧甲淀粉钠合用时,崩解效果更好,但与干淀粉合用时崩解作用会降低。一般用量2%～10%,通常粉末直接压片的用量为2%,湿法制粒压片的用量为3%。

【注意事项】　与强酸、铁或其他金属(如铝、汞、锌)的可溶性盐有配伍禁忌。吸湿性物料可造成本品崩解能力降低。

交联聚维酮(CPVP)

【来源与制法】　本品由乙炔与甲醛催化再经交联聚合而得。

【性质】　白色或微白色粉末,带有轻微特殊气味,不溶于水、有机溶剂、强酸、强碱,遇水溶胀。具有吸湿性,流动性良好

【应用】　崩解剂。用作片剂的崩解剂,适用于粉末直接压片和干法、湿法制粒压片,常用量为0.5%～5%(w/w)。本品可在水中迅速溶胀但不会出现高黏度的凝胶层,因而其崩解性能十分优越。

【注意事项】　与多数药物无配伍禁忌。

表6-3为常用崩解剂。

表6-3　常用崩解剂

淀粉(玉米、马铃薯)	交联聚维酮
微晶纤维素	羧甲纤维素
羧甲淀粉钠	海藻酸
交联羧甲纤维素钠	低取代羟丙纤维素

三、应用及分析

复方阿司匹林片

[处方]　阿司匹林 268mg　　对乙酰氨基酚 236mg　　咖啡因 33.4mg

淀粉 266mg　　15%～17%淀粉浆 85mg　　滑石粉 25mg

轻质液体石蜡 2.5mg　　酒石酸 2.7mg

共制 1000 片

[分析]　①阿司匹林遇水易水解成水杨酸及醋酸,其中水杨酸对胃黏膜有较强的刺激性,长期服用会导致胃溃疡。因此,加入阿司匹林量1%的酒石酸,可有效减少其水解。②阿司匹林水解受金属离子的催化,必须采用尼龙筛网制粒;同时,不得使用硬脂酸镁,而应使用滑石粉作为润滑剂。③阿司匹林的可压性极差,因而采用较高浓度的淀粉浆作黏合剂。④处方中的液体石蜡用量为滑石粉的10%,它可使滑石粉更易于黏附在颗粒表面,在压片振动时不易脱落。⑤处方中1/3量的淀粉作为稀释剂参与湿法制粒,剩余部分作为崩解剂外加到干颗粒中。

点滴积累 ⋁ ⋯⋯⋯⋯⋯⋯⋯⋯⋯⋯⋯⋯⋯⋯⋯⋯⋯⋯⋯⋯⋯⋯⋯⋯⋯⋯⋯⋯⋯⋯⋯⋯⋯

　　1. 崩解剂是指加入固体制剂中能促使其在体液中迅速崩解成小粒子的辅料。

　　2. 崩解剂的作用原理包括膨胀作用、毛细管作用、产气作用和酶解作用。

3. 崩解剂的使用方法包括内加法、外加法和内、外加法,其中内加法崩解速度最快,内、外加法溶出速度最快。

第四节　润滑剂、助流剂与抗黏着剂

一、概述

润滑剂、助流剂与抗黏着剂是片剂制备中常用的辅料,在实践中一般将它们统称为润滑剂,但因其作用不同,近期的药剂学专著中已经将它们单独列出,为了叙述方便,后面仍统称润滑剂。

1. 润滑剂　是指压片前加入,用以降低颗粒或片剂与冲模间摩擦力的辅料。因其减少了与冲模的摩擦,可增加颗粒的滑动性,使填充良好、片剂的密度分布均匀,也保证了推出片剂的完整性。如硬脂酸镁、硬脂酸等是常见的润滑剂。

2. 助流剂　是指压片前加入,用以降低颗粒间摩擦力的辅料。助流剂的加入减少了颗粒间摩擦力,增加了流动性,以满足高速转动的压片机所需的迅速、均匀填充的要求,也能保证片重差异符合要求。如微粉硅胶、玉米淀粉是良好的助流剂。

3. 抗黏着剂　是指压片前加入,用以防止压片物料黏着于冲模表面的辅料。"黏冲"是压片过程中经常可能发生的问题,受"黏冲"影响的片子表面光洁度差,重者表层脱落贴于冲面上。解决"黏冲"的问题,除了用改进设备和工艺外,可选择适宜的抗黏着剂,如三硅酸镁作抗黏着剂可使阿司匹林颗粒压制时产生的静电荷散失,避免了黏冲。如滑石粉就是最常用的优良的抗黏着剂。

选用原则

将润滑剂按其作用不同,分为润滑剂、助流剂和抗黏着剂三类,这对有针对性地选用这类辅料有指导意义,但在生产实际中,又很难用这三种作用将润滑剂截然分开,况且一种润滑剂又常兼有多种作用。因此,在选择与应用时不能生搬硬套,应灵活掌握,既要遵循经验规律,又要尽可能采用量化指标。

1. 润滑剂与药物的化学性质　如硬脂酸和硬脂酸镁是广泛应用的润滑剂。但硬脂酸系酸性,不能用于有机化合物碱性盐类如苯巴比妥钠、糖精钠和碳酸氢钠。硬脂酸与苯巴比妥钠共同压片时将引起黏冲,贮藏时发生化学变化生成硬脂酸钠和苯巴比妥。硬脂酸镁呈碱性,故不能用于阿司匹林、某些维生素、氨茶碱及多数有机碱盐,如与氨茶碱压片,会导致游离碱释放,而使片子变色。

2. 润滑剂对片剂质量的影响　选择润滑剂时,还应考虑其对片剂硬度、崩解度与溶出度的影响,通常情况下,片剂的润滑性与硬度、崩解和溶出是相矛盾的。润滑剂降低了粒间摩擦力,也就削弱了粒间结合力,使硬度降低,润滑效果愈好,影响愈大;多数润滑剂是疏水性的,能明显影响片剂的润湿性,妨碍水分透入,使片剂崩解时限延长,相应地也影响了片剂的溶出。疏水性润滑剂覆盖在颗粒周围,即使片剂崩解,也会延缓颗粒中药物的溶出,因此,选用润滑剂时,除用上述压片力这一量化指标外,还应满足硬度、崩解与溶出的要求,采取综合评价方法,才能筛选出适宜的润滑剂。

3. 润滑剂的使用方法　上述润滑剂的作用机制表明,无论是润滑、助流或抗黏,润滑剂能越好地覆盖在物料表面,其效果越佳。因此,在应用中应注意:

（1）粉末的粒度:因为润滑作用与润滑剂的比表面积有关,所以固体润滑剂应愈细愈好,最好能通过200目筛。

（2）加入方式:加入的方式一般有三种:一是直接加到待压的干燥颗粒中,此法不能保证分散混合均匀;二是用60目筛筛出颗粒中细粉,用配研法与之混合,再加到颗粒中混合均匀;三是将润滑剂溶于适宜溶剂中或制成混悬液或乳浊液,喷入颗粒混匀后挥去溶剂,液体润滑剂常用此法。

（3）混合方式和时间:在一定范围内,混合作用力愈强,混合时间愈长,其润滑效果愈好,但应注意对硬度、崩解、溶出的影响也就愈大。

（4）用量:在达到润滑目的的前提下,原则上是愈少愈好,一般在1%～2%,必要时增至5%。

二、润滑剂、助流剂与抗黏着剂的种类与常用品种

（一）种类

按作用机制,将润滑剂分为润滑剂、助流剂和抗黏着剂三类。但是在实际工作中,三种辅料常常配合使用,通常将其分为水溶性与水不溶性两类。

1. 水溶性　主要用于溶液片与泡腾片,或为避免影响崩解和溶出的片剂。常用的水溶性润滑剂有聚乙二醇、苯甲酸钠、月桂醇硫酸钠（镁）,还有不能口服的水溶性润滑剂如硼酸（仅限于外用溶液片）及一些价格昂贵的润滑剂不宜推广。聚乙二醇4000和6000作为水溶性润滑剂,适用于溶解片,如维生素C泡腾片等,用50μm以下的PEG粉加入片剂中可达到良好的润滑效果。

2. 水不溶性　如硬脂酸、硬脂酸钙、硬脂酸镁、滑石粉是片剂生产中广泛应用的润滑剂。

（二）常用品种

硬 脂 酸 镁

【来源与制法】本品由硬脂酸熔融后与MgO化合而得,或者先将它熔融与NaOH制成皂液,再和$MgSO_4$溶液反应而得。

【性质】白色轻松无砂性的细粉,微有特臭,与皮肤接触有滑腻感,在水、乙醇或乙醚中不溶。

【应用】润滑剂。作片剂润滑剂时,与颗粒混合后,一般常用量0.3%～1%。与颗粒混合后,不易分离,压片时不易发生黏冲现象。由于其疏水性,会影响片剂崩解,可加入表面活性剂如十二烷基硫酸钠改善。硬脂酸镁亦能影响片剂的硬度,粉末直接压片时尤为显著,因此必须控制粉末细度、加入时间和混合方法。

【注意事项】本品弱碱性,与阿司匹林、多数有机碱盐类药物有配伍禁忌。

滑 石 粉

【来源与制法】本品为硅酸镁盐类矿物滑石族滑石,主要成分为含水硅酸镁,经粉碎后,用盐酸处理,水洗,干燥而成。

【性质】白色或类白色结晶性粉末,无臭,无味,在水、稀矿酸或稀氢氧化碱溶液中均不溶解。

【应用】润滑剂。润滑能力不及硬脂酸镁,但助流能力强于硬脂酸镁,且有亲水性,不会影响片剂的崩解度,与硬脂酸镁合用兼具助流抗黏作用。作片剂润滑剂时,因颗粒相对密度大使附着力导致分布不匀而使片剂色泽和含量出现差异,一般可加液体石蜡或硬脂酸镁改善。常用量0.1% ~ 0.3%,最多不超过5%,过量会造成流动性降低。

【注意事项】与季铵化合物有配伍禁忌。

表6-4为常用的润滑剂、助流剂与抗黏着剂。

表6-4 常用的润滑剂、助流剂、抗黏着剂

辅料用途	辅料名称	参考用量（%）	辅料用途	辅料名称	参考用量（%）
疏水性润滑剂	硬脂酸镁	1以下	亲水性润滑剂	聚乙二醇4000或6000	1 ~ 5
	硬脂酸钙	1以下		十二烷基硫酸钠	1 ~ 5
	硬脂酸	1 ~ 2		十二烷基硫酸镁	1 ~ 3
	蜡类	1 ~ 5		聚氧乙烯单硬脂酸酯	1 ~ 5
	微粉硅胶	0.1 ~ 0.5		聚氧乙烯月桂醇醚	5
助流剂	滑石粉	1 ~ 5	抗黏着剂	滑石粉	1 ~ 5
	微粉硅胶	0.1 ~ 0.5		微粉硅胶	0.1 ~ 0.5
	小麦淀粉	5 ~ 10		小麦淀粉	5 ~ 10

三、应用及分析

维生素C片

[处方] 维生素C 100g　　　微晶纤维素50g　　　　　　微粉硅胶0.05g

　　　硬脂酸0.01g　　　乙基纤维素(乙醇作润湿剂)3g

　　　共制1000片

[分析] ①稀释剂的选用:主药具引湿性,且在空气中易被氧化,氧化的速度受水分等因素影响,所以应选用非水溶性并具有一定抗潮能力的稀释剂,如微晶纤维素等;②黏合剂的选用:因主药对水敏感,应选用能溶于乙醇的黏合剂如乙基纤维素、或干黏合剂微晶纤维素等;③崩解剂的选用:药物为水溶性药物,不能加淀粉(用于难溶于水的药物时崩解效果较好,但用于易溶于水的药物时崩解效果不好),应选用崩解机制为毛细管作用的微晶纤维素等效果会较好;④润滑剂、助流剂、抗黏着剂的选用:应选用助流效果较好的微粉硅胶和润滑效果较好的硬脂酸。

点滴积累 ╲

1. 在药剂学中,润滑剂是一个广义的概念,是助流剂、抗黏着剂和润滑剂的总称,其主要作用是增加颗粒的流动性,以利于压片成型及减少片重差异。

2. 润滑剂的选用及使用要充分考虑药物的性质、片剂的质量、适宜的加入方式及用量。

第五节 增塑剂

一、概述

增塑剂是指能增加成膜材料可塑性,使形成的膜柔软、韧性、不易破裂的物质。从广义上讲,凡能使聚合物变得柔软、富于弹性的物质均可称为增塑剂。

成膜材料主要起到保护、稳定、定位、载体、控释等多种作用。要发挥这些作用,一般需要成膜材料以一层薄膜将原剂型包被,或本身就是一层均匀的膜。因此,成膜后的牢固性、封闭性、柔韧性、不龟裂或脆裂是发挥成膜材料作用和制剂疗效的重要保证。而一些成膜材料在变成一薄层后,常会因温度的变化导致其物理性质发生改变,当温度降低时,聚合物大分子的可动性变小,从而缺乏柔韧性,因而易脆裂或龟裂,此时的温度又称为"玻璃化温度",常用 T_g 表示。在多种因素影响下,成膜材料的这种状况时有发生,但在成膜材料中加入增塑剂后可有明显改善,其原因是增塑剂加入后,增塑剂的分子穿入聚合物的分子链间,通过极性部分相互吸引形成均一稳定的体系,可使成膜材料的"玻璃化温度"降至室温以下。这样,即使温度下降,增塑剂的分子仍保留在聚合物分子链间,非极性部分防止分子链接近,分子链间引力减弱,分子链的热运动变得更容易,使成膜材料在室温时具有较好的柔韧性。为此,凡在使用成膜材料的药物剂型中,一般都同时加入增塑剂,所以增塑剂在薄膜包衣片剂、肠溶衣片剂、膜剂、涂膜剂、胶囊剂、透皮治疗系统等剂型中广泛应用。

理想的增塑剂应符合以下要求:①无色、无味;②不挥发;③热稳定性好;④防水性好;⑤化学稳定性好;⑥在膜中不迁移;⑦无生理毒副作用。

在实际应用中,增塑剂的选择应主要遵循以下两点:

(一) 根据成膜材料的性质选用增塑剂

选用增塑剂时,要了解所用成膜材料的性质。比如溶解性,一般要求选用与成膜材料具相同溶解特性的增塑剂,以便能均匀混合;同时还应考虑增塑剂对成膜溶液黏度的影响,对所成薄膜通透性、溶解性的影响,以及能否与其他辅料在成膜溶液中均匀混溶的问题。

(二) 根据成膜材料的不同用途确定其用量

增塑剂的用量受多种因素影响,常根据成膜材料的性质、其他辅料的类型和用量、使用方法等作适当的调整,无严格的规定。膜剂中增塑剂用量为 0 ~ 20%;包衣片剂中用量为成膜材料重量的 1% ~ 50%,其范围较宽。对于具体处方中增塑剂的用量,要根据该剂型所用成膜材料溶液与成膜方法经过实验筛选,并用客观指标评定后才能确定。有报道称,毛果芸香碱控释眼膜中,增塑剂用量增加,其释放速率也增加。

二、增塑剂的种类与常用品种

(一) 种类

1. 按增塑剂的溶解性能

(1) 水溶性增塑剂:本类增塑剂主要用于以水溶性成膜材料为载体的剂型中,如胶囊剂中甘油即是以增加明胶为主要成分的胶囊壳柔韧性的水溶性增塑剂。常用者还有聚乙二醇200、聚乙二醇400、丙二醇等。

（2）水不溶性增塑剂：主要与水不溶性成膜材料同用。涂膜剂中所用增塑剂属此种类型。常用者有蓖麻油、乙酰化单甘油酯、苯二甲酸酯、柠檬酸三乙酯类等。

2. 按化学结构 可分为多元醇类、聚醇类、酯类、醇酯类和聚酯类等。

（二）常用品种

柠檬酸三乙酯(TEC)

【来源与制法】本品系在硫酸催化下由柠檬酸与乙醇酯化制得。

【性质】分子式 $C_{12}H_2OO_7$，分子量 276.28，无色透明液体，稍有气味。在水中溶解度 6.5g/100cm³(25℃)，溶于大多数有机溶剂，难溶于油类。与大多数纤维素及其衍生物、聚丙烯酸树脂等有良好的相容性。

【应用】增塑剂。在包衣材料、成膜材料中作增塑剂，一般用量为包衣成膜材料用量的1%～10%。

【注意事项】与强氧化剂有配伍禁忌。

三、应用及分析

复方双黄连涂膜剂

［处方］双黄连提取物 0.6g   聚肌胞 20mg   吐温 80 1.0g

丙二醇 10g   丁卡因 0.5g   聚乙烯醇-124 2.0g

蒸馏水加至 100ml

［分析］本涂膜剂中药物均匀分散于聚乙烯醇中，形成具有生物黏性的柔韧薄膜，与病灶部位紧密接触，形成隔离膜，起保护覆盖作用，延长了药物在患处的滞留时间。丁卡因为局麻药，穿透力强，可减轻患处疼痛。丙二醇除作为增塑剂有助于涂膜形成外，尚有促渗作用，与吐温 80 合用有助于药物成分的溶解和分散。

点滴积累 ⋁

1. 增塑剂是指能增加成膜材料可塑性，使形成的膜柔软、韧性、不易破裂的物质。
2. 理想的增塑剂应符合以下要求：无色、无味；不挥发；热稳定性好；防水性好；化学稳定性好；在膜中不迁移；无生理毒副作用。

第六节 包衣材料

一、概述

为使某些固体药物制剂更稳定、有效、方便、掩盖苦味及不良臭味以及达到缓释、肠溶等目的，需要在其表面包以适宜的物料,此过程称为包衣。包上去的物料称为包衣材料或衣料。

包什么衣料由药物的性质和医疗目的来决定。包衣的作用包括以下几个方面:①防潮、避光、隔绝空气以增加药物稳定性;②掩盖不良臭味,减少刺激;③改善外观,便于识别;④控制药物释放部位,如在胃液中易被破坏者使其在肠中释放;⑤控制药物扩散、释放速度;⑥克服配伍禁忌等。

欲达到上述目的,包衣材料是关键。包衣材料一般应具有如下要求:①无毒,在热、光、水分、空气中稳定,不与包衣药物发生反应;②能溶解均匀分散在适于包衣的分散介质中;③能形成连续、牢固、光滑的衣层,有抗裂性并具良好的隔水、隔湿、遮光、不透气作用;④其溶解性应满足一定要求,有时需不受 pH 影响,有时只能在某特定 pH 范围内溶解;⑤有可接受的色、嗅、味,并能保持稳定。同时具有以上特点的材料并不多见,故多倾向于使用混合包衣材料,以取长补短。

包衣材料的选用应注意以下几点:

1. 应根据药物的理化性质、用药目的、包衣制剂的具体要求选择包衣材料。药物在胃中不稳定或对胃有刺激,应选用肠溶薄膜材料,如阿司匹林制成肠溶片剂;要求药物慢慢释放,应选用具缓释的薄膜衣料;要求药物在胃内迅速释放,应选用速释的薄膜材料。

2. 在制备薄膜包衣时,除应根据制剂的释放率要求选择包衣材料外,还应选择适宜的致孔剂、增塑剂等,以使膜衣具有要求的释放速率、硬度及柔性。

二、包衣材料的种类与常用品种

(一) 种类

根据包衣物料不同可以分为粉末包衣、包衣、颗粒包衣、片剂包衣、胶囊包衣;根据包衣目的不同分为水溶性包衣、胃溶性包衣、不溶性包衣、缓释包衣、肠溶包衣;根据包衣材料不同分为糖衣衣料、薄膜衣料和肠溶衣料。

1. **糖衣衣料**　糖衣衣料主要起保护、稳定的作用,主要用于片剂,按工序分为以下几类:

(1) 隔离层衣料:常用的为邻苯二甲酸醋酸纤维素、玉米朊、虫胶等非水溶液。

(2) 粉衣层底料:黏合剂与撒粉。

(3) 糖衣层衣料:多以浓糖浆为衣料。

(4) 包衣层衣料:主要为食用色素或遮光剂的包衣材料。

(5) 打光材料:多为蜡粉,也可加入少量硅油。

上述为传统的非程序锅包衣包糖衣所需衣料,此法包衣时间长,衣料消耗多,所包衣层厚,片子体积与片重较大。

2. **薄膜衣料**　薄膜包衣比糖包衣有许多优点:①缩短时间,降低物料成本;②重量无明显增加;③不需要底衣层;④坚固,耐破碎和开裂;⑤可以印字,也不影响片芯刻字;⑥可以有效保护产品不受光线、空气与水分的影响;⑦对崩解时间无不利影响;⑧产品美观;⑨为使用非水性包衣提供了机会;⑩过程和物料可以标准化。

这里所述的薄膜包衣材料主要是以胃溶或胃、肠都溶的衣料为主,按结构类型主要可分为以下几类:①纤维素衍生物类:这类材料使用较久,不少已用于生产,工艺也较成熟,常用的有羟丙甲纤维素(HPMC)、羧甲纤维素钠(CMC-Na)等;②均聚物类:以聚乙二醇为常用;③共聚物类:如丙烯酸及甲基丙烯酸共聚物,此类产品有多种型号,如苯乙烯-2-乙烯吡啶共聚体、聚甲基乙烯醚-马来酸酐共聚体等;④糖类和多羟基醇类的氨基或对氨基苯甲酸衍生物:如蔗糖、乳糖等的对氨基苯甲酸衍生物;⑤其他:如玉米朊等。

3. 肠溶衣料　肠溶衣料多为含弱酸性基团的化合物,利用它们在不同 pH 溶液中溶解度不同的特性,使肠溶衣片能抵抗胃液的酸性侵蚀,而达到小肠时又能迅速崩解或溶解。这样可确保遇到胃液变质的药物不被胃酸破坏,也可以防止对胃刺激性太强的药物引起胃的不适,并保证作用于肠道的药物或者需要在肠道保持较久时间以延长作用的药物能顺利到达肠内崩解发挥疗效。主要包括以下几类:①邻苯二甲酸醋酸纤维素及其衍生物类:这类材料使用较久,应用广泛,效果较好,常用的有纤维醋法酯(CAP)、羟丙甲纤维素邻苯二甲酸酯等;②邻苯二甲酸糖类衍生物:如邻苯二甲酸的葡萄糖、果糖、半乳糖、甘露醇、山梨醇等糖类衍生物及邻苯二甲酸糊精等;③丙烯酸及甲基丙烯酸共聚物:系由丙烯酸、丙烯酸甲酯、甲基丙烯酸甲酯和甲基丙烯酸相互合成的一系列聚合物;④聚甲基乙烯醚-马来酸酐共聚体的部分酯化物:此类既可作肠溶衣料又可作缓释材料,如正丁基半酯和异丙基半酯都是较好缓释膜材料;⑤其他:虫胶、甲醛明胶等。

(二) 常用品种

羟丙甲纤维素(HPMC)

【来源与制法】本品为半合成品,可用两种方法制造:其一是将棉绒或木浆纤维用烧碱处理后,再先后与氯化甲烷和环氧丙烷反应即得,再经进一步精制,粉碎成细微均匀的粉末或颗粒;其二是适宜级别的甲基纤维素经 NaOH 处理后,再置高温高压下与环氧丙烷反应,反应时间要维持到足以使甲基和羟丙基以醚键连接到纤维的脱水葡萄糖环上并达到理想的程度。

【性质】本品为白色至乳白色、无臭无味、纤维状或颗粒状易流动的粉末,在水中溶解形成澄明至乳白色具有黏性的胶体溶液,一定浓度的溶液可因温度变化出现溶胶-凝胶互变现象。不溶于乙醇、三氯甲烷和乙醚,可溶于甲醇和氯甲烷的混合溶剂中,有部分型号的产品可溶于70%乙醇、丙酮、氯甲烷和异丙醇的混合溶剂以及其他有机溶剂。

【应用】包衣材料、黏合剂、助悬剂、增稠剂。作片剂包衣材料时,根据不同的黏度级别,低黏度者用作片剂、丸剂的水溶性薄膜包衣料,高黏度者用于非水性薄膜包衣,一般浓度为 2% ~20%。作片剂黏合剂时,一般浓度为 2% ~5%。

【注意事项】本品应置于密闭容中。贮存于阴凉干燥处。

乙基纤维素(EC)

【来源与制法】本品系纤维素的乙基醚,通过由木浆和木棉经碱处理,再使碱性纤维与氯乙烷进行乙基化而制得。也可通过纤维素和乙醇在脱水剂存在下合成而制得。

【性质】本品为白色或类白色的颗粒或粉末,无臭,无味。在甲苯或乙醚中易溶,在水中不溶解,只溶胀。几乎不吸湿。

【应用】包衣材料、释放阻滞剂、黏合剂。乙基纤维素主要用作片剂和颗粒的疏水性包衣材料,用乙基纤维素包衣主要是为了调整药物的释放速度,掩盖不良气味,增加制剂的稳定性。乙基纤维素溶于有机溶剂或有机溶剂的混合物,其自身可制成水不溶性膜,黏度越高,膜越牢固持久。加入羟丙甲纤维素或增塑剂后,可调整乙基纤维素膜的溶解性。缓释片可用乙基纤维素做骨架材料。高黏度的乙基纤维素还可用于药物微囊化,药物从乙基纤维素包衣微囊的释放过程与微囊壁厚度和表面积有关。

【注意事项】 本品与石蜡和微晶石蜡有配伍禁忌。本品光照后升温易氧化降解,需加入抗氧剂,避光密闭保存在阴凉、干燥处。

案例分析

盐酸文拉法辛片

[处方] 盐酸文拉法辛100g　　淀粉70g　　　乳糖30g　　　微晶纤维素20g

　　　　滑石粉15g　　　　　羟丙甲纤维素12g　乙基纤维素33g

　　　　柠檬酸三乙酯1.7g

　　　　共制1000片

[制法] 将盐酸文拉法辛、淀粉、乳糖、微晶纤维素对混匀,加4g羟丙甲纤维素配制成的2%浓度的胶浆制软材,过12目筛制粒,60℃干燥,过14目筛整粒,将此颗粒与滑石粉混匀,压片得片芯。将片芯用5%的羟丙甲纤维素包隔离衣,再用10%的乙基纤维素(预先加入柠檬酸三乙酯)包缓释衣。

[作用与用途] 治疗各种类型抑郁症(包括伴有焦虑的抑郁症)及广泛性焦虑症。

[分析] ①主药盐酸文拉法辛在水中易溶,在乙醇中溶解,在稀盐酸中易溶,需包裹缓释衣膜延长时间释药,稳定发挥抗抑郁药效,与乙基纤维素无配伍禁忌,可选择乙基纤维素为缓释包衣材料。②主药盐酸文拉法辛属于易溶药物做缓释制剂,可以选择疏水性润滑剂滑石粉,水不溶性填充剂淀粉。③填充剂微晶纤维素兼具崩解剂作用,又是缓释制剂,不需额外添加其他崩解剂。④为避免缓释衣膜向内迁移,使用水溶性包衣材料羟丙甲纤维素作隔离衣。同时,具有黏性的羟丙甲纤维素也做湿法制粒的黏合剂。⑤成膜材料乙基纤维素选择水不溶性增塑剂柠檬酸三乙酯,使衣膜脆性降低,柔韧性增加,避免衣膜开裂出现药物突释。

丙烯酸树脂

【来源与制法】 一般常将丙烯酸和甲基丙烯酸或它们的酯,如甲酯、丁酯、二甲氨基乙酯、氯化二甲氨基酯等,在光、热、辐射线或引发剂条件下聚合而得的共聚物统称为丙烯酸树脂或聚丙烯酸树脂,为一大类聚合物。由于化学结构及活性基团不同,本品有各种溶解性能类型的产品,如胃溶型、肠溶型及胃肠不溶型。又称为聚丙烯酸树脂、聚甲基丙烯酸树脂。

【性质】 本品由于构成的成分不同、比例不同、聚合度不同,所得产品型号、规格也就不同,有的为固体,有的为液体;有的为阳离子,有的为阴离子;有的胃溶,有的肠溶。各品种的相对密度、溶解特性、黏度、折光率、碱性、酸性等性质也不相同。国产丙烯酸Ⅰ、Ⅲ号树脂为白色条状物或粉末,Ⅳ号树脂为具有特殊臭味的淡黄色粒状或片状固体。国产丙烯酸Ⅱ、Ⅲ和Ⅳ号树脂均可溶于乙醇中,不溶于水,Ⅳ号树脂溶于甲醇、乙醇、丙酮、乙酸乙酯、二氯甲烷或1mol/L

的盐酸溶液中。

【应用】包衣材料、缓控释制剂的骨架材料。作口服片剂和胶囊剂的薄膜包衣材料时,根据需要可选择胃溶型、肠溶型及渗透型材料。胃溶型树脂薄膜包衣可用于药品防潮、避光、掩味和提高药物稳定性,如国产Ⅳ号树脂;肠溶型树脂主要用于易受胃酸破坏或胃刺激性较大药物的包衣等,如国产Ⅰ、Ⅱ、Ⅲ号树脂型等;渗透型包括 Eudragit NE30D、Eudragit RL、Eudragit RS 等,单纯渗透型树脂或与其他类型树脂复合运用可控制药物释放速度。渗透型丙烯酸树脂可单独或混合用作缓控释制剂的骨架材料,用量可以达 5% ~ 20%;用于直接压片,用量可高达 10% ~ 50%。

【注意事项】本品配伍变化发生于酸或碱的条件下,随品种不同而定,应避免与酸、碱、强氧化剂共贮运。本品在30℃以下稳定,但其水分散体对温度敏感,一般应在 5 ~ 25℃密封保存,避光贮存于阴凉、干燥、通风处。避免溶剂挥发,避免与酸、碱、强氧化剂共贮存。远离火源。

纤维醋法酯

【来源与制法】本品为部分乙酰化的醋酸纤维与苯二甲酸酐缩合制得。扣除游离酸后,按无水物计算,含苯甲酸甲酰基($C_8H_5O_3$)应为 30.0% ~ 40.0%,乙酰基(C_2H_3O)应为 17.0% ~ 26.0%。

【性质】本品为白色或灰白色的无定形纤维状、细条状、片状、颗粒状或粉末状;略有醋酸味。本品在水、乙醇中不溶,在 pH 6.0 以上的水溶液中溶解,在丙酮中溶胀成澄清或微浑浊的胶体溶液。

【应用】包衣材料、释放阻滞剂、黏合剂。纤维醋法酯用作片剂肠溶包衣材料时,常用浓度为片芯重量的 0.5% ~ 9.0%,能耐受长时间的强酸胃液的破坏,至中性弱碱性的肠液中始溶解。纤维醋法酯与多种增溶剂相容,也常与乙基纤维素合用于控释制剂。

【注意事项】本品与硫酸亚铁、三氯化铁、硝酸银、枸橼酸、硫酸铝、氯化钙、氯化汞、硝酸钡以及强氧化剂、强酸强碱有配伍禁忌。本品有黏膜刺激性,注意防护。密闭保存在阴凉、干燥处。

三、应用及分析

肠溶衣处方

[处方] 纤维醋法酯 10.0g   十八醇 4.0g   邻苯二甲酸二乙酯 1.0ml

        异丙醇 40.0ml   丙酮 45.0ml

[分析] 将纤维醋法酯溶于丙酮中,加入邻苯二甲酸二乙酯,另将十八醇溶于异丙醇中,然后将两种溶液混合即可。

点滴积累 ∨

为使某些固体药物制剂更稳定、有效、方便、掩盖苦味和不良臭味以及达到缓释、肠溶等目的,需要在其表面包以适宜的物料,此过程称为包衣。包上去的物料称为包衣材料或衣料,主要分为糖衣衣料、薄膜衣料和肠溶衣料。

第七节　胶囊材料

一、概述

胶囊剂是指药物或加有辅料的药物充填于空心胶囊或密封于软质囊材中制成的固体制剂。空胶囊的主要材料为明胶,也可以用甲基纤维素、海藻酸盐类、聚乙烯醇、变性明胶及其他高分子化合物,以改变胶囊剂的溶解性或达到肠溶的目的。

胶囊主要有硬胶囊和软胶囊(胶丸)两种类型。胶囊为采用模杆蘸胶法先制备囊体与囊帽两部分再套合起来形成胶囊壳,打开后用以填充药物再套合即成。

二、胶囊材料的种类与常用品种

胶囊剂的剂型特点决定了胶囊壳将内装药物与外界隔离,其外观性状、崩解与溶出、稳定性等质量指标无一不受囊壳材料的影响,同时,胶囊内的药物组成和性质也会影响胶囊壳的稳定性,这些都直接关系到胶囊剂的质量,因此选用时应特别注意。

（一）主要材料

明胶是组成胶囊壳的主要材料,因此其质量至关重要。

1. 明胶的种类　明胶是从处理过的动物骨胶原经不可逆水解、提取而制成的非均匀性产物。按处理方法不同,可得等电点不同的 A 型(酸法)明胶与 B 型(碱法)明胶两种。其中任何一种均可用于胶囊剂。

2. 明胶的黏度、冻力与浓度　黏度表明明胶分子链的长短、形成网状结构的趋势,并决定其成膜特性;冻力是指明胶溶液冷却凝结成胶冻后的硬度,又称胶冻强度,一般明胶 6.66% 浓度的冻力为 150~250 勃鲁姆克,上等明胶应为 250~350 勃鲁姆克,制备胶囊剂用的明胶应在 240 勃鲁姆克以上。明胶溶液的浓度直接影响硬胶囊囊壳的厚度和软胶囊的成型性。使用时,应先测明胶的含水量,以干胶计,再加入适量水分。

3. 明胶的纯度　明胶的纯度对形成囊壳后的外观形状影响很大,如氯化物含量应在 0.1% 以下,否则会影响明胶的透明性、引湿性以及黏度和冻力,给制备带来困难。

（二）增塑剂

甘油和水是囊壳最常用的增塑剂。

1. 甘油　以明胶为胶囊壳材料时,需加入增塑剂甘油以满足柔韧性的要求,特别是软胶囊。以下干增塑剂与干明胶的用量比(重量)可供参考。制备较硬软胶囊可采用 0.3:1.0,制备较软软胶囊时可采用 1.8:1.0,因明胶的黏度、冻点的差异,增塑剂用量有一范围,一般重量比为(0.4~0.6):1.0。

2. 水　胶囊剂囊材中的水分含量变化可影响胶囊的成型、厚薄与容积,其影响主要在成型阶段,成型后一般要经过干燥过程,干燥后水分有所损失,但增塑剂与胶的比例不变。囊材中水与干胶的重量比一般为 1:1,因胶的质量差异,水用量可在胶的 0.7~1.3 倍范围内波动。空胶囊含水量若低于10%，囊壳易脆或皱缩；高于16%，机械强度容易发生问题。因此，其含水量应为12%～15%。

（三）其他附加剂

其他附加剂可选择着色剂、遮光剂、防腐剂等。

（四）应避免胶囊内容物（药物）对胶囊材料的影响

1. 硬胶囊内容物的影响　硬胶囊内容物以固体药物为主，若内容物是高度风化或潮解的药物，会因风化释放出结晶水使囊壳变软，或因吸湿性强导致囊壳干燥变脆，这些都是应该避免的。

2. 软胶囊内容物的影响　软胶囊的内容物多是液体或液体药物混合物，或固体药物溶于液体的溶液或混悬于液体所成的混悬液。这些液态内容物不能以水为分散介质，也不能使用低分子量水溶性和挥发性有机化合物为分散介质，如醇、酮、酸、酯等易穿过囊壳的介质；而在使用不与囊壳发生作用的有机溶剂，如甘油、丙二醇、PEG400等时，要注意防止其吸水性，因其有可能使囊壳中的水分转入胶囊中内容物，使胶囊的容积发生变化。因此，应考虑尽可能减少混悬型内容物中液体基质的用量，以避免或减少对囊壳材料的影响。测定固体混悬物的"吸附基质数"（即1g固体药物制成填充胶囊的混悬液所需液体分散介质的克数），可以为选用恰当用量的液体分散介质提供参考。

3. 内容物的pH对囊壳的影响　内容物的pH过低会导致明胶水解，使囊壳泄漏；过高可致明胶变性，影响囊壳的溶解。一般应使内容物的pH在4.5～7.5。

三、应用及分析

硬胶囊明胶液

［处方］　明胶100g　　　阿拉伯胶20g　　　单糖浆15ml

　　　　　甘油适量　　　　色素适量　　　　二氧化钛适量　　　水150g

［分析］　本例硬胶囊明胶液中，明胶为囊材主要组成材料，阿拉伯胶可提高囊材机械强度，甘油为增塑剂，单糖浆为矫味剂，色素为着色剂，二氧化钛为遮光剂。

点滴积累　 ∨ ⋯⋯⋯⋯⋯⋯⋯⋯⋯⋯⋯⋯⋯⋯⋯⋯⋯⋯⋯⋯⋯⋯⋯⋯⋯⋯⋯⋯⋯⋯⋯⋯⋯⋯⋯⋯⋯⋯

> 1. 胶囊剂是指药物或加有辅料的药物充填于空心胶囊或密封于软质囊材中制成的固体制剂。
>
> 2. 胶囊主要有硬胶囊和软胶囊（胶丸）两种类型，空胶囊的主要材料为明胶。

第八节　成膜材料

一、概述

（一）成膜材料的定义

从广义上讲，凡物质分散于液体介质中，当分散介质被除去后，能形成一层膜，这类物质就称为成膜材料。成膜材料在药物制剂中主要用于薄膜包衣、膜剂、涂膜剂、喷雾膜剂等。本节主要介绍膜剂和涂膜剂所用的成膜材料。

膜剂系指药物与适宜的成膜材料经加工制成的膜状制剂,可供口服、外用、腔道给药、植入及眼部给药等,是 20 世纪 60 年代开始发展起来的新剂型。

（二）成膜材料的作用

1. 在膜剂中的作用　膜剂是指药物溶解或分散于成膜材料中,经加工成型的单层或复合层膜状制剂。成膜材料在膜剂中起药物载体,使膜剂成型的作用。

2. 在涂膜剂中的作用　涂膜剂是成膜材料和药物均溶解于有机溶剂而制成的外用胶体溶液剂,使用时涂于患处,待有机溶剂挥发后形成一层薄膜。此剂型中成膜材料起到了滞留和保护药物缓慢发挥疗效的作用。

（三）对成膜材料的要求

成膜材料是膜剂中药物的载体,所占组分比例大,其性能、质量不仅对膜剂成型工艺有影响,而且对成品膜剂质量及疗效也有影响。因此要求成膜材料应具备下列条件:①安全性方面要求为生理惰性物质,无毒、无刺激性,不干扰免疫功能,外用不妨碍组织愈合,不过敏,长期使用无致畸、致癌作用;②化学稳定性方面要求性质稳定,不降低主药疗效,不干扰含量测定,无不适臭味;③来源丰富、价格便宜;④用于口服、腔道用、眼用膜剂的成膜材料应具良好的水溶性或生物降解性,能在用药部位逐渐降解、吸收、代谢或排泄,外用膜剂则应能迅速、完全释放药物;⑤要求成膜、脱膜性能好,载药能力强,高载药量也不影响其成膜性能,成膜后具有足够的强度和柔韧性。

（四）根据不同的用途选用成膜材料

选用成膜材料时应充分考虑成膜材料对膜剂质量所起的作用。如口服膜剂,所载药物大多药效强、剂量小,其含量均匀度直接影响用药的安全和有效,欲保证膜剂符合质量标准,宜选用黏度适宜、成膜均匀性好的成膜材料,并通常筛选确定适当的使用浓度。

此外,符合要求的膜剂,除了选用符合要求的成膜材料之外,先进的设备和优良的工艺也是提高膜剂质量必不可少的条件。

二、成膜材料的种类与常用品种

（一）种类

作膜剂载体用的成膜材料都是高分子聚合物,一般分为两大类。

1. 天然高分子聚合物成膜材料　天然高分子聚合物成膜材料的成膜、脱膜性能,以及成膜后的强度与柔韧性等方面,在单独使用时均欠佳,应用不太普遍,但多数可降解或溶解,故常与其他成膜材料合用,作为基质扩散给药系统的膜材料。常见的天然高分子成膜材料有明胶、虫胶、阿拉伯胶、海藻酸钠等。

2. 合成高分子成膜材料　合成的高分子成膜材料根据其聚合物单体分子结构不同可分为三类:

（1）聚乙烯醇类化合物:常用的有聚乙烯醇等。聚乙烯醇在药剂中可用作助悬剂、O/W 型乳化剂、乳化稳定剂、透皮吸收促进剂等,用作基质可制备缓释制剂和透皮给药制剂,在眼用制剂中用作抗充血滴眼剂、润滑剂和保护剂,是优良的胶凝剂和成膜材料。也可制备缓释片剂骨架。与硫酸盐、盐酸盐、磷酸盐有配伍禁忌。

（2）丙烯酸类共聚物：丙烯酸乙酯-甲基丙烯酸酯共聚物等。如卡波姆在药剂中用作乳化剂、黏合剂、增稠剂、助悬剂、成膜剂、包衣材料和缓释材料，作黏合剂与包衣材料其一般浓度为 0.2% ~ 2.0%，还可与羟丙纤维素合用作黏膜贴剂的基质。与碱性药物（如麻黄碱、阿托品、普鲁卡因等）、苯甲酸及其钠盐、苯酚、阳离子聚合物、间苯二酚、强酸类以及高浓度电解质等有配伍禁忌。

（3）纤维素衍生物类：如醋酸纤维素、羟丙甲纤维素等。醋酸纤维素主要作为成膜材料和缓释材料，用于制备涂膜剂、膜剂、微囊剂、粘贴片剂和其他缓释制剂，可溶于丙酮-乙醇混合液中，进行喷雾包衣，此外还用于制备过滤膜、印刷制备板及制涂料、玻璃纤维黏接剂等。遇较强酸、碱发生水解被还原成纤维素。

（二）常用品种

聚乙烯醇（PVA）

【来源与制法】本品系由乙炔与乙酸反应生成乙酸乙烯，然后以甲醇为溶剂聚合生成聚乙酸乙烯酯，在甲醇、乙醇或乙酸甲酯等溶剂中以碱催化部分醇解制得。

【性质】本品为白色或淡黄色颗粒，无臭，无味；在热水中溶解，在乙醇中微溶，在丙酮中几乎不溶；有一定的吸湿性。PVA 可与其他聚合物（如聚丙烯酸、聚乙二醇等）混合亦可形成凝胶，形成的凝胶兼具两种聚合物的性质，如 pH 敏感性等。

【应用】成膜材料、巴布剂基质、黏合剂、缓控释骨架材料、助悬剂、增稠剂、增黏剂。聚乙烯醇作成膜材料时，具有良好的成膜性能，加入甘油、多元醇等增塑剂可进一步改善膜的柔性、韧性及保湿率。

【注意事项】聚乙烯醇具有仲羟基化合物典型的各种反应，如酯化反应。在强酸中降解，在弱酸和弱碱中软化或溶解。高浓度的聚乙烯醇与无机盐，特别是与硫酸盐和磷酸盐不相容。磷酸盐可使 5%（w/v）的聚乙烯醇沉淀。硼砂能与聚乙烯醇溶液作用形成凝胶。本品有呼吸道刺激性，注意保护。

乙烯-醋酸乙烯共聚物（EVA）

【来源与制法】乙烯-醋酸乙烯共聚物是以乙烯和醋酸乙烯酯两种单体在过氧化物或偶氮异丁腈引发下共聚而成的水不溶性高分子。

【性质】本品为透明至半透明，略带有弹性的无色粉末或颗粒状，无臭。其性能与其相对分子质量及醋酸乙烯含量有很大关系。随着相对分子质量增加，共聚物的玻璃化转变温度和机械强度均升高。在相对分子质量相同时，则醋酸乙烯比例越大，材料的溶解性、柔软性、弹性和透明性越大；相反，材料中醋酸乙烯含量下降，则其性质向聚乙烯性质转化。

醋酸乙烯比例高的 EVA 可溶于二氯甲烷、三氯甲烷等；醋酸乙烯比例低的 EVA 则类似于聚乙烯，只有在溶融状态下才能溶于有机溶剂。

【应用】成膜材料。因本品与机体组织和黏膜有良好的相容性，适合制备在皮肤、腔道、眼内及植入给药的控释系统，如经皮给药膜剂、眼用膜剂、宫内节育膜剂等。

【注意事项】强氧化剂可使之变性，长期高热可使之变色。此外，对油性物质耐受性差，例如，蓖麻油对其有一定的溶蚀作用。

三、应用及分析

复方氧氟沙星涂膜剂

［处方］氧氟沙星 0.5g　　壳聚糖 4.5g　　盐酸丁卡因 0.5g

　　　　甘油 10ml　　　冰醋酸适量　　水 100ml

［分析］壳聚糖为成膜材料；甘油为增塑剂，增加膜的韧性。壳聚糖不溶于水，滴加冰醋酸使其溶解。

点滴积累 ＼ ┈┈┈

　　　1. 成膜材料，从广义上讲，凡物质分散于液体介质中，当分散介质被除去后，能形成一层膜，这类物质就称为成膜材料。

　　　2. 成膜材料主要分为天然高分子聚合物成膜材料和合成高分子成膜材料。

第九节　滴丸基质与冷凝剂

一、概述

滴丸剂是指将固体或液体药物与赋形剂加热熔化，混匀后，滴入不相溶的冷凝剂中，经收缩冷凝而成的类似球形的制剂。赋予滴丸形状的赋型剂称为滴丸基质；用于冷却滴丸的液体称为滴丸冷凝剂。滴丸实际上是用滴制法制备的丸剂，由于制备方法的特殊要求，欲使滴丸成型，滴丸基质和冷凝剂两者缺一不可。

（一）滴丸基质

滴丸基质是滴丸剂处方的重要组成之一，从现今滴丸发展的情况看，它不单是起到载带药物、赋予丸剂形状的作用，而且可利用基质自身特性，既可借用固体分散技术增加药物溶解度和溶解速度，从而使制剂高效速效，又可利用一些脂类基质起阻滞剂的作用，使制剂缓释而长效。

滴丸剂的制备方法主要利用了滴制物料受热应熔化或胶溶成液体，冷凝即可凝固或胶凝成固体的原理，滴丸基质的选择和应用时应遵循以下原则：

1. 滴丸基质的熔点不能太高　滴丸制备工艺要求用加热的方法使基质熔化成液体或利用某些特殊胶体的不等温溶胶-凝胶互变特性，加温时成为溶胶（如明胶作基质），才具有一定的流动性，以便滴制，这都少不了加热的条件。因此，选用时必须考虑基质的熔点不能太高，应不因加热熔化基质而影响药物的稳定性，同时熔点过高也不利于挥发性药物的留存。

2. 充分考虑基质的分散能力与内聚力　为增加滴丸剂的溶出，促进吸收，提高生物利用度，理论上可选用能从熔融法制备固体分散体的载体材料作为滴丸基质，以能形成固熔体、玻璃溶液、无定形物、简单低共熔物的基质为最佳。如基质的内聚力太小，形成熔融的液滴后不足以克服液滴与冷凝剂间的黏附力,这是不能成型的原因之一,一般说来选择表面张力大的基质易于成型。

3. 考虑基质与药物的用量比 药物制剂要向三小、三效方向发展,基质的用量愈少愈好,但要以保证剂型的成型性、稳定性、有效性为前提。

（二）冷凝剂

滴丸剂中的冷凝剂是一类用于冷却滴入的因加热而熔化的液滴,并使液滴冷凝成为固体药丸的液体。冷凝剂虽然不存在于成型制剂中,一般也不作为处方的组成之一,但它起到了使受热熔化的基质与药物混合物的液滴固化、定型的重要作用。冷凝剂的选用原则如下:

1. 应考虑冷凝剂的黏度和密度 冷凝剂的黏度和密度可影响滴丸的外观形态,因为冷凝剂的黏度与密度影响熔化的液滴下沉或上浮的速度。一般情况下,若冷凝剂与液滴间密度差大,冷凝剂黏度低,液滴下降速度则快,受冷凝液浮力影响也大,重力与浮力影响的结果使冷凝中的滴丸不是类球形,而呈扁球形,移动速度愈快,形态愈扁。故在选用时,应调整冷凝液的密度与黏度,以满足具体品种的要求。当然,也应控制滴制速度。

2. 应考虑冷凝剂的温度 理论上讲,冷凝剂的温度愈低愈有利于熔融的液滴骤冷,使基质能起到有效分散作用,以满足高效、速效要求;若冷却速度慢,就有可能使熔融的分子聚集或结晶长大。然而冷却过快,会使刚从滴头滴下的不规则拖尾液滴来不及收缩成类圆球便立即凝固,使滴丸形状不规则,有的还会有气泡。故在实际应用时,应根据产品的要求常使冷凝剂上部的温度稍高,以保证丸形规则。

3. 应考虑冷凝剂的表面张力 滴丸剂的成型受滴制液滴的内聚力($W_c = 2\gamma_a$)和液滴与冷凝剂间的黏附力($W_A = \gamma_a + \gamma_b - \gamma_{ab}$)的影响,其中$\gamma_a$、$\gamma_b$和$\gamma_{ab}$分别表示滴制液滴、冷凝液的表面张力和两者间的界面张力,因此,其成型力$= W_c - W_A$。可见,选用表面张力小的冷凝剂有利于滴丸的成型,在冷凝剂中加适量的表面活性剂是有益的。

4. 选用的冷凝剂的溶解性能应与所用基质的性能相反 脂溶性基质应选用水溶性冷凝剂,水溶性基质应选用脂溶性冷凝剂,为调整其密度或黏度,还可使用混合冷凝剂。

二、滴丸基质与冷凝剂的种类与常用品种

（一）分类

1. 滴丸基质按溶解性质可分为两大类

（1）水溶性基质:如聚乙二醇、明胶甘油等。

（2）脂溶性基质:如氢化植物油、十四醇、十二醇、蜂蜡等。

2. 滴丸冷凝剂按溶解性质可分为两大类

（1）水溶性冷凝剂:如水、含水醇、稀硫酸等。

（2）脂溶性冷凝剂:如玉米油、液体石蜡、二甲硅油等。

（二）常用品种

聚 乙 二 醇

【来源与制法】本品为环氧乙烷和水缩聚而成的混合物。根据聚合反应条件不同,可得到不同

分子量的聚乙二醇,其相对分子量一般介于 200~20 000。

【性质】 分子式以 $HO(CH_2CH_2O)_n$ 表示,其中 n 代表氧乙烯基的平均数,相对分子质量为 200~600 的聚乙二醇为无色黏稠液体,如 PEG400、PEG600;相对分子质量大于 1000 者呈白色蜡质半固体或固体,如 PEG1000、PEG1500、PEG4000、PEG6000 等,微有异臭。易溶于水和多数极性溶剂,在脂肪烃、乙醚等非极性溶剂中不溶。随相对分子质量增大,其在极性溶剂中的溶解度逐渐减小。本品具有吸湿性,随相对分子质量增大,吸湿性迅速下降。本品在水或乙醇中易溶,在乙醚中不溶。

【应用】 根据相对分子质量的大小不同有不同用途。低分子量的 PEG 用作液体药剂的溶剂、助溶剂、O/W 型乳剂的稳定剂、助悬剂。中分子量的 PEG 用作软膏剂、栓剂或滴丸剂基质,常以高分子量固态 PEG 和中分子量液态 PEG 混合使用以调节稠度用于软膏剂的制备;高分子量固态 PEG 单独或混合使用调整熔化温度,可用于栓剂或滴丸剂的制备。较高分子量的 PEG 如 PEG4000、PEG6000 等可作为良好的包衣材料、亲水性抛光材料、薄膜衣增塑剂、致孔剂、固体分散体载体、膜材或囊材、水溶性润滑剂等。

【注意事项】 由于聚乙二醇分子上大量醚氧原子的存在,能与许多物质形成不溶性络合物,如苯巴比妥、茶碱、一些可溶性色素等;青霉素、杆菌肽类抗生素、轻苯酯类抑菌剂也可因络合而减活或失效;与酚、鞣酸、水杨酸、磺胺等有配伍禁忌;可软化或溶解聚乙烯、酚醛、聚氯乙烯、纤维素酯膜等。在外用制剂中,因 PEG 吸湿性强,长期使用可引起皮肤干燥。

三、应用及分析

灰黄霉素滴丸

［处方］灰黄霉素 10g　　聚乙二醇 6000 90g

［分析］灰黄霉素为主药;聚乙二醇 6000 为滴丸剂基质。

点滴积累 V

1. 滴丸剂是指将固体或液体药物与赋形剂加热熔化,混匀后,滴入不相溶的冷凝剂中,经收缩冷凝而成的类似球形的制剂。
2. 赋予滴丸形状的赋型剂称为滴丸基质;用于冷却滴丸的液体称为滴丸冷凝剂。

第十节　栓剂基质

一、概述

(一) 栓剂基质的定义

栓剂是指药物与赋形剂混合后制成的专供塞入不同腔道的固体制剂。栓剂中所使用的赋形剂称为栓剂基质。

（二）栓剂基质的质量要求

栓剂基质是栓剂能否成型的基础和决定因素，而且基质的理化特性又必将影响栓剂的局部或全身作用。因此，作为栓剂基质应具有如下要求：①体外、室温时具适宜硬度与韧性，进入体内能在体温和腔道体液中软化、融化或溶解；②具有润湿或乳化的能力，水值较高；③适用于冷压法或热熔法制备的栓剂，最好在冷时收缩性强，不用润滑剂即可从栓膜中取出；④无亚稳定晶型，或不因晶型转化而影响栓剂的成型和质量；⑤油脂性基质的酸价应在 0.2 以下，皂化价应在 200～245 之间，碘价低于 7，熔点与固化点的间距不宜过大；⑥能与多种药物配合，不妨碍主药的作用与含量测定，其释药速度能符合医疗要求；⑦对黏膜无刺激性、无毒性、无过敏性；⑧制备、贮存和使用中稳定，物理化学性质、释药性能均无变化，不霉变、不酸败。以上前五条是栓剂剂型的特性所决定的对基质的特殊要求。

现在使用的基质都不能完全满足上述要求，而且在加入药物后，符合基质要求的性能常会发生改变。但作为一个具体的栓剂基质，其规格应包括以下项目：①来源及化学组成；②熔点；③固化点（是指基质在栓膜中冷却固化时的温度）；④皂化价；⑤酸价；⑥水值；⑦碘价。符合规定者，方能满足栓剂制备工艺的要求，保证栓剂的质量。

（三）基质的选用原则

1. 根据用药目的选用基质　栓剂的用药目的主要有两种：一是局部作用，二是全身作用。起局部作用的栓剂只在腔道局部起止痒、止痛、消炎、通便、杀虫等作用，一般不吸收，故应选用熔化或溶解速度慢、释药速度也慢的基质。水溶性基质做成的栓剂因腔道中液体的量有限，使其溶解速度受限，释放药物缓慢，较脂溶性基质在体温时可迅速熔化、释放药物而言，更有利于发挥局部疗效。如甘油明胶常用作局部杀虫、抗菌的阴道基质。

栓剂发展至今，已从过去以局部用药为主转变为以直肠给药而发挥全身作用为主。据统计，制成栓剂使用的药物按疗效可分为 20 多类，如镇痛、解热、抗风湿、利尿、抗菌、缓泻、镇吐等，品种达 100 种以上，其中，多数是通过直肠吸收发挥全身作用。栓剂中药物在肛门直肠区的吸收有如下转运过程：基质中药物—直肠液中药物—中、下直肠静脉血中。在有限的直肠液与黏膜吸收表面，药物从基质里释放到直肠液中的速度将是影响吸收的限速过程。故应选用易于溶解或熔化、释药速度快的脂溶性基质。

2. 根据药物性质选用基质　栓剂中药物吸收的转运过程已如上述，药物的性质会影响转运速度。

（1）药物的溶解度：药物越易溶于水，则越易转溶于腔道分泌液，吸收就越多。所以难溶于水的药物应以药物的盐类或其他易溶于水的方式选用油性基质，从而可以使药物很快从基质中溶出。

（2）药物的粒度：粒径愈小，愈易溶解，吸收亦愈快。

（3）药物的脂溶性和离解性：药物越难离解，脂溶性越大，则越易透过类脂黏膜层从而被人体吸收，所以应调节 pH 使药物在分泌液中尽量以分子型存在，从而利于吸收。

虽然药物的性质会影响转运速度，但选用适宜的基质可以改变影响的程度。一般说来，选用与药物溶解行为正好相反的基质有利于药物从基质中释放，增加吸收。实践中，药物若是脂溶性的选用水溶性基质,药物若是水溶性的则选用脂溶性基质,这样溶出速度快,体内峰值高,达峰时间短。例如脂溶性的吲哚美辛栓,以混合脂肪酸甘油酯与 PEG1000 为基质作成栓剂,其体外溶出度后者是前者的 10 倍,体内峰值(C_{max})分别为 $1.12\mu g/ml$ 和 $1.35\mu g/ml$,达峰时间(t_{max})分别为 90 分钟和 60 分钟。按"相似者相溶"原理,因分子间亲和力增大而互溶者,欲再从此互溶物中将药物释放出来,相比之下较难,故可据药物性质选用适宜基质,以满足不同用药目的的要求。

(四) 基质用量的确定

通常情况下栓剂模型的容量是固定的,但它会因基质或药物的密度不同而有不同重量。而常用的 1g 或 2g 栓模是指基质(过去多指可可豆脂)栓的重量,加入药物(尤指不溶于基质者)会占一定体积,那么基质应加多少才能使栓剂主药的含量准确,这是必须考虑的问题。因此,引入置换价(DV)的概念。

药物的重量与同体积基质重量的比值称之为该药物对某基质的置换价。可以用下述方法和公式求得某药物对某基质的置换价:

$$DV = W/G - (M-W) \qquad \text{式}(6-1)$$

测定方法:取基质作空白栓,得平均重量为 G_g;另取基质与药物适量混合做成含药栓剂,混合物中药物含量为 $C\%$,得平均重量为 M_g,则每粒栓剂中药物的平均量 $W=M×C\%$。将这些测定数据代入式(6-1),即可求得某药物对某一新基质的置换价,很显然,密度小、剂量大的药物测定置换价是有实际意义的。用测定的置换价可以方便地计算出制备这种含药栓需要基质的重量 X;

$$X = [(G-W)/DV]×n \qquad \text{式}(6-2)$$

式中,W 为处方中药物的剂量;n 为拟制备的枚数。

二、栓剂基质的种类与常用品种

(一) 种类

栓剂基质一般分为油脂性基质与水溶性基质两类。

(1) 油脂性基质:油脂性基质的熔点是一重要的参数,单独使用时,应高于室温而与体温接近。

1) 半合成脂肪酸甘油酯类:本类多以植物果实中提取的脂肪油经水解、分馏得 $C_{12} \sim C_{18}$ 脂肪酸,再与甘油酯化而得,如国内用得较多的半合成脂肪酸酯。此外还有硬脂酸丙二醇酯。

2) 天然脂肪酸酯:是一类直接从植物果实中分离得到的半固体或固体的脂肪酸甘油三酯,如可可豆脂等。

3) 氢化油:氢化油是液态的植物油发生加氢反应,不饱和键变成饱和键而呈半固态或固态,并有一定的熔点,如氢化棉籽油(熔点为 40.5 ~ 41℃)。可见这些氢化油因熔点不是都符合栓剂基质要求,故在使用时,常与其他油脂性基质混合应用以调整熔点,如石蜡(熔点为 52℃)等。

(2) 水溶性基质:水溶性基质又可分为亲水性基质和水分散基质。

1) 甘油明胶:水:明胶:甘油 = 10:20:70,作为栓剂基质的特点是有弹性,不易折,可溶于腔道体液中,药物溶出速度可随三者比例的变化而改变,甘油、水含量增高,溶出速度可加快。但此种基质既易失水,又易吸水及长霉,故应密闭贮放,常作为阴道栓基质。

2）聚乙二醇类（PEG 类）：这类基质随乙二醇基聚合度、分子量不同，物理性状不一样，从低分子量到高分子量其物态由液态→半固态→固态，熔点也随之升高，如 PEG1000 熔点为 38～40℃，PEG4000 为 40～48℃，PEG6000 为 49℃，PEG600 以下则为液态，因此这类基质常常以不同分子量者混合使用方能达栓剂基质要求。

3）非离子型表面活性剂类：作为栓剂基质常用的是聚山梨酯类（吐温类）及聚氧乙烯-聚氧丙烯共聚物类（泊洛沙姆类），可以单用、混合或与其他基质合用，得到稠度和熔点范围广的基质。常用的有如吐温 61、吐温 60 等。

（二）常用品种

混合脂肪酸甘油酯

【来源与制法】通常指由甘油和脂肪酸（饱和的或不饱和的）所形成的酯。其中最主要的是硬脂酸、油酸、月桂酸和蓖麻醇酸的部分油酯。甘油又名丙三醇，存在三个羟基，这些羟基与脂肪酸进行反应时，可生成脂肪酸单甘油酯、脂肪酸二甘油酯、脂肪酸三甘油酯。高碳数的脂肪酸甘油酯是天然油酯的主要成分。

【性质】根据脂肪酸碳数及甘油结合的脂肪分子数不同，所形成的甘油酯形态也不同，有黏稠状液体，半流动凝胶状液体、蜡状固体及粉末。无臭、无味。不溶于水、溶于有机溶剂。单酯和二酯与水一起振荡可以乳化，而三酯却无乳化能力。故脂肪酸单甘油酯与二甘油酯，可用作 W/O 型乳化剂，能与油酯、蛋白质、碳水化合物发生作用，而且在酸、碱或酯液的作用下可以水解，生成脂肪酸和甘油。

【应用】根据脂肪酸碳数及甘油结合的脂肪分子数不同有不同用途，可做栓剂基质、乳膏乳化剂。作栓剂基质时，在体温下易于熔化，无刺激性，有利于水溶性药物从基质中转移到直肠液中，有利于药物释放和吸收。

【注意事项】避免脂肪酸在高温下发生热分解，生成羧酸和烯烃。避免遇酸、碱发生水解，生成脂肪酸和甘油。

三、应用及分析

盐酸克仑特罗栓

［处方］盐酸克仑特罗 10g　　羟苯甲酯水溶液（0.1%）0.1g

混合脂肪酸甘油酯 390g

［分析］栓剂基质的选择：①根据作用特点：全身作用一般选用易于熔化、释药速度快的脂溶性基质，如混合脂肪酸甘油酯；②根据药物性质：脂溶性基质有利于水溶性药物释放，选用脂溶性基质有利于水溶性的盐酸克仑特罗从脂溶性栓剂基质中转移到直肠水溶液中。

点滴积累　∨ ⋯⋯⋯⋯⋯⋯⋯⋯⋯⋯⋯⋯⋯⋯⋯⋯⋯⋯⋯⋯⋯⋯⋯⋯⋯⋯⋯⋯⋯⋯⋯⋯⋯⋯⋯⋯⋯

1. 栓剂基质定义　栓剂是指药物与赋形剂混合后制成的专供塞入不同腔道的固体制剂。栓剂中所使用的赋形剂则称为栓剂基质。

2. 栓剂基质选用的两个原则 根据用药目的选用基质和根据药物性质选用基质。

目标检测

一、选择题

（一）单项选择题

1. 片剂填充剂不需要满足下面哪个条件（ ）

    A. 来源广   B. 不吸湿   C. 应为化学惰性物   D. 成本低

2. 下列哪个不是片剂中润滑剂的作用（ ）

    A. 增加颗粒的流动性   B. 促进片剂在胃中湿润

    C. 防止颗粒黏冲   D. 减少对冲头的磨损

3. 制备固体制剂，因主药含量太低，不利于分剂量时，应加入哪种附加剂（ ）

    A. 填充剂   B. 崩解剂   C. 吸收剂   D. 润滑剂

4. 半乳糖（$CRH = 95.5\%$）与蔗糖（$CRH = 84.5\%$）按 $3:1$ 混合后其 CRH 值应为多少（ ）

    A. 95.5%   B. 92.75%   C. 80.7%   D. 84.5%

5. 丙烯酸树脂Ⅳ号为药用辅料，在片剂中的主要用途为（ ）

    A. 胃溶包衣材料   B. 肠胃都溶型包衣材料

    C. 肠溶包衣材料   D. 肠胃溶胀型包衣材料

6. 制备胶囊时，明胶中加入甘油是为了（ ）

    A. 延缓明胶溶解   B. 减少明胶对药物的吸附

    C. 防止腐败   D. 保持一定的水分防止脆裂（增塑剂的用途）

7. 栓剂制备中，液体石蜡适用于做哪种基质的模具栓孔内润滑剂（ ）

    A. 甘油明胶   B. 可可豆脂

    C. 半合成椰子油酯   D. 半合成脂肪酸甘油酯

8. 下列有关置换价的正确表述是（ ）

    A. 药物的重量与基质重量的比值

    B. 药物的体积与基质体积的比值

    C. 药物的重量与同体积基质重量的比值

    D. 药物的重量与基质体积的比值

（二）多项选择题

1. 制备阿司匹林片剂时最好选用下面哪种黏合剂有利于药物的稳定（ ）

    A. 明胶、CMC-Na   B. 糊精、微晶纤维素

    C. 乙基纤维素、聚乙烯吡咯烷酮   D. 聚乙烯吡咯烷酮、羟丙甲纤维素

2. 下面哪些描述是不正确的（ ）

    A. 固体制剂中常为了利于成型及分剂量而需加入填充剂

B. 为了使粉末黏结成颗粒而必须加入润湿剂

C. 泡腾片一般选用水溶性润滑剂

D. 崩解剂的量越多,崩解一定会越快

3. 关于微晶纤维素性质的正确表述是(　　　)

A. 微晶纤维素是优良的薄膜衣材料

B. 微晶纤维素可作为粉末直接压片的"干黏合剂"使用

C. 微晶纤维素国外产品的商品名为 Avice

D. 微晶纤维素是片剂的优良辅料

4. 关于淀粉浆的正确表述是(　　　)

A. 凡在使用淀粉浆能够制粒并满足压片要求的情况下,大多数选用淀粉浆这种黏合剂

B. 常用20%～25%的浓度

C. 淀粉浆的制法中冲浆方法是利用了淀粉能够糊化的性质

D. 淀粉浆是片剂中最常用的黏合剂

5. 崩解剂促进崩解的机制是(　　　)

A. 产气作用

B. 毛细管作用

C. 水分渗入,产生润湿热,使片剂崩解

D. 酶解作用

6. 以下哪种材料为不溶型薄膜衣的材料(　　　)

A. 羟丙甲纤维素　　　　　　　　　B. 乙基纤维素

C. 醋酸纤维素　　　　　　　　　　D. 丙烯酸树脂Ⅱ号

7. 在包制薄膜衣的过程中,除了各类薄膜衣材料以外,尚需加入哪些辅助性的物料(　　　)

A. 增塑剂　　　　B. 遮光剂　　　　C. 色素　　　　　　D. 溶剂

二、简答题

1. 羟丙纤维素作薄膜材料时常加入 PEG,PEG 的作用是致孔剂或释放速度调节剂吗?

2. 软胶囊内溶物的 pH 应该在4.5～7.5之间,如 pH 太小时囊壳易变性而致药物无法溶出,当 pH 太大时囊壳易水解而使药物泄漏,这些描述是否正确,如不正确请改正?

3. 取基质用熔融法制成纯基质的空白栓若干枚,称重,求出每枚空白栓的平均重量为2.0g,再取定量的药物和基质,用熔融法制成含药物浓度为3.6%的含药栓若干枚,称重,求出每枚平均重量为2.015g,求基质的置换价为多少?

三、实例分析

1. 银杏叶片:1000 片

[处方] 银杏叶500kg　　　淀粉适量　　三硅酸镁0.12kg

银杏叶用水提取后浓缩至稠膏状,加淀粉适量,干燥后加三硅酸镁混匀即得,请问能否将淀粉换

成糊精？如果不可以,请说出你的理由？

2. 请分析下列处方,并回答问题:

[处方] 阿司匹林 268g　　　对乙酰氨基酚 136g　　　咖啡因 33.4g

淀粉 266g　　　　　淀粉浆(17%)适量　　　滑石粉 15g

轻质液体石蜡 0.25g

请回答滑石粉能否用硬脂酸镁替换？

3. 清凉润喉片中含主药桉叶油、薄荷油、柠檬油等挥发性制成片剂时需用到吸附剂,现提供下列吸附剂:乳糖、淀粉、半乳糖、交联聚维酮、滑石粉,请说出你的选择,并说出你的理由？

（刘　阳）

第七章

半固体制剂基质与气体分散系统制剂辅料

导学情景 ∨

情景描述：

刘阿姨在使用烤箱烘焙蛋糕时不小心烫伤了手,赶忙把手放入凉水浸泡半小时,之后涂上了京万红软膏。

学前导语：

京万红软膏主要由黄连、黄柏、黄芩、乳香、没药、血竭等33味中药组成。 除此之外,还含有麻油、蜂蜡,这些物质为软膏中药物的载体和赋形剂,称为软膏基质。在保证软膏剂质量和发挥药效方面,软膏基质起着重要作用。

第一节　软膏基质

一、概述

软膏基质的性质直接影响软膏剂的质量,如影响软膏剂的药效、流变性质、外观等。理想的软膏基质应具备下列要求:①对皮肤和黏膜无刺激性,润滑,稠度适宜,易于涂布;②性质稳定,与主药不发生配伍变化或不降低主药的药效;③不妨碍皮肤的正常功能,释药性良好;④具有吸水性,能吸收伤口分泌物;⑤易清除,不污染衣物。目前还没有一种软膏基质能同时具备以上要求,都存有一定的缺点。因此,选用软膏基质时,应对基质的性质进行具体分析,并根据软膏剂的特点、用药目的和治疗要求选用相对理想的基质。

1. **根据治疗目的选用适宜的基质**　在临床上,软膏剂的作用一是作用于皮肤和黏膜表面发挥局部保护、滋润和治疗作用,如局部润滑、消毒、止痒、止痛、杀菌、消炎等;二是透过皮肤吸收发挥全身作用。前者宜选择穿透性能较差的基质,如烃类基质(如凡士林)等;后者则宜选用穿透力强、释放性好和易吸收的基质,如乳剂型基质。一般来说,药物在乳剂型基质中穿透、释放、吸收最佳,在类脂类(如羊毛脂)中较差,在烃类中最差。

2. **根据病灶部位的生理病理状况选用适宜的基质**　病灶部位的生理病理状况是基质选用的原则之一。对于急性且伴有大量渗出液的皮肤疾患,宜选水溶性基质,而不宜选用吸水性差的油脂性基质,因为油脂性基质会使渗出液贮留在软膏与皮肤之间,不利于患处痊愈;使用 O/W 型乳剂型基质要慎重,因为可能产生"反向吸收"导致病情恶化的情况。对于脂溢性皮炎、痤疮等,也不宜选用油脂性基质,因为此类基质可能阻塞毛囊妨碍皮肤正常功能而加重病情。

总之,在选用软膏基质时应充分考虑各种因素,以便满足软膏剂的质量要求和用药目的。

二、软膏基质的常用品种

软膏基质主要有油脂性基质、乳剂型基质及水溶性基质。

（一）油脂性基质

油脂性基质主要包括烃类、油脂类、类脂类及二甲硅油等疏水性物质。

1. **烃类**　系从石油中分离得到的高级烃的混合物,脂溶性强,对皮肤起保护作用。常用的有凡士林、石蜡、液体石蜡等。

凡　士　林

【来源与制法】凡士林有黄、白两种。黄凡士林别名黄矿蜡、黄软石蜡、半固体石蜡;白凡士林别名白矿蜡、白软石蜡、白半固体石蜡。凡士林是从石油中得到的多种烃的半固体混合物,其中白凡士林是由黄凡士林漂白所得。

【性质】黄凡士林为淡黄色或黄色均匀的软膏状物;白凡士林为白色至微黄色均匀的软膏状物。凡士林无臭或几乎无臭;性质稳定,不会酸败,具有适宜的黏稠性和涂展性;具有一定的拉丝性;与皮肤接触有滑腻感。在约 35℃ 的苯中易溶,在约 35℃ 的三氯甲烷中溶解,在乙醚中微溶,在乙醇或水中几乎不溶。熔点为 45～60℃。

【应用】凡士林在药剂中主要用作润肤性软膏基质,用于局部用药物制剂中,它不易被皮肤吸收。本品能与极大多数的药物配伍,尤其适用于不稳定的药物如抗生素等的基质。白凡士林多用于含无色或白色药物的制剂,以便使所得制剂为白色或着色成所需要的颜色。制备眼膏剂时应使用黄凡士林。

【注意事项】

（1）凡士林作为软膏基质的缺点是它的油腻性,应用于皮肤上有不舒服的感觉,容易沾染衣服。

（2）凡士林的穿透力很小,主药的释放速度慢,且易妨碍皮肤水性分泌物的排出和热的发散,故不适用于急性而大量渗出液的患处。

（3）凡士林吸收水分的能力较小,约 5%,不能配伍大量水性溶液,必须加入某些吸水性好的基质,如羊毛脂、鲸蜡醇等以增加吸水性能,如加入 15% 羊毛脂,可吸收水分达 50%。

（4）凡士林不得与强氧化剂配伍。

（5）凡士林应置于密闭容器中,贮存于阴凉干燥处。

石　　蜡

【来源与制法】本品系自石油或页岩油中得到的各种固体烃的混合物。

【性质】本品为无色或白色半透明的块状物,无臭无味。与手指接触有滑腻感。结构均匀,与其他基质熔合后不会析出,优于蜂蜡。熔融时基本无荧光,易溶于三氯甲烷、乙醚、挥发油和热脂肪油中,微溶于无水乙醇,不溶于水和乙醇。

【应用】 在药剂中主要用于调节软膏剂的稠度,也可作为缓释材料用于缓释制剂的制备。

【注意事项】

（1） 本品化学性质稳定,在通常条件下不与酸(除硝酸外)和碱性溶液发生作用。

（2） 应贮存于干燥通风处,远离火种、热源。

液 体 石 蜡

【来源与制法】 别名白色油、白油、石蜡油。本品系自石油中制得的多种液状烃的混合物。

【性质】 本品为无色透明的油状液体。在日光下不显荧光。冷时无臭,加热后,微有石油臭,无味。本品在三氯甲烷、乙醚或挥发油中溶解,在水或乙醇中均不溶。除蓖麻油外,与多数脂肪油均能任意混合。表面张力(25℃)略低于 0.035N/m,折光率 $[n]_D^{20}$ 为 1.475 ~ 1.480,相对密度为 0.845 ~ 0.890,凝固点为 -12.2 ~ -9.4℃,闪点 210 ~ 224℃。

【应用】 本品主要作软膏基质、润滑剂、溶剂。制备软膏剂时,本品主要用于调节软膏的稠度,最宜用于调节凡士林基质的稠度,或用其研磨药粉制成糊状,有利于药物与基质混匀。

【注意事项】

（1） 本品与氧化剂和碱性物质可发生氧化分解等反应。

（2） 本品应避光密封贮存于阴凉通风处,远离火源。

▶▶ 课堂活动

试比较液体石蜡和石蜡的区别。

2. 油脂类 系从动植物中得到的高级脂肪酸甘油酯及其混合物。化学性质较不稳定,贮存过程中易受光线、温度、氧等影响而发生氧化、分解及酸败反应,生成的低级脂肪酸和过氧化物可引起药物的分解,并产生刺激性,因此,酸败变质的油脂类基质不能供药用。加入抗氧剂和防腐剂可对抗。常用的有豚脂、植物油(麻油、花生油等)和氢化植物油等。

豚 脂

【来源与制法】 别名猪油。本品系含油猪肉经熔炼、精炼而制得。

【性质】 本品为白色或淡黄色蜡状固体,不溶于水,溶于三氯甲烷和二硫化碳。无异味,相对密度为 0.915 ~ 0.923。

【应用】 本品在药剂中主要用作软膏基质,用于配制油膏、乳膏、搽剂等制剂。现少用。

【注意事项】

（1） 本品遇氧化剂、酸、碱类易发生氧化、水解、皂化反应。

（2） 本品应置于密闭容器中,存放于阴凉(30℃以下)、通风处,避免受阳光直接照射,忌与易燃易爆物共存放。

花 生 油

【来源与制法】 本品是豆科落花生属植物落花生的种子榨出的脂肪油。

【性质】 本品为淡黄色澄明液体,有类似落花生种子的香气,味淡。在乙醇中极微溶解,与乙醚、三氯甲烷、石油醚能任意混合。本品相对密度为 0.911 ~ 0.918,折射率为 1.469 ~ 1.472,碘价为 84 ~ 100,皂化价为 185 ~ 195,酸价不大于 3,脂肪酸的凝点为 26 ~ 32℃。−3℃左右开始变浑浊,更低温度下则部分固化。

【应用】花生油常与熔点较高的蜡类熔合而得适宜稠度的基质;也用作乳剂基质的油相。

【注意事项】花生油在一般贮藏条件下会发生自动氧化酸败过程。由于解脂酶作用,使油脂水解,酸值增高;空气中的氧会促使油脂氧化成氢过氧化物。因此,花生油应在低于 15℃ 的温度下充满容器,密闭贮藏。

氢化植物油

【来源与制法】本品主要是以植物来源的油,也包括从鱼和其他动物来源的油经过精制,漂白,氢化脱色及除臭,喷雾干燥而制得。主要含硬脂酸和棕榈酸的甘油三酯。

【性质】本品为白色微细的粉末。可溶于热轻质矿物油、乙烷、三氯甲烷、石油醚和热异丙醇,不溶于水。

【应用】本品比植物油稳定,不易酸败,可作为软膏基质。此外,本品在药剂中还可起润滑、缓释等作用。是一种优良的片剂润滑剂,能大大地减小模壁摩擦和黏冲;也是一种缓释材料,用于制造缓释制剂。

【注意事项】

（1）本品与强酸和氧化剂有配伍变化。

（2）本品应密闭、避光,贮存于阴凉干燥处,远离火源和氧化物。

3. **类脂类**　系高级脂肪酸与高级脂肪醇化合得到的酯及其混合物。物理性质类似于脂肪,但化学性质比脂肪稳定。有一定的吸水性能,多与油脂类基质合用。常用的有羊毛脂、蜂蜡、鲸蜡等。

羊 毛 脂

【来源与制法】为绵羊毛上附着的一种脂肪状物质,从洗羊毛水中提取。在洗衣液中加硫酸析出油层,趁热过滤除去杂质,精制除去游离脂肪酸即得。

【性质】羊毛脂为淡黄色或棕黄色的油状半固体,呈软膏状,几乎无臭,黏滞性强,与皮肤接触有滑腻感。不溶于水,但可与二倍量的水均匀混合,可溶于三氯甲烷、乙醚、丙酮和二硫化碳,在热乙醇中能溶解,在冷乙醇中微溶。

【应用】本品作为油脂性基质适用于软膏剂的制备。具有良好的吸水性,能促进药物的透皮吸收。但黏度大,很少单独使用,常与凡士林合用,以改善凡士林的吸水与渗透性。羊毛脂可吸收 2 倍的水形成乳剂型基质。本品能在多数气候条件下使软膏保持均匀状态且不易腐败。羊毛脂的性质接近皮脂,比其他基质易穿透皮肤,可作为透皮促进剂,用于透皮吸收制剂的制备。

【注意事项】

（1）本品不能与强酸氧化剂接触,否则会发生水解氧化等反应而影响产品稳定性。

（2）部分患者使用本品时出现过敏反应,尤其是湿疹患者。

（3）应密封贮存于阴凉处。

案例分析

醋酸氟轻松乳膏

[处方] 醋酸氟轻松 0.25g   硬脂酸 150g   白凡士林 250g   羊毛脂 20g

三乙醇胺 20g   甘油 50g   羟苯乙酯 1g   纯化水加至 1000g

[分析] 醋酸氟轻松为主药;硬脂酸、白凡士林、羊毛脂为油相基质,其中一部分硬脂酸与三乙醇胺反应生成有机胺皂作乳化剂,凡士林用以调节稠度,增加润滑性,羊毛脂可增加油相的吸水性和药物的穿透性;甘油为保湿剂,羟苯乙酯为防腐剂。

蜂 蜡

【来源与制法】本品为蜜蜂科昆虫中华蜜蜂或意大利蜂分泌的蜡质。将蜂巢置水中加热,滤过,冷凝取蜡或再精制而成。

【性质】本品为不规则团块状,大小不一。呈黄白色、黄色或淡黄棕色,不透明或微透明,表面光滑。质较轻,断面砂粒状,用手搓捏能软化。味微甘。本品主要成分为棕榈酸蜂蜡醇酯,熔点为62~67℃,相对密度约为0.95。以色黄、质较软而有油腻感、有蜂蜜香气者为佳。

【应用】本品具有收涩,敛疮,生肌,止痛功效。外用于溃疡不敛,创伤,烧、烫伤。在药剂制备中常用作软膏、硬膏、栓剂的基质,用以增加稠度,且有较弱的吸水性,吸水后可形成 W/O 型乳剂。

【注意事项】本品应置阴凉处贮存,注意防热。

鲸 蜡

【来源与制法】本品是从抹香鲸头部提取出来的油腻物质经冷却和压榨而得的固体蜡。

【性质】本品为白色、半透明、油滑性固体。熔点为42~50℃,有珠光,折断面呈晶状,微臭、味淡,不易酸败,相对密度为0.94。不溶于水和冷乙醇,微溶于冷石油醚。溶于沸醇、乙醚、三氯甲烷、挥发油和脂肪油。

【应用】本品不易酸败,常用在软膏剂中调节基质的稠度或增加稳定性。

【注意事项】本品应置阴凉处贮存,注意防热。

4. 二甲硅油

二 甲 硅 油

【来源与制法】又名硅油或硅酮。本品是用高纯度二甲基二氯硅烷经水解后聚合而得。由完全甲基化的线形硅氧烷聚合物和末端团锁的二甲基硅氧基团(起稳定作用)组成。

【性质】本品随分子量的增加为无色透明液体至稠厚的半固体,其黏度也随之增加,无臭无味。闪点为155~300℃,凝固点为-50~65℃,相对密度为0.930~0.975,表面张力小,耐光耐热。不溶于水、甲醇、植物油和石蜡油,微溶于乙醇、丁醇和甘油,溶于苯、甲苯、二甲苯、乙醚和氯化烷烃。化学性质稳定,但在强酸强碱中降解。

【应用】本品对皮肤无刺激性,润滑作用好且易于涂布。常在乳膏中作润滑剂,或与其他油脂性基质合用制成防护性软膏,也可制成乳剂型基质应用。本品对眼部有一时性的刺激作用,不宜制成眼膏基质。

【注意事项】 本品应密闭贮存于阴凉、干燥、通风处,严格防潮、防水,远离火源和热源。

知识链接

油脂性基质的特点

油脂性基质涂布于皮肤上能形成封闭油膜,促进皮肤水合作用,对表皮增厚、角质化、皲裂有润滑、软化和保护作用。但由于此类基质油腻且疏水性强,释药性能差,不宜用于有分泌物的糜烂患处,其主要用于遇水不稳定药物软膏剂的制备。油脂性基质一般不单独使用,常加入表面活性剂或制成乳剂型基质进行应用。

（二）乳剂型基质

乳剂型基质是将油相加热熔化后与水相混合,经乳化剂乳化形成的半固体基质。不难看出,乳剂型基质的构成与乳剂相似,均由油相、水相和乳化剂三部分组成。该类基质对皮肤的功能影响较小,不妨碍皮肤表面分泌物的分泌和水分蒸发。此外,这类基质还有穿透力强、药物释放和透皮吸收快等优点。主要有水包油(O/W)型和油包水(W/O)型两类。

乳剂型基质润滑性强,易于涂布。但对于 O/W 型基质,因其外相含水量多,在贮存过程中可能发生霉变,同时水分蒸发失散也会导致软膏变硬,所以须加入防腐剂和保湿剂(丙二醇、甘油、山梨醇等)。遇水不稳定的药物不宜使用此类基质制备软膏。另外,O/W 型基质制成的软膏用于分泌物较多的皮肤病时,可将吸收的分泌物重新透入皮肤而使炎症恶化,应用时应注意。

1. **油相** 常用品种有油脂性基质、硬脂酸、高级脂肪醇等,多为半固体或固体。

2. **水相** 主要是水,可加防腐剂、保湿剂等。

3. **乳化剂** 分为水包油(O/W)型和油包水(W/O)型。O/W 型乳化剂多为阴离子型表面活性剂和非离子型表面活性剂,如肥皂类(一价皂)、脂肪醇硫酸酯类(十二烷基硫酸酯钠)、聚山梨酯类(聚山梨酯80)、聚氧乙烯醚的衍生物(平平加 O 和乳化剂 OP)。W/O 型乳化剂多为高级脂肪酸及多元醇酯类(十六醇、十八醇、硬脂酸甘油酯、脂肪酸山梨坦等)、二价和多价金属皂(双硬脂酸铝)。具体参见第二章表面活性剂第二节和第四章液体制剂辅料第四节内容。

硬 脂 酸

【来源与制法】 又名十八烷酸、脂蜡酸。本品系用硬化油常压水解法制得。先将油酸、苯、萘等混合经磺化制得分解剂,然后在硬化油中加入分解剂进行水解,再经水洗、蒸馏、酸洗、脱色而制得。高压水解法是用高温蒸汽与脂肪进行连续对流水解,再经高真空蒸汽分馏、提纯、溶剂分离而制得。

【性质】 本品为白色或微黄色,坚硬并略带光泽结晶的块状物、颗粒或粉末。略具动物脂肪臭味,是硬脂酸($C_{18}H_{36}O_2$)和棕榈酸($C_{16}H_{32}O_2$)的混合物,含硬脂酸和棕榈酸均不得少于40%,二者总含量不低于90%,还含有少量油酸。相对密度为0.948,沸点为383℃,闪点为220.6℃,折射率 $[d]_D^{80}$ 为1.4229,皂化值为200~220,含水量几乎为零。不溶于水,溶于冷乙醇,易溶于热乙醇、乙醚、三氯甲烷、丙酮等有机溶剂。

【应用】本品在药剂中主要用作润滑剂、增溶剂、消泡剂和乳膏基质等,常用于片剂、丸剂、胶囊剂、乳膏剂和气雾剂等的制备。

【注意事项】本品应贮存于阴凉、干燥、通风处,远离火源,严禁与氧化剂、易燃物混存。

(三) 水溶性基质

这类基质不含油脂性成分,仅含水溶性成分,因此又称为无油性基质。它们是天然或合成的高分子水溶性物质所组成的,大多数溶解后形成水凝胶。本类基质能与水溶液混合,能吸收组织分泌物,药物释放较快,易于涂布和洗除,不污染衣物。多用于湿润、糜烂创面的治疗。但在贮存过程中亦存在发生霉变,水分蒸发使基质变硬等缺点,可加入防腐剂和保湿剂。常用的有聚乙二醇(PEG)及纤维素衍生物(如甲基纤维素、羧甲纤维素钠)等。具体参见第三章高分子材料第三节内容。

三、应用及分析

(一) 单软膏

[处方] 蜂蜡 330g　　　花生油 670g

[分析] 处方中,蜂蜡用来增加基质的稠度,其用量可以根据气温变化而有所增减。花生油为不饱和脂肪酸的甘油酯,能使药物透入皮内。花生油污染微生物而酸败,对皮肤产生刺激性,可加入0.05%~0.2%对羟基苯甲酸酯类或者0.5%苯甲醇防腐。

(二) 徐长卿软膏

[处方] 丹皮酚 1g　　　硬脂酸 15g　　　三乙醇胺 2g　　　甘油 4g

　　　　液体石蜡 25ml　　　羊毛脂 2g　　　蒸馏水 50ml

[分析] 处方中部分硬脂酸与三乙醇胺形成硬脂酰胺皂,为 O/W 型乳化剂。未参加反应的硬脂酸被乳化形成分散相,可增加基质的稠度。羊毛脂和液体石蜡组成油相。丹皮酚难溶于水,是徐长卿的有效成分。

(三) 醋酸氟轻松软膏

[处方] 醋酸氟轻松 0.25g　　　硬脂酸 150g　　　二甲基亚砜 10g

　　　　白凡士林 250g　　　甘油 50g　　　十二烷基硫酸钠 20g

　　　　羟苯乙酯 1g　　　蒸馏水加至 1000g

[分析] O/W 型乳膏剂。油相成分为硬脂酸、白凡士林、羊毛脂;水相成分为蒸馏水;乳化剂为十二烷基硫酸钠;保湿剂为甘油,防腐剂为羟苯乙酯。

点滴积累 ╲

1. 软膏剂基质的种类主要有油脂性、乳剂型和水溶性基质。

2. 油脂性基质主要包括烃类、油脂类、类脂类及二甲硅油等疏水性物质。

3. 烃类基质有凡士林、石蜡、液体石蜡等;油脂类基质有豚脂、植物油(如麻油、花生油等)和氢化植物油等;类脂类基质有羊毛脂、蜂蜡、鲸蜡等。

4. 水溶性基质有聚乙二醇(PEG)及纤维素衍生物(如甲基纤维素、羧甲纤维素钠等)等。

第二节 凝胶基质

一、概述

凝胶剂系指药物与适宜的辅料制成的均一或混悬的透明或半透明半固体制剂。形成凝胶的辅料为凝胶基质。除另有规定外,凝胶剂仅限局部用于皮肤和腔道,如鼻腔、阴道、直肠等。凝胶剂有单相凝胶和双相凝胶之分。单相凝胶系指局部应用的由有机化合物形成的凝胶剂。双相凝胶又称混悬型凝胶,是小分子无机药物胶体小粒子以网状结构存在于液体中,具有触变性,即静止时为半固体,搅拌或振摇时成为液体。

选用凝胶基质时应考虑以下要求:①对机体无毒;对皮肤、黏膜无刺激性、无致敏性;不影响皮肤、黏膜的正常功能。②化学性质应稳定,不与药物发生理化反应。③能形成具有适宜黏度、稠度和涂展性的凝胶。

二、凝胶基质的常用品种

单相凝胶剂又分为水性凝胶和油性凝胶。水性凝胶的基质一般由西黄蓍胶、明胶、纤维素衍生物、卡波姆、淀粉、海藻酸盐等加水、丙二醇或甘油等制成;油性凝胶基质由液体石蜡与聚乙烯或脂肪油与胶体硅或锌皂、铝皂构成。临床应用较多的是水性凝胶为基质的凝胶剂。

水性凝胶基质大多在水中不溶解,而是在水中溶胀成水性凝胶。用本类基质制备得到的凝胶剂易涂展和洗除,无油腻感,能吸收组织渗出液和分泌物,不妨碍皮肤正常功能,由于黏滞度较小而有利于药物释放,特别是水溶性药物。但是本类基质润滑作用较差,易失水和霉变等,常需添加保湿剂和防腐剂。水性凝胶基质最常用的是纤维素衍生物,如甲基纤维素(MC)、羟丙甲纤维素(HPMC)、羧甲纤维素钠(CMC-Na)等。此外卡波姆制成的基质无油腻感、涂用润滑舒适,特别适用于脂溢性皮肤病的治疗。纤维素衍生物和卡波姆具体参见第三章高分子材料第三节内容。

三、应用及分析

(一) 左氟沙星眼用凝胶

[处方] 左氟沙星 30g   天冬氨酸 1.2g   卡波姆 934 适量

       甘油适量   硼砂适量   注射用水加至 1000ml

[分析] 本品为水性凝胶剂,所以应选水性凝胶基质卡波姆作为凝胶材料;而卡波姆的黏性与pH 相关,加硼砂可调节卡波姆的 pH,促使卡波姆形成凝胶;水性凝胶基质润滑作用差、易失水,加入甘油作为润滑剂和保湿剂。

(二) 吲哚美辛凝胶

[处方] 吲哚美辛 10g   聚乙二醇 4000 80g   交联型聚丙烯酸钠 10g

       甘油 100g   苯扎溴铵 10ml   蒸馏水加至 1000g

[分析] 本品为水凝胶剂,交联型聚丙烯酸钠是一种高吸水性树脂,其在短时间吸水量为自重的 200~300 倍,膨胀成胶状半固体。具有增稠、皮肤浸润和保湿等作用。聚乙二醇为透皮吸收剂,提高药物的透皮渗透作用。由于水凝胶易腐败和失水,因此加入苯扎溴铵作为防腐剂,加入甘油作为润滑剂和保湿剂。

点滴积累

1. 凝胶剂分为单相凝胶和双相凝胶,单相凝胶又分为水性凝胶和油性凝胶,临床常用水性凝胶。

2. 水性凝胶基质一般由西黄蓍胶、明胶、纤维素衍生物、卡波姆、淀粉、海藻酸盐等加水、丙二醇或甘油等制成;油性凝胶基质由液体石蜡与聚乙烯或脂肪油与胶体硅或锌皂、铝皂构成。

3. 为避免水性凝胶基质霉变、失水,需加入防腐剂和保湿剂。

第三节 硬膏基质

一、概述

硬膏剂是一种古老的传统剂型,系指将药物溶解或混合于半固体或固体的黏性基质中,摊涂于纸、布或兽皮等裱背材料上,制成的一类近似固体可供贴敷于皮肤的外用制剂。在硬膏剂中作药物的载体与赋形剂的物质称为硬膏基质。硬膏基质的选用可从临床应用的需要、药物的理化性质等方面进行选择。

二、硬膏基质的常用品种

硬膏基质主要有铅肥皂基质、橡胶基质、树脂类基质和动物胶基质等。

1. 铅肥皂基质 是由高级脂肪酸的铅盐形成的基质。由含铅化合物与植物油发生化合、氧化反应而形成,用此制备的硬膏剂,在传统中药剂型中称作膏药。因所用含铅化合物的种类不同,又可分为三种:①铅硬膏基质:是用密陀僧(PbO)与植物油或豚脂反应生成的硬膏基质,这种基质的含药硬膏称为铅硬膏。②黑膏药基质:是用铅丹(红丹,Pb_3O_4)与植物油反应生成的硬膏基质,这种基质形成的含药硬膏称为黑膏药,是中药膏剂中最常用者。植物油在传统黑膏药基质中不仅是提供形成铅肥皂的脂肪酸,而且可作为药材的提取溶剂。③白膏药基质:是用铅白(宫粉,$Pb(OH)_2 \cdot PbCO_3$)与植物油反应生成的硬膏基质,这种基质形成的含药硬膏称为白膏药。植物油中最常用的是麻油,熬炼时泡沫少,利于操作,制成的膏药色泽光亮,黏性适宜,质优。其他如棉籽油、花生油等亦可选用,但熬炼时易产生泡沫。

2. 橡胶基质 是橡胶与增塑剂(常用松香)、填充剂(常用氧化锌)、软化剂(如凡士林、羊毛脂等)混合而成的基质。该基质与药物混合的温度较低,可保证不耐热成分的稳定和防止挥发性成分的损失,在室温下具黏性,又不污染衣物,使用和去除都较方便。

3. 树脂类基质 是以树脂,主要是松香与植物油加热熔合制成的基质,以这类基质制成的膏药又称无丹膏药。如红膏药即是以树脂为基质制成。

4. 动物胶基质 是以动物胶熬制而成的基质,常用的如骨胶。头痛膏就是以此为基质制成的硬膏。

松　香

【来源与制法】 又名熟松香、松香酸。本品是从松树天然分泌的固体脂或人工提取而得,根据原料来源不同,一般采用下列三种方法制得:①从活松树采得的松脂进行水蒸气蒸馏,脱去松节油而制得;②用亚硫酸盐法制木浆所得废液表面上的浮油作原料,经洗涤、酸解、油水分离、干燥脱水、真空分馏而得;③以松树桩、松根明子、松木碎片为原料经破碎、筛选,用汽油萃取浸提、沉淀、脱色、蒸馏回收溶剂,蒸馏而得。

【性质】 本品为微黄色到黄色或琥珀色透明硬脆的尖角形玻璃块状,常盖有一些黄粉,常温下易脆,断面有贝壳状明显裂痕。微具松脂臭味。易燃,燃烧时常有浓密淡黄色烟。相对密度为0.850~0.870。本品不溶于水,在乙醇中易溶,与三氯甲烷、乙醚或冰醋酸能任意混溶。

【应用】 本品在药剂中主要用作硬膏剂基质、透皮促进剂等。

【注意事项】 本品遇到氯和溴将会发生剧烈反应,甚至引起燃烧。遇其他氧化剂或久置空气中会发生氧化反应。遇碱可使其中所含氧化松香及其他聚合物变成不挥发物。本品应密闭贮存于阴凉、通风处。

三、应用及分析

(一) 狗皮膏

[处方]

生川乌80g	生草乌40g	独活20g	羌活20g
香加皮30g	青风藤30g	防风30g	苍术20g
蛇床子20g	威灵仙30g	麻黄30g	高良姜9g
小茴香20g	当归20g	赤芍30g	官桂10g
木瓜30g	苏木30g	油松节30g	大黄30g
续断40g	川芎30g	白芷30g	没药34g
乳香34g	樟脑34g	冰片17g	肉桂11g
丁香15g	食用植物油3495g	红丹1140g	

[分析] 以上29味药为主药,红丹和植物油作为黑膏药基质。

(二) 氧化锌橡皮膏

[处方]

橡胶24.75kg	氧化锌30.25kg	松香30.0kg
羊毛脂6.5kg	凡士林5.0kg	蜂蜡1.2kg
汽油48~56kg		

[分析] 处方中橡胶为产生黏性的基本原料;氧化锌是填充剂;松香为增塑剂;羊毛脂为软化

剂;凡士林为替代松香,减少松香的用量;蜂蜡可使本品具有抗热和抗寒的性能;汽油是溶剂。

点滴积累 ∨

1. 硬膏基质主要有铅肥皂基质、橡胶基质、树脂类基质和动物胶基质等。

2. 黑膏药基质是用铅丹(红丹,Pb_3O_4)与植物油反应生成的硬膏基质。

3. 白膏药基质是用铅白(宫粉,$Pb(OH)_2 \cdot PbCO_3$)与植物油反应生成的硬膏基质。

第四节 抛射剂及其他附加剂

一、概述

气雾剂系指原料药物或原料药物和附加剂与适宜的抛射剂共同装封于具有特制阀门系统的耐压容器中,使用时借助抛射剂的压力将内容物呈雾状物喷出,用于肺部吸入或直接喷至腔道黏膜、皮肤的制剂。气雾剂由抛射剂、药物、附加剂、耐压容器和阀门系统组成。本节主要介绍抛射剂和附加剂。

(一) 抛射剂的概念

抛射剂是气雾剂的喷射动力来源,可兼做溶解或分散药物与其他附加剂的介质。抛射剂多为液化气体,在常温常压下抛射剂的蒸气压高于大气压,沸点低于室温。将抛射剂密封于耐压容器中,其在内部产生压力,当开启容器阀门,压力骤降,抛射剂迅速气化使内容物喷出,呈现雾状,最后到达作用部位或吸收部位。

理想的抛射剂具备以下条件:

(1) 在常温下的蒸气压应大于大气压。

(2) 无毒、无致敏反应和刺激性。

(3) 无色、无臭、无味。

(4) 性质稳定,不易燃易爆,不与药物、容器发生相互作用。

(5) 不会破坏臭氧层而造成环境污染。

(6) 廉价易得。

(二) 抛射剂的种类

1. 液化气体抛射剂

(1) 氟氯烷烃类:又称氟利昂(CFC),其特点是沸点低,常温下蒸气压略高于大气压,易控制,性质稳定,不易燃烧,液化后密度大,无味,基本无臭,毒性较小,不溶于水,可作脂溶性药物的溶剂。常用的有三氯一氟甲烷(CCl_3F,F11)、二氯二氟甲烷(CCl_2F_2,F12)和二氯四氟乙烷($CClF_2$-$CClF_2$,F114),在治疗哮喘的气雾剂中均有较广泛的使用,是气雾剂问世以来使用最广泛的抛射剂,这主要是由其性质决定的。

氟氯烷烃类抛射剂无论在动物或人体内,只要达到一定浓度都可以使心脏致敏,造成心律失常、房室传导阻滞,与儿茶酚类的药理作用相似而呈协同作用。

目前,CFC因其可加速催化臭氧的降解而导致温室效应,造成环境污染而被淘汰,这也是其最大缺点。我国国家食品药品监督管理总局已宣布在2010年全面禁用氟利昂作为抛射剂用于药用吸入气雾剂之中。

(2) 氢氟烷烃类:新型抛射剂氢氟烷烃(HFA)不含氯,不破坏大气臭氧层,在人体内残留少、毒性小,可代替氯氟烷烃用于药物气雾剂的制备。

HFA在一般条件下化学性质稳定,几乎不与任何物质产生化学反应,不易燃、不易爆。HFA饱和蒸气压较高,对耐压容器提出了更高的耐压性,但亦可产生更细的雾滴。作为分散介质,HFA须在低温下才能呈液态,制备条件要求更高。HFA脂溶性比CFC低,可能使原本在CFC中溶解较好的药物在HFA中难以溶解或溶解不好,成为混悬型的气雾剂。对在HFA中溶解度较小的药物,可添加表面活性剂、助溶剂、潜溶剂等。

目前,四氟乙烷(HFA-134a)和七氟丙烷(HFA-227)成为了吸入气雾剂中较为理想的CFC替代品。欧盟和美国已先后于1995年和1996年批准HFA作为CFC的替代品用于吸入制剂中。但HFA与CFC的理化性质存在较大差异,如HFA极性较大,对非极性物质的溶解性不好;HFA具有更强的亲水性,从而对气雾剂的生产环境以及容器罐体和阀门的制造工艺也提出了更高的要求。这些都使CFC的替代存在技术挑战。

(3) 碳氢化合物:主要品种有正丁烷、异丁烷、丙烷等,国内不常用。此类抛射剂稳定、毒性小、密度低、沸点较低,但易燃易爆,不宜单独使用。一般仅用于化妆品类气雾剂的抛射剂,可取代一部分常用的抛射剂以降低成本。

2. 压缩气体 压缩气体与液化气体抛射剂的主要区别在于压力的特性。用液化气体作抛射剂,容器中的压力保持恒定直至药液全部喷完。而压缩气体在使用过程中,压力不断下降,后期容易造成动力不足,这也使其应用受到限制。

常用的压缩气体主要有二氧化碳、氮气等惰性气体。它们具有价廉、无毒、不易燃、化学性质稳定等优点。其在低温下可液化,但常温下除二氧化碳外,均完全气化,压力容易迅速降低,达不到持久喷射的效果,在吸入气雾剂中不常用,主要用于喷雾剂。另外,液化的二氧化碳蒸气压很高(二氧化碳在31.1℃以下均可液化,临界压力是7599.4kPa),需用小钢瓶包装。

(三) 抛射剂的选用

根据临床用药的目的与途径不同,所要求的雾滴粒子大小、干湿等状态也有所不同,这些主要受到抛射剂用量与抛射剂自身的蒸气压的影响。因此,可选择不同的抛射剂或改变抛射剂的组成来改变其蒸气压,从而达到不同要求的雾形、粒径等。

一般来说,吸入气雾剂或要求喷出雾滴细微的气雾剂,抛射剂用量大,可达到90%以上。皮肤用气雾剂用于表面覆盖,抛射剂的用量可减少,为6%~10%。用于腔道给药,抛射剂用量为30%~45%。

为了适应气雾剂的临床分散度的要求,单一的抛射剂往往不能满足,例如,抛射剂本身蒸气压低于大气压时便不能单独应用,这时可以应用几种抛射剂的混合物。

（四）其他附加剂

除了抛射剂外,气雾剂中还有附加剂,以确保它们的质量。其他附加剂主要有以下几类:

1. 潜溶剂 对于溶液型气雾剂,为了增加药物在抛射剂中的溶解度,常加入潜溶剂,如乙醇、丙二醇、聚乙二醇等。潜溶剂的选择必须注意其毒性和刺激性,尤其是用于口腔、吸入或鼻腔的气雾剂。

2. 固体分散剂 在混悬型气雾剂中,为了使药物容易分散在抛射剂中,常加入固体分散剂,如滑石粉、胶体二氧化硅等。

3. 稳定剂 为防止药物微粒聚集与重结晶,并增加阀门系统的润滑和封闭性能,常加入表面活性剂作稳定剂,如司盘类、油酸、月桂醇等。

4. 乳化剂 在乳剂型气雾剂中需加入乳化剂,乳化剂的选用对其较为关键。乳化剂应达到以下性能:振摇时即可充分乳化并形成很细的乳滴;喷射时能与药液同时喷出,喷出泡沫的外观呈白色、均匀、细腻、柔软,并具有需要的稳定性。乳化剂可选用单一的或混合的表面活性剂。目前乳剂型气雾剂多采用水性基质为外相,抛射剂为内相,近年来这种 O/W 型气雾剂的非离子型表面活性剂使用较多,如聚山梨酯类。

5. 抗氧剂 为了防止药物氧化,必要时可加入抗氧剂,如维生素 C、焦亚硫酸钠等。

对乳化剂、抗氧剂等附加剂的具体说明可进一步参照本书其他章节。

二、抛射剂的常用品种

四氟乙烷（HFC-134a）

【来源与制法】本品可由 1,1,2-三氯-1,2,2-三氟代乙烷（CFC-113）通过异构化/氢氟化作用生成为 1,1-二氯-1,2,2,2-四氟乙烷（CFC-114a）,然后氢化脱氯可得。或由三氯乙烯和氟化氢反应,形成 1,1,1-三氟-2-氯乙烷（133a）,再与氟化氢反应,形成四氟乙烷,又可称为 1,1,1,2-四氟乙烷,HFC-134a。

【性质】本品是一种液化气,在室温及其自身蒸气压条件下,或室温及大气压下皆呈液态。本品液体通常无色无臭,气体在高浓度时有轻微醚臭。本品无腐蚀性、无刺激性,不燃。

【应用】本品可作为制冷剂及非 CFC 抛射剂用于各种气雾剂中,包括定量吸入气雾剂（MDIs）。

【注意事项】

（1）本品按指示方法使用应无毒、无刺激性。但在火焰或高温下分解,产生有毒和刺激性化合物,如氟化氢,刺激喉、鼻,因此应避免在高温下使用。

（2）在室温下本品蒸气对皮肤和眼睛影响很小或没有影响。但接触其液体时,可引起灼伤,若灼伤应立即将灼伤部位浸入温水中并就医治疗。

（3）若吸入 7.5% 本品蒸气,可引起心脏对肾上腺素过敏,导致心律不齐,可能心搏停止。

（4）本品应贮存于金属气瓶中,置阴凉干燥处保存。

七氟丙烷（HFA-227）

【来源与制法】本品的化学名称为 1,1,1,2,3,3,3-七氟丙烷,它的结构式是 CF_3CHFCF_3。可由六氟丙烷(HFP)在锑催化剂存在下与无水氢氟酸(HF)制得。

【性质】 本品在自身蒸气压下密封于容器中是液态,无色、无臭。暴露在大气压下,室温呈气态,气体在高浓度时微有醚臭。无腐蚀性,无刺激性,不易燃。沸点为$-16.5℃$,凝固点为$-131.0℃$,密度(液体,$20℃$)为$1415kg/cm^3$,密度(饱和液体,$25℃$)为$1395kg/cm^3$,蒸气压力($21℃$)为$666.1MPa$,在水中溶解度($20℃$,$1atm$)为$1:1725$。

【应用】 本品可用作皮肤用气雾剂的载体,如外用制冷剂、麻醉剂等,也作为定量吸入气雾剂的抛射剂。本品还可作灭火剂。

【注意事项】 本品在火焰或高温下分解,产生有毒和刺激性化合物,如氟化氢和一氧化碳,刺激鼻、喉,因此应避免高温下使用。

二甲醚(DME)

【来源与制法】 又名甲醚。本品可由天然气净化后用改质催化剂合成以CO、H_2为主要成分的合成气;此合成气在铜系催化剂下合成甲醇,再由甲醇脱水生产制得。

【性质】 本品为无色易燃的气体或压缩液体。能溶于水、醇等多种溶剂。燃烧时分解,低温时与卤素或卤化氢生成加成化合物。密度为0.661,凝固点为$-141.5℃$,沸点为$-24.5℃$。

【应用】 二甲醚可代替氟利昂用作抛射剂和制冷剂,减少对大气环境的污染和对臭氧层的破坏。二甲醚是一种具有特异性的优良溶剂,与其他抛射剂相比,有较高的水溶性,常被用于制备水性气雾剂。通常情况下,因二甲醚的蒸气压很高,不能单独使用,但可以与烃类及其他抛射剂合用,作为局部用气雾剂的抛射剂。同时还可用于化妆品、空气清新剂、杀虫喷雾剂中及作为清凉剂使用。

【注意事项】

(1)二甲醚为侵蚀性溶剂,可影响气雾剂包装的密闭垫,且氧化剂、乙酸、有机酸和醋酐不能与其合用。

(2)二甲醚作为局部用的药物气雾剂的抛射剂和溶剂时,基本可以看作是无毒、无刺激性的物质,但吸入高浓度时是有害的。

(3)皮肤接触二甲醚液体可导致皮肤冻僵和严重冻伤。

丙 烷

【来源与制法】 别名二甲基甲烷。本品可由天然品经分子筛除去可能存在的大部分不饱和化合物纯化而得,通常是经分馏而得。市售商品是经还原碘化丙烷或碘化异丙烷而得,也可由乙烷与甲烷的碘化物共热而得。

【性质】 本品为一种基本澄清、无色无臭的液体,亦可稍带似醚的气味。室温下在密闭容器中贮存呈液态,暴露于大气下时呈气态。液态密度约为0.5,气态密度约为0.24,熔点为$-189.9℃$,沸点为$-42.1℃$,在空气中易燃浓度体积分数为$2.4\% \sim 9.5\%$,闪点为$-124℃$。溶于乙醇、乙醚,不溶于水。

【应用】 本品在药剂中常用作气雾剂的抛射剂、致冷剂、溶剂。

【注意事项】

(1)丙烷具有单纯性窒息及麻醉作用,人短暂接触1%的丙烷不引起症状,10%以下的浓度只引起轻度头晕;接触高浓度时可出现麻醉状态、意识丧失;极高浓度时可致窒息。

（2）本品易燃、易爆。使用本品时,只能在具有防爆装置的防爆式操作,工作人员应戴橡胶手套、安全眼镜,并穿防护外衣。贮存时应使用防爆密闭钢瓶盛装在通风良好的房间内,避免撞击和剧烈振动。

（3）如遇钢瓶泄漏,应加强排气、通风,避免与空气混合浓度过高引起爆炸。如果遇火灾时尽可能阻止气体流动,宜在闪点时使用粉尘式灭火器,同时用冷水冷却容器。

丁　烷

【来源与制法】本品为天然品。在除去大部分不饱和化合物后,经分馏而得。

【性质】本品为一种液状气体。室温下钢瓶内,低于自身蒸气压的情况下存放时呈液态。在室温和常压下暴露在空气中呈气态。本品是一种澄明、无色、无臭的液体,但可能有一种轻微的醚气味。沸点为-0.5℃,液体相对密度为0.58。空气中易燃点:体积分数低限为1.9%、高限为8.5%。水中溶解度为0.15（17℃）,乙醇中溶解度为18.0（17℃）,性质稳定。但与一般浓度的空气混合时易燃、易爆。

【应用】本品用作抛射剂,用于局部药用气雾剂。抛射剂的浓度范围以质量计约5%～95%。

【注意事项】

（1）本品与水不能混合,与药用气雾剂处方中常用成分无配伍禁忌,可与非极性物质和某些半极性化合物混合。

（2）本品气体常使人难以忍受,极易燃烧和爆炸,操作者只能在防爆室和有防爆装置的地方操作,并要戴安全眼镜、戴防护手套和穿防护衣。

（3）本品宜贮于密闭的钢瓶内,存放于阴凉处,搬运时要小心。

异　丁　烷

【来源与制法】别名2-甲基丙烷。本品为天然品。在除去大部分不饱和化合物后,经分馏而得。

【性质】本品为一种液状气体。室温下钢瓶内,低于自身蒸气压的情况下存放时呈液态。在室温和常压下暴露在空气中呈气态。本品是一种澄明、无色、无臭的液体,但轻微的醚样气味。沸点为-11.7℃,液体相对密度为0.56,空气中易燃点:体积分数低限为8.4%。稳定,对水不起反应,对金属无腐蚀性,能溶于醇、醚和三氯甲烷,微溶于水,易燃、易爆。

【应用】做气雾剂的抛射剂,浓度范围为5%～95%,同丁烷。在泡沫气雾剂中一般用约4%～5%的异丁烷（84.1%）和丙烷（15.9%）组成碳氢化合物抛射剂。喷雾剂所用的抛射剂浓度为5%或更高些。

【注意事项】

（1）本品配伍变化和安全性同丁烷。

（2）本品时高度易燃易爆的液态气体,应贮于密闭的钢瓶内,存于冷处。

二氧化碳（CO_2）

【来源与制法】本品为生产石灰的副产物。即由碳酸钙加热分解,焦炭或其他含碳物质燃烧,糖类发酵,酸作用于石灰石、大理石等而制得。

【性质】 本品为无色、无臭,微带酸味的不助燃的惰性气体。本品化学性质稳定,相对密度(液态):在25℃为718.8kg/m³,比空气重1.5倍;溶解度:在25℃水中溶解度为1:1,在金属容器内加压,不超过31℃即液化。

【应用】 二氧化碳可用作局部药物气雾剂的抛射剂,属于压缩气体类。缺点是随着容器内气体和药液的减少,压力逐渐降低,有时不足,内容物剩下10%时不能喷出。

【注意事项】

(1) 本品与碱性物质起配伍变化,与多种金属离子产生沉淀。

(2) 本品在空气中浓度过高,可使人产生不适,严重时可危及生命。

(3) 本品应置于密封的钢瓶中,贮存于阴凉、通风处。

氮气(N_2)

【来源与制法】 别名氮。本品由液态空气分馏而制得。

【性质】 本品为无色、无臭、无味的气体,不燃和不助燃,微溶于水,稍溶于乙醇。沸点为-195.8℃。

【应用】 本品为压缩气体抛射剂,与二氧化碳相同,主要用作局部用药气雾剂的抛射剂。氮气不溶于水及其他溶剂,因此与药物制剂不能混合在一起。由于氮气的不溶性,其只需要极少的用量即可以得到需要的压力。本品也可作空气取代剂。

【注意事项】

(1) 本品一般被认为是无毒、无刺激性的材料,然而它是窒息剂,大量吸入有危险性。

(2) 本品应贮于钢瓶中。

三、应用及分析

硫酸沙丁胺醇气雾剂

[处方] 硫酸沙丁胺醇24.4g 卵磷脂4.8g 无水乙醇1.2kg

   四氟乙烷16.5kg 制成1000支

[分析] 本品为混悬型气雾剂,处方中硫酸沙丁胺醇是主药,卵磷脂是表面活性剂,无水乙醇是分散剂,四氟乙烷是抛射剂。

点滴积累 ∨ ···

1. 气雾剂的抛射剂分为液化气体(氟氯烷烃类、氢氟烷烃类、碳氢化合物)和压缩气体两大类。

2. 2010年我国药监部门宣布全面禁用氟利昂作为抛射剂用于药用吸入气雾剂之中。

3. 常用的氢氟烷烃类抛射剂有四氟乙烷(HFC-134a)和七氟丙烷(HFA-227);碳氢化合物有正丁烷、异丁烷、丙烷和丁烷等;压缩气体有氮气、二氧化碳等。

目标检测

一、选择题

（一）单项选择题

1. 尤其适用于不稳定的药物如抗生素等的基质是（　　）

    A. 甘油　　　　　　B. PEG　　　　　　C. 凡士林　　　　　　D. CMC-Na

2. 蜂蜡和鲸蜡主要用于（　　）

    A. 增加基质吸水能力　　　　　　　B. 调节软膏基质的稠度

    C. 作为乳化剂　　　　　　　　　　D. 作为保湿剂

3. 对于湿润、糜烂创面的治疗最适宜采用哪类基质配制的软膏（　　）

    A. 水溶性基质　　　　　　　　　　B. 油脂性基质

    C. W/O 型乳剂基质　　　　　　　　D. O/W 型乳剂基质

4. 关于凝胶剂基质以下说法哪项是错误的（　　）

    A. 有水性和油性之分

    B. 水性凝胶基质润滑作用较差，易失水和霉变

    C. 纤维素衍生物、卡波姆是常用的水性凝胶基质

    D. 水性凝胶基质不易涂展和洗除

5. 气雾剂抛射剂中破坏臭氧层的是（　　）

    A. 氟氯烷烃类　　B. 氢氟烷烃类　　C. 碳氢化合物　　D. 压缩气体

（二）多项选择题

1. 不属于水溶性软膏基质的是（　　）

    A. 凡士林　　　　B. 羊毛脂　　　　C. 蜂蜡　　　　D. 石蜡

2. 乳剂型基质的基本组成是（　　）

    A. 油相　　　　　B. 水相　　　　　C. 润湿剂　　　　D. 乳化剂

3. 下列软膏基质中需加入保湿剂和防腐剂的是（　　）

    A. 油脂性基质　　　　　　　　　　B. 水溶性基质

    C. W/O 型乳剂基质　　　　　　　　D. O/W 型乳剂基质

4. 以下说法错误的是（　　）

    A. 遇水不稳定的药物可用 W/O 型乳剂基质制作软膏

    B. 油溶性基质易长菌，须加入防腐剂

    C. 水溶性基质一般释放药物较快

    D. 凡士林、羊毛脂属于水溶性基质

5. 下列叙述正确的是（　　）

    A. 气雾剂由药物与附加剂、抛射剂、耐压容器和阀门系统组成

    B. 抛射剂是气雾剂的喷射动力来源

　　C. 抛射剂分为液化气体和压缩气体两大类

　　D. 压缩气体对大气臭氧层有破坏,故禁用

二、简答题

1. 常用的软膏基质有哪几类? 举例说明。

2. 简述抛射剂的选用。

3. 常用的抛射剂有哪几类? 举例说明。

三、实例分析

1. 试分析处方中各成分的作用:

［处方］醋酸地塞米松 0.5g　　　单硬脂酸甘油酯 70.0g　　　甘油 85.0g

　　　　硬脂酸 112.5g　　　　　白凡士林 85.0g　　　　　羟苯乙酯 1.0g

　　　　十二醇硫酸酯钠 10.0g　　蒸馏水 635.5ml

2. 盐酸异丙肾上腺素气雾剂

［处方］盐酸异丙肾上腺素 2.5g　　维生素 C 1.0g　　　　乙醇 296.5g

　　　　二氯二氟甲烷适量

　　　　共制 1000.0g

（1）试分析处方中各成分的作用。

（2）本品长期使用存在什么问题?

（宁素云）

第八章

药物新剂型常用辅料

导学情景 ∨

情景描述:

紫杉醇具有良好的抗肿瘤活性,享有癌症克星的美誉。紫杉醇脂质体的价格(1200 元/30mg)远远高于普通冻干粉针(600 元/30mg),这是因为将紫杉醇制成脂质体,可降低副作用并提高疗效。因此紫杉醇脂质体在造福患者的同时也给制药企业带来了高额利润。请问:①紫杉醇脂质体所采用的的主要辅料是什么? ②除脂质体外,还有哪些新技术和新辅料可能会用于紫杉醇的新剂型中?

学前导语:

脂质体既是一种新剂型,也是一种新技术,被广泛应用于抗癌药物的转运,以提高疗效、降低副作用,脂质体主要的辅料是磷脂和胆固醇。当前,除脂质体外,转运紫杉醇的主要新技术和新辅料包括:①纳米粒:目前多采用生物可降解的新型共聚物作为制备材料,用聚乙二醇、聚乙烯醇、聚维酮、肝素、人血白蛋白、唾液酸及神经节苷酯等进行修饰,达到长循环目的;②包合物:以 β-环糊精、甲基-β-环糊精、羟丙基-β-环糊精包合物为主,也有透明质酸包合物的报道;③亚微乳:三油酸甘油酯、磷脂酰胆碱、吐温 80、聚乙二醇-磷脂酰乙醇胺等辅料;④此外还包括聚合物胶束、自乳化给药系统等。

第一节 缓控释制剂辅料

一、概述

缓释制剂(sustained release preparations)是指用药后能在较长时间内按要求缓慢地非恒速(主要是一级速度过程)释放药物,使血药浓度能够长时间维持在有效浓度范围内的制剂,从而达到长效作用的制剂。缓释制剂给药频率比普通制剂减少一半或有所减少,且能显著增加患者的顺应性。控释制剂(controlled release preparations)是指药物能在预定的时间内缓慢地恒速或接近恒速释放药物,比普通制剂的给药频率减少一半或有所减少,血药浓度比缓释制剂更加平稳,且能显著增加患者依从性的制剂。

缓控释制剂除口服外,还包括眼用、鼻腔、耳道、直肠、阴道、透皮、肌内注射及皮下植入等给药途径,与相应的普通制剂相比缓控释制剂具有治疗作用持久、可减少用药的总剂量、毒副作用低、给药频率少、血药浓度波动小、患者依从性高等特点。

缓控释制剂中药物的释放主要依靠溶出、扩散、溶蚀、渗透压和离子交换等机制,因此辅料的种类、型号、配比等对药物释放性能的影响很大。在缓控释制剂的处方设计中,能够控制延缓药物溶出或扩散、控制药物释放速率、释放部位和起延时释放作用的辅料统称为缓控释材料。缓释和控释就辅料而言,有许多相同之处,只是它们与药物混合和结合的方式及制备工艺不同而表现出不同的释药性能。应根据药物的理化性质及临床需要,充分考虑缓控释制剂的影响因素和使用范围;要根据不同的给药途径,选择适宜的缓控释材料。同时,还要从安全性、有效性、稳定性和患者依从性来选择适当的辅料。

知识链接

渗透泵片

利用渗透泵原理制成的控释制剂,能均匀恒速释放药物,且不受胃肠道等外界因素的影响。是一种特殊类型的包衣片,衣膜为半渗透膜,水可渗透进入但是药物不能渗出;为了让药物渗出,在衣膜上用激光打了一个释药小孔,片芯内加有产生渗透压的水溶性低分子或高分子以将药物溶液推出释药小孔。

二、缓控释制剂辅料的种类

一般缓控释制剂中起缓释、控释的辅料多为高分子聚合物,有骨架材料、包衣材料、致孔剂和增塑剂等,主要辅料具体品种介绍请参见第三章高分子材料。

(一) 骨架材料

骨架型缓控释制剂是将药物分散在一种或多种骨架材料中,药物以不同机制缓慢释放的制剂。常用的主要有不溶性骨架材料、生物溶蚀性骨架材料、亲水凝胶骨架材料。

1. 不溶性骨架材料 大部分为不溶于水或水溶性极小的高分子聚合物或无毒塑料等,如乙基纤维素(EC)、聚乙烯、聚丙烯、聚氧乙烯、聚硅氧烷、聚甲基丙烯酸甲酯、和乙烯-醋酸乙烯共聚物(EVA)等,通常用于水溶性药物的缓控释。除骨架材料外,乳糖、氯化钠、聚乙二醇等亲水性辅料同样可用以调节药物释放速度。

2. 溶蚀性骨架材料 包括蜡质、脂肪酸及其酯类等物质,该类材料通过制剂外表逐渐溶蚀脱落的过程来延滞水溶性药物的释放。常用的有硬脂酸、蜂蜡、氢化植物油、单硬脂酸甘油酯、甘油硬脂酸酯、巴西棕榈蜡和十八烷醇等,同时辅以聚维酮、聚乙二醇等水溶性辅料来调节释药速度。溶蚀性骨架主要可通过熔融技术、溶剂蒸发技术来制备。

3. 亲水凝胶骨架材料 遇水或消化液后使骨架膨胀,形成凝胶屏障而控制药物释放的物质,这类骨架材料可应用于水溶性或水难溶性药物。常用的亲水凝胶骨架材料大致分为四类:①纤维素衍生物,如甲基纤维素(MC)、羟乙纤维素(HEC)、羧甲纤维素钠(CMC-Na)、羟丙甲纤维素(HPMC)等;②非纤维素多糖,如壳聚糖、半乳糖甘露聚糖等;③天然植物或动物胶,如琼脂、西黄蓍胶、海藻酸钠、黄原胶、果胶等;④乙烯聚合物和丙烯酸树脂,如聚乙烯醇、卡波姆、聚甲基丙烯酸酯等。

(二) 包衣材料

缓控释材料可通过包衣膜来控制和调节药物在体内的释放速率的,故包衣材料的选择、包衣膜的组成是制备此类缓控释制剂的关键。常用缓控释包衣材料包括不溶性高分子材料和肠溶性高分子材料两类:①不溶性高分子材料,如乙基纤维素、醋酸纤维素、乙烯-醋酸乙烯共聚物(EVA)等;②肠溶性高分子材料,如羟丙甲纤维素酞酸酯(HPMCP)、醋酸羟丙甲纤维素琥珀酸酯(HPMCAS)、肠溶性Ⅱ号和Ⅲ号丙烯酸树脂等。利用肠溶性包衣材料在肠液中的溶解特性,可控制药物在适当部位溶解。

(三) 增塑剂

如聚乙二醇、丙二醇、蓖麻油、吐温80、邻苯二甲酸二乙酯、柠檬酸三乙酯等,主要用于增加包衣材料的塑性。

(四) 致孔剂

致孔剂可用在包衣膜缓控释制剂中调节药物的释放速率,如聚维酮(PVP)、聚乙烯醇(PVA)、羟丙甲纤维素(HPMC)、羧甲纤维素钠、甲基纤维素(MC)等水溶性高分子和氯化钠、乳糖等小分子辅料,十二烷基硫酸钠和泊洛沙姆等表面活性剂也可用作致孔剂。

(五) 增黏剂

是一类水溶性高分子材料,主要用于液体制剂,通过增加溶液黏度而减慢药物扩散速度、降低药物释放和延缓药物吸收。常用的有明胶、羧甲纤维素钠、阿拉伯胶、聚维酮和右旋糖酐等。

三、应用及分析

(一) 口服缓释制剂:茶碱包衣骨架片

[处方]

片芯:羟丙基茶碱 1.687kg　　　二羟丙茶碱 1.687kg

　　　无水茶碱 1.125kg　　　　10% PVP 水溶液适量

　　　乙基丙烯酸树脂-Eudragit E30D(7∶3)水分散体 1.50kg

　　　微晶纤维素 0.45kg　　　　胶质二氧化硅 0.009kg

　　　硬脂酸镁 0.025kg

包衣层:Eudragit E30D 0.187kg　　乳糖 0.046kg　　滑石粉 0.047kg

　　　吐温80 0.004kg　　　　靛蓝 1.5g　　　二氧化钛 0.75g

　　　水 500g

[分析] 10% PVP 为黏合剂,目的是对茶碱进行制粒;乙基丙烯酸树脂-Eudragit E30D(7∶3)水分散体用以对制得的颗粒进行包衣,以初步控制药物的释放;微晶纤维素为片剂填充剂;二氧化硅和硬脂酸镁为片剂的助流剂和润滑剂;Eudragit E30D 是片剂包衣的膜材,是该膜控型缓释制剂的成膜

材料;乳糖是水溶性致孔剂,用以调节药物的释放。滑石粉是抗黏剂,用以防止包衣过程中片剂衣膜之间的粘连;吐温 80 作为表面活性剂,具有较好的润湿作用,有助于帮助不溶性辅料 Eudragit E30D 在包衣液中的润湿分散;靛蓝为色素;二氧化钛为遮光剂;水为包衣液的分散介质。

(二) 口服缓释制剂:呋喃唑酮胃漂浮片

[处方] 呋喃唑酮 100g   HPMC 43g   丙烯酸树脂 40g

十六醇 70g   十二烷基硫酸钠适量   硬脂酸镁适量

[分析] HPMC 为亲水凝胶骨架材料,与胃溶型丙烯酸树脂一起构成凝胶骨架;十六醇为轻质材料,密度小,有助于降低整个骨架片的密度,从而帮助该呋喃唑酮片能漂浮于胃内容物之上,防止片剂迅速排空到十二指肠,持续在胃部释放呋喃唑酮发挥其抗胃溃疡的作用;十二烷基硫酸钠一方面可以提高片剂的润湿性,另一方面有助于增加药物的溶解度;硬脂酸镁为压片用润滑剂。

(三) 口服控释制剂:硫酸沙丁胺醇渗透泵片

[处方]

片芯:硫酸沙丁胺醇 96g   氯化钠 189g   PVP 12g   CMC-Na 0.2g

硬脂酸镁适量   乙醇适量

包衣层:醋酸纤维素与 PEG1500 的丙酮-乙醇(95:5)溶液。

[分析] 氯化钠为填充剂和产生渗透压物质;PVP 和 CMC-Na 为黏合剂;乙醇为黏合剂的溶剂;硬脂酸镁为润滑剂;醋酸纤维素与 PEG1500 为包衣成膜材料。包衣完成后,在包衣片一侧打直径约 0.4mm 的小孔,即得硫酸沙丁胺醇渗透泵控释片。

点滴积累 ∨

1. 缓释制剂与控释制剂:缓慢、非恒速释药;缓慢、恒速或接近恒速释药。

2. 缓控释制剂辅料:骨架材料、包衣材料、致孔剂和增塑剂。

3. 骨架材料:不溶性骨架材料、生物溶蚀性骨架材料、亲水凝胶骨架。

4. 包衣材料:不溶性高分子材料、肠溶性高分子材料。

第二节　经皮给药系统辅料

一、概述

经皮给药系统(transdermal drug delivery system,TDDS)又称经皮治疗系统(transdermal therapeutic system,TTS)是指药物以一定的速率透过皮肤吸收进入全身血液循环产生药效的一类制剂,其特点是可长时间维持血药浓度稳定、避免胃肠道和肝药酶对药物的首关效应,提高了药物的生物利用度,减少给药频率,且方便安全。与常规的软膏剂、巴布剂和涂剂等皮肤外用制剂不同的是,TDDS 可治疗与预防全身性疾病及皮肤深部的疾病。当然,经皮给药系统也存在药物透过皮肤屏障的速率慢、多数药物因为透率低而达不到有效治疗浓度、有些药物具有的刺激性和过敏性等缺点而不宜制成TDDS。

目前常用的经皮给药制剂剂型为贴剂,即经皮肤敷贴方式给药,药物透过皮肤经毛细血管吸收进入全身血液循环达到有效血药浓度,并扩散至各组织或病变部位起预防或治疗疾病的作用。美国上市的第一个TDDS即东莨菪碱贴剂,用于旅行中的晕车和手术麻醉与阵痛所致的呕吐,自上市以来就凭借其独特优点备受医药界的关注。经皮给药制剂除贴剂外,还有溶液剂、涂布剂、乳膏剂、乳剂、油膏剂、膏剂等。美国和其他国家上市的TDDS已达数十种,如硝酸甘油、可乐定、睾酮、丁丙诺啡、雌二醇、硝酸异山梨酯等药物的经皮给药系统。

近年来,随着经皮给药技术的不断发展,新型高分子聚合物与渗透促进剂的不断应用以及人们对皮肤结构、功能研究的不断深入,出现了越来越多更安全、有效的TDDS制剂。经皮给药系统中辅料的应用也越来越受到重视。

二、经皮给药系统辅料的种类

经皮给药系统辅料主要包括控释膜材料、骨架材料、压敏胶(敷贴用)、背衬材料、保护膜材料、药库材料和透皮促进剂,根据主药的理化性质,还可适当添加增溶剂、助溶剂等其他辅料。

(一) 控释膜材料和骨架材料

控释膜材料和骨架材料多为高分子材料,主要用于控制药物的释放和扩散速度,具体品种介绍详见第三章高分子材料。一般储库型的TDDS就是指将药物和透皮吸收促进剂等包裹在控释膜材料中或其他控释材料中制成药物储库,药物的释放速率主要由控释膜或高分子包裹材料来控制。常用的控膜材料有乙烯-醋酸乙烯共聚物(EVA)、硅橡胶、聚乙烯、聚丙烯、醋酸纤维素等。骨架型TDDS是指将药物均匀分散或溶解在压敏胶或聚合物骨架中,然后贴于背衬层,加黏胶层和防黏层制得,药物的释放速度主要通过调节骨架的组成来控制。常用的骨架材料有聚乙烯醇、聚乙烯吡咯烷酮、聚硅氧烷和三醋酸纤维素等,骨架中还可以加入一定量的润湿剂如水、丙二醇和聚乙二醇等以调节释药速度。

(二) 压敏胶

压敏胶(pressure sensitive adhesive)是指在轻微压力下即可粘贴同时又容易剥离的胶黏材料。压敏胶是经皮给药系统的重要组成材料,保证释药面与皮肤充分接触,使药物顺利扩散。用于经皮给药系统的压敏胶应具有适宜的黏度、生物相容性、稳定的理化性质、不与药物发生配伍禁忌以及不影响穿透。传统类型压敏胶主要有聚异丁烯类、聚硅氧烷类和聚丙烯酸树脂类三类。为了提高压敏胶的载药量、生物相容性和经皮给药速率,可对传统压敏胶进行物理或化学改性(如调节交联度,加入乙二醇、甘油和聚乙二醇等水溶性添加剂,改性聚合物的单体)、制成PEG-PVP水凝胶压敏胶及水性聚氨酯压敏胶等。

(三) 透皮促进剂

皮肤是一道很难透过的天然屏障,大多数药物经皮给药透过速率缓慢,难以达到有效药物浓度。透皮促进剂(penetration enhancer)是指能够降低药物穿透皮肤的阻力,加速药物透过皮肤的物质。

理想的透皮促进剂应具有对皮肤无毒性、无刺激性、无过敏性、无药理活性、理化性质稳定、无配伍禁忌、起效迅速和作用时间长等特点。常用的透皮促进剂包括表面活性剂（如SDS、吐温80、卵磷脂）、有机溶剂（如乙醇、丙二醇、二甲基亚砜、葵基甲基亚砜）、氮酮类化合物（如月桂氮䓬酮、N-甲基吡咯酮、5-甲基吡咯酮）、有机酸（如油酸、月桂酸）、角质保湿剂（如尿素、N-甲基吡咯烷酮、2-吡咯烷酮）和萜烯类化合物（如薄荷油、松节油、桉叶油）。

知识链接

影响经皮给药的因素

1. 影响经皮给药的生理因素：种属、性别、部位、皮肤状态、皮肤温度、代谢作用。

2. 影响经皮给药的药物理化性质：分配系数与溶解度、分子大小与形状、pKa、熔点、分子结构。

3. 影响经皮给药的剂型因素：剂型、基质、pH、药物浓度与给药面积、透皮吸收促进剂。

（四）其他辅料

1. 背衬材料　背衬材料要求具有一定强度，能够支撑给药系统，并具有一定的拉伸强度和柔软性，不渗漏，对药物、溶剂、光线、湿气等均有较好的阻隔性能。背衬材料有聚氯乙烯、聚乙烯、铝箔、聚丙烯和聚酯等，常用它们制成的多层复合铝箔（双层或三层）等，厚度约$20\sim50\mu m$。背衬层最好具备一定的透气性，比如可在背衬层上打微孔，或在背衬膜内垫一层聚氨酯或聚乙烯等制备的发泡体，吸收水分。

2. 防黏保护材料　主要用于经皮给药系统黏胶层的保护。一般根据膜材及压敏胶的种类进行选择，常用聚乙烯、聚丙烯、聚苯乙烯等，一般用有机硅隔离剂处理，以免压敏胶粘连。

3. 药库材料　药库材料可以用单一材料，也可以用多种材料配制的软膏、糊剂、混悬液、水凝胶等。较为常用的材料有卡波姆、聚乙烯醇、羟丙甲纤维素等，同时压敏胶和骨架膜材也可以作为药库材料。

三、应用及分析

（一）东莨菪碱经皮给药系统

［处方］

组分	储库层（%）	黏胶层（%）	组分	储库层（%）	黏胶层（%）
东莨菪碱	15.7	4.6	液体石蜡	58.4	63.6
聚异丁烯 MML-100	29.2	31.8	氯仿	860.2	360.2
聚异丁烯 LM-MS	36.5	39.8			

［分析］东莨菪碱TDDS给药后8小时达到最大血药浓度，维持12小时；该TDDS为复合膜性系统，除背衬层与保护膜外，控释膜是聚丙烯微孔膜，储库层与黏胶层都是以聚异丁烯压敏胶为基质；

氯仿为溶剂,在制备过程烘干除去。

(二) 可乐定经皮给药系统

[处方]

组分	储库层 (%)	黏胶层 (%)	组分	储库层 (%)	黏胶层 (%)
可乐定	2.9	0.9	液体石蜡	10.4	11.4
聚异丁烯 MML-100	5.2	5.7	庚烷	75	75
聚异丁烯 LM-MS	6.5	7	胶态二氧化硅	适量	适量

[分析] 可乐定是强效降压药,还可用于防治偏头痛与治疗开角型青光眼。可乐定经皮给药系统应用于皮肤上后能持续7天以恒定的速率给药;该 TDDS 的背衬膜是聚酯膜;药物储库含可乐定、液体石蜡、聚异丁烯和胶态二氧化硅,聚异丁烯可作为药物储库的高分子材料和压敏胶,溶剂庚烷在制备后期除去,液体石蜡作为溶剂,胶态二氧化硅可作为填充剂与释药调节剂;用药后,黏胶层的药物饱和接触的皮肤,且储库层的药物也通过控释膜释放,用药 2 ~ 3 天后达到治疗血药浓度并维持3 ~ 5 天。

点滴积累 V

1. 经皮给药系统的特点:长效、低剂量、无首关效应。
2. DDS 主要辅料:控释膜材料、骨架材料、压敏胶(敷贴用)、背衬材料、保护膜材料、药库材料和透皮促进剂。

第三节 固体分散体载体

一、概述

固体分散体又称为固体分散物,是将难溶性药物高度分散在固体辅料(载体)中形成的一种以固体形式存在的分散系统。在固体分散体中,难溶性药物通常以分子、微晶、胶态或无定状态等高度分散状态存在。根据 Noyes-Whitney 方程,溶出速率随分散度的增大而提高,因此固体分散体可提高难溶性药物的溶出速度和溶解度,进而提高药物的吸收和生物利用度,且可降低药物的不良反应。

固体分散体可看作是中间体,根据载体性质的不同(水溶性、难溶性或肠溶性材料)可进一步制备药物的速释制剂、缓释制剂或肠溶制剂,如预防冠心病的苏合香制成固体分散体(如滴丸剂)后,起效时间由普通胶囊剂的 10 ~ 20 分钟缩短为 2 ~ 3 分钟。

固体分散体辅料的选用,一般应根据相似相溶的原理选择药物相应的载体。在此基础上,采用混合载体形成多元体系固体分散体,具有稳定、增溶和调整释药速度的作用,如吲哚美辛固体分散体,采用 HP-55 和 PEG4000 为混合载体,通过调节混合载体比例可加快或减慢药物的释放速率。另外,由于固体分散体在贮存期间可能存在硬度变大、析出结晶、药物溶出度降低等老化现象,因此选用载体时必须兼顾到固体分散体的稳定性。

知识链接

固体分散体的制备与鉴定

固体分散体的制备方法包括熔融法、溶剂法、溶剂-熔融法、溶剂喷雾冷冻干燥法、研磨法等。固体分散体的鉴定方法有:热分析法(差示扫描量热法 DSC,差热分析法 DTA)、X 射线衍射法、红外光谱法(IR)、光学显微镜法等。

二、固体分散体载体的种类

常用的固体分散体载体材料可分为水溶性、难溶性和肠溶性。速释型固体分散体就是利用亲水性载体制备的固体分散体系;缓释控释固体分散体是以水不溶性或脂溶性载体制备的固体分散体,药物通过溶解扩散或骨架扩散体系缓慢释放;肠溶性固体分散体是利用肠溶材料为载体,制备的定位于肠道溶解释放药物的固体分散体。

(一)水溶性载体材料

常用的有高分子聚合物、纤维素衍生物、表面活性剂、有机酸及糖类等。

1. 聚乙二醇类(PEG 类) PEG4000 或 PEG6000 是最常用的水溶性载体,具有良好的水溶性,亦能溶于多种有机溶剂,可使某些药物以分子状态分散,阻止药物聚集,能够显著增加药物的溶出速率,提高药物的生物利用度。其熔点低(55~60℃),毒性小,化学性质稳定(180℃才分解),不干扰药物的含量分析。当药物为油类时,宜用分子量更高的 PEG 作为载体,如 PEG12000、PEG20000 与 PEG6000 的混合物。由于熔点低,PEG 作为载体时,一般用熔融法制备固体分散体。一般 PEG 用量越多,药物的溶出越快。

2. 聚维酮(PVP) PVP 为无定形高分子聚合物,无毒,熔点高,对热稳定(加热到150℃才变色),易溶于水和多种有机溶剂。对许多药物有较强的抑晶作用,但在贮存过程中易吸湿而析出药物结晶。由于熔点高,宜采用溶剂法制备固体分散体,不宜用熔融法。药物和 PVP 形成共沉淀物时,PVP 与药物之间的相互作用是抑制药物结晶的主要因素,如磺胺异噁唑与 PVP 形成的络合物稳定常数大,因而可形成共沉淀物;而咖啡因或萘啶酸与 PVP 形成的络合物不够稳定,因而不宜用 PVP 制成固体分散体。一般而言,PVP 分子量越低,形成的共沉淀物溶出率越高,因此布洛芬固体分散体的溶出速率为布洛芬-PVP K15 > 布洛芬-PVP K30 > 布洛芬-PVP K90。

3. 表面活性剂类 常用含聚氧乙烯基的表面活性剂作为载体材料,其特点是易溶于水或有机溶剂,载药量大,能在蒸发过程中阻滞药物产生结晶,是理想的速效载体材料。如聚氧乙烯(PEO)、泊洛沙姆 188(普郎尼克 F68)、聚羧乙烯(CP)等。特别是应用泊洛沙姆 188 为载体,采用熔融法或溶剂法制备固体分散体,可大大提高溶出速率和生物利用度,效果优于 PEG 类载体。

4. 糖类与醇类 常用壳聚糖、右旋糖酐、半乳糖和蔗糖等糖类作为载体材料;醇类常用甘露醇、山梨醇、木糖醇等作为载体材料。它们共同的特点是分子中有多个羟基,具有较好的水溶性,同时可与药物以氢键结合生成固体分散体,适用于熔点高、剂量小的药物,尤以甘露醇为最佳。糖醇类载体多用以配合 PEG 类高分子做联合载体,以克服 PEG 溶解是形成的富含药物的表面层妨碍对基质的进一步溶解或溶蚀的缺点。

5. 纤维素衍生物 常用羟丙纤维素(HPC)、羟丙甲纤维素(HMPC)等,它们与药物形成的固体分散体难以粉碎研磨,需加入适量乳糖、微晶纤维素等加以改善。

6. 有机酸类 该类载体材料分子量小,载药量小,常用的有枸橼酸、琥珀酸、酒石酸、胆酸及脱氧胆酸等,它们易溶于水而不溶于有机溶剂,多形成低共熔物。如核黄素-枸橼酸(3∶97)低共熔混合物,其溶出速度为核黄素的 22 倍。

(二)难溶性载体材料

1. 纤维素类 常用乙基纤维素(EC),易溶于有机溶剂,不溶于水,含有羟基能与药物形成氢键,黏性大,载药量大,稳定性好,不易老化,释药不受 pH 的影响。EC 多采用溶剂蒸发法应用于制备缓释固体分散体,可加入 HPC、PEG、PVP 和表面活性剂等水溶性物质作为致孔剂以调节释药速率。

2. 聚丙烯酸树脂类 含季铵基的聚丙烯树脂 Eudragit E、Eudragit RL 和 Eudragit RS 等,在胃液中可溶胀,在肠液中不溶,也不被吸收,对人体无害。多采用溶剂蒸发共沉淀法制备缓释固体分散体,可通过调节三者比例以获得理想的释药速度,亦可加入水溶性物质如 PEG、PVP 等增加固体分散体的穿透性,调节药物释放速率。

3. 脂质类 常用胆固醇、β-谷固醇、胆固醇硬脂酸酯、棕榈酸甘油酯、蜂蜡、巴西棕榈蜡及氢化蓖麻油等脂质材料,可作为载体制备缓释固体分散体,这类固体分散体常用熔融法制备。可加入表面活性剂、PVP、糖类等水溶性材料调节释药速率。

(三)肠溶性载体材料

1. 纤维素类 常用的有醋酸纤维素酞酸酯(CAP)、羟丙甲纤维素邻苯二甲酸酯(HPMCP)、邻苯二甲酸聚乙烯醇酯(PVAP)、醋酸羟丙甲纤维素琥珀酸酯(HPMCAS),这些材料均能溶于肠液中,可用于制备胃内不稳定的药物在肠道释放和吸收的固体分散体。HPMCP 结构中无醋酸根基团,故不像 CAP 那样在保存过程中产生醋酸味,HPMCP 在 pH 5.0～5.5 水液中溶解,有 HP-55 和 HP-50 两种型号,释药速率稍有不同,供酌情选用,多用溶剂蒸发法制备固体分散体。

2. 丙烯酸树脂类 常用 Eudragit L 和 Eudragit S,分别相当于国产 Ⅱ 号聚丙烯酸树脂和国产 Ⅲ 号聚丙烯酸树脂,前者在 pH 6 以上的介质中溶解,后者在 pH 7 以上的介质中溶解,有时将两者联合使用,亦多用溶剂蒸发法制备固体分散体。

案例分析

[案例] 将药物制成固体分散体,其所用辅料有三种类型:水溶性载体材料,难溶性载体材料,肠溶性载体材料。那么,为了提高药物的生物利用度,采用固体分散体时如何选择辅料类型呢?

[分析] ①一般而言,制备固体分散体时,需要增加难溶性药物的溶解度可选用水溶性载体材料;②需要制成缓、控释给药系统时,可考虑选用难溶性载体材料以延缓药物(尤其是易溶性药物)的释放;③不管是难溶性药物还是易溶性药物,当不需要其在胃部释放,而只能在肠道释放时,可选用肠溶性载体材料。

三、应用及分析

(一) 肉桂油固体分散体(缓释)

[处方] 肉桂油适量　　　　　硬脂酸3份　　　　　PEG6000 4份
单硬脂酸甘油酯1份

[分析] 肉桂油为主药;硬脂酸和单硬脂酸甘油酯为固体分散体难溶性载体,作为缓释的主要辅料;PEG6000作为固体分散体载体,有利于调节释药速率。

(二) 格列美脲体分散片(速释)

[处方] 格列美脲1g　　　　二氯甲烷40ml　　　VP K30 4g
乙醇200g　　　　　　微晶纤维素27g　　　预胶化淀粉25g
交联PVP 12g　　　　羧甲淀粉钠2.5g　　　PVP K30 3.5g
硬脂酸镁0.7g

[分析] 格列美脲为主药,前面的PVP K30为固体分散体载体,二氯甲烷和乙醇分为是药物和载体的溶剂,采用溶剂蒸发法(此处为喷雾干燥)制备成固体分散体待压片用;微晶纤维素与预胶化淀粉为片剂填充剂,交联PVP和羧甲淀粉钠分别是内加崩解剂和外加崩解剂;后面的PVP K30为黏合剂;硬脂酸镁为润滑剂。

点滴积累 ∨

1. 固体分散体的主要作用:提高或降低药物溶出速度。
2. 固体分散体的载体:水溶性(水溶性高分子聚合物、纤维素衍生物、表面活性剂、有机酸及糖类)、难溶性(EC、Eudragit E、Eudragit RL、Eudragit RS、脂质类)或肠溶性(CAP、HPM-CP、PVAP、HPMCAS、Eudragit L、Eudragit S)材料。

第四节　微型包囊和微型成球辅料

一、概述

微型包囊简称微囊,是将固态或液态药物(囊心物)包裹于天然或合成的高分子材料(囊膜)中得到的药库型微小胶囊;而微型成球,简称微球,是将药物溶解或分散在高分子材料基质中,形成骨架型的微小球实体。微型包囊和微型成球技术是近 50 年来用于药物制剂的新工艺和新技术,成囊与成球的过程统称微囊化(microencapsulation)。粒径在 1~250μm 范围之间的称微囊(microcapsule)和微球(microsphere),粒径在 100~1000nm 范围之间的则称亚微囊和亚微球,粒径在 10~100nm 范围之间的则称纳米囊和纳米球。

跟固体分散体相似,微囊与微球可以看作是中间体,以供进一步加工成片剂、胶囊等剂型。药物微囊化具有很多优越性:①提高药物稳定性,防止空气、水分、光线和胃液等因素对药物的化学降解作用;②掩盖药物的不良气味,亦可将液体药物包裹之后实现固体化;③控制药物释放部位与速率,延长药物疗效;④纳米囊进一步加工成注射剂,可作为靶向制剂;⑤减少复方制剂的配伍,将两种药物分别包囊隔离,防止相互间的理化反应;⑥改善药物的流动性与可压性。

微型包囊和微型成球辅料选用的基本要求是性质稳定;有适宜的释药速率;有一定的强度和可塑性,能完全包裹囊心物;具有适宜的黏度、亲水性、溶解性、渗透性;无毒、无刺激性等。供注射用的微囊和微球的材料还要有生物相容性与生物可降解性。因而,在选择囊材时,应根据制备微囊的目的、药物的性质、囊材性质、制剂要求和现有设备条件进行选择。

知识链接

微囊的制备方法

微囊的制备方法包括物理方法、物化方法和化学方法。

1. 物理方法:喷雾干燥法、喷雾凝冻法、空气悬浮法、静电结合法、真空蒸发沉积法等。

2. 物化方法:油相分离法、水相分离法、熔化分离法、复相乳液法、挤压法等。

3. 化学方法:界面聚合法、辐射包囊法、分子包囊法、原位聚合法等。

二、微型包囊和微型成球辅料的种类

制备微囊与微球的辅料按来源可分为天然、半合成和合成高分子材料三类,具体品种介绍详见第三章高分子材料。

(一) 天然高分子材料

天然高分子材料具有无毒、成膜性好、性质稳定等优点,是最常用的囊材。常用的有明胶、阿拉伯胶、海藻酸钠、壳聚糖、蛋白类、淀粉等。

1. **明胶** 为氨基酸与肽交联形成的直链聚合物,主要是来自动物体结缔组织(如皮、肌腱等)中的胶原,然后部分水解得到的水溶性、能凝冻的一类物质的总称。明胶几乎无抗原性,可生物降解。聚合度不同的明胶具有不同的分子量,其平均分子量在 15 000~25 000 之间。明胶的制备方法有酸法、碱法和酶法,根据制备方法不同,可将明胶分为酸法明胶(A 型明胶,等电点为 7~9,1% 水溶液pH 3.8~6.0)、碱法明胶(B 型明胶,等电点为 4.7~5,1% 水溶液 pH 为 5~7.4)和酶法明胶,当pH 在其等电点以上时带负电荷,在等电点以下时则带正电荷。A 型明胶和 B 型明胶的成囊性与成球性无明显差别,通常可根据药物对酸碱性的要求选用 A 型或 B 型,也可与阿拉伯胶、果胶等配合使用。

2. 海藻酸盐 为多糖类化合物,常用稀碱从褐藻中提取而得。可溶于不同温度的水中,不溶于乙醇、乙醚及其他有机溶剂,可与甲壳素或聚赖氨酸合用作为复合载体材料。由于海藻酸钙不溶于水,海藻酸钠可用氯化钙固化成微囊或微球。

3. 壳聚糖 由甲壳素脱乙酰化制得的一种天然聚阳离子多糖,是为数不多的天然的碱性多糖,可溶于酸或酸性水溶液,安全无毒,在体内可被酶解,具有优良的生物降解性、黏附性和成膜性,几乎无免疫原性。

4. 蛋白类 常用的有白蛋白(如人血清白蛋白、小牛血清白蛋白)、玉米蛋白、鸡蛋白、小牛酪蛋白等,可生物降解,无明显抗原性,常采用加热固化或加化学交联剂(如甲醛、戊二醛或丁二烯)固化。

5. 淀粉 淀粉根据来源不同有玉米淀粉、马铃薯淀粉和小麦淀粉等,不同来源的淀粉分子中直链和支链的结构存在差别,不溶于冷水及乙醇。用作囊材等载体材料的常为淀粉的衍生物,如羟乙基淀粉、羧甲淀粉、马来酸酯化淀粉-丙烯酸共聚物等。

(二)半合成高分子材料

常用纤维素衍生物,如甲基纤维素、乙基纤维素、羧甲纤维素钠、羟丙甲纤维素、邻苯二甲酸醋酸纤维素、琥珀酸醋酸纤维素等。其特点是毒性小,黏度大、成盐后溶解度增大。这类高分子材料易水解,故不能高温处理,且最好现配现用。

1. 羧甲纤维素钠(CMC-Na) 属于阴离子型的高分子电解质,遇水溶胀,体积可增大 10 倍,在酸性溶液和有机溶剂中不溶,有抗盐能力和一定的热稳定性,不会发酵,与明胶及果胶可形成共凝聚物,常与明胶配合使用作为复合囊材。

2. 邻苯二甲酸醋酸纤维素(CAP) 强酸中不溶,可溶于 pH>6 的水溶液,分子中含游离羧基,用作囊材时可单独使用,用量一般约为 30g/L,也可与明胶一起作为复合囊材。

3. 乙基纤维素(EC) 系纤维素的乙基醚,具有较高的化学稳定性,不溶于水、丙二醇、甘油和聚乙二醇,可溶于乙醇,适用于多种药物的微囊化。但遇强酸易水解,故不适用作为强酸性药物囊材。

4. 甲基纤维素(MC) 在丙酮、甲醇、三氯甲烷、醇、醚、饱和盐溶液、热水中几乎不溶,溶于冰醋酸和定量混合的乙醇和三氯甲烷中,在冷水中膨胀并分散成澄明至乳白色黏稠胶态体系。低黏度的MC 可用于乳化橄榄油、花生油和液体石蜡,用于微囊材料的浓度为 10~30g/L,可与明胶、羧甲纤维素钠、聚维酮等配合使用作为复合囊材。

5. 羟丙甲纤维素(HPMC) 能溶于冷水成为黏性胶体溶液,热水中凝胶化,在三氯甲烷、乙醚和高浓度的乙醇中不溶,但在乙醇与二氯甲烷混合液、甲醇与二氯甲烷混合液、乙醇的水溶液(10%~80%)中溶解,HPMC 长期贮存具有较高的稳定性。

(三)合成高分子材料

合成高分子材料包括可生物降解和不可生物降解两类,近年来可生物降解并可生物吸收的材料受到普遍的重视和广泛的应用,常用的有聚碳酯、聚氨基酸、聚丙烯酸树脂、聚甲基丙烯酸甲酯、乙交酯丙交酯共聚物、聚乳酸-聚乙二醇嵌段共聚物、聚合醋酐和羧甲基葡聚糖等。其特点是无毒,成球性好,稳定性高,可用于注射。限于篇幅,下面只重点介绍几种。

1. 聚酯类 聚酯类是迄今为止研究最多、应用最广泛的可生物降解的合成高分子,基本上都是羟基酸或其内酯的聚合物。常用的羟基酸是乳酸和羟基乙酸。其中聚乳酸的平均分子量在1万~40万,降解周期为2~12个月;聚乳酸-聚乙二醇嵌段共聚物分子中,聚乳酸端为疏水性,聚乙二醇端为亲水性,调节二者比例及共聚物的分子量,可控制其降解性能,从而控制微囊或微球中药物的释放速率。

2. 聚合物酸酐 聚合酸酐的平均分子量在2000~200 000之间,选择不同聚合度的型号,并应用高分子并调整其他参数,可控制微囊或微球的粘连与聚集。

三、应用及分析

(一)大蒜油微囊

[处方] 大蒜油 1g　　　　　阿拉伯胶粉 0.5g　　　　3% 阿拉伯胶液 30ml

　　　　3% 明胶液 40ml　　　甲醛适量　　　　　　淀粉适量

[分析] 大蒜油的主要成分为大蒜辣素、大蒜新素等含有多种烯丙基、甲基和丙基组成的硫醚化合物,其分子结构中存在活泼双键,化学性质不稳定,且有刺激性。为提高药物稳定性和掩盖不良气味,可将其制备成微囊给药。处方中,阿拉伯胶粉作为乳化剂,将大蒜油乳化成初乳;3% 阿拉伯胶液为稀释剂,将初乳稀释成乳剂;3% 明胶液为囊材;甲醛起到固化定形的作用;淀粉在微囊间形成隔离层,起到分散的作用。

(二)复方醋酸甲地孕酮微囊注射液

[处方] 醋酸甲地孕酮 450g　　戊酸雌二醇 150g　　　明胶适量

　　　　阿拉伯胶粉适量　　　5% 乙酸溶液适量　　　36% 甲醛溶液适量

　　　　20% 氢氧化钠溶液适量。

[分析] 醋酸甲地孕酮和戊酸雌二醇为主药,能抑制排卵,可作为避孕药,经微囊化后可延缓释药、减少剂量、降低毒副作用;明胶和阿拉伯胶作为复凝聚法制备微囊的囊材;乙酸溶液用以调节 pH 以利于囊材的凝聚过程;甲醛溶液用以固化微囊,氢氧化钠溶液为固化过程提供适宜的 pH 环境;制备好微囊并除去有机溶剂后,再加入注射用水、羧甲纤维素钠、氯化钠、硫柳汞等制成微囊注射液。

点滴积累 ∨ ··

1. 微囊与微球的优点:提高稳定性、掩味、控制药物释放、减少复方配伍等。

2. 微囊与微球辅料:天然高分子材料、半合成和合成高分子材料三类。

第五节　包合物辅料

一、概述

包合物是一类独特形式的络合物,是利用包合技术将一种分子全部或部分包藏于另一种分子的空穴结构内而成。具有包合作用的外层分子称为主分子,主分子具有较大的空穴结构,足以将客分子容纳在内,形成分子囊;被包合到主分子空间的小分子物质(如药物)称为客分子。

药物作为客分子经包合材料包合后,可提高药物的溶解度和溶出速率,改善其稳定性,亦可液体药物粉末化,防止挥发油等挥发性成分挥发,调

> **▶ 课堂活动**
>
> 非注射给药途径时, 药物的溶解度和从制剂中的释放速度对药物的生物利用度发挥着至关重要的作用, 根据你所掌握的知识说出目前有哪些方法可用于增加难溶性药物的溶解度和释药速度。

节药物释放速率,提高药物生物利用度,掩盖药物的不良臭味和降低药物毒副作用与刺激性。包合物的形成过程是物理过程而不是化学过程,属于非共价键型络合物。

选用包合物辅料时,首先应明确包合目的及药物的理化性质。如前所述,制成包合物可达到掩味、提高溶解度、液体药物粉末化和缓控释等目的。难溶于水、生物利用度差的药物为提高疗效可选用水溶性较好的环糊精及其衍生物制备成包合物,水溶性好的药物可选用疏水性环糊精及其衍生物制成包合物以达到缓释的目的。除此之外,包合材料的选择跟给药途径也密切相关,如为注射剂,应重点关注包合材料的溶解性、溶血性等性质。

知识链接

包合物的类别

包合物的主客分子不是靠化学键力而是靠范德华力或氢键相结合,包合物分三类:①结晶包合物:化合物被包在分子晶体的空腔中,如直链烃被包在尿素晶体结构中形成的管道状包合物,据此可用以分离不同大小的烃;②分子包合物:包在较大的有孔穴的环状分子中,如本节中所述的环糊精包合物;③大分子包合物:分子筛、蛋白质的吸附化合物和蓝色的淀粉-碘化合物等属此类。

二、包合材料的种类

常用的包合材料有环糊精、淀粉、纤维素、胆酸、蛋白质等,本节主要介绍当前常用的环糊精及其衍生物。

(一)　环糊精(CYD)

环糊精于1891年发现,直到1948年才认识到其桶状分子内部可以包合多种适当大小的疏水性物质。CYD系淀粉经酶解环合后得到的有6～12个葡萄糖分子连接而成的环状低聚糖化合

物,作为一种水溶性的非还原性白色结晶性粉末,其分子呈中空圆筒形结构,对酸不稳定,易发生酸解而破坏环糊精的圆筒结构,但对碱、热和机械作用相当稳定。常见的 CYD 有 α、β、γ 三种,分别由 6、7、8 个葡萄糖单体构成。其中 β-CYD 最常用,毒性低,可作为糖类被人体吸收,因而广泛用于医药、食品、化工、染料等各个领域。β-CYD 在水中的溶解度最小,易析出结晶,但随着温度升高,溶解度大幅增大;而 α 和 γ-CYD 在水中的溶解度大,成本高,生产不安全,有潜在毒性,故不常用。

(二) 环糊精衍生物

近年来,为了进一步改善环糊精的性质,制备了不少环糊精衍生物,如环糊精上羟基的烷基化及环糊精的葡糖基衍生物都可增大水溶性。亲水性 β-CYD 衍生物比如羟乙基-β-CYD、甲基-β-CYD、羟丙基-β-CYD、糖基-β-CYD 等均易溶于水,大大提高了 β-CYD 的溶解性,能够与多种药物其包合作用,并降低了毒性和刺激性,拓展了 CYD 在药剂中的应用范围。

1. **羟乙基-β-CYD** 系 β-CYD 在碱水溶液中与 2-氯乙醇缩合而得不同取代基的羟乙基-β-CYD 的混合物,为无定型固体,极易溶于水,比 β-CYD 更具吸湿性,无表面活性。

2. **羟丙基-β-CYD** 系在碱性条件下用氧化丙烯与环糊精缩合而得多种类型的羟丙基-β-CYD,主要包括 2-羟丙基-β-CYD 和 3-羟丙基-β-CYD。羟丙基-β-CYD 是难溶性药物较理想的增溶剂,溶血活性较低,对皮肤、眼睛和肌肉均无明显的刺激性。

3. **β-CYD 甲基化衍生物** 包括 2,6-二甲基-β-CYD(DM-β-CYD)和 2,3,6-三甲基-β-CYD(TM-β-CYD),二者均为晶形固体,既溶于水又溶于有机溶剂,随着温度升高水中溶解度反而下降,这种异常溶解性与 β-CYD 相反。

4. **支链环糊精** 如葡糖基-环糊精(葡糖基-α-环糊精、葡糖基-β-环糊精、二葡糖基-β-环糊精)、麦芽糖基-环糊精(麦芽糖基-α-环糊精、麦芽糖基-β-环糊精、麦芽糖基-γ-环糊精)、麦芽三糖基-环糊精(麦芽三糖基-α-环糊精、麦芽三糖基-β-环糊精、麦芽三糖基-γ-环糊精)。支链环糊精的溶解度比其相应的母体 CYD 大得多,特别是葡糖基-环糊精的水溶性更显著增高,且溶血作用比母体 CYD 低。

5. **环糊精聚合物** 如 β-CYD 与 3-氯-1,2-环氧丙烷交联,可得到聚合程度不同的水溶性高聚物。其中低分子聚合物(平均分子量 3000~6000)在水中极易溶解,水溶液具有中等黏度,高分子量聚合物(平均分子量大于 10 000)的 β-CYD 聚合物仅在水中膨胀形成不溶性凝胶。

6. **疏水性 β-CYD** 目前主要是乙基化 β-CYD,系将乙基引入 β-CYD 的羟基,如 2,6 二乙基-β-CYD 和 2,3,6 三乙基-β-CYD,取代程度不同在水中溶解度降低程度也不同。将水溶性药物饱和后可降低溶解度,因此可用作水溶性药物的缓释载体。

三、包合材料常用品种

β-环糊精

【来源与制法】用环糊精葡萄糖基转移酶作用于淀粉或淀粉水解产物,加入有机溶剂使反应向生成 β-环糊精的方向进行,并防止酶反应过程中微生物的生长。将 β-环糊精的不溶性复合物和有机溶剂从非环化的淀粉中分离,真空除去有机溶剂,保证 β-环糊精内残余的溶剂不超过 1ppm,然后将 β-环糊精碳处理,从水中结晶、干燥、收集。

【性质】环糊精为白色、几乎无臭、微细的结晶性粉末,有甜味。β-环糊精的 pH 为 5.0 ~ 8.0,比旋度为 +160° ~ +164°,松密度为 0.523g/cm³,轻敲密度为 0.754g/cm³,熔点为 255 ~ 265℃。溶解度为 1 份溶于 200 份丙二醇,20℃时 1 份溶于 50 份水,50℃时 1 份溶于 20 份水,几乎不溶于丙酮、乙醇和二氯甲烷。25℃时表面张力为 71mN/m。

【应用】可用来制备多种药物的包合物,主要起到提高溶解度、改善溶出和生物利用度的作用,并能提高药物的化学和物理稳定性。环糊精包合物也用来掩盖活性物质的不良味道和将液体物质转化为固体材料。β-环糊精被认为口服无毒,主要应用于片剂和胶囊剂的处方,但因为其肾毒性而不能用于注射剂。在口服片剂中,β-环糊精可用湿法制粒和干法制粒工艺,由于较差的流动性,直接压片时需要添加润滑剂,例如用 0.1% 的硬脂酸镁。

【注意事项】β-环糊精和其他环糊精在固体状态下稳定,但应避免高湿条件贮藏。水溶液中,可能导致有些抗菌防腐剂的活性降低。

2-羟丙基-β-环糊精

【来源与制法】通过 β-环糊精与环氧丙烷反应制得。

【性质】2-羟丙基-β-环糊精为白色或类白色的无定形或结晶性粉末;无臭,味微甜;引湿性强。极易溶于水(25℃时 2 份水能溶解本品 1 份以上),易溶于甲醇或乙醇,几乎不溶于丙酮或三氯甲烷。25℃时表面张力为 52.0 ~ 69.0mN/m。

【应用】用途与 β-环糊精类似,可用来制备多种药物的包合物,主要起到提高溶解度、改善溶出和生物利用度的作用,并能提高药物的化学和物理稳定性。但是本品无肾毒性,可用于注射剂中。在滴眼剂中,2-羟丙基-β-环糊精与亲脂性药物能形成水溶性复合物,从而增强药物的水溶性,促进药物吸收进入眼内,改善水溶液的稳定性和降低局部刺激性。

【注意事项】2-羟丙基-β-环糊精引湿性强,应应避免高湿条件贮藏。

四、应用及分析

奥美拉唑肠溶片

[处方] 奥美拉唑 10g　　　乙醇适量　　　　　β-环糊精 35g

　　　　乳糖 25g　　　　　羟丙甲纤维素 8g　　羧甲淀粉钠 10g

　　　　滑石粉 1g　　　　　纯化水适量　　　　醋酸纤维素酞酸酯 8g

　　　　滑石粉 1.5g　　　　碳酸氢铵 1g

[分析] 奥美拉唑为主药;β-环糊精为包合物材料,将其溶于 35℃ 水中制成饱和溶液,加入 1g 碳酸氢铵,搅拌下将奥美拉唑用适量乙醇溶解后慢慢滴入,包合完成后喷雾干燥即得包合物;将包合物与填充剂乳糖、崩解剂羧甲淀粉钠混匀,以羟丙甲纤维素水溶液为黏合剂制粒,干燥后混入 1g 滑石粉,压片;醋酸纤维素酞酸酯为肠溶包衣材料;1.5g 滑石粉为包衣材料及抗静电剂。

点滴积累 ∨

1. 包合物的定义：分子包裹。

2. 包合材料：环糊精、淀粉、纤维素、胆酸、蛋白质等，其中以环糊精最为常用。

第六节 脂质体载体材料

一、概述

脂质体是由磷脂和胆固醇组成的、具有类似生物膜结构的类脂质双分子结构小囊泡。含有单层双层磷脂膜的囊泡称为单室脂质体（一般粒径小于 200nm 的称为小单室脂质体，粒径在 200～1000nm 的称为大单室脂质体），含有多层双层磷脂膜的囊泡称为多室脂质体（一般粒径在 1～5μm）。将药物包裹于脂质体内具有提高靶向性、延长疗效、降低副作用和提高稳定性等特点。

脂质体载体骨架的基础材料是磷脂和胆固醇，磷脂的结构、性质及制备方法直接影响脂质体的质量以及制剂的医疗要求。因此，在选择和应用脂质体载体材料时应从以下方面考虑。

1. 根据载体材料的理化性质选择 如根据材料的相变温度、荷电性和对 pH 的敏感性来进行选择。选用不同的脂质材料，在脂质体中添加不溶的物质，均可能引起脂质体膜的相变温度发生变化，进而引起相分离行为，改变膜的通透性；而脂质体的荷电性对药物的靶向性与脂质体的稳定性具有重要影响；利用 pH 敏感磷脂制成的脂质体能提高药物的靶向作用。

2. 根据药物的性质以及临床治疗需要选择 比如要提高药物的靶向性，可以对脂质体表面进行修饰，也可以在表面接上某种抗体提高靶向性。如果要延长药物在体内的滞留时间，可以用聚乙二醇在脂质体表面进行修饰。甚至可以通过调节二棕榈酸磷脂和二硬脂酸磷脂的不同配比来调节膜通透性。

知识链接

脂质体的制备方法

脂质体的制备方法包括：①溶剂注入法：主要用于制备单室脂质体。②薄膜分散法：主要用于制备多室或大单室脂质体，超声后以单室脂质体为主。③超声波分散法：主要用于制备单室脂质体。④逆相蒸发法：将磷脂溶于有机溶剂，加入含药物的缓冲液，超声使成稳定 W/O 乳剂，减压除去有机溶剂在旋转器壁上形成薄膜，加入缓冲液分散匀化制得。⑤冷冻干燥法：适合于热敏感的药物。⑥重建脂质体：单室或多室型，是目前国外应用最为广泛的制备方法之一。⑦pH 梯度法：调节脂质体内外水相的 pH，形成 pH 梯度差。药物以分子形式跨越磷脂膜后以离子形式被包封与内水相。⑧硫酸铵梯度法：先将硫酸铵包在脂质体内，然后通过渗析、凝胶色谱或超滤等方法除去脂质体外水相的硫酸铵。由于氨分子渗透速度远高于氢离子，因此会导致内水相呈酸性，形成 pH 梯度，药物渗透进入内相后形成硫酸盐很难渗出。

二、脂质体载体的种类

脂质体系由磷脂为膜材及附加剂组成,磷脂为两性物质,包括天然磷脂(如卵磷脂、豆磷脂)和合成磷脂(如二棕榈酰磷脂酰胆碱、二硬脂酰磷脂酰胆碱),附加剂常用的有胆固醇、十八胺、磷脂酸等。

(一)磷脂

磷脂是构成脂质体载体的主要基础材料,主要包含四类:

1. **卵磷脂** ①天然卵磷脂:主要来源于卵黄和大豆,中性,是构成大多数细胞膜的主要磷脂成分,是制备脂质体的主要原料。本类磷脂价格低,但易氧化,且为同类磷脂的混合物,不是单一成分。②合成卵磷脂:与天然卵磷脂相比不易氧化,成分固定,更适宜研究和生产。常用的有二棕榈酰磷脂酰胆碱、二硬脂酰磷脂酰胆碱、二肉豆蔻酰磷脂酰胆碱等。

2. **其他中性卵磷脂** 除卵磷脂外,脂质双分子膜也可由神经鞘磷脂或磷脂酰乙醇胺及烷基醚卵磷脂等中性磷脂组成。神经鞘磷脂组成的双分子膜排列紧密,物质不易渗透,膜流动性低,因而比卵磷脂更稳定。

3. **负电荷磷脂** 负电荷磷脂又称为酸性磷脂,常见的有磷脂酰丝氨酸、磷脂酰甘油、磷脂酰肌醇、磷脂酸等。

4. **正电荷磷脂** 主要包括硬脂酰胺和胆固醇衍生物。

(二)胆固醇

胆固醇又称胆甾醇,一种环戊烷多氢菲的衍生物。胆固醇为中性脂质,也属于双亲性分子,但亲油性大于亲水性,其溶解性与脂肪类似,不溶于水,易溶于乙醚、三氯甲烷等溶剂。胆固醇是生物膜的重要组分,但其本身不能形成双分子层结构,需与磷脂合用才能形成。胆固醇能以很高的比例参与到磷脂膜中,防止磷脂凝集成晶体结构。可对磷脂的相变进行双向调节,从而有稳定磷脂双分子膜的作用。在低于相变温度时,加入胆固醇可增加膜的通透性和流动性;高于相变温度时,加入胆固醇会使膜的通透性和流动性下降。

知识链接

新型靶向脂质体

新型靶向脂质体是指在传统脂质体的基础上,通过选用、修饰脂质材料或掺入其他辅料,以增强脂质体的靶向性能。比如长循环脂质体(经 PEG 修饰,延长体内循环时间)、免疫脂质体(脂质体表面联接抗体,提高脂质体对病灶部位的靶向性)、热敏脂质体(利用外部刺激升温,增加体内脂质体类脂质双分子层膜的通透性)、pH 敏感性脂质体(采用 pH 敏感的脂质材料,利用病灶部位的 pH 变化来调节释药行为)。

三、脂质体载体常用品种

胆 固 醇

【来源与制法】市售品一般是用石油醚从牛脊髓中提取,也可能从羊毛脂中提取,经多次溴化精制。胆固醇也可以用全合成的方法制得。从动物器官中获取的胆固醇通常含有胆甾醇和其他饱和甾醇。

【性质】本品为白色或淡黄色片状结晶,几乎无臭,在三氯甲烷中易溶,在乙醚和植物油中溶解,在丙酮、乙酸乙酯或石油醚中略溶,在乙醇中微溶,在水中不溶。胆固醇的熔点为 147~150℃,比旋度为-34°~-38°。

【应用】胆固醇作为乳化剂用于化妆品和局部用药物制剂中,常用浓度为 0.3%~5.0%,用以增加软膏的吸水能力,并且具有润肤功能。与卵磷脂一起用以制备脂质体,以改善磷脂双分子膜的流动性。

【注意事项】胆固醇比较稳定,但长期光照或置于空气中可由黄色变为棕褐色。胆固醇能与洋地黄皂苷发生沉淀反应。吸入或吞下大量的胆固醇,或长期使用胆固醇是有害的,可能是由于胆固醇会造成动脉粥样硬化或胆结石,胆固醇也可刺激眼睛。

四、应用及分析

(一) 两性霉素 B 脂质体

[处方] 两性霉素 B 5mg　　　卵磷脂 80mg　　　胆固醇 70mg

[分析] 两性霉素 B 为主药;卵磷脂作为脂质体载体的主要膜材;胆固醇通过改变相变温度,影响磷脂膜的流动性和通透性,从而起到稳定双分子膜的作用。

(二) 紫杉醇 pH 敏感长循环脂质体

[处方] 紫杉醇 0.5g　　　　　胆固醇 0.8g　　　　二油酰乙醇胺 4.2g

PEG2000-DSPE 0.2g　　　酒石酸 12g　　　　酒石酸钠　27g

[分析] 紫杉醇为主药;二油酰乙醇胺、胆固醇为脂质体材料;PEG2000-DSPE 为 pH 敏感的长循环脂质材料;酒石酸与酒石酸钠配成溶液作为水化介质。

点滴积累 ╲┈┈┈┈┈┈┈┈┈┈┈┈┈┈┈┈┈┈┈┈┈┈┈┈┈┈┈┈┈┈┈┈┈┈┈┈┈┈

1. 脂质体的特点:靶向性、延长药效、降低副作用、提高稳定性。

2. 脂质体的磷脂膜材:天然磷脂(卵磷脂、豆磷脂)和合成磷脂(二棕榈酰磷脂酰胆碱、二硬脂酰磷脂酰胆碱)。

3. 脂质体附加剂:胆固醇、十八胺、磷脂酸。

第七节　生物制品用辅料

一、概述

生物制品是以微生物、细胞、动物或人源组织与体液等为原料,采用 DNA 重组技术或其他生物技术制得的多肽、蛋白质、核酸类等,用于疾病的预防、治疗和诊断,主要包括疫苗、抗毒素及免疫血清、血液制品、细胞因子和重组 DNA 产品、诊断试剂等。比如胰岛素、人生长激素(hGH)、α-1b 干扰素、α-2b 干扰素、环孢素、降钙素、缩宫素、加压素、促黄体生长素释放激素类似物(LHRH)、卡介苗、乙肝疫苗、抗狂犬病血清、人血白蛋白、人免疫球蛋白等。

由于生物制品多为蛋白质和多肽,具有用量少、稳定性差、易受体内消化酶降解等特点,因此所用辅料与化学药品和中药产品有所不同。生物制品用辅料是生物制品在配制过程中所使用的辅助材料,是生物制品不可缺少的部分,如佐剂、稳定剂、赋形剂等。

应根据生物制品的类型和特点选择合适的辅料来增加稳定性。生物制品不同的给药系统需要达到的目的不一样,在辅料的选用上应根据给药系统的类型加以选择。如注射给药系统需要延长药物在体内的驻留时间,从而延长药效,故应选用能够起到缓控释作用的辅料;非注射给药系统主要是为了促进药物的吸收和生物利用度,故应选用促进吸收的辅料。除此,还应考虑到辅料的安全性、生物相容性和生物可降解性等。

二、生物制品用辅料的分类

生物制品用辅料按照生物制品辅料使用的目的,分为疫苗培养液、稳定保护剂、免疫佐剂、防腐剂、脱毒剂与灭活剂、冷冻干燥保护剂等。

(一) 稳定剂

生物制品中,常需加入作为稳定剂的辅料,以保持其生物学特性和免疫原性,常用的稳定剂有以下几类:

1. 缓冲液 蛋白质的稳定性与 pH 有关,而蛋白质的稳定 pH 范围很窄,应采用适当的缓冲系统来提高蛋白质在溶液中的稳定性。常用的缓冲液有磷酸盐缓冲液、枸橼酸钠-枸橼酸缓冲液等。

2. 人血白蛋白 最常用的生物制品稳定剂,如麻疹活疫苗、乙型脑炎活疫苗、人用狂犬病灭活疫苗、干扰素、静注人丙种球蛋白等,都常以人血白蛋白其作为稳定剂(用量一般为 0.5% ~1.5%)。

3. 表面活性剂 由于离子型表面活性剂会使蛋白质变性,故常用非离子型表面活性剂作为稳定剂,如聚山梨酯可抑制蛋白质聚集。

4. 糖与多元醇 属于非特异性蛋白质稳定剂。常用蔗糖、海藻糖、甘露醇、山梨醇、甘油。根据蛋白质的种类来确定糖和多元醇的种类与浓度。注意还原糖与氨基酸有相互作用,应避免使用。

5. 聚乙二醇类 高浓度的聚乙二醇类常作为蛋白质的低温保护剂和沉淀结晶剂。通常根据蛋白质药物的种类选用不同分子量的 PEG。

6. 明胶 乙型脑炎活疫苗、麻腮风疫苗等疫苗,都常用其作为稳定剂,用量一般为 0.5% ~1.0%。近年发现含明胶的活疫苗造成的过敏性反应的报道急剧上升,使其应用前景受到一定的限制。

7. 辛酸钠 常用作人胎盘血白蛋白和人血浆白蛋白的稳定剂,特别是在白蛋白加温灭活病毒过程中对白蛋白有非常好的保护作用。

除了以上物质可以用于稳定剂外,还有尿素、全脂奶粉、奶油、盐类、金属离子和部分氨基酸的盐酸盐也可作为稳定剂。

（二）免疫佐剂

凡能非特异地通过物理或化学的方法与抗原结合而增强促进、缓和或延长疫苗其特异免疫性的物质称作免疫佐剂。其作用包括体液免疫（HI）和细胞免疫（CMI）、加速特异性抗体的产生、增强抗体效价和延缓抗体在体内的分解、激发多种细胞因子的产生。

1. 铝佐剂 金属盐类（主要是铝和钙的化合物，以铝为主）是目前世界上应用最广泛的免疫佐剂，主要有氢氧化铝、磷酸铝等，广泛用于白喉、破伤风类毒素、流脑疫苗、霍乱、狂犬、乙肝、流感疫苗等。

2. 植物油佐剂 由高纯度的花生油、芝麻油或橄榄油，以二缩甘露醇单油酸酯作乳化剂和液体疫苗乳化而成。使用这种佐剂疫苗产生的抗体水平与矿物油佐剂相似，经急性毒性试验和长期毒性试验证明，无严重毒性副反应，也不发生过敏反应。

3. Ribi 型油/水乳剂 Ribi 等研制的一种 O/W 型乳剂，即以角鲨烯、角鲨烷或十六烷代替矿物油，以减轻局部接种反应，防止矿物油在体内不易吸收形成的脓肿。

（三）防腐剂

1. 硫柳汞 目前国内外使用最广泛的一种生物制品防腐剂，其作用机制为重金属离子与菌体中酶蛋白的巯基结合，使酶失去活性，为广谱抑菌剂。本品溶于水，极低浓度（0.01%）的硫柳汞对人体毒性很低，对疫苗抗原和血清蛋白损害很弱。

2. 苯酚 为很好的杀菌剂，其作用机制是使菌体蛋白凝固。苯酚毒性较大，对制品质量有一定影响，主要用于伤寒菌体疫苗等肠道菌疫苗的防腐。

3. 氯仿 有较强的抑菌作用，对制品质量影响较小，抗毒素和胎盘免疫球蛋白等常用其作防腐剂，常用浓度为 0.5%。

4. 抗生素 常用的有庆大霉素（终浓度为 50U/ml）和卡那霉素（终浓度为 100U/ml）等，如用于抑制病毒性疫苗在细胞培养液中的细菌生长。

（四）灭活剂、脱毒剂

生物制品中活疫苗需要灭活，类毒素需要脱毒，常用的灭活剂为甲醛溶液和 β-丙内酯，脱毒剂为甲醛溶液。

1. 甲醛溶液 毒素经其作用可除去毒性而保留其免疫原性，如白喉类毒素、破伤风类毒素等。甲醛溶液所用浓度低（0.2%~0.67%）、脱毒完全且能保持抗原良好的抗原性和免疫原性。

2. β-丙内酯 近年来常用的疫苗灭活剂，特别对狂犬病疫苗、出血热疫苗的灭活方面，比甲醛溶液灭活更能保持疫苗的免疫原性。β-丙内酯遇水后很快水解生成羟基丙酸，对人体无害。

（五）冷冻干燥保护剂

由于生物制品稳定性差，为保证生物技术产品的生物学特性、稳定性和生物活性，并尽可能延长有效期，生产加工中常采用冷冻干燥法制备。冻干保护剂是一类能防止活细胞和生物活性物质在冻干过程中受到破坏的物质。

1. 盐类 如氯化钠、氯化钾、谷氨酸钠、硫酸钠、乳酸钙、硫代硫酸钠、醋酸钠、氯化铵、碳酸氢钠、乙二胺四乙酸二钠等。

2. **糖醇类** 如蔗糖、乳糖、麦芽糖、葡萄糖、果糖、海藻糖、山梨醇、甘露醇、甘油、肌醇、木糖醇等。

3. **酸类** 如柠檬酸、酒石酸、氨基酸、EDTA 等。

4. **复合物类** 如脱脂乳、明胶、蛋白质、蛋白胨多肽、糊精、血清等。

5. **聚合物类** 如葡聚糖、聚乙二醇、PVP 等。

6. **其他类** 如维生素 C、维生素 E、硫脲、二甲亚砜等。

知识链接

冻干保护剂的作用机制

冻干保护剂的作用机制主要包括低温保护和冻干保护。①水替代假说：当蛋白质在冷冻干燥过程中失去水分后，保护剂的羟基能替代蛋白质表面的水的羟基，防止蛋白质因冻干而变性。②玻璃态假说：在含保护剂溶液的干燥过程中，当浓度足够大且保护剂的结晶不会发生时，保护剂-水混合物就会玻璃化，大分子药物物质的链锻运动受阻，阻止蛋白质的伸展和沉淀，维持蛋白质分子三维结构的稳定。

（六）生物制品新型给药系统用辅料

1. **注射给药系统用辅料** 很多蛋白质药物在体内的半衰期短，药物维持时间短。要延长该类药物在体内的滞留时间，可将其制备成控释微球制剂或制备成脉冲式给药系统进行给药。常用的生物可降解材料有聚乳酸（PLA）或聚乳酸乙醇酸共聚物（PLGA）。

2. **非注射给药系统用辅料** 鼻腔给药系统主要辅料为吸收促进剂，如胆酸盐、脂肪酸及其酯类、十二烷基硫酸钠等；口服给药系统可根据制备的剂型选择相应的辅料，如制备成纳米囊，可选择聚氰基丙烯酸异丁酯作为囊材来包封蛋白质药物；直肠给药系统主要使用吸收促进剂，如水杨酸、去氧胆酸钠、聚氧乙烯等。

三、生物制品常用辅料品种

人血白蛋白

【来源与制法】人血白蛋白是一种从健康捐献者的分离物（原血、血浆、血清或胎盘）获得的无菌无热原血清白蛋白的制品，源物质经测试不得含有乙型肝炎表面抗原，生产过程应保证制品安全，可用于静脉注射。

人血白蛋白溶液是一种从血浆中获取的蛋白水溶液，可以添加辛酸钠或 *N*-乙酰色氨酸钠或这两种物质以适宜的浓度配成的混合物，用来作为热稳定剂，但不能添加抑菌剂。

【性质】白蛋白水溶液略带黏性，随蛋白浓度的变化，颜色从几乎无色到棕色。在固体状态下，白蛋白为棕色无定型块状物、鳞片状物或粉末，易溶于稀盐溶液和水中。1% 人血白蛋白的 pH 为

6.7~7.3,4%~5%水溶液与血清等渗。

【应用】白蛋白主要用作注射用药物处方中的辅料,作为处方中蛋白和酶的稳定剂。白蛋白也在实验性的药物给药系统中用于制备微球和微囊。作为稳定剂,白蛋白以0.003%的低浓度即可发挥稳定作用,但通常用1%~5%的浓度。白蛋白也可用作注射药物的共溶剂,在冷冻干燥过程中作为防冻剂,以防止表面吸附其他蛋白。在治疗上,白蛋白溶液一直用于注射作补充血浆容量和治疗严重的急性白蛋白流失。

【注意事项】白蛋白作为一种蛋白,容易在极端pH条件、高盐浓度、热、酶、有机溶剂和其他化学试剂存在下发生化学降解和变性。白蛋白溶液应避光保存在2~25℃条件下,或按照标签指示保存。白蛋白禁用于严重的贫血和心力衰竭患者。

四、应用及分析

(一) 干扰素 α-2b 长效注射微球

[处方] 干扰素 α-2b 原液 2ml　　　甘露醇 0.2g

10mmol/L pH 6.8　　　磷酸盐缓冲液 60μl

PLGA 适量　　　二氯甲烷适量　　　PVA 适量　　　注射用水适量

[分析] 干扰素 α-2b 为原料药;甘露醇为冻干保护剂;磷酸盐缓冲液为冻干浓缩后干扰素在分散的溶剂;PLGA 和 PVA 适量为微球材料。

(二) 干扰素 α-1b 注射剂

[处方] 干扰素 α-1b 适量　　　氯化钠适量　　　枸橼酸适量

十二水磷酸氢二钠适量　　　人血白蛋白 10g

注射用水加至 1000ml

[分析] 干扰素 α-1b 为原料药;枸橼酸与十二水磷酸氢二钠为 pH 缓冲体系,以维持干扰素的活性;人血白蛋白为干扰素的稳定剂;氯化钠为渗透压调节剂。

点滴积累 ∨

1. 生物制品用辅料的分类:疫苗培养液、稳定保护剂、免疫佐剂、防腐剂、脱毒剂与灭活剂、冷冻干燥保护剂。

2. 稳定剂:缓冲液、人血白蛋白、表面活性剂、糖与多元醇、聚乙二醇、明胶、辛酸钠。

3. 免疫佐剂:铝佐剂、植物油佐剂、Ribi 型油/水乳剂。

4. 冻干保护剂:盐类、糖醇类、酸类、聚合物类、复合物类等。

目标检测

一、单项选择题

1. 下列有关环糊精叙述中,错误的是(　　)

A. 环糊精是由环糊精葡萄糖转位酶作用于淀粉后形成的产物

B. 是水溶性、还原性白色结晶性粉末

C. 是由 6~10 个葡萄糖分子结合而成的环状低聚糖化合物

D. 结构为中空圆筒型

2. 用 β-环糊精包藏挥发油后制成的固体粉末为（　　）

A. 固体分散体　　　　B. 包合物　　　　C. 脂质体　　　　D. 微球

3. 以下属于可生物降解的合成高分子材料为（　　）

A. 聚乳酸　　　　B. 阿拉伯胶　　　　C. 聚乙烯醇　　　　D. 甲基纤维素

4. 下列关于包合物的叙述,错误的是（　　）

A. 一种分子被包嵌于另一种分子的空穴中形成包合物

B. 包合过程属于化学过程

C. 客分子必须与主分子的空穴形状和大小相适应

D. 主分子具有较大的空穴结构

5. 下面关于脂质体叙述不正确的是（　　）

A. 脂质体是将药物包封于类脂质双分子层内而形成的超微型球体

B. 脂质体由磷脂和胆固醇组成

C. 脂质体结构与表面活性剂的胶束相似

D. 脂质体因结构不同可分为单室脂质体和多室脂质体

6. 胆固醇作为脂质体的材料被称为脂质体"流动性缓冲剂",是因为（　　）

A. 改变膜的流动性　　　　　　B. 调节膜的流动性

C. 降低膜的流动性　　　　　　D. 提高膜的流动性

7. 生产细菌灭活疫苗时,我国常采用（　　）杀菌

A. 抗生素　　　　B. 紫外灯　　　　C. 甲醛　　　　D. 硫柳汞

8. 可用于作为生物制品稳定剂的表面活性剂通常是（　　）

A. 阳离子型表面活性剂　　　　B. 阴离子型表面活性剂

C. 两性离子型表面活性剂　　　　D. 非离子型表面活性剂

9. 近年来常用的疫苗灭活剂是（　　）

A. 甲醛　　　　B. 氯仿　　　　C. β-丙内酯　　　　D. 铝佐剂

10. 以下各项中,不是透皮给药系统组成的是（　　）

A. 崩解剂　　　　B. 背衬层　　　　C. 胶黏剂层（压敏胶）　　　　D. 防黏层

11. 下列物质中,不能作为经皮吸收促进剂的是（　　）

A. 乙醇　　　　B. 山梨酸　　　　C. 表面活性剂　　　　D. 二甲基亚砜（DMSO）

12. 可用于亲水性凝胶骨架片的材料为（　　）

A. 硅橡胶　　　　B. 蜡类　　　　C. 海藻酸钠　　　　D. 聚乙烯

13. 可用于溶蚀性骨架片的材料为（　　）

A. 单棕榈酸甘油酯　　B. 卡波姆　　　C. 无毒聚氯乙烯　　　D. 甲基纤维素

14. 可用于不溶性骨架片的材料为(　　)

A. 单棕榈酸甘油酯　　B. 卡波姆　　　C. 脂肪类　　　　　　D. 乙基纤维素

15. 控释小丸或膜控型片剂的包衣中加入 PEG 的目的是(　　)

A. 助悬剂　　　　　B. 增塑剂　　　　C. 成膜剂　　　　　　D. 致孔剂

16. 哪种缓控释制剂可采用熔融技术制粒后压片(　　)

A. 渗透泵型片　　　　　　　　　　B. 亲水凝胶骨架片

C. 溶蚀性骨架片　　　　　　　　　D. 不溶性骨架片

二、配伍选择题

[1～5]

A. 醋酸纤维素　　　　　　　　B. 聚氧乙烯(相对分子量20万～500万)

C. 氯化钠　　　　　　　　　　D. 硝苯地平

E. 聚乙二醇

1. 渗透泵片处方中的渗透压活性物质是(　　)

2. 双层渗透泵片处方中的推动剂是(　　)

3. 可作为不溶性包衣材料的是(　　)

4. 可作为栓剂基质的是(　　)

5. 具有降压活性的药物的是(　　)

[6～8]

A. 明胶　　　　　　　B. 环糊精　　　　　C. PEG

D. 可可豆脂　　　　　E. 淀粉

6. 微囊的囊材是(　　)

7. 包合物成分(　　)

8. 固体分散体材料是(　　)

[9～12]

A. β-环糊精　　　　　　B. α-环糊精　　　　　C. 5个以上

D. β-环糊精羟丙基衍生物　　E. 疏水性药物

9. 内径最小的包合材料是(　　)

10. 最适宜制备包合物的药物是(　　)

11. 溶解度显著提高的包合材料是(　　)

12. 溶解度最小的包合材料是(　　)

[13～16]

A. 软胶囊　　　　　　B. 脂质体　　　　　C. 滴丸

D. 微丸　　　　　　　E. 微球

13. 将药物包封于类脂质双分子层内形成的微型囊泡的是( )

14. 可用固体分散技术制备,具有疗效迅速、生物利用度高等特点的是( )

15. 常用包衣材料包衣控制药物的释放速度的是( )

16. 用高分子材料制成,粒径 1～250μm,属于被动靶向给药系统的是( )

[17～20]

    A. 背衬材料   B. 防黏层   C. 油酸

    D. 聚丙烯酸类压敏胶   E. 醋酸

17. 可在经皮给药系统中作为经皮吸收的促进剂的是( )

18. 在经皮给药系统中用于支持药库或压敏胶等的薄膜( )

19. 主要用于经皮给药系统中作为黏胶层的保护的是( )

20. 在经皮给药系统中起到把装置黏附到皮肤上的作用的是( )

[21～24]

    A. 单棕榈酸甘油酯   B. 聚乙二醇 6000   C. 甲基纤维素

    D. 甘油   E. 乙基纤维素

21. 可用于亲水性凝胶骨架片的材料为( )

22. 可用于溶蚀性骨架片的材料为( )

23. 可用于不溶性骨架片的材料为( )

24. 可用于膜控片的致孔剂( )

三、多项选择题

1. 下列属于天然微囊囊材物质的是( )

    A. 海藻酸盐   B. CAP   C. 阿拉伯胶   D. 明胶

2. 下列属于半合成高分子囊材的是( )

    A. CMC-Na   B. CAP   C. PVA   D. MC

3. PEG6000 在药剂学中可用作( )

    A. 胶囊中增塑剂   B. 固体分散体载体

    C. 栓剂基质   D. 片剂润滑剂

4. 下列各物质属于天然囊材材料的是( )

    A. EC   B. CAP   C. 明胶   D. 海藻酸钠

5. 下列各物质可生物降解的囊材材料是( )

    A. PLA   B. 聚酰胺   C. 聚碳酸酯   D. PVA

6. 制备脂质体的材料有( )

    A. 甘油脂肪酸酯   B. 磷脂   C. 纤维素类   D. 胆固醇

7. 下列常被用作冷冻干燥保护剂的是( )

    A. 氯化钠   B. 葡萄糖   C. HPMC   D. 甘露醇

8. 以下哪些是乙基纤维素的作用(　　)

　　A. 包衣材料　　　　　　　　　B. 不溶性骨架材料

　　C. 膜控材料　　　　　　　　　D. 黏合剂

（江荣高）

第九章

中药炮制用辅料

ER-09章PPT

导学情景 ∨

情景描述：

　　山药的炮制品种有山药、土炒山药、麸炒山药。土炒山药是先将灶心土粉置锅内热至灵活状态，投入山药片翻炒，至表面均匀挂土粉时取出，筛去土粉，放凉。山药每100kg用灶心土30kg。麸炒山药是将锅烧热，撒入麦麸，待其冒烟时投入山药片，不断翻动至黄色时，取出筛去麦麸，晾凉，山药每100kg用麦麸10kg。山药生用，功效偏补肾生精，益肺肾之阴；土炒山药以补脾止泻为主，用于脾虚久泻；麸炒山药则长于益脾和胃，益肾固精。

学前导语：

　　中药经过加辅料炮制后，其功效、毒副作用等往往会发生变化，而且辅料不同，功效及毒副作用的改变也不同。因此，系统学习中药炮制用辅料非常重要。

　　中药来源于植物、动物、矿物，大多需经加工炮制后方能供临床使用。中药炮制是指将药材通过净制、切制、炮炙处理，制成一定规格的饮片，以适应医疗要求及调配、制剂的需要，保证用药安全和有效。其炮制目的在于：消除或降低药物的毒性或副作用；改变药性或提高疗效；改变或增强药物作用的部位和趋向；便于药物调制和制剂；有利于服用及贮藏；改变或产生新的功效等。在炮制过程中，通常应根据使用目的，参照药材自身的性质，加入合适的辅料，以使药物达到使用要求。

　　中药炮制用辅料品种很多，可分为两大类，即液体辅料类和固体辅料类。现结合现代炮制研究成果，对中药炮制辅料加以介绍。

第一节　液体辅料

　　液体辅料须渗入药物组织内部，多以其自身的性质对药物药性产生影响。常用的液体辅料有酒、醋、蜂蜜、油、米泔水、药汁等。

酒

　　【来源与制法】别名醇、酿、酎、醇、醍、醙醴、粳酒、淳酒、清酒、美酒、水酒、黄酒等。本品是用米、麦、黍、高粱、葡萄等发酵制成的。因制法不同，酒可分为蒸馏酒和非蒸馏酒两大类。中药炮制用酒以黄酒为主，黄酒是以糯米、酒药、红曲和水为原料，经酿造而成的发酵酒；也可用白酒，白酒是用粮食加曲酿制而成，一般经过蒸馏，乙醇含量较高。

【性质】　黄酒一般为淡黄色透明液体,气味醇香特异。黄酒一般含乙醇15%～19%,并含有麦芽糖、葡萄糖,以及琥珀酸、乳酸、氨基酸、酯类、醛类等。白酒一般为无色透明液体,气味醇香特异。白酒一般含乙醇50%～70%,以及高级醇类、脂肪酸类、醛类、少量挥发性酸和不挥发性酸类物质等。

【应用】　黄酒味苦、甘、辛,大热,有毒;白酒味辛、甘,大热,有大毒。两者均入心、肝、肺、胃经。性味苦寒的药物酒炙可缓和药性,引药上行,如大黄、黄芩、黄柏等;活血化瘀、祛风通络的药物酒炙可协同增效,如当归、川芎;有不良臭味的药物酒炙可矫臭去腥,如乌梢蛇、紫河车。酒蒸主要增强药物的补益作用,如女贞子、肉苁蓉等。同时,乙醇是良好的溶酶,药物经酒制后,有助于有效成分的溶出,从而增加疗效。此外,黄酒尚有赋予药物色、香、味等作用。

黄酒常用于中药饮片炮制,白酒常用于浸泡药酒或部分饮片炮制。

酒炒制:每100kg净药材用黄酒10～20kg。

酒炖法:每100kg净药材用黄酒20～50kg。

酒煅淬:每100kg净药材用黄酒20kg。

【注意事项】

(1) 本品与铝容器有禁忌。

(2) 乙醇易挥发,容器上应加盖。

(3) 本品应密闭、置阴凉处贮存。

【实例】　酒黄芩

炮制方法:取黄芩片,喷淋黄酒,拌匀,闷润,待辅料全被吸尽后,置锅内,文火炒至药物表面微干,深黄色,嗅到药物与辅料的固有香气,取出晾凉即得。每100kg黄芩用黄酒10kg。

炮制作用:生黄芩性味苦寒,酒制可缓和其药性,免伤脾阳而不致腹痛,并借酒升腾之力治目赤肿痛、淤血壅盛、上部积血失血、上焦肺热及四肢肌表湿热等症。

案例分析

[案例] 酒大黄、熟大黄、清宁片

炮制方法:"酒大黄"为取大黄片或块,用黄酒喷淋拌匀,闷润,置锅内以文火微炒至色泽加深时,取出放凉即得。 每100kg大黄用黄酒10kg。

"熟大黄"为取大黄片或块,用黄酒拌匀,置容器内密闭,隔水加热或用蒸气加热,炖或蒸至内外均呈黑褐色时,取出干燥即得。 每100kg大黄用黄酒30kg。

"清宁片"为取大黄除去杂质,粉碎,过100目筛得细粉,加入定量黄酒、蜂蜜(炼至120℃)混合均匀,捏成团块,置笼屉内蒸约2小时至透,取出揉匀,搓成直径约1.5cm圆条,晾至七成干(或置50～55℃低温干燥),装入容器内,加盖闷约10天至内外温度一致时,用刀切成薄片,干燥即得。每100kg大黄细粉用黄酒75kg、蜂蜜40kg。

[分析] 传统理论认为,大黄经酒炮制,酒所具有的升提药效作用可改变大黄药效作用脏腑,扩大其临床应用范围,同时改变大黄药性,减轻某些副作用。大黄主含蒽醌类衍生物、二蒽醌衍生物、鞣质等成

分,具较强的泻下作用(以所含番泻苷 A、B 泻下作用最强。研究发现,酒炒大黄结合蒽醌含量为 1.65% ,熟大黄为 1.04% ,均大大低于生大黄所含的 2.12% ~4.16% ,故其泻下作用随之减弱。药理研究还发现,酒炖大黄对胰脂肪酶的活性抑制力最强,而对胰蛋白酶、胰淀粉酶则几乎无抑制作用。这对血脂增高或动脉硬化患者的治疗极有意义;酒炒大黄或酒炖大黄对铜绿假单胞菌、伤寒杆菌的抗菌作用优于生大黄,对金黄色葡萄球菌、痢疾杆菌等均有较好的抑制作用,此为临床应用酒大黄治疗肠伤寒、痢疾等感染性疾病提供了科学依据。

醋

【来源与制法】别名苦酒、淳酢、米醋、酢酒、酽醋等。分为酿制醋、配制醋和醋精三大类。酿制醋为米、麦、高粱或酒糟等经固态发酵、液态发酵等工艺酿成的含有乙酸的液体。配制醋是以酿造食醋为主体与食品级冰醋酸、食品添加剂等混合配制而成的调味食醋。醋精以食用醋酸勾兑。

【性质】酿制醋为淡黄棕色至深棕色澄明液体,味酸,有特异气味,主要成分为乙酸(约 4% ~6%),尚含琥珀酸、柠檬酸、维生素 B_1 、维生素 B_2 及烟酸、高级醇类、乙醛、甲醛、3-羟基丁酮、二羟基丙醇、还原糖(如山梨糖等糖类)、浸膏、灰分等。

【应用】本品味酸、性温、无毒,入肝、胃经,具消食开胃、散瘀止血、理气止痛、行水解毒、泻肝、强筋暖骨、杀虫伏蛔、矫味矫臭等作用。药物经醋炙,可引药入肝经,增强疗效,如乳香、三棱醋炙增强活血散瘀止痛作用;柴胡、香附醋炙增强疏肝止痛作用;峻下逐水药醋炙降低毒性,缓和泻下作用,如甘遂、商陆等;树脂类、动物粪便类药物醋炙可矫臭矫味,如五灵脂、乳香、没药;五味子醋蒸可协同增强酸涩收敛之性。同时醋具酸性,能使药物中所含有的游离生物碱等成分结合成盐,增强溶解度而易煎出有效成分,提高疗效,如醋制延胡索等。

每 100kg 净药材用醋 5~30kg,不同药材炮制用量不同。

【注意事项】

(1) 本品与碱性物质反应。

(2) 本品应密闭、置阴凉处贮存。

【实例】醋乳香

炮制方法:取净乳香,置锅内,用中火炒至表面微熔时喷醋;再炒至表面明亮(出油),迅速出锅,摊开晾凉即得。每 100kg 乳香用醋 5kg。

炮制作用:乳香味辛、苦,性温。具活血止痛,消肿生肌功能。生品气味辛烈,对胃刺激性强。经醋炙后不仅能增强其活血止痛、收敛生肌功效,并可矫味矫臭。

知识链接

日常选醋小窍门

①酸度大,酸味醇香柔和无其他不良气味的醋为首选。 ②整体呈现出琥珀色或棕红色,并且澄清无浮物不浑浊无沉淀。 ③注意包装上注明的“酿造”字样,并且在晃动过程中可以看出食醋是浑厚的。 因为酿造醋中含有的氨基酸等营养成分是配制醋所不及的。

蜂 蜜

【来源与制法】 别名石蜜、蜜、食蜜、白蜜、白沙蜜、蜜糖、沙蜜、蜂糖等。本品为蜜蜂科昆虫中华蜜蜂、意大利蜜蜂在蜂巢中酿成的蜜糖。中药炮制用蜂蜜,一般为"炼蜜"。"炼蜜"即置蜂蜜于锅内,加热至徐徐沸腾后,改用文火保持微沸,除去上浮泡沫及蜡质,滤去死蜂、杂质,再炼至沸腾、起鱼眼泡,捻之较生蜜略黏,或蒸炼至滴水成球珠即成。

> **知识链接**
>
> #### 炼蜜的种类
>
> ①嫩蜜:将生蜜加热到105～115℃,含水量在20%以上,色泽无明显变化,稍有黏性,取出用3～4号筛网滤过即得。其目的是去其杂质,破坏酶类,杀死微生物,便于存放。②中蜜:将蜜加热至116～119℃,含水量约10%～13%,淡黄色,有黏性。③老蜜:将蜜加热到119～122℃,含水量在4%以下,红棕色,黏性强。

【性质】 本品一般为半透明、带光泽、浓稠的液体,白色至淡黄色或桔黄色至黄褐色,放久或遇冷渐有白色颗粒状结晶析出。本品气芳香,味极甜。本品主要成分为果糖及葡萄糖(约占70%),尚含少量蔗糖、麦芽糖、糊精以及含氮化合物、柠檬酸、苹果酸、琥珀酸、甲酸、乙酸、挥发油、蜡质、维生素、淀粉酶、转化酶、酯酶、微量元素、色素、植物残片和无机盐等。

【应用】 本品味甘、平,归肺、脾、大肠经。蜂蜜生则性凉,熟则性温,故能补中。中药炮制常用的炼蜜能和药物起协同作用,增强药物疗效,或具解毒、缓和药性、矫味矫臭等作用。止咳平喘的药物蜜炙增强润肺止咳的作用,如百部、款冬花;补气药甘草、黄芪蜜炙增强补脾益气作用;麻黄蜜炙缓和辛散之性。炮制目的往往不是单一的,如麻黄、马兜铃蜜炙还可增强润肺止咳的作用。

每100kg净药材用蜜约25kg。

【注意事项】

(1)炼蜜应密闭、置阴凉处贮存。

(2)炼蜜一般指的是嫩蜜,稀释炼蜜时加水量一般是蜜的1/3或1/2,根据药物的质地和季节,可灵活掌握。

(3)炙药前应核准药与蜜的数量比例,炙炒时先应用中火炒至药物浅黄色后再用文火炒炙,如出现蜜粘锅而糊焦时应马上将焦糊的蜜用净布擦干净,以保证炙药的质量。

(4)蜜炙的药物应装瓷缸中盖严,置低温干燥处防潮,并注意防止发霉生虫。

【实例】 蜜黄芪

炮制方法:取黄芪片,用经少量开水稀释的炼蜜喷淋拌匀,闷透,置锅内,文火炒至深黄色,透香气并不粘手时,取出放凉即得。每100kg黄芪用炼蜜25kg。

炮制作用:黄芪味甘,性微温,为"补气圣药"。蜜炙后补中益气作用更强,兼有润燥作用。

油

中药油制,又称"油炙法"或"酥炙法"。最常使用的是芝麻油和羊脂。

【来源与制法】芝麻油亦称麻油、脂麻油、胡麻油、香油等。羊脂亦称羊油。芝麻油为胡麻科植物芝麻的种子榨取的脂肪油。羊脂为山羊或绵羊的脂肪油。芝麻油系将芝麻经冷压或热压法而制得。羊脂系将羊脂肪切碎,加热炼制去渣即得。

【性质】芝麻油一般为淡黄色至橙黄色半透明油状液体,有特殊香气,冷却至 0℃无固体析出。芝麻油主要含油酸(约 50%)、亚油酸(约 39%)、棕榈酸、花生酸等甘油酯,以及硬脂酸、软脂酸等。

羊脂一般为淡黄色至橙黄色软膏状,具特殊羊膻臭气,在 40℃时熔融为澄明液体。羊脂所含饱和脂肪酸,主要是棕榈酸及硬脂酸,也含少量肉豆蔻酸;不饱和脂肪酸,主要有油酸,也含少量亚油酸。若为绵羊脂,其脂肪酸组成为油酸、肉豆蔻酸、棕榈酸、硬脂酸、十六碳烯酸、十八碳二烯酸等。

【应用】芝麻油味甘、性微寒,无毒,入肺经,具润肠通便、解毒生肌、消肿痛、滋润皮肤等作用。中药炮制用芝麻油作辅料时,常用于一些膻腥味的药物以矫臭矫味,并使药物质地酥脆,易于粉碎,便于制剂。

羊脂味甘、性热,无毒,具有补虚润燥、祛风化毒、辟瘟气、润肌肤等作用。中药炮制用羊脂作辅料时,常用于补肾壮阳、强筋壮骨等功效的药物,以起到协同作用。

【注意事项】芝麻油可用菜油代替。

【实例】

1. 油炸马钱子

炮制方法:取净马钱子,加水煮沸,取出后用水浸泡,捞出,微晾,切片约 0.6mm 薄片,晒干。另取芝麻油置锅内加热至沸,倒入马钱子片,文火炒至深黄色为度,取出,放凉即得。每 100kg 马钱子用芝麻油 6~7kg。

取净马钱子置入沸腾的芝麻油中,用武火炸至质酥,颜色变为老黄为度,取出,沥净油汁收藏即得。每 100kg 马钱子用芝麻油 18~20kg。

炮制作用:马钱子性寒,味苦;有大毒。具解毒、散结、活络止痛等作用。常用于喉痹、风湿痹痛、跌打损伤、痈疽肿毒、麻木瘫痪、小儿麻痹后遗症及类风湿关节炎等症。马钱子经油炸制,其所含士的宁量有所降低,毒性减小。

2. 炙淫羊藿

炮制方法:取羊脂油加热熔化,加入淫羊藿丝,文火炒至均匀有光泽,取出放凉即得。每 100kg 淫羊藿用羊脂油(炼油)20kg。

炮制作用:淫羊藿性温,味辛,归肝、肾经。羊脂油性热,味甘,能温散寒邪,益肾补阳。淫羊藿经羊脂油炮制后可增强温肾助阳作用。

▶ 课堂活动

　　试比较芝麻油和羊脂在性质、应用方面的区别。

米　泔　水

【来源与制法】为淘米时第二次滤出的液体。也可以用 2kg 米粉加水 100kg 充分搅拌代替。

【性质】本品为灰白色混浊液体。

【应用】米的性味甘、凉,具有益气、除烦、止渴、解毒等功效,主要用它来吸其中药材所含的油脂,减弱药物的辛燥气味和滑肠作用,调理脾胃,增进饮食。常用米泔水制得饮片有苍术、白术等。

【注意事项】本品应为灰白色混悬液体,无杂质,无泥沙。尝其味应有淀粉香味,不应有发酵酸败味或其他异味,应制后即用。

【实例】米泔水制白术

炮制方法:白术用米泔水浸软,切片,或土炒或生用。

炮制作用:白术用米泔水浸过,能健脾而无燥性。

知识链接

米泔水的妙用

①米泔水中含有维生素和蛋白质,这些物质能保护头发。经常用米泔水洗头发,能使头发油黑发亮。经常用米泔水擦手、洗脸,也可以使皮肤滋润、光滑。经常用烧开的米泔水漱口,可治口腔溃疡和消除口臭。②米泔水可用来浇花,会使花卉植株肥壮、枝叶茂盛、花色鲜艳。③砧板有了腥味,锅铲、菜刀、饭勺等铁制用品生锈了,放在米泔水中浸泡一下,然后用热水洗净,腥味和锈迹即可除去。④可去除油瓶中的油污。⑤用米泔水洗菜,再用清水清洗,不仅节约用水,还有效地去除了蔬菜上残存的杀虫药。⑥用米泔水发海带、香菇、笋干等干货,不仅很容易胀发,而且烹制时也容易熟烂。⑦把肉放在热米泔水中清洗,脏物比较容易清除掉。⑧用米泔水擦洗门窗、搪瓷器皿、竹木器具,不仅去污效果好,还能使这些用品色泽光亮。

药　汁

中药药汁制法是以一种或多种药物与中药共同进行加热处理的炮制方法。中药药汁制法所用品类很多,主要有甘草汁、姜汁、黑豆汁、胆汁、白矾汁等。此外,童便、鳖血、豆浆、食盐水、鸡子清、竹沥、茶汁等,以及许多中药煎汁,从广义上讲,亦属药汁辅料范畴,但应用不广泛。

【来源与制法】甘草汁:别名粉草汁、甜草汁等,为豆科植物甘草、胀果甘草或光果甘草的干燥根及根茎切片后,煎取的液汁。取甘草适量,适当破碎或切片,加水适量,煎煮,去渣即得。

姜汁:别名紫(嫩)姜汁、老姜汁等,为姜科植物姜的根茎制得的液汁。取生姜洗净、捣烂,加水适量,压榨取汁;姜汁再加水重复压榨一次,合并姜汁液即得。如用干姜,捣碎后加水煎煮2次,合并煎液即得。

黑豆汁:别名乌豆汁、黑大豆汁等,为豆科植物大豆的黑色种子,煎煮制得液汁。取净黑豆适量,加水煎煮,取汁,再加水适量煎煮。合并2次煎液,即得。

胆汁:别名动物胆汁,为动物的新鲜胆汁。常用的有猪、牛、羊胆汁,以牛胆汁为最佳。

白矾汁:别名明矾汁等,为硫酸盐类矿物明矾石经加工提炼的结晶溶于适量水中而制得的液汁。

【性质】甘草汁为黄棕色至深棕色液体,味甜而特殊,主要成分为甘草酸和甘草苷。尚含多种黄酮成分以及还原糖、胶质等。

姜汁为黄白色液体,味辛辣,有特殊香气,主要成分为挥发油,尚含姜辣素、天冬素以及谷氨酸、天门冬氨酸、丝氨酸、甘氨酸等。

黑豆汁为棕黑色或黑色混浊状液体,味微甜,主要成分为异黄酮类的大豆黄酮苷及杂料木苷、大豆皂苷以及蛋白质、脂肪、维生素、色素及碳水化合物等。

胆汁为绿褐色或暗褐色微透明液体,略有黏性,味极苦,气腥臭,主要成分为胆酸钠、胆色素、黏蛋白、酯类、胆甾醇、卵磷脂、胆碱,以及氯化钠、磷酸钙、磷酸铁等。

▶▶ 课堂活动

通过查资料,请说出哪些药汁可用作中药炮制辅料。

白矾汁为乳白色或黄白色液体,味酸而微涩。主要成分为硫酸铝钾$[KAl(SO_4)_2 \cdot 12H_2O]$。

【应用】甘草汁性味甘、平,具补脾益气,清热解毒,祛痰止咳,缓急止痛的作用。药物经甘草汁制后能缓和药性,降低毒性,如甘草汁煮远志、吴茱萸。

姜汁味辛、性温,升腾发散而走表,能发表散寒,温中止呕,开痰,解毒。药物经姜汁制后能抑制其寒性,增强疗效,降低毒性。厚朴姜炙可缓和副作用,增强宽中和胃的功效;黄连、竹茹姜炙可增强止呕作用,黄连还可缓和苦寒之性。半夏、南星、白附子常用生姜、白矾复制以降低毒性,增强化痰作用。

黑豆汁性味甘、平,能活血利水,祛风,解毒,滋补肝肾。药物经黑豆汁制后能增强药物的疗效,降低药物毒性或副作用,如何首乌等。

胆汁性味苦、大寒,具清肝明目、利胆通肠、解毒消肿、润燥作用,用作辅料,常用以降低药物毒性、燥性和增强药物镇惊、化痰、除烦等功效。

白矾汁性味酸、寒,能解毒,祛痰杀虫,收敛燥湿,防腐,用作辅料,常用以增强药物疗效,去浊防腐、降低毒性或使炮制品光亮等。

【注意事项】药汁用作辅料多现制现用。胆汁收集不易,应密封,置冷暗处保存。

【实例】

1. 制远志

炮制方法:取甘草,加适量水煎汤去渣,加入净远志,文火煮至汤吸尽,取出即得。每100kg远志,用甘草6kg。

炮制作用:远志味苦、辛,性温。生用能戟人咽喉;甘草汁炮炙品,能减轻远志皂苷对黏膜的刺激。

2. 姜厚朴

炮制方法:取厚朴丝,加姜汁拌匀,置锅内,文火炒至姜汁被吸尽,炒干,取出晾干即得。每100kg厚朴,用生姜3kg。

炮制作用:厚朴性温,味苦、辛,具行气燥湿,降逆平喘作用。厚朴生用药性峻烈,对咽喉有刺激。姜制可消除其副反应,并能增强宽中和胃、温燥寒湿、行气导滞等功效。

3. 制何首乌

炮制方法:取何首乌片或块,用黑豆汁拌匀,置非铁质的容器内,密闭,隔水加热,或用蒸气加热炖透,或加热蒸透,至内外均呈棕褐色,晒至半干,切片,干燥即得。每100kg何首乌片(块),用黑豆10kg。

炮制作用:何首乌味苦、甘、涩,性微温。为补阴药。取黑豆汁制后,滋阴补肾、养肝益血及乌须发功能得以增强。

4. 胆南星

炮制方法:取漂好的天南星,趁湿加入鲜姜、白矾及适量水浸泡至基本无麻味,取出洗净,干燥,研成细粉,备用。

取上述天南星粉,按 1kg 加胆汁 2.5kg,混合均匀,置笼屉内蒸 30 分钟,取出切成小方块,干燥即得。每 100kg 天南星,用鲜姜、白矾各 15kg。

炮制作用:天南星经胆汁苦寒之性除燥去毒,性味便由辛温转为苦凉,更适宜治疗痰热惊风抽搐等症。

5. 清半夏、姜半夏

炮制方法:清半夏为取净半夏,用 8% 白矾溶液浸泡至内无干心、口尝微有麻舌感,取出洗净,切厚片,干燥即得。每 100kg 半夏,用白矾 20kg。

姜半夏为取净半夏,用水浸泡至内无干心;另取生姜切片煎汤,加白矾与半夏共煮透,取出晾至半干,切薄片,干燥即得。每 100kg 半夏,用生姜 20kg,白矾 12.5kg。

炮制作用:半夏辛、温,有毒。有研究报告指出半夏有毒成分为生物碱类,而白矾水溶液中的氢氧化铝凝胶能有效吸附或结合半夏中的有毒成分;姜汁能有效解除半夏的催吐成分。中成药中的半夏,一定要用炮制品,而不能以生半夏替代,以免发生中毒。

点滴积累 V

1. 中药炮制用辅料可分为两大类,即液体类和固体类。
2. 中药炮制用液体辅料有酒、醋、蜂蜜、油、米泔水、药汁等。

第二节 固体辅料

中药炮制用固体辅料有食盐、麦麸、河砂、滑石粉、海蛤粉、土类、米类、面粉、朱砂、豆腐、灯芯等。在加固体辅料炒中,河砂、滑石粉均有中间传热体作用;土类、海蛤粉既有中间传热体作用,又可协同增效。中间传热体主要是利用辅料的温度使药物受热均匀,质地酥脆,易于粉碎,利于成分煎出。协同增效主要是利用辅料的药性影响药物的作用,如苍术、枳壳麸炒可协同增强健脾燥湿作用。

食 盐

【来源与制法】本品为海水、盐井、盐池、盐泉中的盐水,经煎或晒而成的结晶。

【性质】本品为无色透明的等轴系结晶或白色结晶性粉末;食盐水溶液为无色、无臭、味咸的澄明液体。本品主要成分为氯化钠,少量杂质中所含成分因来源、制法等不同而有差异,常有氯化镁、硫酸镁、硫酸钠、硫酸钙及不同物质等。海盐中尚有碘。氯化钠相对密度为 $2.165g/cm^3$,熔点为 801℃,沸点为 1413℃,味咸,含杂质时易潮解;溶于水或甘油,难溶于乙

醇,不溶于盐酸,水溶液呈中性。在水中的溶解度随着温度的升高略有增大,当温度低于
0.15℃时可获得二水化合物 $NaCl \cdot 2H_2O$。

【应用】本品味咸,性温,无毒,归胃、肾、大小肠经,具益肾润燥,清热凉血,软坚散结,解毒涌
吐,调胃和中作用。本品多制成食盐水溶液盐炙使用,可引药入肾经,增强疗效,如杜仲、巴戟天增强
补肝肾作用;小茴香、橘核、荔枝核增强理气疗疝作用;知母、黄柏增强滋阴降火作用;益智仁增强缩
小便和固精的作用。

【注意事项】

(1) 作为赋形剂,氯化钠可被视为基本上无毒、无刺激性物质。然而,成年人口服摄入 0.5 ~
1.0g/kg 之后,可能会出现毒性反应。口服吸收大量的氯化钠是有害的,并能诱导胃肠道不适、呕
吐、高钠血症、呼吸窘迫、痉挛,甚至死亡。

(2) 制备食盐水时,加水的量一般以食盐的 4~5 倍量为宜。

(3) 氯化钠水溶液腐蚀铁,也和银、铅、汞盐反应生成沉淀。

(4) 固体食盐稳定。含有杂质的食盐较易吸潮,应置于阴凉、干燥处贮存。

【实例】盐杜仲

炮制方法:取杜仲块或丝,加入盐水拌匀,闷透,置锅内,文火炒至焦黑色,丝易断时取出,放凉即
得。每 100kg 杜仲用盐 2kg。

炮制作用:杜仲味甘,性辛、温,为补肾安胎药。本品盐炙后可直走下焦,增强补肝肾作用。研究
表明,盐杜仲的降压作用比生杜仲高 1 倍;盐杜仲使怀孕小鼠离体子宫自主收缩减弱和拮抗子宫收
缩剂的作用,明显强于生杜仲。

知识链接

盐制的方法

盐制的方法很多, 可细分为盐炒、盐炙（盐水炒）、盐水浸、盐水煮、盐水洗、盐水淬等操作
方法。

麦　麸

【来源与制法】本品为禾本科植物小麦的种子,经磨取面粉后的种皮。将小麦烘干后,粉碎过
筛,取面粉后所得的种皮即得。

【性质】本品为淡黄色或黄白色皮状粉粒,质较轻,味略甜,有特殊麦香气。本品主要成分为淀
粉、蛋白质、糖类、脂肪、糊精、粗纤维,以及少量谷甾醇、卵磷脂、淀粉酶、麦芽糖酶、蛋白酶、精氨酸、
维生素 B 等。

【应用】本品味甘,性寒,无毒,入手阳明经,具和中,健胃,益脾作用。中药炮制用作辅料时,常
用以增强药物和中健胃,补脾调中等功效,以及缓和药性,降低恶心呕吐等副反应和矫色、矫味、矫臭
等。麦麸还能吸附油质,可用来麸炒或麸煨。山药、白术经麸炒后可增强其补脾作用的疗效;僵蚕麸
炒后可矫正其气味,便于服用。

【注意事项】本品应置阴凉干燥处保存,防潮,防虫蛀,防霉变。

【实例】麸炒苍术

炮制方法:取苍术片,撒在麦麸皮炒热冒烟的锅中,不断翻动,炒至苍术表面呈深黄色取出,筛去麸皮,放凉即得。每100kg苍术,用麸皮10kg。

炮制作用:苍术辛、苦、温,具燥湿健脾,祛风、散寒,明目作用。生品辛温苦燥,药性强烈,麸炒制后,可缓其燥,气变芳香,增强健脾燥湿作用。

河　砂

【来源与制法】别名河沙、沙子。即取洁净的河砂供用。常用中等粒度河砂,淘洗去除泥土、杂质后,筛取所需粒度河砂,晒干备用。

【性质】本品为灰白色至灰黄色的颗粒状物,质硬。

【应用】本品为砂炒法主要辅料,以河砂为中间体,其温度高,受热匀,主要适用于一些质地较坚硬的植物药、动物甲壳及部分有毒药物,以使药物质地酥脆,易于粉碎,煎煮时易于煎出有效成分,易于除去非药用部分和降低药物毒副作用等。此外,砂炒法还可以增强药物疗效,如砂炒狗脊、穿山甲等;可以降低毒性,如砂炒马钱子;可矫臭矫味,如砂炒鸡内金、脐带等。

还可用砂润法软化药材,其优点是:药材不与过量水接触,有效成分不会流失,能保持原有色、香、味。

【注意事项】砂的用量以能掩盖所加药物为度。

【实例】砂炒狗脊

炮制方法:将河砂置热锅内,用武火加热至灵活状态时,投入狗脊片,不断翻动,炒至鼓起,鳞片呈焦褐色时取出,筛去河砂,放凉,除去残存绒毛。

炮制作用:狗脊生品以祛风湿,利关节为主,用于风寒湿痹,关节疼痛,屈伸不利等。狗脊质地坚硬,经砂炒后质地松脆,便于粉碎和煎出有效成分,也便于除去残存绒毛。砂炒狗脊以补肝肾,强筋骨为主,用于肝肾不足或冲任虚寒的腰痛脚软,遗精,遗尿,妇女带下等。

滑　石　粉

【来源与制法】本品为硅酸盐类矿物滑石族矿物滑石,主要成分为含水硅酸镁[$Mg_3(Si_4O_{10})(OH)_2$]。采掘后除去泥沙及杂石,经净化、粉碎、干燥即得。

【性质】本品为白色或类白色、微细、无砂性的粉末,手摸有滑腻感,无臭,无味。本品在水、稀盐酸或稀氢氧化钠溶液中均不溶解。

【应用】本品味甘、淡,性寒,具利尿通淋、清热解暑、祛湿敛疮功能。中药炮制用滑石粉炒药物和煨药,如滑石粉炒刺猬皮、滑石粉煨肉豆蔻等。炒制主要是使韧性大的动物药质地变得酥脆,利于粉碎;煨制主要是除去过量的油脂,以消除刺激性,增强止泻作用。

【注意事项】本品应密闭贮存。

【实例】炒刺猬皮

炮制方法:取拣净的刺猬皮,剁成小块,洗净,晒干,另取滑石粉置锅内炒热,加入刺猬皮,炒烫至黄色,取出,筛、刷去滑石粉,剪去毛,放凉。

炮制作用:用滑石粉炒制刺猬皮后,质地变得酥脆,利于粉碎。

海 蛤 粉

【来源与制法】 别名蛤粉,为蛤蜊科四角蛤蜊等贝壳的粉末。将四角蛤蜊等贝壳洗净,入炭火中煅烧后碾为细粉即得。

【性质】 本品为灰白色细粉。

【应用】 本品味咸,性寒,具清热利湿、化痰软坚功能。本品作为辅料是用以作传热中间体,并用其滋阴降火化痰之功,增加被炮制品疗效。海蛤粉炒由于火力较弱,而且颗粒细小,传热速度较砂稍慢,故能使药物受热均匀,适于炒制胶类药物,如可以用海蛤粉炒阿胶,降低其滋腻之性,矫味,增强清热化痰作用。

【注意事项】 脾胃虚寒者宜少用。

【实例】 海蛤粉炒阿胶

炮制方法:将海蛤粉置锅内,加热至轻松(如流水)时,加入胶丁(适量),不断搅动,炒至鼓起成珠,内无溏心(无胶茬),表面黄白色时,急速出锅。筛出海蛤粉,凉透,即得"阿胶珠"。

炮制作用:阿胶有补血、止血、滋阴润燥的作用,海蛤粉能清热化痰,并能入血分散瘀滞。阿胶经海蛤粉炒珠后,能除去胶性,还能散瘀滞,可避免腻滞之弊。入汤剂时,可防止糊锅,又易于粉碎成末。

土 类

【来源与制法】 炮制用土类主要为灶心土、黄土、赤石脂等。灶心土又称伏龙肝,为久经柴草熏烧的灶底中心的土块。取烧柴的灶或窑的土块,削去焦黑部分及杂质,粉碎即得。黄土亦称黄泥,取纯净黄土块,经粉碎即得。

【性质】 灶心土与黄土主要由硅酸、氧化铝及氧化铁组成。尚含氧化钠、氧化钾、氧化镁、氧化钙等成分。

【应用】 灶心土味辛,性温,具有温中燥湿、止呕止血等功能。灶心土用于中药炮制,目的在于助脾,黄土亦如此。土炒白术、山药、白芍、当归等均可协同增强补脾止泻作用。实验证明,经土炒制得山药所含有效成分薯蓣皂苷元含量比生山药高 3 倍,比麸制山药约高 1 倍。

【注意事项】 灶心土应为长期用柴草燃烧的灶底中心的土块。烧煤的灶心土不可用。

【实例】 土炒白术

炮制方法:先将土置锅内,用中火加热,炒至土呈灵活状态时,投入白术片,炒至白术表面均匀挂上土粉时,取出,筛去土粉,放凉。白术片每 100kg 用灶心土 25kg。

炮制作用:白术生用,以健脾燥湿,利水消肿为主,用于痰饮,水肿,以及风湿痹痛等。土炒白术,借土气助脾,补脾止泻力胜,用于脾虚食少,泄泻便溏等。

米 类

【来源与制法】 中药炮制所用米类,多选用粳米和糯米,均为禾本科植物稻(粳稻和糯稻)的种仁。粳米又称大米、米;糯米又称江米、元米。

【性质】 粳米主含淀粉(75%)、蛋白质(8%左右)、脂肪(0.5% ~1%)以及 B 族维生素(B_1、B_2、

烟酸等)、磷、钙、铁、多种有机酸、糖类等。糯米所含成分亦相似,唯含磷较少,含钙较多。

【应用】 粳米味甘,性平,无毒,具补中益气、健脾和胃、除烦渴、止泻痢、长肌肉、壮筋骨、补肠胃、补下元等功能。糯米味甘,性温,无毒,具补脾胃、益肺气、止泻痢、缩小便、收自汗、发痘疮等功能。米类用作中药炮制辅料,与药物共制具有增强药物功效,降低刺激性及毒性等作用,如米炒党参可增强健脾止泻作用;斑蝥、红娘子米炒可降低毒性、矫臭矫味。

【注意事项】 所用米应无杂质、异物、发霉生虫,不得有其他不良气味与异味。

【实例】 米炒党参

炮制方法:取大米置炒药锅内,用中火加热至米出烟时,倒入党参生片,炒至大米呈老黄色时,取出,筛去米,放凉。党参每100kg用大米20kg。

炮制作用:米炒后,长于健脾止泻,又能缓和党参燥性,用于脾胃虚弱,食少便溏。

面 粉

【来源与制法】 本品为禾本科植物小麦的种子经碾磨除去麸皮所得细粉。

【性质】 面粉味甘,性凉。主含淀粉(53% ~ 70%)、蛋白质(约11%)、糖类(2% ~ 7%)、糊精(2% ~ 10%)、脂肪(1.5%)及粗纤维(约2%)等。尚含少量β-谷甾醇、卵磷脂、淀粉酶、麦芽糖酶、蛋白酶、精氨酸、尿囊素及微量维生素B等。麦胚含植物凝集素。

【应用】 本品具益心脾、除烦渴、养肝气、厚肠胃、润肺、强气力等功能。中药炮制用其作煨法炮制辅料,目的主要是去除药物中的部分挥发性、刺激性成分,以降低毒性、缓和药性。煨法系将药物以湿面粉包裹,置于加热的滑石粉(或直接在加热麦麸)中,加热即得。

【注意事项】 精白面粉缺乏膳食纤维等营养成分,长期食用会影响人体的胃肠功能并造成营养不良。

【实例】 煨肉豆蔻

炮制方法:取面粉加适量水,做成团块,压成薄片,将肉豆蔻逐个包裹;或用清水将肉豆蔻表面润湿后,如水泛丸法包裹面粉3~4层,稍晾,投入已炒热的滑石粉或砂子中,适当翻动,至面皮呈焦黄色时取出,筛去滑石粉或砂子,晾凉,剥去面皮。用时捣碎。

炮制作用:肉豆蔻含大量油脂,有滑肠之弊,并具有较强的刺激性。煨制后固涩作用增强,常用于脾胃虚寒,久泻不止,脘腹胀痛,食少呕吐。

朱 砂

【来源与制法】 本品为硫化物类矿物辰砂族辰砂,主含硫化汞(HgS)。采掘后选取纯净者,用磁铁吸净含铁杂质,用水淘去杂石、泥沙,依法制取即得。

【性质】 本品为红或红褐色极细粉,含硫化汞(HgS)≥98.0%,有闪烁的光泽,质重,应无杂质、异物及其他异味。

【应用】 朱砂味甘,微寒,具清心镇惊,安神解毒功能。中药炮制用以拌制药材,可增加药材的镇静安神作用,如用朱砂、面粉共制附子、共制木瓜等。目前尚有朱砂拌远志、拌竹茹、拌麦冬、拌茯神等,供临床使用。

【注意事项】 本品有毒,不可大量使用,不宜久服,不宜入煎剂,肝肾功能不全者禁用。

【实例】朱麦冬

炮制方法:取净麦冬,喷水少许拌匀,微润,加入飞朱砂细粉,上下摇动拌匀,取出,晾干。麦冬每100kg用朱砂粉2kg。

炮制作用:麦冬生品以养阴润肺,益胃生津为主,用于肺燥咳嗽,肺痨潮热,咳嗽少痰,或干咳无痰;阴液耗损,口干咽燥,及大便燥结等证。朱砂拌麦冬,以清心除烦为主,用于心烦失眠,心烦躁动等。

豆　腐

【来源与制法】 本品为大豆经磨制加工而成。

【性质】 本品为乳白色固体,主含蛋白质、脂肪及多种维生素等。

【应用】 豆腐甘、平,有益气和中、生津润燥、清热解毒等功效。豆腐共制药材,主要为解其药物毒性,降低副作用及去污等作用。目前常用豆腐制的药材有藤黄、硫黄、珍珠等。

【注意事项】 因豆腐中含嘌呤较多,对嘌呤代谢失常的痛风病人和血尿酸浓度增高的患者,忌食豆腐;脾胃虚寒,经常腹泻便溏者忌食。

【实例】豆腐制珍珠粉

炮制方法:取珍珠,洗净污垢(垢重者,可先用碱水洗涤,再用清水漂去碱性),用纱布包好,再用豆腐置砂锅或铜锅内,一般300g珍珠用两块250g重的豆腐,下垫一块,上盖一块,加清水淹没豆腐寸许,煮制2小时,至豆腐呈蜂窝状为止。取出,去豆腐,用清水洗净珍珠,晒干,研细过筛,用冷开水水飞至舌舔无渣感为度。取出放入铺好纸的竹筐内晒干或烘干,再研细。

炮制作用:珍珠味甘、咸,性寒,归心经、肝经,具有安神定惊,明目消翳,解毒生肌的功能。用于惊悸失眠,惊风癫痫,目生云翳,疮疡不收。珍珠质地坚硬,不溶于水,水飞成极细粉末,易被人体吸收。作过装饰品的珍珠外有油腻、污垢,豆腐煮制后,令其洁净,便于服用。

灯　芯

【来源与制法】 本品为灯芯草科植物灯芯草的干燥茎髓或全草。秋季采全草,用刀纵向划开皮部,分离皮、髓,取出髓部晒干即得。

【性质】 灯芯呈细圆柱形,长达90cm,直径0.1~0.3cm。表面白色或淡黄白色,有细纵纹。体轻,质软,略有弹性,易拉断,断面白色。无臭,无味。主含纤维素、脂肪油、蛋白质等。茎含多糖类,主要为阿拉伯聚糖和木聚糖。

【应用】 灯芯味甘、淡,性寒。具清心降火、利尿通淋、除烦安神功能。中药炮制用以吸附油脂、降低毒副作用、缓和药性、矫味矫臭等。例如乳香以灯芯共制、没药与灯芯共炒等。

【注意事项】 虚寒者慎服,中寒小便不禁者勿服,气虚小便不禁者忌服。

利用植物类中药作炮制辅料的还有很多,如苍术以川楝子同炒;滑石粉以牡丹皮同煮;朱砂以木瓜拌蜜合炙;矾石以巴豆同煅等。

点滴积累 ∨

中药炮制用固体辅料有食盐、麦麸、河砂、滑石粉、海蛤粉、土类、米类、面粉、朱砂、豆腐、灯芯等。

目标检测

一、选择题

（一）单项选择题

1. 下列属于中药炮制用液体辅料的是（　　）

  A. 蜂蜜　　　　　B. 灶心土　　　　　C. 食盐　　　　　D. 河砂

2. 下列属于中药炮制用固体辅料的是（　　）

  A. 蜂蜜　　　　　B. 食盐　　　　　C. 油　　　　　D. 醋

3. 醋的主要成分为（　　）

  A. 甲酸　　　　　B. 甲醇　　　　　C. 乙酸　　　　　D. 乙醇

4. 食盐的主要成分是（　　）

  A. 氢氧化钠　　　　　B. 氢氧化钾　　　　　C. 氯化钾　　　　　D. 氯化钠

5. 禾本科植物小麦的种子,经磨取面粉后的种皮是（　　）

  A. 麦麸　　　　　B. 麦子　　　　　C. 麦种　　　　　D. 麦穗

（二）多项选择题

1. "油炙法"最常用的油有（　　）

  A. 芝麻油　　　　　B. 大豆油　　　　　C. 羊脂　　　　　D. 花生油

2. 中药药汁常用作重要炮制辅料的有（　　）

  A. 甘草汁　　　　　B. 姜汁　　　　　C. 黑豆汁　　　　　D. 白矾汁

3. 可用作中药炮制辅料的酒有（　　）

  A. 红酒　　　　　B. 白酒　　　　　C. 黄酒　　　　　D. 料酒

4. 蜂蜜的主要成分为（　　）

  A. 淀粉　　　　　B. 果糖　　　　　C. 红糖　　　　　D. 葡萄糖

5. 河砂又名（　　）

  A. 硼砂　　　　　B. 海沙　　　　　C. 河沙　　　　　D. 沙子

二、概念题

1. 中药炮制

2. 炼蜜

3. 中药药汁制法

三、简答题

1. 黄酒和白酒在应用上有何区别？

2. 酿制醋、配制醋、醋精有何区别?

3. 简述砂炒法的使用范围。

（宁素云）

药品包装材料

第十章

药品包装概述

导学情景 ∨ ··

情景描述：

在 2008 年全国药品评价性抽验工作中，发现注射用头孢曲松钠澄清度检查不合格率较高。 中国药品生物制品检定所、河北省药检所、湖北省药检所对头孢曲松钠的质量状况进行了分析研究，认为造成注射用头孢曲松钠澄清度不合格的直接原因是丁基胶塞中释放的挥发性物质与头孢曲松钠形成不溶性复合物所致，与丁基胶塞对该产品的适用性相关。

学前导语：

这是药品包装材料使药物中杂质增加的案例。 丁基胶塞虽稳定性好，但成分复杂，若配方不合理、工艺不可靠，可使胶塞中的杂质、异性蛋白、硫化物在与药品接触时逸出至溶液中而产生不溶性微粒，影响注射液的澄明度，还有可能产生热原。 实验证明本案例中的不溶性微粒是丁基胶塞中的抗氧剂 2,6-二叔丁基-4-甲基苯酚与药物发生作用产生的。 国家药品监督管理局要求注射用头孢曲松钠生产企业根据《注射用头孢曲松钠与丁基胶塞相容性加速试验方法》对购入的每批丁基胶塞和每批药品出厂前进行检验。 可见，药品包装材料关乎药品质量和安全性，只有选择合适的包装材料才能有效地保证药品的质量安全。

第一节　药品包装概念、特性与分类

一、药品包装的概念

药品是一种特殊的商品，在流通过程中由于受到光照、潮湿、微生物污染等周围环境的影响很容易分解变质，所以在药品加工成型以后，必须选用合适的包装才能保持药品的效能、提高药品的稳定性、延缓药品变质、保障广大人民群众的用药安全，因此药品的包装被称为是药品的"第二生命"。

药品包装是指药品在运输、贮存、管理过程和使用中，为了起到保护、分类和说明的作用，选用适宜的包装材料或容器，采用适宜的包装技术对药品或药物制剂进行分（罐）、封、装、贴签等加工过程的总称。

广义上的药品包装可以分为两个方面：一是指包装药品所用的物料、容器、辅助物及包装形式；二是指包装药品时的操作过程，它包括包装方法和包装技术（包装设计）。所以药品的包装，必须既含有包装容器（含容器材料），又包括包装技术和方法。

合格的药品包装应具备密封、稳定、轻便、美观、规格适宜、包装标识规范、合理、清晰等特点,还应满足药品流通、贮存、应用各环节的要求。而要满足药品包装上述功能的实现,药品包装材料是基础,也是关键。

我国《药品管理法》对包装做了详细的规定,设药品的包装和分装专章,其中包括药品包装之标签或说明书上必须注明药品的品名、规格、生产企业、批准文号、产品批号、主要成分、适应证、用法、用量、禁忌、不良反应和注意事项。

二、药品包装的特性

药品包装是属于专用包装范畴,它具有包装的所有属性,并具有以下特殊性:

1. 能保护药品在贮藏、使用过程中不受环境的影响,保持药品原有属性。

2. 药品包装材料自身在贮藏、使用过程中性质应有一定的稳定性。

3. 药品包装材料在包裹药品时不能污染药品生产环境。

4. 药品包装材料不得带有在使用过程中,不能消除的,对所包装药物有影响的物质。

5. 药品包装材料与所包装的药品不能发生化学、生物意义上的反应。

6. 药品包装必须遵循国家相关政策法令。这主要是由于药品包装直接关系到药品与包材的相容性能,以及药品储存期类包材对药物稳定性的影响。目前新药在申报的同时,也必须提供药品包装、药品与包材相容性的试验材料、材料的质量标准等资料。所有生产药品的公司、企业必须建有产品包装档案,其中包括包装形式、所用包材的质量标准、检验操作程序、包材提供商等。

三、药品包装的分类

药品包装分类根据不同标准,可分为不同类型,主要包括以下几种类型:

（一）按材质分类

可分为塑料、橡胶(或弹性体)、玻璃、金属及其他类(如布类、陶瓷类、纸类、干燥剂类)等五类。

（二）按剂量分类

可分为单剂量包装与多剂量包装两类。单剂量包装指对药品按照用途和给药方法进行分剂量包装的过程。如将颗粒剂装入小包装袋,注射剂的玻璃安瓿包装,将片剂、胶囊剂装入泡罩式铝塑材料中的分装过程等,此类包装也称分剂量包装。多剂量包装指对药品按照用途和给药方法进行多次给药剂量包装的过程,如普通滴眼剂可多次使用。

（三）按包装形式分类

可分为容器(如口服固体药用高密度聚乙烯瓶等)、硬片或袋(如PVC固体药用硬片、药品包装用复合膜、袋等)、塞(如药用氯化丁基橡胶塞)、盖(如口服液瓶撕拉铝盖)、辅助用途(如输液接口)等五类。

（四）按包装的作用分类

1. 内包装　内包装系指直接与药品接触的包装(如输液瓶、注射剂瓶、泡罩等)。内包装必须能保证药品在生产、运输、贮存及使用过程中的质量,且便于临床应用。药品内包装材料、容器的更改,应根据药品的理化性质及所选用材料的性质进行稳定性试验,考察所选材料与药品的相容性。本书主要介绍内包装材料。

2. 外包装　外包装系指内包装以外的包装,按由里向外分为中包装和大包装,即把已完成内包装的药品装入箱中或其他袋、桶和罐等容器中的过程。进行外包装的目的是将小包装的药品进一步集中于较大的容器内,以便于药品的贮存和运输。外包装应根据内包装的包装形式、材料特性选用不易破损的包装,以保证药品在运输、贮存、使用过程中的质量。

（五）按包装的内容分类

1. 理论包装　现代意义上的包装已不是单纯地指消费者在药店中看到的实物,它还包括对药品的理论包装、终端包装等,这些包装在药品市场营销中起着不可轻视的作用。一种药品的上市,无论是全新开发,还是老药新做、新药普做,都必须以科学的药理药性为宣传基础,这就要求对药品进行理论包装。在药品市场上,药品面对的是普通消费者,他们在购买药品时,很希望了解此种药通过何种原理来达到治疗的效果,但这种理论不能是直白式的,而是要"生动化""形象化""差异化",也就是说要对高深的理论进行包装,用深入浅出的道理将理论揭示出来,使理论变成人人都能理解的东西,从而打动消费者,并为后续一系列的营销策划活动打下基础。

2. 实物包装　实物包装是指消费者在药店中见到的药品外观实体。在非处方药市场中,制药企业越来越注重药品的货架感。消费者在选择同类药品时,除了广告和店员的推荐外,药品外观的感觉也非常重要。药品包装专家建议,满足病患者心理需求是视觉设计的重点,在包装上应呈现文化、科技的氛围,通过艺术创意达到与患者心灵沟通的目的。

在包装上药品更倾向于借鉴食品饮料的表现形式,生动、悦目、个性鲜明,在包装上以人物、植物、书法、造型等各种表现元素拉近与患者的心理距离。

点滴积累 ╲

1. 药品包装是指为药品在运输、贮存、管理过程和使用中提供保护、分类和说明的作用,选用适宜的包装材料或容器,采用适宜的包装技术对药品或药物制剂进行分（罐）、封、装、贴签等加工过程的总称。

2. 由于药品为特殊商品,因此药品包装具有其特殊性。

3. 按药品包装的作用分类可分为内包装与外包装。

第二节　药品包装的作用

一、保护作用

药品包装是药品生产的继续,是对药品施加的最后一道工序,是连接生产和流通两个环节的桥梁。在整个转化过程中,药品包装有其特殊的作用。

药品在运输、储存过程中要受到各种外力的作用,如振动、挤压和冲击,从而造成药品的破坏。

在选择包装药品材料时,应当考虑到这些因素。片剂和胶囊剂等固体制剂包装时,常在内包装容器中多余空间部位填装消毒的棉花等,单剂量包装的外面多使用瓦楞纸或硬质塑料,将每个容器分隔且固定起来。目前,采用的新材料还有发泡聚乙烯、泡沫聚丙烯等缓冲材料,效果较好。药品的外包装应当有一定的力学强度,能起到防震、耐压和封闭的作用。国际运输包装要求:标示包装的部位及牢固性;包装适用的温度与湿度范围;堆码实验数据;跌落、垂直碰撞实验数据、水平冲击、斜面冲击和摆动冲击数据等。通过系列检测,以确保药品在搬运、运输过程中完好无损。这些均体现了药品包装对药品的保护作用。

二、标识作用

(一)标签与说明书

标签与说明书是药品包装的重要组成部分,而且每个单剂量包装上都应具备标签,内包装中应当有单独的药品说明书,目的是科学准确地介绍具体药物品种的基本内容,便于使用时识别。

药品的标签分为内标签和外标签。药品内标签指直接接触药品的包装的标签;外标签是内标签以外的其他包装的标签。内标签与外标签内容不得超过国家药品监督管理部门批准的药品说明书所限定内容,文字表达应与说明书保持一致。根据国家食品药品监督管理局(局令第 24 号)关于《药品说明书和标签管理规定》:"药品的内标签应当包含药品通用名称、适应证或者功能主治、规格、用法用量、生产日期、产品批号、有效期、生产企业等内容。包装尺寸过小无法全部标明上述内容的,至少应当标注药品通用名称、规格、产品批号、有效期等内容。药品外标签应当注明药品通用名称、成分、性状、适应证或者功能主治、规格、用法用量、不良反应、禁忌、注意事项、贮藏、生产日期、产品批号、有效期、批准文号、生产企业等内容。适应证或者功能主治、用法用量、不良反应、禁忌、注意事项不能全部注明的,应当标出主要内容并注明"详见说明书"字样。"用于运输、储藏的包装的标签,至少应当注明药品通用名称、规格、贮藏、生产日期、产品批号、有效期、批准文号、生产企业,也可以根据需要注明包装数量、运输注意事项或者其他标记等必要内容。中药饮片包装必须印有或者贴有标签,必须注明品名、规格、产地、生产企业、产品批号、生产日期,实施批准文号管理的中药饮片还必须注明药品批准文号。

药品说明书应当包含药品安全性、有效性的重要科学数据、结论和信息,用以指导安全、合理使用药品。药品说明书对疾病名称、药学专业名称、药品名称、临床检验名称和结果的表述,应当采用国家统一颁布或规范的专用词汇,度量衡单位应当符合国家标准的规定。药品说明书的内容包括药品名称(通用名、英文名、汉语拼音、化学名称)、分子式、分子量、结构式(复方制剂、生物制剂应注明成分)、性状、药理毒性、药代动力学、适应证、用法用量、不良反应、禁忌证、注意事项(孕妇及哺乳期妇女用药、儿童用药、药物相互作用和其他类型的相互作用,如烟、酒等)、药物过量(包括症状、急救措施、解毒药)、有效期、储存、批准文号、生产企业(包括地址及联系电话)等内容。如某一项目尚不明确,应注明"尚不明确";如明确无影响,应注明"无"。药品生产企业未根据药品上市后的安全性、有效性情况及时修改说明书或者未将药品不良反应在说明书中充分说明的,由此引起的不良后果由该生产企业承担。

（二）包装标志

包装标志是为了药品的分类、运输、储存和临床使用时便于识别与防止用错。包装标志通常应当包含品名、装量等，包装材料上还应当加特殊标志，即一方面要加安全标志——对剧毒、易燃易爆等药品应加特殊且鲜明的标志，以防止不当处理和使用；另一方面要加防伪标志——在包装容器的封口处贴有特殊而鲜明的标志，以配合商标防伪和防止造假。

在剧毒药品的标签上用黑色标示"毒"；用红色标示"限制"；在危险品的标签上用红色标示"爆炸品""易燃品"；在外用药品标签上标示"外用"；兽用药品上也要有特殊标志，以防误用。

为防止药品在储存和运输过程中质量受到影响，每件外包装（运输包装）上应有特殊标志。

1. 识别标志　一般用三角形等图案配以代用简字作为发货人向收货人表示该批货的特定记号，同时还要标出品名、规格、数量、批号、出厂日期、有效期、体积、质量、生产单位等，以防弄错。

> ▶ **课堂活动**
>
> 从药品包装上我们能获得哪些信息？

2. 运输与放置标志　对装卸、搬运操作的要求或存放保管条件应在包装上明确提出，如"向上""防湿""小心轻放""防晒""冷藏"等。

三、便于使用和携带

药品在研究过程中，在考察包装材料（主要是内包装）对药物制剂稳定性影响的同时，还应当精心设计包装结构，以方便使用和携带。

1. 单剂量包装　从方便患者使用及药房销售出发，采用单剂量包装，也可以减少药品的浪费。单剂量包装时，可采用一次性包装，适用于临时性、必要时或一次性给药的药品，如止痛药、抗晕药、抗过敏药、催眠药等。也可采用一个疗程一个包装，适用于各种疾病不同的药物疗程需要而采用的包装，如抗生素药、抗癌药、驱虫药等。

2. 配套包装　此类包装包括使用方便的配套包装和达到治疗目的的配套包装。前者如输液药物配带输液管和针头；为达到治疗目的可将数种药物集中于一个包装盒内便于旅行和家用，如旅行保健药盒，内装风油精、去痛片、小檗碱等常用药；如冠心病急救药盒，内装硝酸甘油片、速效救心丸、麝香保心丸等。

3. 小儿安全包装　小儿安全包装是为配合儿童用药方便和安全而设计的包装，使用经过特殊处理的包装容器或材料，既方便给药，又使儿童打不开，防止小儿误食。

四、促销作用

1. 产品差异化的手段　药品产品包装后，首先被消费者感知的不是药品本身，而是药品的包装。使产品差异化的独特包装可以使产品易于辨认，尽管药品的内在质量是市场消费者关注的重点，但是如果没有优质的包装相配合，竞争力就难以发挥。

2. 促进销售　包装是一种经济有效的广告，对消费者产生直接的吸引力。药品包装良好的装潢设计能促进消费者购买。一位美国的市场学者曾经做过一项研究，发现由媒体广告所吸引来的购买者中有33%的人转向购买包装吸引人的品牌,可见包装对于促进销售有直接作用。

五、提高药物制剂的稳定性

国家药品监督管理局和美国FDA在评价一个药物时,要求该药物使用的包装在整个使用期内能够保证其药效的稳定性。新药研究过程中就应当将制剂置于上市包装内进行稳定性考察。合适的包装对于药品的质量起着关键性的保证作用。

在通常情况下,药品暴露在空气中易氧化、染菌,某些药物见光会分解、变色,遇水和潮气会造成剂型破坏与变质,遇热易挥发、软化,激烈的振动可致使制剂变形、碎裂等。药品的物理或化学性质的改变,会导致药品失效,有时不仅不能治病,甚至会导致疾病。因此,在选择药品包装时,不管装潢设计如何,都应当将包装材料对药物制剂稳定性的保护作为首要的因素来考虑。

包装层应当使内含药物制剂中的药物成分与外界隔离,一方面防止药物活性成分挥发、逸出及泄漏。挥发性药物成分能溶解于包装材料的内侧,借渗透压的作用向另一侧扩散,如含芳香性成分及内含挥发性活性成分的固体药物制剂,其活性成分易挥发并穿透某些材料(如聚乙烯单层塑料),并且对一般有机物的包装材料有强的溶蚀作用,液体制剂易泄漏。此类药物应当选择复合膜容器、玻璃容器、金属容器或陶瓷容器。另一方面防止外界的空气、光线、水分、异物、微生物进入而与药品接触。空气中含有氧气、水分、大量的微生物和异物颗粒,这些成分进入到包装容器后会导致药品氧化、水解、降解、污染和发酵。含有机活性成分的固体药物制剂长时间裸露在空气中会逐渐氧化、降解,而液体制剂如糖浆剂、合剂会有部分液体成分挥发并可能发酵。有些药物见光分解,这类药物除了在制剂处方中加入遮光剂(如片剂包衣时加二氧化钛),还应当在包装材料中采取以下措施:用棕色瓶包装、用铝塑复合膜材料包装、在包装材料中加遮光剂。此外,某些药物制剂如栓剂、软膏剂、颗粒剂和含有脂质体的药物制剂,对温度较为敏感,所以包装材料还应当具有隔热、防寒作用。此类制剂采用一般材料达不到要求,需在药物制剂处方筛选时考察包装材料对制剂稳定性的影响。

点滴积累 ∨

1. 药品包装具有五种作用,即保护作用、标识作用、便于使用与携带、促销作用、提高药物制剂稳定性作用。
2. 标签与说明书是药品包装的重要组成部分。

第三节　我国药品包装的法律法规

包装是药品生产的一个重要环节,是保证药品安全有效的措施之一。为加强药品包装管理,保证药品质量,我国于2000年4月29日由当时的国家药品监督管理局颁布21号局长令即《药品包装材料、容器管理办法》(暂行),药品包装管理得以规范、快速发展。目前我国已经建立了一系列规范药品包装发展的法律、法规。

我国药品包装法律法规体系由两大部分组成,即专门的法律法规体系和相关的法律法规体系。

一、专门的法律法规体系

(一)法律

我国现阶段拥有的药品包装管理的专门法律是《中华人民共和国药品管理法》(简称《药品管理法》,是由 1984 年 9 月 20 日第六届全国人民代表大会常务委员会第七次会议通过,2001 年 2 月 28 日第九届全国人民代表大会常务委员会第二十次会议修订,根据 2013 年 12 月 28 日第十二届全国人民代表大会常务委员会第六次会议《关于修改〈中华人民共和国海洋环境保护法〉等七部法律的决定》第一次修正,根据 2015 年 4 月 24 日第十二届全国人民代表大会常务委员会第十四次会议《关于修改〈中华人民共和国药品管理法〉的决定》第二次修正)。《药品管理法》中都列有包装专章,即第六章"药品包装的管理"。全章包括三条:第五十二条规定"直接接触药品的包装材料和容器,必须符合药用要求,符合保障人体健康、安全的标准,并由药品监督管理部门在审批药品时一并审批。药品生产企业不得使用未经批准的直接接触药品的包装材料和容器。对不合格的直接接触药品的包装材料和容器,由药品监督管理部门责令停止使用。"第五十三条规定"药品包装必须适合药品质量的要求,方便储存、运输和医疗使用。发运中药材必须有包装。在每件包装上,必须注明品名、产地、日期、调出单位,并附有质量合格的标志。"第五十四条规定"药品包装必须按照规定印有或者贴有标签并附有说明书。标签或者说明书上必须注明药品的通用名称、成分、规格、生产企业、批准文号、产品批号、生产日期、有效期、适应证或者功能主治、用法、用量、禁忌、不良反应和注意事项。麻醉药品、精神药品、医疗用毒性药品、放射性药品、外用药品和非处方药的标签,必须印有规定的标志。"

(二)行政法规

我国现阶段拥有的药品包装管理的行政法规有《中华人民共和国药品管理法实施条例》(2002 年 8 月 4 日中华人民共和国国务院令第 360 号公布,根据 2016 年 2 月 6 日国务院第 666 号令《国务院关于修改部分行政法规的决定》修订)、《医疗用毒性药品管理办法》(1988 年 12 月 27 日中华人民共和国国务院令第 23 号)、《放射性药品管理办法》(1989 年 1 月 13 日中华人民共和国国务院令第 25 号)、《血液制品管理条例》(1996 年 12 月 30 日中华人民共和国国务院令第 208 号)等。

(三)部门规章

我国颁布的涉及药品包装管理的部门规章有《药品包装管理办法》《药品包装用材料、容器生产管理办法》(试行)等。

国家的《药品包装管理办法》于 1981 年产生,经过修改与完善,1988 年国家颁发了《药品包装管理办法》(以下简称《办法》)。它包括 7 个部分共 44 条。该《办法》明确提出包装的目的是为了保证药品质量,为此规定"各级医药管理部门和药品生产、经营企业必须有专职或兼职的技术管理人员负责包装管理工作"。国家各级设立药品包装质量检测机构。

《办法》要求:"选用直接接触药品的包装材料、容器(包括油墨、黏合剂、衬垫、填充物等)必须无毒,与药品不发生化学作用,不发生组分脱落或迁移到药品当中,必须保证和方便安全用药"。"直接接触药品(中药材除外)的包装材料、容器不准采用污染药品和药厂卫生的草包、麻袋、柳筐等包装。标签、说明书、盒、袋等物的装潢设计,应体现药品的特点,品名醒目、文字清晰、图案简洁、色调鲜明""严禁模仿和抄袭别厂的设计"。标签内容应包括注册商标、品名、卫生行政部门批准文号、主要成分含量(化学药)、装量、主治、用法、用量、禁忌、厂名、批号、生产日期、有效期等。麻醉药品、精神药品、毒性药品、放射性药品和外用药品必须在其标签、说明书、瓶、盒、箱等包装物的明显位置上印刷规定的标志。说明书除标签所要求的内容外,还应包括成分(中成药)、作用、功能、应用范围、使用方法及必要的图示、注意事项、保存要求等。《办法》的3~10条对药品包装效果提出了基本要求,要求药品无包装者不得出厂,有箱包等包装物的明显位置上印刷规定的标志;有包装的必须封严,附件齐备,无破损;运输包装必须牢固,防潮,防振动,凡怕冻、怕热药品在不同时令发运到不同地区,须采取相应的防寒或防暑措施。

《办法》还对从事包装的工作人员,包装的厂房环境,包装管理工作的监督、检查、处罚等问题都作了明文规定。

二、相关的法律法规体系

我国许多法律法规与药品包装的关系较大,如《商标法》《专利法》《版权法》《反不正当竞争法》《消费者权益保护法》《环境保护法》《产品质量法》等,在此不详细赘述。

随着经济和技术的发展,包装业近年来显示出勃勃生机。药品因其主要作用是保护和改善人类健康,在各种条件下长时间地保证药品的安全性、有效性和稳定性,而促销作用对药品包装来说则是次要的。近几年来,因技术进步,人类对健康的关注和环保意识的增强,药品包装也向着更安全、更全面和无污染的方向发展。

点滴积累 ∨

1. 我国药品包装法律法规体由两大部分组成,即专门的法律法规体系和相关的法律法规体系。
2. 我国现阶段拥有的药品包装管理的专门法律是《中华人民共和国药品管理法》。

第四节　药品包装的发展趋势

(一) 系列化包装

近几年来,包装系列化逐渐受到国内外的重视。药品包装系列化,就是同一厂家生产的药品采用统一的画面格局、变化色调、文字和图案的构图位置、艺术处理方法等,给人一种协调统一的感觉,从而形成独特的风格,能便于消费者辨认,增强宣传效果。如某制药厂的红霉素栓、吲哚美辛栓等产品,采用相同的布局和图案,通过色彩的变化来区分不同的产品,简洁明了。

再如某药业公司的氯雷他定、多潘立酮、洛哌丁胺、盐酸氟桂利嗪等产品,采用相同的格局、图案和标准色——红色,不同的是它们分别采用蓝、黄、绿等不同的产品色,画面中采用的看似枯燥的分子结构式因产品的不同而富有变化,更确切地区分开了不同的药物品种,特色鲜明,风格独特,在患者心目中树立了一种系列形象,同时也赢得了市场。

另外,文字作为药品包装的重要内容,在系列化设计中同样发挥着重要的作用。不同的品种采用相同的字体和相同的排版布局,清晰明快,如美国某公司的酚麻美敏片(商品名:泰诺感冒片)和对乙酰氨基酚缓释片(商品名:泰诺止痛片)包装就是绝妙的例子。

但这种包装在设计时也需要注意两个方面,第一是人群差异性,由于消费药品的病患群体差异较大,特别是老年、儿童、哺乳期和妊娠期等特殊人群的用药更有其特殊性,他们的病症及心理需求、心理承受能力有较大差异,各个病患群体合理用药情况也有所不同。药品包装也应做到不同人群用不同的设计策略。第二是药品类型差异性,包装形态的差异化设计可以增加药品类型的识别性,具体表现在包装外观造型、结构、尺寸、色彩等方面突出自身产品特色。根据不同类型的药品因治疗疗程、疗效不同,病患服用时间也会有所区别,适当进行包装结构形状等的变化,可以提高其识别性。

(二)绿色包装

随着环境污染的日益严重,环境保护受到了各国的重视,越来越多的药物制造商都顺应趋势,推出绿色包装,如以聚丙烯制成的透明药片泡罩来代替 PVC。

通常使用后的包装材料要作废物处理,而且不能污染环境,尤其是在 ISO14000 标准生效后,环境保护包装的开发成为必需的工作。来自药品包装中的污染主要是带有病毒的"白色污染"。在处理药品包装时,为防止因接触患者而可能带有的病毒不断扩散,消毒是必不可少的,只有这样才能真正使药品起到保护人类健康的作用。对于"白色污染",现在开发的新型可降解包装材料虽解决了一些问题,但对药品来说,要更换包装材料,至少还要进行 3 年的稳定性试验,可见这一工作任重道远。

(三)环境调节包装

所谓环境调节包装是使包装内的气体状态发生变化,较长时间地保证被包装产品的质量。例如,封入干燥剂(吸氧剂)的包装、空气置换包装等。

这些包装通常能更好地保护药品,延长药品的保质期。

环境调节包装所用的干燥剂、吸氧剂等根据药品的物性来使用,一般有氯化钙、硅胶等,这些物质不会与药品发生反应而使药品失效或改性。一些新材料也在用于环境调节包装。

（四）少剂量包装

为方便配药,减少配药的差错,要求包装具有准确计量的作用,即少剂量包装。少剂量包装包括具有计量功能的包装材料(如软管中的少计量软管)和一次性用量包装,后一种是常见的少计量包装。如复合材料的开发和灭菌包装技术的发展,能有效地保证液剂和固体剂一次用量包装的准确性,一次用量包装是药品生产厂在药品出厂前按常规药方的剂量进行包装。在美国已于1990年全部普及了一次用量包装,英国现在也有55%的药品采用一次用量包装。

当前中药房按照不同规格配备了800多种小包装中草药,基本上能满足患者的需要。这种新的配方法不仅剂量准确、污染机会减少,而且大大加快了配方速度,缩短了患者等候的时间,同时还附赠一份详细的煎药说明,深受患者的欢迎。2013年6月26日,国家食品药品监督管理总局办公厅公布了关于严格中药饮片炮制规范及中药配方颗粒试点研究管理等有关事宜的通知(食药监办药化管〔2013〕28号)。所谓单味中药配方颗粒是用符合炮制规范的传统中药饮片作为原料,经现代制药技术提取、浓缩、分离、干燥、制粒、包装精制而成的纯中药产品系列。推出该产品的目的旨在作为传统中药饮片的替代品供临床配方使用。该产品的有效成分、性味、归经、主治、功效和传统中药饮片完全一致。因此,它既保持了原中药饮片的全部特征——能够满足医师进行辨证论治、随证加减、药性强、药效高,同时又具有不需要煎煮、直接冲服、服用量少、作用迅速、成分完全、疗效确切、安全卫生、携带保存方便、易于调剂和适合工业化生产等许多优点。

点滴积累 ∨

1. 药品包装逐渐向系列化包装、绿色包装、环境调节包装、少剂量包装发展。
2. 药品包装系列化就是同一厂家生产的药品采用统一的画面格局、变化色调、文字和图案的构图位置、艺术处理方法等,给人一种协调统一的感觉,从而形成独特的风格,能便于消费者辨认,增强宣传效果。

第五节　包材的性能与标准

药包材即药品包装用材料、容器。近年来,由包装材料引起的产品召回在食品药品领域时有发生,包装材料在极端条件和正常条件下产生的萃取物与沥出物是导致食品药品内在品质发生改变的元凶。如果包装材料和形式选用不当,可能会导致最稳定的药物处方失效,甚至对人体产生严重的副作用。据报道,包装在聚氯乙烯输液袋中的地西泮注射液,60%的药物活性成分被包装材料所吸附,其疗效受到严重影响;用薄的聚乙烯软管包装软膏制剂,会使膏体变硬、变色,无法正常使用。因此,选择合适的药包材是制药工业一项很重要的工作。

（一）药品包装材料性能

1. 一定的机械性能　包装材料应能有效地保护产品,因此应具有一定的强度、韧性和弹性等,以适应压力、冲击、振动等静力和动力因素的影响。

2. 一定的隔离性能　根据对产品包装的不同要求,包装材料应对水分、水蒸气、气体、光线、芳香气、异味、热量等具有一定的阻挡。

3. 良好的安全性能 包装材料本身的毒性要小,以免污染产品和影响人体健康;包装材料应无腐蚀性,并具有防虫、防蛀、防鼠、抑制微生物等性能,以保护产品安全。

4. 合适的加工性能 包装材料应易于加工,易于制成各种包装容器;应易于包装作业的机械化、自动化,以适应大规模工业生产;应适于印刷,便于印刷包装标志。

5. 较好的经济性能 包装材料应来源广泛、取材方便、成本低廉,使用后的包装材料和包装容器应易于处理,不污染环境,以免造成公害。

（二）药品包装材料标准

我国国家药品监督管理局制定颁布的药包材标准是国家为保证药包材质量,保证药品安全有效的法定标准。是我国药品生产企业使用药包材、药包材企业生产药包材和药品监督部门检验药包材的法定标准。

药品包装容器标准(YBB标准)从2002年由原SFDA制定并颁布实施。YBB标准对不同材料控制的项目涵盖了鉴别试验、物理试验、机械性能试验、化学试验、微生物和生物试验。这些项目的设置为安全合理选择药品包装材料和容器提供了基本的保证,也为国家对药品包装容器实施国家注册制度提供了技术保障。

YBB标准按材料进行划分,一种材料(品种)一个标准;标准名称遵循材料、应用、形状的顺序格式。其中,2002年颁布两辑,共计34个标准;2003年又颁布了两辑,共计40个标准。涉及产品标准47个,包括产品通则2个药品包装用复合膜、袋通则(即药品包装用复合膜、袋通则及多层共挤输液用膜、袋通则),具体品种45个,涉及塑料产品19个,类型有输液瓶(袋)、滴眼剂瓶、口服固体(或液体)瓶、复合膜(袋)、硬片类等;金属产品5个,类型有铝箔、铝管、铝盖等;橡胶产品2个,均为丁基橡胶产品;玻璃产品19个,类型有安瓿、输液瓶、口服液瓶等;方法标准26个;指导原则1个(即药品包装材料与药物相容性试验指导原则);2004年已制定41个标准;2005年又新制定13项药品包装玻璃容器(材料)标准。该标准具有特色鲜明,与国际先进标准接轨,兼顾促进行业的发展等特点。

点滴积累 Ⅴ

1. 药包材应具有一定的机械性能、一定的隔离性能、良好的安全性能、合适的加工性能、较好的经济性能。

2. 药品包装容器标准（YBB标准）从2002年由原SFDA制定并颁布实施。

目标检测

一、选择题

（一）单项选择题

1. 按照包装的用途分类,药品包装属于下列哪类（   ）

    A. 通用包装   B. 专用包装   C. 一般包装   D. 常规包装

2. 剧毒药品包装标签上用什么颜色标示"毒"（   ）

A. 黄色　　　　　　　B. 红色　　　　　　　C. 黑色　　　　　　　D. 绿色

3. 我国药包材质量标准体系形式上与下列何种质量标准体系相同(　　)

　　A. 药典体系　　　　　　　　　　　　B. 中国工业标准体系

　　C. 美国工业标准体系　　　　　　　　D. ISO 标准体系

（二）多项选择题

1. 包装的作用有哪些(　　)

　　A. 阻隔作用　　　　　B. 便于取用　　　　　C. 缓冲作用　　　　　D. 便于分剂量

2. 包装有哪些分类方法(　　)

　　A. 按使用方法分类　　　　　　　　　B. 按形状分类

　　C. 按材料组成分类　　　　　　　　　D. 按标签分类

3. 下面哪个包装不属于按包装形状分类(　　)

　　A. 容器包装　　　　　B. 盖包装　　　　　C. 外包装　　　　　D. 片材包装

二、简答题

1. 药品包装的作用有哪些？

2. 怎样对药品包装进行分类？

3. 药包材具有哪些性能？

4. 药品包装的发展趋势有哪些？

ER-10章习题

（王雪杉）

第十一章

药品包装材料

导学情景 ∨

情景描述：

  有研究表明，部分药包材企业生产的玻璃输液瓶灌装氯化钠注射液经灭菌后，氯化钠注射液的 pH 由 5.5 上升到 7.8，但是，试验中也有部分企业生产的玻璃瓶并未出现 pH 明显升高的情况。原因显而易见，不同企业玻璃瓶生产工艺差异导致了玻璃瓶与产品的兼容性出现了显著差异。

学前导语：

  近年来发生的药害事件中，药包材和辅料因素占比较高，药包材与药品的相容性成为安全隐患的焦点。药包材是药品不可分割的一部分，直接影响药品的质量，药包材污染药品、与药品发生反应等均可能使药品产生质量变化或不良反应，因此药包材与药品同等重要。《中国药典》（2015 年版）实现了历史性突破，增加了《药包材通用要求指导原则》和《药用玻璃材料和容器指导原则》，药包材首次进入《中国药典》，填补了空白，完善了药典体系，为制药企业选择药包材指明了方向。而对于药包材企业来说，必须提高质量才能满足药典的要求。这必将推动我国药包材质量的提升，进一步夯实了药品安全性控制基础。

  药品包装是指选用适宜的材料和容器，利用一定的技术对药物或药物制剂进行分（罐）、封、装、贴签等加工过程的总称。药包材是由一种或多种材料制成的包装组件组合而成，应具有良好的安全性、适应性、稳定性、功能性、保护性和便利性，在药品的包装、贮藏、运输和使用过程中起到保护药品质量、安全、有效、实现给药目的的作用。常用药品的包装材料有纸、塑料、玻璃、陶瓷、金属、复合膜和橡胶等几大类，以容器（如袋、盒、瓶、安瓿、软管、泡罩等）以及片、膜、塞、盖、滴头、阀门等形式用于药品的包装，保障药物的稳定性、提高制剂的质量、方便流通、促进销售和利于制剂的应用。

第一节　纸类药包材

  纸是由极为纤细的植物纤维或其他纤维相互牢固交织而形成的纤维薄层，经制浆、漂白、打浆、加填与施胶、稀释与精选、抄纸整理等过程制得。纸作为传统的包装材料，至今仍在药品包装中占有重要地位，部分药物及制剂的内包装以及几乎所有的标签与说明书、药品包装中的装潢和运输包装均采用纸质材料。

一、纸类药包材的特点

1. 纸类药包材的优点 ①原料广泛、价格低廉；②安全卫生，纸和纸板包装材料无毒、无味、无污染；③加工性能好，纸和纸板的成型性和折叠性优良，便于剪裁、折叠、黏合、钉接，易于手工、机械化和自动化生产；④易制成复合材料，与塑料、金属箔等制成复合包装材料改善性能；⑤装潢适印性好，纸和纸板具有良好的印刷性能，字迹、图文清晰牢固；⑥绿色环保，纸可自然降解，不污染环境并可再生利用，是一种典型的绿色包装材料。

2. 纸的缺点 透过性大、防潮防湿性能差、易燃、力学强度不高，虽然纸制品是一种源于自然又能回归自然的绿色包装材料，但传统造纸工艺对环境的污染较大，应积极开展环保的造纸新工艺与新技术的研究和应用。

二、纸类药包材的主要检查项目

到目前为止，国家没有相应的直接接触药品的纸类药包材质量标准，参照 GB、ISO、TAPPI（美国纸浆与造纸技术协会测试标准）、SN（进出口食品行业标准）等，纸类包材主要检查项目如下：

1. 纸的外观 外观检验是纸张的重要的检测项目之一，纸张的外观缺陷不仅影响纸张的外观，而且影响纸张的使用。外观检验包括现场取样检验和实验室检验，有迎光检验、平视检验、斜视检验和手摸检验等。要求纸面平整洁净，不允许有褶子。

2. 纸的物理性能 检查项目包括水分、定量、厚度、紧度、抗张强度、伸长率、耐折度、耐破度、撕裂度、挺度、环压强度、平压强度、纸板戳穿强度等，不同的纸质所需进行的检测项目不一样，按规定检查应符合要求。

3. 纸的安全性 直接接触药品的食品包装纸等应做铅、砷、荧光性物质、脱色试验、大肠埃希菌、致病菌等卫生标准检查，按规定检查应符合要求。

三、常用纸类药包材

纸类药包材分为药品包装用纸和药品包装用纸板。纸和纸板单位面积的质量称为纸的定量（g/m^2）。定量小于 $225g/m^2$ 或厚度小于 0.1mm 的称为纸张，定量大于 $225g/m^2$ 或厚度大于 0.1mm 的称为纸板；定量为 $200g/m^2$ 左右，介于纸和纸板之间的一类厚纸或者薄纸板称为卡纸。按在包装中的作用，纸类药包材分为内包装纸类药包材，销售、运输包装用纸类药包材和印刷装潢用纸类药包材。

（一）药品包装用纸

1. 普通食品包装纸 直接用于入口食品包装用，不允许添加荧光增白剂等。

2. 蜡纸 采用亚硫酸盐纸浆生产的纸为基材，再涂布食品级石蜡或硬脂酸等而成。防潮、防气味渗透等。

3. 玻璃纸 玻璃纸（PT）属于再生纤维膜，高度透明，有光泽，印刷适应性好，防油，耐化学性能好，不透气，耐热耐寒，不带静电，不易粘灰尘，适用于撕裂带启封的包装，但尺寸稳定性差，防潮性差，撕裂强度差。

4. 其他药品包装用纸 药品包装中用于标签、说明书以及装潢用纸张还有铜版纸、胶版纸、书写纸、不干胶纸等。纸类包材还常与铝箔、塑料等制成复合包装材料,如铝箔防潮纸、多层复合防潮纸等。

（二）药品包装用纸板

纸板通常不直接接触药品,主要用途是制作纸盒、纸箱,用于药品销售包装和运输包装。常用纸板有以下几类:

1. 白纸板 白纸板定量为 $200\sim400\mathrm{g/m^2}$,分为双面白纸板(白底白)和单面白纸板(灰底白)。白纸板具有良好的印刷性能,能印出清晰精美的图案;具有一定的抗张强度、耐折度和挺度等保护性能;有良好的加工性能,便于模切、模压和刻痕加工,可以制成各种形式、形状的包装纸盒。白纸板是销售包装的重要包装材料,主要用途是经单面彩色印刷后制成纸盒,起保护、装潢美化和宣传商品的作用。高档商品的纸盒包装一般采用双面白纸板。

2. 箱纸板 箱纸板是用于制造运输包装纸箱的主要材料,如用于制备瓦楞纸板、固体纤维板和纸板盒等产品的表面材料,定量为 $125\sim360\mathrm{g/m^2}$。箱纸板包括普通箱纸板、牛皮挂面箱纸板和牛皮箱纸板。牛皮箱纸板质量最好,是运输包装用高级纸板,具有较高的耐折性、耐破性、挺度和抗压性,物理强度高,防潮性好,外观质量好,多用于外贸商品及珍贵药品的包装纸箱。

3. 瓦楞纸板 瓦楞纸板由箱纸板和瓦楞(芯)纸黏合而成,瓦楞(芯)纸由瓦楞原纸轧制而成,纸板中层呈空心结构,质轻,瓦楞的波形宛如一排小小的拱形门彼此相连、互相支撑,与纸板连接形成三角结构体,使瓦楞纸板具有较高的强度,其挺度、硬度、耐压性、耐破性、延伸性均比一般纸板高,由它制成的瓦楞纸板箱更有利于保护所包装的商品。

根据瓦楞(芯)纸波形可分为 U、V 和 UV 型三种。U 型板强度较高,弹性及缓冲性能好;V 型板成本较低;UV 型兼具两者优点,使用较为广泛。根据一定长度上瓦楞的数目、峰高及纸厚,瓦楞纸可分为大瓦楞 A 型、中瓦楞 C 型、小瓦楞 B 型、微瓦楞 E 型和超微小瓦楞 K 型,可根据需要组合应用。根据结构可分为单楞单面瓦楞纸板(两层)、单楞双面瓦楞纸板(三层)、双楞双面瓦楞纸板(五层)、三楞双面瓦楞纸板(七层)等(如图 11-1 所示)。

瓦楞纸板应用非常广泛,具有如下优点:①质轻。空瓦楞纸箱可折叠平铺,占用空间小,方便储

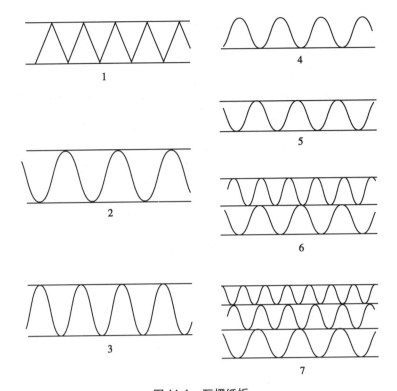

图 11-1　瓦楞纸板
1. Ｖ型瓦楞;2. Ｕ型瓦楞;3. UV 型瓦楞;4. 单楞单面瓦楞纸板;5. 三层瓦
楞纸板;6. 五层瓦楞纸板;7. 七层瓦楞纸板

运;②成本低廉。瓦楞纸箱成本仅为同容积木箱的 2/5 ~ 2/3;③生产效率高。瓦楞纸箱可机械化、自动化生产,自动化包装,大大提高生产效率;④减震保护性能好。瓦楞纸箱能承受一定的压力和冲击,富有弹性、缓冲力强,能起到防震和保护商品的作用;⑤装潢性能好。瓦楞纸箱可以有良好的外观造型和精美印刷,可起到宣传商品的作用。

知识链接

新型纸板——蜂窝纸板

蜂窝纸板的纸芯呈蜂窝状,是一种利用仿生学原理研制的新型材料,其封闭的六角等边蜂窝结构与其他结构相比,能用最少的材料获得最大体积和最大受力效果。 其特点是: ①重量轻、用量少、成本低。普通蜂窝纸板的密度约是普通五层瓦楞纸板的 1/3,用料省、价格低。 ②高强度、高挺度、承重大、抗冲击和缓冲性能好。 ③隔音、吸热。 蜂窝夹层内部为封闭的小室,其中充满空气,具有很好的隔音、隔热和保温性能。 因其节约资源、保护生态环境,符合国际包装材料应用发展趋势,因而具有广阔的应用前景,是近年来在欧美、日本和我国兴起的新型绿色环保包装材料,但蜂窝纸板制品成型加工技术有待提高。

四、纸类药包材的应用

1. 纸袋　纸袋是至少一端封合的单层或多层扁平管状纸包装制品,常用的有扁平纸袋、尖底袋、角底袋、方底、圆底内衬大袋等形式,作为药包材用于散剂、颗粒剂、原料固体药物的包装;在医院药房和社会零售药房中也广泛用于各种固体制剂的临时分装,便于零售。

2. 纸盒 纸盒一般以白底白版纸、灰底白版纸制成,多作为中包装、销售包装,分为折叠纸盒和固定纸盒两种。

3. 瓦楞纸箱 瓦楞纸箱是瓦楞纸板经模切、压痕、钉箱或粘箱制成的刚性纸质包装容器,多作为运输包装。瓦楞纸箱以其优越的使用性能和良好的加工性能逐渐取代了木箱等运输包装容器,成为运输包装的生力军。

4. 其他应用 纸在药品生产中还用于药瓶封口纸、药瓶填充纸和印刷标签、说明书等。通常用蜡纸、铝塑复合纸等做药品封口纸,贴合在瓶口起密封功能。在瓶装片剂的包装中,也常常使用药瓶填充纸填满瓶颈空隙,减少在运输等过程中因各种振动和翻动时对瓶内药片的撞击与磨损。

点滴积累 ⋁

1. 纸类药包材的主要检查项目包括外观、物理性能和安全性,尤以安全性最重要。
2. 常用纸类药包材主要包括纸袋、纸盒、瓦楞纸箱、封口纸、印刷标签等。

第二节 玻璃药包材

玻璃是由熔融体过冷制得的介于晶态和液态之间的无定型物体,经配料、熔制、成型、退火工艺制备而成。玻璃具有其他材料无可比拟的优良的化学稳定性,因此玻璃制品广泛应用于食品、饮料、酿酒、化学试剂和医药工业产品的包装。药用玻璃亦即玻璃药包材,是玻璃制品的一个重要组成部分,其性能及质量要求都优于普通的玻璃制品。药用玻璃包装具有良好的化学稳定性、气密性以及光洁透明、耐高温、易消毒等性质,因此成为药品包装的首选材料。

知识链接

CFDA 药包材标准汇编

《中华人民共和国药品管理法》第六章第五十二条规定,直接接触药品的包装材料和容器,必须符合药用要求,符合保障人体健康的标准,并由药品监督管理部门在审批药品时一并审批。 自2002—2006年,共颁布6辑原SFDA药包材标准汇编,是我国药品生产企业使用药包材、药包材企业生产药包材和药品监督部门检验药包材的法定依据。 在《国家药品安全"十二五"规划》中,将提高药品的质量标准作为一项重要任务,并首次将新型药包材开发的关键技术列入其中。 药包材标准的提高也被提上工作日程。 2015年8月CFDA颁布了修订后的国家药包材标准,包括130项直接接触药品的包装材料和容器国家标准。

一、玻璃药包材的特点

玻璃药包材的特点是:①化学稳定性高,耐药物腐蚀,与药物相容性较好;②卫生安全,无毒无异味,吸附小;③阻隔性优良,不透气、不透湿;④光洁透明,造型美观;⑤棕色玻璃能阻挡470nm的光透过;⑥可回收利用,成本低。但玻璃药包材的缺点是质重、质脆、能耗大;需注意耐酸耐碱性和耐水性能,质量较差的玻璃易析出游离碱和产生脱片现象,可能改变药液pH,影响澄明度,玻璃脱片也是形成血栓的隐患,危害人们的健康。

二、玻璃药包材的主要检查项目

1. **鉴别** 玻璃材质鉴别主要有线热膨胀系数和 B_2O_3 含量两个指标。线热膨胀系数是玻璃的主要物理性能之一,它决定了玻璃的热稳定性,即玻璃能承受温度剧变的能力;硼硅玻璃还应检查 B_2O_3 含量,它是提高玻璃热稳定性和化学稳定性的主要成分,而且在一定的范围内,随着其含量的提高,玻璃的性能越好。

2. **理化性能** 理化性能是药用玻璃重要的质量指标,是产品内在质量的反映和体现,直接影响药品的质量。主要检验项目有影响化学稳定性的耐水性、耐酸耐碱性能,影响热稳定性的抗热震性、耐冷冻性和有关力学性质的内应力、耐内压力、折断力等,按规定检查应符合要求。

3. **规格尺寸** 规格尺寸是药用玻璃主要成型工艺质量,一致性及良好稳定的规格尺寸是药品包装生产的基础,对药品的灌装、密封及贮存使用均有很大影响,高精度的规格尺寸将会给药品大规模的配套生产带来极大的便利。检验的项目主要有容器各部位的尺寸精度,按规定检查应符合要求。

4. **外观** 外观质量是产品制造工艺水平的综合体现,产品外观质量的优劣不仅仅会影响美观,而且会影响药品的质量。检验的项目主要有气泡、结石、条纹、裂纹、合缝线等表面缺陷,按规定检查应符合要求。

5. **化学成分及有害物质含量** 化学成分及有害物质含量的检测是提高药用玻璃容器的质量水平,与国际水平接轨的重要检测项目。药用玻璃生产的原料中常以 As_2O_3、Sb_2O_3 作为澄清剂,所以有些玻璃中含有 As、Sb。氧化物 PbO、CdO 有时也被作为成分引入玻璃中,因此要求分别对玻璃材料成分的有害元素铅、镉和砷、锑进行了限定,以确保盛装各类药品的安全、有效。

三、常用玻璃药包材

玻璃的主要成分是酸性氧化物(如 SiO_2、Al_2O_3、B_2O_3)、碱金属氧化物(如 Na_2O、K_2O)和碱土金属氧化物(如 CaO、MgO、BaO、PbO、ZnO)等。玻璃的性质与玻璃的组成和结构有密切的关系。SiO_2 是玻璃的主要成分,硅氧四面体构成玻璃的基本骨架;B_2O_3 能降低玻璃的热膨胀系数,提高玻璃的热稳定性和改善玻璃的成型性能;Al_2O_3 可增加玻璃的弹性、硬度和化学稳定性;Na_2O 可降低玻璃液的黏度,加快玻璃的熔制速度。

药用玻璃的材质类型以线热膨胀系数和 B_2O_3 的含量来界定,见表11-1所示。国际标准ISO12775-1997 将药用玻璃分为三种类型:3.3 硼硅酸盐玻璃、(国际)中性硼硅玻璃、钠钙玻璃。我国药包材标准(YBB00342003-2015)按材质将药用玻璃分为四种类型:高硼硅玻璃、中硼硅玻璃、低硼硅玻璃、钠钙玻璃。

表 11-1　各类玻璃成分及性能要求

化学组成及性能		玻璃类型			
		高硼硅玻璃	中硼硅玻璃	低硼硅玻璃	钠钙玻璃
B_2O_3(%)		≥12	≥8	≥5	<5
SiO_2(%)		约81	约75	约71	约70
Na_2O+K_2O(%)		约4	4~8	约11.5	12~16
$MgO+CaO+BaO+(SrO)$(%)		—	约5	约5.5	约12
Al_2O_3(%)		2~3	2~7	3~6	0~3.5
平均线热膨胀系数[①]：×10^{-6} K^{-1}(20~300℃)		3.2~3.4	4.0~5.0	6.2~7.5	7.6~9
121℃颗粒法耐水性[②]		1级	1级	1级	2级
98℃颗粒法耐水性[③]		HGB1级	HGB 1级	HGB 1或 HGB 2级	HGB 2或 HGB 3级
内表面耐水性[④]		HC1级	HC1级	HC1级 或 HC2级	HC2级 或 HC3级
耐酸性能	重量法	1级	1级	1级	1~2级
	原子吸收分光 光度法	100μg/dm^3	100μg/dm^3	—	—
耐碱性能		2级	2级	2级	2级

＊各种玻璃的化学组成并不恒定,在一定范围内波动,因此同类型玻璃化学组成允许有变化,不同的玻璃厂家生产的玻璃化学组成也少有不同。

①参照《平均线热膨胀系数测定法》
②参照《玻璃颗粒在121℃耐水性测定法和分级》
③参照《玻璃颗粒在98℃耐水性测定法和分级》
④参照《121℃内表面耐水性测定法和分级》
（来源:《中华人民共和国药典》2015 年版）

（一）高硼硅玻璃

高硼硅酸玻璃又称硬质玻璃,线热膨胀系数为$(3.2~3.4)×10^{-6}K^{-1}$(20~300℃),含12%以上的B_2O_3。这种玻璃化学稳定性好、耐热性好,多用于制造有较高质量要求的玻璃制品,如管制冻干粉针玻璃瓶。

（二）中硼硅玻璃

中硼硅玻璃的线热膨胀系数为$(3.5~6.1)×10^{-6}K^{-1}$(20~300℃),含 8% ~12% B_2O_3。中硼硅玻璃在药包材中用途广泛,国际上注射剂一般都采用 ISO12775-1997 中的"中性玻璃",故将其称为"国际中性玻璃"。主要用于安瓿、管制冻干粉针玻璃瓶、管制注射剂玻璃瓶等。

（三）低硼硅玻璃

低硼硅玻璃其 B_2O_3 含量应符合5% ~8%,线热膨胀系数为$(6.2~7.5)×10^{-6}K^{-1}$(20~300℃)。低硼硅玻璃在国际上不通用,为我国特有的药用玻璃产品。我国以前不能规模生产中硼硅玻璃,所以在中硼硅玻璃配方的基础上降低氧化硼、氧化硅的含量和增加氧化钾、氧化钠的含量,生产低硼硅玻璃,过去将之称为中性玻璃2、乙级料,而将 ISO12775-1997 中的中性玻璃称为中性玻璃1、甲级料。低硼硅玻璃在国际上不通用,因我国已生产多年,理化性能基本能达到要求,新的药用玻璃标准对这类玻璃予以保留、限用,重点发展中硼硅玻璃。

(四) 钠钙玻璃

又称碱性或碱土硅酸盐玻璃,主要成分是 SiO_2-CaO-Na_2O,线性热膨胀系数 $(7.6 \sim 9.0) \times 10^{-6} K^{-1}$ $(20 \sim 300℃)$。与硼硅玻璃相比,钠钙玻璃容易熔制和加工、价廉,多用于制造对耐热性、化学稳定性要求不高的玻璃制品。

医药用玻璃除常见的无色透明制品外,尚有棕色和蓝色。蓝色着色剂有氧化钴(CoO),棕色着色剂有氧化铁(Fe_2O_3)、氧化锰(MnO_2)及硫化合物。棕色(琥珀色)玻璃能阻挡 470nm 的光透过,但含有的铁可能催化某些药物的氧化。金属的加入可改善玻璃性质,含钡玻璃的耐碱性能好,含锆玻璃系含少量氧化锆的中性玻璃,具有更高的化学稳定性,耐酸、耐碱性均好,不易受药液侵蚀。

知识链接

线热膨胀系数

物体由于温度改变而有胀缩现象,其变化能力以等压下,单位温度变化所导致的体积变化表示,即为热膨胀系数;热膨胀系数有线膨胀系数 α、面膨胀系数 β 和体膨胀系数 γ。当温度改变1℃时,其长度的变化和它在0℃时的长度的比值叫线膨胀系数。对于固态物质当其长度是衡量其体积的决定因素时,这时的热膨胀系数可简化定义为单位温度改变下长度的增加量与原长度的比值,这就是线膨胀系数。

四、玻璃药包材的应用

(一) 包装容器

大多数无菌注射剂和部分口服制剂均采用玻璃药包材作为直接接触药品的包装材料(除了现在发展较快的软包装输液),与玻璃药包材配套的还有密封的塞、盖等,分别在橡胶、金属及塑料材料中介绍。

药用玻璃容器根据成型工艺的不同可分为模制瓶和管制瓶。模制瓶是以各种不同形状的玻璃模具成型制造的产品,主要品种有大容量注射液包装用的输液瓶、小容量注射剂包装用的模制注射剂瓶(或称西林瓶)和口服制剂包装用的药瓶;管制瓶是用已拉制成型的各类玻璃管二次加工成型制造的产品,主要品种有小容量注射剂包装用的安瓿、管制注射剂瓶(或称西林瓶)、预灌封注射器玻璃针管、笔式注射器玻璃套筒(或称卡氏瓶),口服制剂包装用的管制口服液体瓶、药瓶等,有低硼硅玻璃、中性硼硅玻璃和高硼硅玻璃等材料。其中药用玻璃管是制备管制瓶、安瓿、卡式瓶、管制口服瓶等需要第二次加工成产品的中间产品。不同成型生产工艺对玻璃容器质量的影响不同,管制瓶热加工部位内表面的化学耐受性低于未受热的部位,同一种玻璃管加工成型后的产品质量可能不同。

常用的包装容器有如下产品：

1. **安瓿**　曲颈易折安瓿常用于水针剂的包装,有无色玻璃(cl)和棕色玻璃(br)两种。规格有 1ml、2ml、5ml、10ml 和 20ml 等。曲颈易折安瓿有色点刻(OPC)安瓿和色环安瓿两种,见图 11-2。色点刻安瓿颈部有一道刻痕,刻痕的上方有一个色点标志;色环安瓿的颈部有一圈低熔点玻璃色环,因色环与安瓿玻璃本身的膨胀系数不同,可产生局部应力而容易折断。

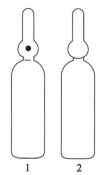

图 11-2　色点刻(OPC)安瓿与色环安瓿
1. 色点刻安瓿;2. 色环安瓿

目前有中硼硅玻璃安瓿和低硼硅玻璃安瓿,没有钠钙玻璃安瓿(质量差)和高硼硅玻璃安瓿,因高硼硅玻璃软化点比较高,封口比较困难。目前国内中硼硅玻璃安瓿已形成大规模稳定生产,作为我国特有过渡产品的低硼硅玻璃安瓿,正在逐步被中硼硅玻璃安瓿所取代。

2. **输液瓶**　玻璃输液瓶具有光洁透明、易消毒、耐侵蚀、耐高温、密封性能好等特点,目前仍是普通输液剂的首选包装。常用的玻璃输液瓶有两种,一种是中性硼硅玻璃输液瓶,简称Ⅰ型玻璃瓶,具有优良的化学稳定性,可回收使用;另一种是经过内表面处理的钠钙玻璃输液瓶,简称Ⅱ型玻璃瓶,其内表面经过中性化处理后形成一层很薄的富硅层,能达到Ⅰ型玻璃的效果,应用广泛,但仅限于一次性使用,如反复使用,在洗瓶及灌装消毒过程中极薄的富硅层会遭到破坏而导致性能下降。

3. **模制注射剂瓶和管制注射剂瓶**　模制注射剂瓶的特点是价格低廉、尺寸稳定、强度高;管制注射剂瓶的特点是质量轻,外观透明度好,但价格较高且易破碎。国内粉针剂的包装约 70% ~ 80% 使用模制瓶,其余使用管制瓶。目前,管制注射剂瓶在国内外都有逐步增加的趋势。

4. **玻璃药瓶**　由于片剂及胶囊剂的包装不断地被塑料瓶、铝塑包装替代,玻璃药瓶大部分用于口服液制剂,主要有管制的无色、棕色、蓝色口服液瓶以及模制的棕色玻璃药瓶。对化学性质较活泼的各类口服液制剂应选用具备避光性能的棕色管制瓶或棕色模制玻璃药瓶。

（二）玻璃药包材的使用注意

药用玻璃材料和容器在生产、应用过程中应符合下列基本要求：

1. **药用玻璃材料和容器的成分设计**　应满足产品性能的要求,生产中应严格控制玻璃配方,保证玻璃成分的稳定,控制有毒有害物质的引入,对生产中必须使用的有毒有害物质应符合国家规定,且不得影响药品的安全性。

2. **药用玻璃材料和容器的生产工艺**　应与产品的质量要求相一致,不同窑炉、不同生产线生产的产品质量应具有一致性,对玻璃内表面进行处理的产品在提高产品性能的同时不得给药品带来安全隐患,并保证其处理后有效性能的稳定性。

3. 药用玻璃容器应清洁透明,以利于检查药液的可见异物、杂质以及变质情况,一般药物应选用无色玻璃,当药物有避光要求时,可选用棕色透明玻璃,不宜选择其他颜色的玻璃;应具有较好的热稳定性,保证高温灭菌或冷冻干燥中不破裂;应有足够的机械强度,能耐受热压灭菌时产生的较高压力差,并避免在生产、运输和贮存过程中所造成的破损;应具有良好的临床使用性,如安瓿折断力应符合标准规定;应有一定的化学稳定性,不与药品发生影响药品质量的物质交换,如不发生玻璃脱片、不引起药液的 pH 变化等。

4. 药品生产企业应根据药物的物理、化学性质以及相容性试验研究结果选择适合的药用玻璃容器。对生物制品、偏酸偏碱及对 pH 敏感的注射剂,应选择121℃颗粒法耐水性为1级及内表面耐水性为 HC1 级的药用玻璃容器或其他适宜的包装材料。

玻璃容器与药物的相容性研究应主要关注玻璃成分中金属离子向药液中的迁移,玻璃容器中有害物质的浸出量不得超过安全值,各种离子的浸出量不得影响药品的质量,如碱金属离子的浸出应不导致药液的 pH 变化;药物对玻璃包装的作用应考察玻璃表面的侵蚀程度,以及药液中玻璃屑和玻璃脱片等,评估玻璃脱片及非肉眼可见和肉眼可见玻璃颗粒可能产生的危险程度,玻璃容器应能承受所包装药物的作用,药品贮藏的过程中玻璃容器的内表面结构不被破坏。

影响玻璃容器内表面耐受性的因素有很多,包括玻璃化学组成、管制瓶成型的加工温度和加工速度、玻璃容器内表面处理的方式(如硫化处理)、贮藏的温度和湿度、终端灭菌条件等;此外药物原料以及配方中的缓冲液(如醋酸盐缓冲液、柠檬酸盐缓冲液、磷酸盐缓冲液等)、有机酸盐(如葡萄糖酸盐、苹果酸盐、琥珀酸盐、酒石酸盐等)、高离子强度的碱金属盐、螯合剂乙二胺四乙酸二钠等也会对玻璃容器内表面的耐受性产生不良影响。因此在相容性研究中应综合考察上述因素对玻璃容器内表面耐受性造成的影响。

五、陶瓷药包材

陶瓷(主要由 Al_2O_3 和 SiO_2 组成)作为一种传统材料,具有如下特点:①高耐热性,陶瓷热稳定性比玻璃好,在 250～300℃ 也不开裂,并耐温度剧变;②高化学稳定性,耐酸碱,耐腐蚀;③高硬度和良好的抗压能力,质硬耐磨;④良好的阻隔能力,遮光、具气密性;⑤便于装饰,在造型、色彩上有独特风采,可提高产品的档次。陶瓷在我国古代就作为传统的包装材料得到广泛应用,尤其用于名贵药品、易吸潮变质的药品。陶瓷的缺点是质重、受振动或冲击易破碎,不利贮存运输。

常用的药用瓷瓶有药用口服固体陶瓷瓶,其标准为 YBB00162005-2015 口服固体药用陶瓷瓶,一般用于传统药制剂的包装,具有独特的陶瓷艺术与中药文化相结合的新颖特点,如"速效救心丸""清咽滴丸""西黄丸"等产品的包装。

点滴积累 ∨

1. 玻璃药包材具有化学稳定性高、卫生安全、阻隔性好、造型美观、成本低廉及环保等优点。

2. 常用玻璃药包材主要包括高硼硅玻璃、中硼硅玻璃、低硼硅玻璃、钠钙玻璃等。

3. 常用玻璃包装容器有安瓿、输液瓶、模制注射剂瓶、管制注射剂瓶、玻璃药瓶等。

第三节　金属药包材

除了塑料与玻璃以外,某些金属也被用来作为药品的包装容器。

一、金属药包材的特点

金属药包材的特点是:①机械性能优良,具有良好的强度和刚性,其容器可薄壁化或大型化,并适合危险品的包装;②阻隔性优良、密闭性好、货架期长;③加工成型性能好,金属药包材具良好的延展性,可轧成各种板材、箔材,制备各种形状的容器,可与纸、塑复合应用;④具有特殊的金属光泽,装潢华贵美观、适印性好,各种金属箔和镀金属薄膜可作理想的商标材料。但金属药包材的耐腐蚀性能低,金属材料中含有的铅、锌等重金属离子可影响药品质量、危害人体健康,金属药包材需镀层或涂层,且材料价格较高。

二、金属药包材的主要检查项目

不同的材料与不同的包材形式有不同的质量要求和检测项目,主要检测项目应包括外观、理化性质(如阻隔性能、密封性能、机械性能、规定物质检测等)和生物性质(如微生物限度、异常毒性等),具体项目可参阅 CFDA 药包材标准,如 YBB00152002-2015 药用铝箔、YBB00162002-2015 铝质药用软膏管标准等。

知识链接

铝箔主要检查项目介绍

供复合材料用的铝箔(含有保护层与黏合层)几个主要检查项目有:①外观:铝箔表面应洁净平整、涂层均匀,文字图案印刷清晰牢固;②针孔度:不应有密集、连续、周期性的针孔,每平方米中,直径为 0.1~0.3mm 的针孔数不得超过 1 个,不得有直径大于 0.3mm 的针孔;③保护层与黏合层检查项目:黏合层热合强度、保护层黏合性、保护层耐热性、黏合剂涂布量差异等,按规定检查应符合要求。开卷性能按规定检查,叠合的保护层面与黏合层面不得黏合。荧光物质按规定检查,保护层和黏合层的荧光均不得呈片状。

三、常用金属药包材

(一) 锡

锡的稳定性好,有良好的冷锻性,且可牢固地包附在很多金属的表面,可用于食品和药品包装,如部分眼膏剂的包装。但因锡资源较少,价格昂贵,如今药品包装极少用纯锡,而采取镀锡方式应用。

(二) 马口铁

马口铁是镀锡薄钢板,本身有很好的刚性,镀锡后增强了抗腐蚀能力,一般用作中包装的桶、盒、罐。表面涂漆后装潢美观,并可增强保护性能,内面衬蜡可盛装水溶性基质制剂,涂酚醛树脂可装酸性制品,涂环氧树脂可装碱性制品。

(三) 铝

铝材是仅次于钢铁产量的一种金属,具有一系列优良性能:①质轻密度小,仅为钢铁的1/3;②有良好的延展性、可锻性,加工性能优良;③耐腐蚀性强,不会生锈,表面镀锡或涂漆可增强其防腐性,铝表面形成的氧化铝薄膜可防止其继续氧化;④阻隔性好,不透光,不透气,防潮性能好;⑤银白色,色泽美观,反射率强,装潢适应性好;⑥导热性好,易于杀菌消毒;⑦易于回收利用,利于绿色环保。缺点是铝的材质较软、强度较低、受碰撞易于变形、焊接性能差。在药品包装中常用的有铝板、铝箔、镀铝薄膜等。

四、金属药包材的应用

(一) 铝箔

铝箔是用高纯度铝经过多次压延制得的极薄(厚度为 0.005 ~ 0.2mm)的基材产品,具有优良的防潮性和漂亮的金属光泽。在现代包装中,几乎所有要求不透光或高阻隔复合材料的产品都采用铝箔做包装制品的阻隔层。作为包装材料用的铝箔,分为硬铝和软铝两种,硬铝为薄片状,常用于片剂、胶囊的泡罩包装(PTP包装)、铝-铝包装;软铝使用厚度为 7 ~ 9μm,一般不能单独作为包装材料使用,而是与塑料、纸、玻璃纸等制成复合软包装材料。

(二) 包装容器

1. 铝管 药用铝管分为软质铝管和硬质铝管。软质铝管俗称"软管",经过软化处理,可用于霜剂、凝膏剂等半固体制剂和油性制剂的包装。目前国外市场上广泛使用、国内迅速发展的软质铝管具有薄顶封膜和尾部密封涂层,密封性好;内壁涂层(环氧树脂和固化剂)能有效隔离药物和铝的直接接触,增强耐酸碱和耐腐蚀性能。与塑料软管、复合软管相比较,铝质软管使用中没有回吸、回弹现象,易于控制给药剂量,避免回吸空气造成二次污染。

硬质铝管则是未经软化处理的"硬管"或"硬罐",气密性和遮光性胜过玻璃和塑料,在国外得以广泛应用。因防潮性强尤其适用于泡腾片包装,制成喷雾罐装上喷雾头即可用于喷雾剂包装,随着国内市场的发展和剂型的增多,硬质铝管应用的前景非常乐观。

2. 铝瓶 药用铝瓶在制药行业中广泛用于抗生素原料粉末包装,常用的有3L和5L两种规格。通过阳极氧化处理成膜,铝瓶内外表面都有一层致密的氧化铝薄膜。氧化膜是铝瓶的一个重要特性,一方面使膜内部不再进一步氧化,性质稳定,增强耐腐蚀性;另一方面氧化膜硬度高,抗冲击力强,能防止破碎,适宜长途运输。药用铝瓶具有易于加工成型、质量轻、抗冲击、耐腐蚀、无毒、无吸附、减少细菌生长、可蒸气清洗、对热和光有较高的反射性等优良性能。

(三) 瓶盖

瓶盖大多由塑料或金属(铝、马口铁)制成。玻璃瓶一般用金属盖、塑料盖封口包装,塑料瓶主要用塑料盖封口包装。

1. 铝盖　铝盖应用广泛,种类繁多,按产品结构形式分为:①开花铝盖(二开花、三开花),使用时通过镊子将铝盖的开花翘起处掀开,露出中心针刺部位;②易插型铝盖,一般用于小剂量的口服液瓶,盖顶部位制成直径 2～3mm 大小的薄顶,易于吸管插入,内配橡胶垫或 PVC 滴胶垫密封;③拉环式铝盖,铝拉环与铝盖顶一部分铝铆合,通过拉环用力将事先已刻痕好的铝片撕开,达到开启目的;④撕拉型铝盖,撕拉方式有上撕拉型和侧撕拉型之分,通过铝材的刻痕深度来影响撕开力的大小;⑤两件套组合型铝盖,外盖一般是撕拉型的铝盖,内盖起保护作用,它们可将铝盖完全撕开从而取出胶塞,这种铝盖档次、成本较高;⑥扭断式防盗螺旋铝盖,铝盖的圆周上做成 6～8 个等分的连接点,连接点宽度约 0.8mm,同时滚上 1～2 条螺旋便于拧旋,通过瓶口封盖机将铝盖封上并制成螺纹(因铝材较软,容易配合螺纹瓶口成型)。使用时沿逆时针方向拧盖,铝盖的上部分沿着螺纹旋转,将铝盖下口部分的几个连接点扭断,从而开启瓶盖。因这种瓶盖一次性扭断,又称防盗盖。

2. 铝塑组合盖　铝塑组合盖外形美观、开启方便,不同颜色的塑料盖上还可制作商标、标记,既可区分不同的品种和规格,又可以起到防伪作用,因此越来越广泛地为广大制药企业所使用。常用种类有:①断点式铝塑组合盖,铝盖中心孔的连接点处热压铆合塑料盖,开启时将铝盖的连接点撕断,它的开启力较稳定,容易控制;②翻边式铝塑组合盖,塑料盖翻边部位通过热压使其变形与铝盖组合在一起,开启时通过塑料盖的弹性变形完成开启功能,它的优点是制造容易、撕开后开口处光滑,但开启力不容易控制;③撕拉型铝塑组合盖,为全撕开型,撕拉方式为上撕拉形式,不会出现断裂或撕不开现象;④三件套铝塑组合盖,由两件铝盖和一件塑料盖组合在一起,两件铝盖其结构和作用与前者的两件套组合型铝盖基本相同,配上塑料盖后使其既能向里注射药液,又能将铝盖全部撕开口服或倒出液体。

3. 马口铁螺旋盖　马口铁螺旋盖一般用于固体、胶囊制剂等的玻璃药瓶。因其材质较坚硬,不易在封盖机上成型,故一般由瓶盖加工单位事先将螺纹和卷边口加工好,然后作为成品出售给用户,因此要求螺纹的螺距和螺纹的内、外径必须与瓶口尺寸匹配。

此外,瓶盖常用的还有塑料盖,详见塑料药包材。

点滴积累 ∨

1. 金属药包材具有机械性能好、阻隔性优良、成型性好等优点,同时也具有耐腐蚀性能低、含有影响药品质量的重金属离子等缺点,选用时应格外注意。

2. 常用金属药包材主要包括锡、马口铁、铝等材料,尤以铝应用最广。

第四节　塑料药包材

塑料是可塑性高分子材料的简称,是近几十年发展起来的新兴包装材料,随着生产设备、工艺技术和原材料的发展,塑料包装已被广泛应用到各个领域。与玻璃相比,塑料具有质量轻、不易碎、易于制造、便于封口和成本低等特点,在药品包装方面迅速发展,逐步形成以塑代玻的趋势,塑料已经成为一种主要的药品包装材料。

一、塑料药包材的特点

塑料药包材的特点是:①密度小,重量轻;②可透明,也可不透明;③阻隔性良好,耐水、耐油;④化学性质优良,耐腐蚀;⑤有适当的机械强度,韧性好,结实耐用;⑥易热封和复合,便于成型、加工;⑦价格较便宜。但塑料药包材耐热性差,在高温下易变形,易于磨损或变脆,废弃物不易分解或处理,易造成对环境的污染,应加强塑料的回收利用和可降解塑料的研究。

二、塑料药包材的主要检查项目

塑料药包材的质量要求包括材料的鉴别(红外光谱和密度测定)、外观、理化性质(阻隔性能、密封性能、机械性能、适应性试验、溶出物测定等)和生物性质(微生物限度、异常毒性等)等。

塑料容器外观应具有均匀一致的色泽,不得有明显的色差,表面光洁、平整,不允许有变形和明显的擦痕,不允许有砂眼、油污、气泡。材料不同、用途不同,要求不同,如聚酯瓶系列需进行乙醛项检测,液体制剂包装容器需考察抗

▶ **课堂活动**

讨论:口服药用塑料瓶可否盛装外用药品?

跌性,固体制剂包装容器需考察振荡试验,着色瓶需考察脱色试验,塑料输液容器应透明,需考察不溶性微粒、悬挂强度等。塑料药包材品种繁多、应用广泛,具体包材需参阅原 CFDA 药包材标准。

三、常用塑料药包材

塑料的主要成分是树脂和添加剂。塑料树脂是由许多重复单元或链节组成的大分子聚合物,树脂决定塑料类型、性能和用途,为改善塑料的性质,可加入各类添加剂等。通常按树脂的类型对塑料药包材进行分类,如聚乙烯(PE)塑料、聚丙烯(PP)塑料、聚氯乙烯(PVC)塑料、聚酯(PET)塑料等。按热性能塑料可分为热塑性塑料及热固性塑料。热塑性塑料为链状线型结构,成型后可被熔化、再成型;热固性塑料为立体网状结构,成型后不可通过压力和加热使之再成型。大多数塑料药包材属于热塑性塑料。

1. **聚乙烯(polyethylene,PE)**　聚乙烯是最常用、最经济的包装材料。聚乙烯的非极性性质使其抗潮性能良好;其化学性能稳定,耐化学品侵蚀;耐低温,在低温时仍能保持较好的柔软性。聚乙烯的缺点是透明性较差;对氧和二氧化碳的阻透性差,不适宜易氧化药物;阻味性、耐油性较差,不适于芳香、油脂性药物;因其表面的非极性属性使油墨难以黏附,制品印刷性较差。常用的有高密度聚乙烯(HDPE)、低密度聚乙烯(LDPE;又称高压低密度聚乙烯,HP-LDPE)以及线型低密度聚乙烯(LLDPE)等。HDPE 刚性和阻透性好;HP-LDPE 柔软、透明,热封性能好;LLDPE 韧度、断裂伸长率和阻透性优于 HP-LDPE,可制成更薄和更坚韧的薄膜,但其热封温度高于 HP-LDPE,可使用 LLDPE 和 HP-LDPE 共混物,使其既保持 HP-LDPE 的热封性能又具有 LLDPE 的韧性和阻透性。

2. **聚丙烯(polypropylene,PP)**　聚丙烯是由丙烯单体聚合而成,是常用塑料中最轻的一种,其消费量仅次于聚乙烯,居世界第二位。聚丙烯比聚乙烯坚韧、透明,气密性、蒸气阻透性以及硬度、弹

性率、抗张强度和抗应力破裂性比聚乙烯好;熔点高达175℃,耐热性好,可作为需高温消毒灭菌的包装材料;化学性能稳定,不受强酸、强碱和大多数溶剂的影响,耐化学品侵蚀;具有极优的耐弯曲疲劳强度,可耐折数十万次,有"活铰链"材料的称号,可用于掀顶型瓶盖的制备。聚丙烯的缺点是耐寒性差,低温时很脆,为降低PP的脆性可加入一定比例量的PE;易氧化、老化,可添加抗氧剂与紫外线吸收剂等加以克服。聚丙烯薄膜主要包括双向拉伸聚丙烯(BOPP)薄膜、流延聚丙烯(CPP)薄膜、普通包装薄膜等。

3. 聚氯乙烯(polyvinyl chloride,PVC) 聚氯乙烯是由氯乙烯(VC)单体聚合而成。聚氯乙烯透明、坚硬,但抗冲击力不佳、热稳定性差,常需加入稳定剂和增塑剂以降低加工温度与调整PVC的软硬程度。缺点是虽然聚氯乙烯无毒,但其合成的单体氯乙烯有致肝癌作用,其含量应低于1mg/kg(ppm);PVC的增塑剂乙基己基胺(DEHA)析出易引起内分泌、荷尔蒙的紊乱,破坏生殖系统、致癌,严重危害使用者的健康;PVC含有有机氯,在深埋和焚烧时会释放而影响环境,因此,PVC的使用应加以限制。

4. 聚对苯二甲酸乙苯二醇酯(polyethylene terephthalate,PET) 聚酯是一种含有酯键的聚合物,最常用的聚酯为聚对苯二甲酸乙苯二醇酯(PET)。聚酯具有优良的力学性能,在常用热塑性塑料中其韧性最大,抗张强度与铝相似,冲击强度为一般薄膜的3~5倍,其硬度、耐磨性、耐折性均属上乘;耐热性、耐寒性好(-70~150℃),可在120℃温度下长期使用;耐水、耐油,耐稀酸和稀碱,耐大多数溶剂,但不耐浓酸和浓碱;对氧气、二氧化碳、水蒸气、气味有优良的阻透性;添加剂用量比聚乙烯、聚丙烯少,可迁移成分少;透明度高,光泽性好,且对紫外线有较好的遮蔽性。PET的优良性质使其在容器市场上发展迅速,聚酯瓶无论从外观、光泽,还是理化性能在质量上都是一个飞跃。

5. 聚碳酸酯(polycarbonate,PC) 聚碳酸酯由双酚A和光气(碳酰氯)反应生成。聚碳酸酯可制成完全透明、像玻璃一样坚硬的容器,被认为有可能用于代替玻璃小瓶和注射器。聚碳酸酯缺点是对碱的化学稳定性较差;对水、蒸气和空气的阻隔性一般,若需提高阻隔性时必须进行涂覆处理;成本较高,一般只供作特殊容器之用。因其抗碰撞强度为其他一般塑料的5倍,一般设计成薄壁瓶以相应降低成本。

6. 聚偏二氯乙烯(polyvinylidene chloride,PVDC) 聚偏二氯乙烯是偏二氯乙烯(VDC)和氯乙烯(VC)聚合而成。包装用PVDC的最主要优势是它极其优良的阻隔性,在药品包装中一般用于复合材料,增强阻隔性能。如复合聚氯乙烯硬片(PVC/PDVC硬片),条形包装所用复合膜中的单层或涂层如纸/铝箔/PDVC、防潮玻璃纸以及涂覆在PE、PP药用塑料瓶内,大大改善其防潮、隔氧、密封性能。但由于有机氯类物质对环境的影响,PVDC和PVC同样受到某些关注,限制PVC使用的建议性法规在某些时候也适用于PDVC。

四、塑料药包材的应用

(一) 塑料薄膜与塑料片材

塑料薄膜主要用于生产塑料袋和贴体包装等。常用的薄膜有聚乙烯薄膜(低密度聚乙烯

LDPE、线性低密度聚乙烯 LLDPE)、聚丙烯膜(拉伸聚丙烯 BOPP 和流涎聚丙烯 CPP)、聚酯膜(PET)、药品包装用复合膜(参见复合膜药包材)、非 PVC 多层共挤输液薄膜等。

塑料片材主要用于生产泡罩包装。泡罩包装是指塑料硬片先加热制成小泡,泡内装 1 片片剂或 1 粒胶囊,然后以铝箔作为覆盖材料加以密封的包装形式,一般称为 PTP 包装。常用的片材有药用聚氯乙烯(PVC)硬片,PVC 硬片易于成型,透明性好,但对水蒸气阻隔性较差,因此又有 PP、PET 硬片以及 PVC/PVDC、PVC/PE/PVDC 等药用复合硬片。

(二) 塑料容器

塑料容器包括塑料袋、塑料瓶、塑料软管等。常用材料有 PVC、PE、PP、PET 等。其中 PE、PP 和 PET 所占比例最大,PVC 的用量在减少。

塑料容器根据药品剂型特点可分为固体用、液体用、软膏用药用塑料瓶(袋、管);根据制剂的使用可分为外用、口服、滴眼用、输液用等。目前根据 CFDA 较新的命名规则,按照剂型、使用和包装材料等来命名,如"口服固体药用聚酯瓶""口服液体易折聚丙烯瓶""聚丙烯输液瓶""双向拉伸聚丙烯/低密度聚乙烯(BOPP/LDPE)复合药用软膏管"等。药物剂型、使用方式和包装材料不同,其药包材标准不一样。

1. 塑料瓶　塑料瓶用于药品包装历史不太长,但发展迅猛,几乎全部取代了玻璃药瓶。药用塑料瓶一般用 PP、HDPE、LDPE 等制成,可加入钛白粉作着色剂,使产品呈乳白色,能起到避光、防紫外线的作用,也有用 PET 等制成无色透明或棕色透明塑料瓶,液体药用塑料瓶容器上还刻有刻度并附带计量杯。

2. 塑料输液瓶　塑料瓶输液多采用 PP、PET 等制备,具有稳定性好、口部密封性好、无脱落物、胶塞不与药液接触、质轻、抗冲击力强、使用方便、成型工艺成熟等优点。塑料瓶输液的最大缺陷是只能采取半开放输液方式,在使用过程中仍需插入空气针建立空气通路,才能使输液顺利滴入体内,药液易受污染。

3. PVC(聚氯乙烯)软袋　PVC 软袋最早用于输液软包装,输液软袋适宜于全封闭式输液方式,利用输液软袋具有的自收缩性,输液时不必导入空气建立空气通路,从而避免此环节的污染。由于增塑剂和未经聚合的氯乙烯单体存在安全性问题以及对环境有影响,限制了 PVC 在输液包装方面的应用,我国不再审批新的 PVC 软袋项目,输液袋包装进入"非 PVC 时代"。

4. 非 PVC 输液袋　非 PVC 多层膜软袋的发展经历了两个阶段。最初阶段是 20 世纪 80 ~ 90 年代的聚烯烃复合膜,因生产过程中在各层膜之间使用了黏合剂,不利于膜材和药液的稳定;第二个阶段是近年发展迅速多层共挤膜,由多层聚烯烃材料同时熔融交联共挤制得,不使用黏合剂和增塑剂。共挤膜袋具有高阻湿、高阻氧性,透水透气性仅为 PVC 材料的 1% ~ 10%;耐热性能好,121℃消毒仍能保持完好状态;具有很好的药物相容性,适合绝大多数药物的包装;密封性、机械强度、环保指标明显优于 PVC 软袋。多层共挤非 PVC 软袋输液是当今输液体系中最理想的输液包装形式,被称为"21 世纪环保型包装材料"。

知识链接

大输液软包装技术

大输液软包装技术指用高分子材料或高分子复合材料制成输液容器的大输液生产技术。目前常用的大输液玻璃瓶包装存在着高耗能、易破损、运输量大等缺点。而用软包装可以克服上述缺点，输液生产时还可以省去洗瓶工序，降低生产成本。先进的软包装输液生产已发展到了制瓶（袋）、灌装、封口在一台机器上完成的水平，这样既缩短了生产周期，又减少了环境对药品可能造成的污染。另外在医院使用时也可减少和避免外界空气对药液的污染。大输液软包装是我国今后输液发展的方向，应重点研发软包装容器的基材生产技术、容器本身的生产技术及灌封灭菌等技术。

5. 塑料软管 塑料软管通常有聚乙烯软管和聚丙烯软管，用于半固体制剂的包装。目前主要发展复合软管，包括全塑复合软管和铝塑复合软管。复合材料的应用详见第五节复合药包材。

（三）塑料瓶盖

药用塑料盖大多采用 PE、PP 为主要原料，常添加二氧化钛和其他增白剂、着色剂。主要品种有：①普通螺纹盖。它通过瓶盖内螺纹与瓶颈上螺纹相啮合达到密封的功能。②防盗保险盖（扭断式）。它在普通螺纹盖的盖底周边增加一圈裙边，并以多点连接，当扭转瓶盖时波形翻边棘齿锁紧于瓶口下端的箍轮上。使用时反转瓶盖，裙边锁圈脱落。③按压式瓶盖。盖子需要下压后才能拧开，由内盖和外盖组成，里面的小瓶盖是真正的盖子，外面的盖子利用下沿扣住了里面的盖子，再用上面的齿轮与小盖的齿轮咬合。正常情况下两个齿轮不接触，所以不论怎么旋转盖子，动的都是外面的大盖，小盖纹丝不动，所以对瓶盖的开关没有任何影响。下压后，两个齿轮咬合，旋转大盖，小盖也跟着转动，所以才能旋紧打开瓶子。

（四）其他应用

此外，塑料药包材还可用于：①接口，如多层共挤膜输液袋用接管、输液袋用聚丙烯接口；②密封材料，包括密封剂和瓶盖衬、垫片等，如无毒软聚氯乙烯密封垫片（如 PVC 滴胶垫）；③带状材料，包括打包带、撕裂膜、胶黏带、绳索等，如聚丙烯捆扎带、聚酯捆扎带；④防震缓冲包装材料等，如聚苯乙烯、低密度聚乙烯、聚氯乙烯制成的泡沫塑料等。

（五）塑料药包材的使用注意

1. 药品与塑料间相互作用 药品与塑料间的关系可分为溶出、吸附、反应、变性等方面。

多数塑料包装容器在加工中都加入了添加剂，如增塑剂、着色剂、稳定剂等，这些添加剂可能从容器中溶出而严重影响药品质量。药品中的主药成分或添加的防腐剂等如被包装材料吸附，可能引起主药成分的损失或影响药品质量。塑料配方中所用的一些组分可能与药物制剂中的某种成分发生化学反应而影响药品质量。药品使塑料发生物理的或化学的变化可使塑料发生变性，如塑料的降解、变形、脆化等。如油类对 PE 的软化作用，溶剂使增塑剂溶出导致 PVC 变硬等。

2. 塑料的安全性 药品包装常用塑料本身无毒，其毒性主要来自单体和添加剂。在合成一些塑料的单体如氯乙烯、苯乙烯、偏二氯乙烯等均有一定的毒性，各国均制定了严格的单体含量。添加剂包括增塑剂、稳定剂、润滑剂、着色剂等,PVC 的增塑剂问题提醒我们添加剂的安全性应引起足够的重视。

3. 塑料的回收　塑料的广泛应用产生大量的废旧塑料,造成资源浪费和环境污染。所谓"白色污染",是人们对塑料垃圾污染环境的一种形象称谓。按规定归类回收废塑料并使之资源化是解决"白色污染"的根本途径。我国制定的塑料包装制品回收标志由等边三角形图形、图形中央塑料代码与图形下方对应的塑料缩写代号组成,塑料包装制品回收标志示例见图 11-3,塑料缩写代号见表 11-2。

图 11-3　塑料包装制品回收标志示例

表 11-2　塑料名称、代码与对应的缩写代号

塑料名称	聚酯	高密度聚乙烯	聚氯乙烯	低密度聚乙烯	聚丙烯	聚苯乙烯	其他塑料代码
塑料代码	01	02	03	04	05	06	07
塑料缩写代号	PET	HDPE	PVC	LDPE	PP	PS	others

点滴积累 ∨

1. 塑料药包材的优点是重量轻、阻隔性良好、耐腐蚀、韧性好、价格低廉等;缺点主要是耐热性差、易磨损、易污染环境,因此,应加强塑料的回收利用和可降解塑料的研究。
2. 常用塑料药包材主要包括聚乙烯、聚丙烯、聚氯乙烯、聚对苯二甲酸乙苯二醇酯、聚碳酸酯、聚偏二氯乙烯等。
3. 塑料药包材在使用时应注意药品与塑料间相互作用、塑料的安全性、塑料的回收等问题。

第五节　复合药包材

复合包装材料是指把纸张、塑料薄膜或金属箔等两种或两种以上材料复合在一起以适应用途要求的包装材料。为使各单一材料优点互补,呈现出色的综合性能,材料的复合化是必然趋势。金属内涂层,玻璃瓶外涂膜,纸上涂蜡,或将塑料薄膜与铝箔、纸、玻璃纸以及其他具有特殊性能的材料复合在一起,以改进包装材料的耐水性、耐油性、耐药品性,增强对光、气体、水分的阻隔性,增强耐冲击性,改善耐热、耐寒性能,改善加工适应性和印刷装潢性等。复合包装材料中复合膜发展迅速、应用广泛,本节重点介绍复合膜。

一、复合膜的特点

复合膜是指将塑料、纸、金属或其他材料通过层合挤出贴面、共挤塑等工艺技术将基材结合在一起而形成的多层结构膜。复合膜最突出的优点是可以通过改变基材的种类和层合的数量来调节复合材料的性能,满足药品包装所需的各种要求和功能,提高综合保护性且费用低廉。复合膜主要特点如下:①力学性能优良,阻隔性好、保护性强。可以根据药品包装的实际需求制造出具有高度防潮、隔氧、保香、避光的复合膜材料,具有较理想的拉伸强度,耐撕裂、耐冲击、耐折断、耐磨损和耐穿刺等性能。②机械包装适应性好。复合材料易成型、易热封、封口牢固、尺寸稳定、规格多样、可用于大批量生产。③使用方便。复合材料易开启、运输体积小、质量轻、易于携带。④促进药品销售。复合材料易印刷、造型,可以增加花色品种,提高商品的陈列效应。⑤成本低廉。利用资源广泛,通过选择各种不同结构,可节省材料,降低能耗和成本。缺点是某些复合膜难以回收,易造成环境污染。

二、复合膜的结构与组成

复合用基材是决定复合膜性质的主要因素。基材的选择取决于包装物的要求、复合材料的用途、单层薄膜的性质以及成本。在复合膜构成中,基材通常由 PET、PT(玻璃纸)、BOPP、BOPA、Al(铝)、纸、VMCPP(镀铝 CPP)、VMPET(镀铝 PET)等构成。复合膜复合类型有纸/塑复合、塑/塑复合、铝/塑复合等。复合的基材层数可以是 2～5 层甚至更多,典型结构为表层/黏合层1/中间阻隔层/黏合层2/内层热封层。

表层要求具有良好透明性(里印材料)或不透明,有优良的印刷装潢性,较强的耐热性,耐摩擦、耐穿刺,能对中间层起保护作用,常用材料有 PET、BOPP、PT、纸、BOPA 等。中间阻隔层要求能很好地阻止内外气体或液体的渗透,避光性好(透明包装除外),常用材料有铝或镀铝膜、BOPA、EVOH、PVDC 等。内层(热封层)要求安全无毒,符合国际规范,具有化学惰性,不与包装物发生作用而产生腐蚀或渗透,具有良好的热封性、良好的力学强度,内表面爽滑,常用材料有 PE、PP、EVA 等。

知识链接

镀 铝 膜

镀铝膜也是一种复合膜,是在高真空状态下铝的蒸气沉淀堆积到各种基膜上的一种薄膜,镀铝层非常薄,厚度一般为 0.4～0.7μm。真空镀铝膜除了原有基膜的特性外,还具有漂亮的装饰性和更好的阻隔性能,尤其是各种基材经镀铝后,透光率、透氧率和透水蒸气率降低几十倍或上百倍,可作为很好的材料应用于药品包装,耐刺扎性能优于铝箔,是今后重点发展的优良材料之一。目前广泛使用的有 PET、CPP、PT、PVC、OPP、PE、纸张等的真空镀铝膜,其中用得最多的是 PET 和 CPP 真空镀铝膜,即真空镀铝流延聚丙烯(VMCPP)和真空镀铝聚对苯二甲酸乙二醇酯(VMPET)。

三、复合工艺

复合膜黏合层的胶黏剂(AD)是指涂于两基材之间的一层媒介物质,借助表面黏结及其本身强度使相邻两个相同的或不同的基材连接在一起的所有非金属材料的总称。胶黏剂的选择至关重要,要根据产品的用途、构成、后加工条件、质量要求品质等进行选择。复合膜按生产工艺具体分为湿式复合、干式复合、挤出复合、共挤出复合、热熔黏合剂复合、无溶剂复合等。目前广泛用于药品复合膜生产的工艺有干式复合法(DL)、挤出复合法。

1. 干式复合法　是指用各种涂覆法将胶黏剂涂布在薄膜基材表面后置入干燥烘道内使胶黏剂挥发,在薄膜表面形成不含溶剂的均匀胶黏剂层,再在复合部与第二基材复合。其特点是:①可选择的基材范围广;②复合牢度高;③复合效率高;④干式复合制品可以表面印刷,也可以反印刷(里印);⑤成本较高;⑥环境污染严重。

2. 挤出复合法　是将聚乙烯等热塑性塑料在挤出机中熔融,从扁平机头中呈薄膜状流出,在橡胶压辊与冷却金属辊之间与纸、薄膜等连续传送的膜状材料压合后,在冷却辊处冷却固化,再从冷却辊表面平滑地剥下,制成的复合薄膜。其特点是:①可选择的基材范围广;②易于调节挤出膜的宽度、厚度;③复合制品的卫生性好;④通过调节挤出量及成型线速度可加工厚度范围宽(4~100μm)的产品;⑤可赋予基材热封性并改善基材的物理性能、隔离性、耐化学药品性、耐油脂性及包装机适应性等;⑥价格比干式复合膜低等。

随着各国政府对环保问题的重视,共挤出复合技术迅速发展。共挤出复合工艺是采用两台或数台挤出机将各种不同功能的树脂分别熔融挤出,通过各自的流道在模头内或模头外汇合,再经吹胀、冷却复合在一起。该工艺不仅大大简化了生产工序,而且用料少,比其他工艺可以节省30%的生产成本。

四、复合膜的主要检查项目

药品包装用复合膜、袋的主要检测项目有外观尺寸、密封阻隔性能、机械性能、卫生性能和其他性能。外观不允许有穿孔、异物、异味、粘连、复合层间分离及明显的损伤、气泡、皱纹、脏污等缺陷,复合袋的热封部位还应平整,无虚封。膜的厚度、膜制袋的长度、宽度以及热封边的宽度应符合要求。复合药包材品种繁多、应用广泛,具体包材需参阅国家药包材标准。

五、常用复合药包材

复合膜的种类繁多,新材料层出不穷,有许多种不同的包装分类办法,如阻隔性包装、耐热性包装、选择渗透性包装、保鲜性包装、导电性包装、分解性包装等。按照功能可将药用包装复合膜分为以下五种。

1. 普通复合膜　典型结构为 PET/DL/Al/DL/PE 或 PET/AD/PE/Al/DL/PE(DL 为干式复合缩写,AD 为胶黏剂)。一般采用干法复合或先挤后干复合工艺。产品特性为:①具有良好的印刷适应性,有利于提高产品的档次;②良好的气体、水分阻隔性。

2. 药用条状易撕包装材料　典型结构为 PT/AD/PE/Al/AD/PE。一般采用挤出复合工艺。产品特性为:①具有良好的易撕性,方便消费者取用产品;②良好的气体、水汽阻隔性,保证内容物较长的保质期;③良好的降解性,有利于环保;④适用于泡腾剂、涂料、胶囊等药品的包装。

3. 纸铝塑复合膜　典型结构为 纸/PE/Al/AD/PE。一般采用挤出复合工艺。产品特点性为:①具有良好的印刷性,有利于提高产品的档次;②具有较好的挺度,保证了产品良好的成型性;③对气体或水具有良好的阻隔性,可以保证内容物较长的保质期;④良好的降解性,有利于环保。

4. 高温蒸煮膜 典型结构为：①透明结构 BOPA/CPP 或 PET/CPP；②不透明结构 PET/Al/CPP 或 PET/Al/NY/CPP。一般采用干法复合工艺。产品特点为：①基本能杀死包装内所有微生物；②可常温放置，无须冷藏；③有良好的水分、气体阻隔性；④耐高温蒸煮，高温蒸煮膜可以里印，具有良好的印刷性，高温蒸煮袋又名软罐头。

5. 多层共挤复合膜 典型结构为外层/阻隔层/内层。外层一般为有较好力学强度和印刷性能的材料，如 PET、PP 等；阻隔层具有较好的对气体、水蒸气等的阻隔性，如 EVOH、PA、PVDC 等通过阻隔层来防止水、气体的进入，阻止药品有效成分流失和药品的分解；内层具有耐药性好、耐化学性高、热封性能较好的特点，如聚烯烃类。多层共挤膜具有优异的阻隔性能及良好的防伪性能，同时结构多样，便于控制成本。

六、复合药包材的应用

复合药包材常用于固体制剂的多剂量袋形包装、单剂量条形包装、泡罩包装等，在输液包装中有聚烯烃多层共挤输液袋，半固体包装中常用复合软管等。

1. 复合膜制袋 复合膜制袋代替纸袋、塑料袋在药品包装中广泛应用于中医药颗粒剂、散剂或片剂、胶囊剂等固体药物以及膏体的包装，一般是三边或四边热压密封的平面小袋，可以单剂量，也可以多剂量。塑料复合膜袋包括普通封口包装、抽真空包装和充气包装等。

2. SP 包装 SP 包装又称条型包装，是一种用条状 SP 膜两层中间置片剂、胶囊或栓剂，在药剂周边的两层 SP 膜内侧热合封闭，压上齿痕，形成单位包装。使用时依齿痕逐步撕开使用。SP 包装所用的包装材料是各种复合膜。条形包装的优点是使用方便，缺点是必须在专用的 SP 包装机上操作，一般还需用纸盒做中包装。

3. 双铝包装(铝-铝包装) 双铝包装与条形包装相似，是采用两层涂覆铝箔将药品夹在中间，然后热合密封、冲裁成一定板块的包装形式。由于涂覆铝箔具有优良的气密性、防潮性和遮光性，使药品保质期延长，对要求密封或避光的片剂、胶囊、丸剂等的包装具有很大的优越性。双铝包装是化学稳定性差的药品的最佳包装材料和包装形式的选择。

4. 泡罩包装 涂有黏合剂的药用铝箔在一定的温度、压力条件下与塑料薄片进行热封，从而形成泡罩包装(PTP)。目前，药品泡罩包装已成为我国片剂、胶囊、丸剂等固体制剂包装的主要包装形式。

5. 聚烯烃多层共挤输液袋 如前塑料药包材所述，最常用的非 PVC 输液袋——聚烯烃多层共挤输液袋已成为当今输液体系中最理想的输液包装形式。

6. 复合软管 复合软管包括全塑复合软管和铝塑复合软管。铝塑复合软管是将具有高阻隔性的铝箔与具有柔韧性和耐药性的塑料经挤出复合成片材，然后经制管机加工而成。软膏类药物的包装将彻底淘汰铅锡管和低质塑料制品，发展有内喷涂的铝管，在兼顾环保和药用要求的前提下支持高水平铝塑复合管的研究。

7. 其他应用 复合包材在药品包装中还用于制备瓶盖用封口膜、铝纸复合密封垫片、铝塑复合密封垫片等。

点滴积累 ∨

1. 复合包装材料是指把纸张、塑料薄膜或金属箔等两种或两种以上材料复合在一起以适应用途要求的包装材料。为使各单一材料优点互补，呈现出色的综合性能，材料的复合化是必然趋势。
2. 复合膜按生产工艺具体分为湿式复合、干式复合、挤出复合、共挤出复合、热熔黏合剂复合、无溶剂复合等。
3. 常用复合药包材包括普通复合膜、药用条状易撕包装材料、纸铝塑复合膜、高温蒸煮膜、多层共挤复合膜等。

第六节　橡胶药包材

一、橡胶药包材的特点

天然橡胶是从巴西橡胶树割出来的胶乳经过滤、凝固、压片、压炼、造粒、烘干、分级包装而加工制得。橡胶具有适宜的弹性，在药品包装中主要以胶塞、密封垫片形式做密封件应用。

橡胶药包材的优点是：①弹性好，能起到密封作用；②能耐受高温灭菌。缺点是在针头穿刺胶塞时会产生橡胶屑或异物；吸附性较强，易吸附主药和防腐剂等，导致含量较低、疗效下降；橡胶的浸出物或其他不溶性成分可能迁移至药液中污染药液。

二、橡胶药包材的主要检查项目

橡胶药包材的主要应用是作为瓶塞，起密封作用，并在注射剂、输液剂等包装中让针头刺入以便取药和加药。橡胶塞的要求如下：①富于弹性及柔软性，密封性良好，针头易刺入，刺穿后自封性好；②具耐溶性，不增加药液中的杂质；③可耐受高温灭菌；④有高度的化学稳定性；⑤对药液中药物或附加剂的吸附作用小；⑥无毒性，无溶血作用。因此，通常的检查项目有材料鉴别、尺寸外观、物理性能（硬度、穿刺力、穿刺落屑、瓶塞容器密合性、自密封性等）、化学性能和生物性能（无急性毒性、无热原、无溶血性），按规定检查应符合要求。

三、常用橡胶药包材

根据橡胶的来源，橡胶可分为天然橡胶和合成橡胶；根据橡胶的组成，合成橡胶又可分为异戊橡胶、硅橡胶、丁基橡胶、卤化丁基橡胶等。在药品包装中天然橡胶已逐步淘汰，主要应用的橡胶药包材有异戊橡胶、卤化丁基橡胶等。

1. 异戊橡胶　异戊橡胶的分子结构与天然橡胶相同，是一种按照天然橡胶结构合成而又进行改良的橡胶材料。它是由异戊二烯单体在催化剂的作用下，进行加成反应制得，故又称作合成天然橡胶。具有某些优于天然橡胶的特性，但结晶性能低于天然橡胶，老化性能比天然橡胶差，硫化速度慢，硫磺硫化易对药品产生污染，更重要的是其透气、透湿性较强，易导致药品变质。

2. 丁基橡胶　丁基橡胶是异丁烯单体与少量异戊二烯共聚合而成，英文为 butyl rubber，简称为

IIR（isobutylene isoprene rubber 的缩写）。丁基橡胶低温下有适当的屈挠性，透气性在烃类橡胶中最低，具有高度阻隔性、优良的化学稳定性、耐氧化性和耐热性，其短时间最高使用温度可达到 200℃，完全满足药品高温灭菌的需要。

3. 卤化丁基橡胶　卤化丁基橡胶系丁基橡胶的改性产品，简称为 XIIR，常用的有氯化丁基橡胶（chlorobutyl rubber）和溴化丁基橡胶（bromobutyl rubber）两类，分别为 CIIR 和 BIIR。卤化丁基橡胶在丁基橡胶分子结构中引入了活泼的卤素（氯、溴）原子，同时保存了异戊二烯双键，使其不仅具备丁基橡胶的优良性能，还减少了抗氧剂的污染，提高了纯度，加快了硫化速度，更可实现无硫硫化、无锌硫化，大大地减少了有害物质对药物的污染和副作用。卤化丁基橡胶具有优良的抗臭氧、抗热老化和耐水性，一般不加防老剂。卤化丁基橡胶作为直接接触药品的首选封装密封材料，广泛用于药品密封包装。

四、橡胶药包材的应用

（一）胶塞

1. 卤化丁基橡胶瓶塞　采用卤化丁基橡胶生产的新型药用瓶塞，具备诸多优异的物理和化学性能：①低气透性、低吸水性；②易针刺，不掉屑；③色泽稳定；④优良的密封性和再密封性；⑤优良的消毒性能；⑥低的萃取性，无活性物质析出，无毒等。根据主要材质的不同，卤化丁基橡胶瓶塞分为溴化丁基橡胶瓶塞和氯化丁基橡胶瓶塞。根据所封装药品的不同，卤化丁基橡胶瓶塞分为采血器试管塞、输液瓶塞、注射瓶塞（抗生素胶塞）、冷冻干燥输液瓶塞、冷冻干燥注射瓶塞（根据颈部结构的不同分为单叉、双叉、三叉和四叉 4 种规格）等，每类产品按尺寸不同分为 A 型、B 型等不同规格。

2. 镀膜胶塞和涂膜胶塞　镀膜胶塞和涂膜胶塞是在胶塞表面或与药液接触面采用不同的工艺涂覆一层聚四氟乙烯、聚乙烯或聚丙烯等材料膜（如 Teflon 复膜胶塞），隔离瓶塞与药品的相互接触。与药物的相容性或适用性试验证明胶塞与药品的相互反应几乎降低到了最低限度，具有优异的耐药品性。截至目前，复膜胶塞是隔离传统的弹性体包装材料与药物的唯一理想产品，是解决瓶塞与药品相容性问题最有效的方法，但由于该类胶塞制造成本较高，因而应用范围还相当有限。

案例分析

［案例］注射用头孢唑林钠存放于胶塞密封的西林瓶中，有效期内可见异物不合格率非常高。

［分析］有文献对注射用头孢唑林钠与丁基胶塞的相容性进行了加速试验研究，发现胶塞对注射用头孢唑林钠溶液的澄清度有一定的影响。尤以倒置放置时，药粉与丁基胶塞接触的程度大，因而所受到的影响也较大。有关资料显示，丁基胶塞尽管在洁净度、化学稳定性、气密性和生物性能上都优于普通橡胶，但是由于配方复杂及所加原材料浓度梯度的关系，丁基胶塞在对一些分子活性比较强的药物进行封装后，胶塞中的部分溶出物会慢慢释放，被药物吸附，这样就产生了胶塞与药物的相容性问题。

直接接触药品的包装材料选用前均应进行相容性试验，以确认药品与包装材料的适用性，全面保证药品的质量。

（二）其他应用

聚异戊二烯垫片可用于软膜袋、PP瓶等封装内塞。该类橡胶垫片不直接与药液相接触。

点滴积累 ∨

1. 橡胶药包材具有弹性好、耐高温等优点；同时，其缺点也较为明显，主要是在针头穿刺胶塞时会产生橡胶屑或异物；吸附性较强；橡胶的浸出物或其他不溶性成分会污染药液等。

2. 常用橡胶药包材包括异戊橡胶、丁基橡胶、卤化丁基橡胶等。

目标检测

一、选择题

（一）单项选择题

1. 常用于运输包装的纸类材料为（　　）

   A. 玻璃纸   B. 铜版纸   C. 白纸板   D. 瓦楞纸板

2. 以下关于玻璃药包材的叙述中错误的是（　　）

   A. 玻璃化学稳定性高，耐药物腐蚀，与药物相容性较好

   B. 卫生安全，无毒无异味，吸附小

   C. 国际通用的低硼硅玻璃理化性能好，常用于色点刻（OPC）安瓿和色环安瓿制备

   D. 经过内表面处理的钠钙玻璃输液瓶但仅限于一次性使用

3. 可用于掀顶型瓶盖，有"活铰链"材料称号的塑料是（　　）

   A. 聚乙烯   B. 聚丙烯   C. 聚酯   D. 聚氯乙烯

4. 主要由于单体、增塑剂毒性以及有机氯对环境的污染，限用的塑料药包材是（　　）

   A. PE   B. PET   C. PVC   D. PDVC

5. 解决瓶塞与药品相容性问题最有效的胶塞是（　　）

   A. 天然橡胶塞   B. 聚异戊二烯橡胶塞

   C. 卤化丁基橡胶塞   D. 镀膜胶塞

（二）多项选择题

1. 药用玻璃的选择应用应遵循的原则有（　　）

   A. 良好适宜的化学稳定性   B. 良好的抗温度急变性

   C. 良好的机械强度   D. 稳定的规格尺寸

2. 常用的塑料药包材有（　　）

   A. PP   B. PE   C. PET   D. PVP

3. 我国药用玻璃按材质分类有（　　）

   A. 高硼硅玻璃   B. 中硼硅玻璃   C. 低硼硅玻璃   D. 钠钙玻璃

4. 复合膜的优点是（　　）

   A. 可以通过改变基材的种类和层合的数量来调节复合材料的性能，阻隔性好、保护性强

B. 可节省材料,降低能耗和成本

C. 复合材料易印刷、造型,促进药品销售

D. 易回收利用,绿色环保

5. 具有优良的阻隔性,在药品包装中一般用于复合材料,增强阻隔性能的材料有(　　　)

A. PT　　　　　　　　B. Al　　　　　　　　C. PE　　　　　　　　D. PVDC

二、简答题

1. 什么是药用玻璃?它有哪些种类?应用上有哪些注意事项?

2. 常用塑料药包材有哪些种类?应用上有哪些注意事项?

3. 什么是复合药包材?它有哪些特点?

4. 塑料输液容器有哪些种类?试比较其特点。

5. 常见瓶盖的材质、种类有哪些?

（王臣臣）

第十二章

药品包装技术

ER-12章PPT

导学情景 ⋁

情景描述：

据报道：2016 年，某医药企业生产的某中药胶囊，检出装量不稳定，分析原因，最后发现是填塞式填充机的充填杆有磨损，导致精度下降。 由于药品是一类特殊商品，它的基本要求就是安全有效，药品填充工序是指将产品按要求的数量放入包装容器内，为达到规定要求，生产过程中要求填充精度要高，当然对设备的要求也越高。

学前导语：

药品包装是利用包装技术对药物制剂的半成品或成品进行分（灌）、封、装、贴签等操作，为药品质量提供二次保证。 随着新的包装技术和新工艺的不断应用，促使药品包装技术在医药领域越来越显示其重要作用。

药品包装是指采用适当的材料或容器，利用包装技术对药物制剂的半成品或成品进行分（灌）、封、装、贴签等操作，为药品提供品质保证、鉴定商标与说明的一种加工过程的总称。对药品包装本身可以从两个方面去理解：从静态角度看，包装是用有关材料、容器和辅助物等材料将药品包装起来，起到应有的功能；从动态角度看，包装是采用材料、容器和辅助物的技术方法，是工艺及操作。药品包装按其在流通领域中的作用可分为内包装和外包装两大类。其功能主要有三个方面，即保护功能、方便应用和商品宣传。

第一节　无菌包装技术

一、概述

（一）无菌包装的定义

无菌包装是指产品、包装容器、包装材料、包装机械与辅助材料灭菌后，在无菌的环境中进行充填和封合的包装技术。无菌包装研究的对象主要是指药品、食品、饮料等的包装。无菌包装是灭菌包装的一种类型。当药品在生产、包装、运输、贮存过程中不断受到各种微生物的污染时，可利用化学药剂、气调、高温、低温等灭菌技术进行杀菌，但许多物品不可能一直保存在杀菌环境中，一旦离开杀菌环境，又会感染微生物，同样会引起物品腐烂变质。因此，杀菌之后还须在无菌环境中对物品进行必要的后处理,即用密封、抽真空、充气或泡罩等包装方法将已杀菌的物品与外界环境隔离开。无菌包装的主要不足是设备较复杂,成本较高;对操作环境的卫生要求高,一旦污染,将会成批报废。

（二）药品无菌包装的分类

1. 按药品生产工艺分类 按药品生产工艺分为最后灭菌和无菌加工。最后灭菌是指被包装药品填充到容器中后,进行严密封口,再进行灭菌处理。无菌加工通常包括四种不同的操作,即包装设备要预先灭菌、药品要在填充之前灭菌、包装材料(或容器)灭菌和包装环境灭菌。经过灭菌后的药品在无菌的环境(含设备)下填充到无菌的包装材料(容器)中,并进行严格密封。

2. 按灭菌方法分类 按灭菌方法分为物理灭菌法和化学药物灭菌两大类,其中物理灭菌法中常用的是加热灭菌法与辐射灭菌法。化学药剂对药品进行杀菌最早用于饮料水,但化学药剂直接关系到药品的安全性,因此各国有关部门对于药品的药剂杀菌都予以严格控制,多数规定所有的杀菌剂都不能直接加入药品中,只准许用于水质及环境的杀菌。现在应用的杀菌剂有氯气、次氯酸盐、碘制剂、季铵盐、两性离子型表面活性剂、氯己定类及乙醇等。

二、无菌包装系统

无菌包装是一系列的连续灭菌的过程,从药品的输入、包装容器或材料的输入(或直接成型)、药品的充填以及最后的封合、分切等都必须在无菌的环境中进行。因此,近几年来,在药品包装行业中出现了越来越多的无菌包装系统。

无菌包装系统主要包括包装容器输入部位、包装容器灭菌部位、无菌填充部位、无菌封口部位、包装件的输出部位。但为了适用不同的包装容器及包装材料,无菌包装系统的结构也基本相同。下面举两例说明。

（一）无菌罐装系统

图 12-1 所示为无菌罐装系统,在此系统中产品与包装罐分别行消毒灭菌。包装罐由传送带送入机器,然后通过消毒灭菌部位,在此部位包装罐被过热蒸汽消毒灭菌,蒸汽的温度约为 200℃,但此蒸汽不是饱和蒸汽,因此这种蒸汽的灭菌效果与热空气相类似。当包装罐通过填充部位时,预先消毒的产品在充满过压无菌空气的无菌环境下充填入罐。然后加上经过消毒灭菌的罐盖,接口处用特殊设备焊合起来。最后将已封入产品的包装罐由输送带输出。

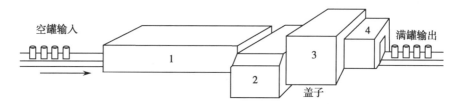

图 12-1 无菌罐装系统
1. 包装罐灭菌部位;2. 充填部位;3. 包装罐盖灭菌部位;4. 封罐部位

（二）塑料瓶无菌包装系统

图 12-2 所示为塑料瓶无菌罐装系统,这个系统采用过氧化氢对包装材料进行化学灭菌。两个塑料材料卷筒(一个作容器体,一个作容器盖)分别送入系统。材料卷筒 1 提供底部材料,铝箔卷筒

13 提供上盖材料。材料经过过氧化氢液洗涤,然后通过 3、4 两段,在那里过氧化氢或其中一部分因负压而分解,而后由 4、11 两个干燥器作用而使残留的过氧化氢分解。干燥部分同时用于软化塑料。热塑材料成型器 6 使容器成型,成型后的容器通过充填区域 8。充填区域保持在过压无菌空气下充填,充填后容器离开充填部位进入真空封口 12。同时上盖的材料通过过氧化氢槽 9,再经负压干燥 10 除去过氧化合物。然后将封口密封后的包装件输出。

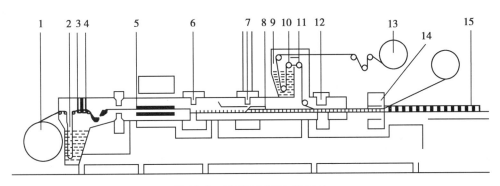

图 12-2　塑料瓶无菌包装系统

1. 材料卷筒;2,9. 过氧化氢槽;3. 吸气吸液工位;4,11. 干燥器件;5. 加热元件;6. 热塑材料成型器(用无菌空气);7. 无菌充填部位;8. 充填区域(无菌道);10. 负压干燥;12. 真空封口;13. 铝箔材料卷筒(上盖);14. 冲剪模;15. 输出

(三) 塑料袋无菌包装系统

图 12-3 所示为塑料袋无菌包装系统。在系统中两个卷筒塑料薄膜上下合在一起,然后制成各自独立的小袋子。根据塑料的种类,可对这些包装袋采用不同的方式灭菌。已经过灭菌的产品由无菌针将产品灌进这些预先杀菌的包装袋内,满袋装后,在灌装点以下封口,完成无菌包装,输出无菌包装件。

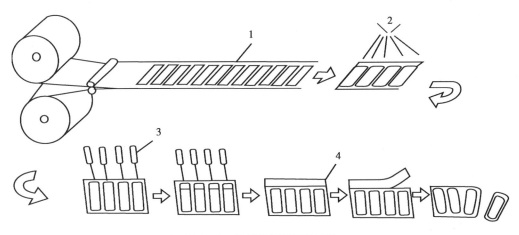

图 12-3　塑料袋无菌包装系统
1. 制袋;2. 灭菌;3. 无菌充填;4. 封口

点滴积累 ∨

1. 无菌包装是指产品、包装容器、包装材料、包装机械与辅助材料灭菌后,在无菌的环境中进行充填和封合的包装技术。

2. 药品无菌包装可按药品生产工艺分类和按灭菌方法分类。

第二节 充填技术

一、概述

充填是产品包装中最常用的一种装料方法,是包装过程的中间工序,是指将产品(待装物品)按要求的数量放入包装容器内。在充填之前是物料的供送和容器的准备工序,如成型、清洗、消毒、干燥或排列等;在它之后是密封、封口、贴标、打印等辅助工序。可充填的药品范围很广、种类繁多,按药品的物理状态分为颗粒充填、粉末充填、块状充填、液体灌装等;按计量方法分为容积充填法、称重充填法和计数充填法;按包装容器不同可分为装瓶、装罐、装袋、装盒、装箱等。

充填精度是指装入包装容器内物料的实际数量值与要求数量值的误差范围。充填精度低,允许的误差范围大,容易产生充填不足或充填过量。由于药品是一类特殊商品,它的基本要求就是安全有效,为达到这一基本要求,一般要求其精度要高一些。对贵重物料和对剂量要求严格的物料,充填精度可达±0.1%;对重袋等包装,则可大于此值。充填精度要求越高,所需设备的价格也就越高。所以要根据生产的实际情况确定最优充填精度。

二、液体药剂的充填

液体物料的充填也称为灌装,被灌装的液体药剂涉及面很广,剂型种类很多。这些药液黏度较小、密度稳定,对其灌装就是将液体计量后灌注入各类型容器中,然后加以密封。各类容器包括由玻璃、金属、塑料等制成的瓶、罐、袋等,将药液自动灌入容器的设备称自动灌装机。药液定量方法有称重法和容积法。其中容积定量法又可以分为定容小杯计量法、容器液面计量法和定量泵定量法。按容器中压力大小可分为常压法、等压法、负压法和机械加压法等。按灌注药液的灌装阀结构可分为旋塞式、阀门式、滑阀式及气阀式等,采用各种方法对药液计量与灌装可形成多种计量罐装的装置。对黏度小的药液多采用常压法或虹吸灌装法;对不宜接触空气的药液宜采用负压灌装法;对黏度较大的药液宜采用机械加压法。等压法灌装是先使包装容器内气压和料液贮槽内气压相等,然后靠液体自重进行灌装,适用于溶有大量气体的液体灌装,在制药工业中很少用到。液体物料中影响灌装的主要是黏度,其次是是否溶有气体以及起泡性和微小固体物含量等。因此,在选用灌装方法和灌装设备时,首先要考虑液体物料的黏度。

(一) 常压计量灌装法

这种方法是最古老、最准确、最简单的灌装方法。大部分自由流动的液体物料都可以用此法灌装。这种灌装法属于定液位灌装,灌入容器中液体物料的容积决定于容器本身的容积。这种方法主要用于低黏度、非起泡性的液体物料,使用的设备构造简单、操作方便。

(二) 负压计量灌装法

负压计量灌装法是在低于大气压力的条件下进行灌装,可减少料液与空气的接触,有利于产品的贮存、改善工作条件和环境保护。负压计量灌装视贮液箱与瓶内的压力可采用以下三种方式。

1. 差压真空罐装 保持贮液箱内部处于常压状态,只对包装容器内部抽气,使其形成一定的真空度,液体物料依靠两容器内的压力差流入包装容器并完成灌装。这种方法属于定液位灌装,是目前国内常用的真空法灌装的形式。

此法适用于灌装黏度低的液体物料(如糖浆等),不但能提高灌装速率,而且能减少液体物料与容器内残存空气的接触和作用,故有利于延长某些产品的保存期。此外真空灌装可避免给有裂缝或有缺口的瓶子灌装,并可消除液体物料滴漏现象。

2. 重力真空灌装 这种方法属于定液位灌装,与重力灌装法有相同之处,实际是在低真空(10～16Pa)下的重力灌装。该方法要求在灌装时将容器密封,然后向容器内灌装液体物料,达到预定的液位。取低真空,主要是消除纯真空灌装法所具有的溢流和回流现象,并可以避免给有裂纹的瓶或有缺口的瓶灌装,也可以防止液体的滴流。它尤其适用于灌装有毒的液体制剂。

3. 真空压差灌装 保持瓶内的真空大于贮液箱的真空,料液在两者压差作用下流入瓶内,应用较少。

（三）机械加压计量灌装法

机械加压法计量灌装是利用泵对料液加压而注入容器的方法,多用于黏度较大的料液、口径很细的容器或装量小但计量要求准确如安瓿、口服液的灌装。常用的机械加压法计量灌装装置是柱塞式计量泵,利用作往复运动的柱塞将药液吸入与排出。常用的阀门是单向阀、滑阀、旋塞等。

三、稠性药品计量充填

稠性药品黏度较大、流动性较差,多属于非牛顿流体,如软膏、流浸膏等。这类药品的灌装如靠其自身重力会造成灌装速度很慢,一般采用机械压力式灌装,如往复式定量泵、旋转式齿轮定量泵等。

四、固体物料充填

固体物料的充填方法可分为三大类:第一类是称量充填法,就是以重量来计算充填物料的数量;第二类是容积填充法,就是以容积来计算充填物料的数量;第三类是计数法,是以块状、颗粒状的固体物料的数量或包装单件的数量来计量的方法。

（一）称量充填法

称量充填法适用于易吸潮、易结块、粒度不均匀、密度比较大的物料的充填。这类充填法分净重充填和毛重充填两种。

1. 净重充填法 如图 12-4 所示,这种方法将物料先用秤称过,然后充填到包装容器中。称量结果不受容器质量变化的影响,因此是最精确的称量充填法。为了达到较高的充填精度,可采用分级进料的方法。称量时,大部分物料高速进入计量斗,剩余小部分物料通过微量

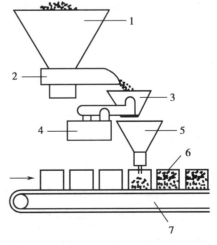

图 12-4 净重充填法
1. 贮料斗;2. 进料器;3. 计量斗;4. 秤;
5. 落料斗;6. 包装件;7. 传送带

进料装置缓慢地进入计量斗。在电脑控制下,对粗加料和精加料可分别称量、记录、控制,做到差多少补多少。由于净重称量精度很高,所以广泛适用于称量精度要求高、贵重以及可自由流动的固体物料,也可用于那些不适于用溶剂充填法包装的物料。但净重法充填速率慢,所用机器价格高。

2. 毛重充填法 如图 12-5 所示,将物料装入容器后,连同容器进行称量的方法。称得的质量为毛重,这种方法使用的机器简单、价格较低。缺点是包装容器本身的质量变化直接影响充填物料的规定质量。

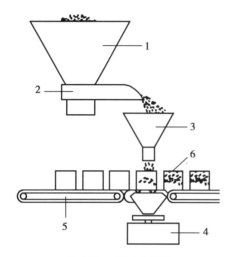 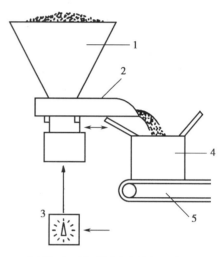

图 12-5 毛重充填法　　　　　　　　　图 12-6 计时振动充填机示意图
1. 贮料斗;2. 进料器;3. 落料斗;4. 秤;　　　1. 贮料斗;2. 振动托盘进料器;3. 计时器;
5. 传送带;6. 包装件　　　　　　　　　　　4. 包装容器;5. 传送器

（二）容积充填法

这种方法基于容积来计量充填物料的数量,由于不要称量装置,所用机器结构简单,充填速率可以提高。但充填精度依赖于物料密度的稳定性,一般比称量充填要低,为 1.0% ~ 2.0%。实现容积充填的机器种类很多,从原理上看,基本属于以下两种:

1. 控制充填物料的流量或时间来保证充填容积

（1）计时振动充填机:精度最低,结构最简单,价格便宜。其原理是进料器按规定的时间振动,将物料直接充填至容器中。充填数量由振动时间来控制。如图 12-6 所示。

（2）螺旋充填机:可以获得较高的充填精度。其原理是贮料斗内部有一条带螺旋面的送料轴,同时还装有一个搅拌器,当送料轴转动时,搅拌器将物料搅匀,螺旋面将物料挤实到要求的密度。螺旋轴每转一圈就能输出一定量的物料。螺旋轴旋转的速度由离合器控制,保证向每一个容器充填定量的物料。如图 12-7 所示。

（3）真空充填机:在充填过程中使容器保持真空,使物料比较密实,减少了其中的架桥现象,所以充填精度比计时振动充填机和螺旋充填机都高。其原理是通过滤网给每个包装容器抽真空,所以充填时容器与真空头之间必须密封。物料靠重力进入容器。为了控制填充数量在储料斗装一个螺旋供料器给真空头供料。真空充填机用于薄壁塑料瓶类的半刚性包装容器时,要用一个刚性密封套套在容器外面,以防填充过程中包装容器产生皱褶。如图 12-8 所示。

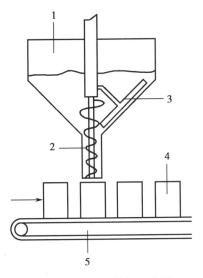

图 12-7　螺旋充填机示意图
1. 贮料斗;2. 进料轴;3. 拌搅器;4. 包装件;
5. 传送带

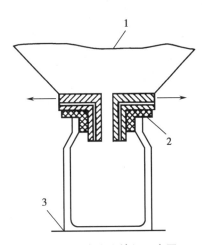

图 12-8　真空充填机示意图
1. 贮料斗;2. 密封环;3. 平台

2. 用相同的计量容器量取物料,保证充填容积

（1）重力-计量筒式充填机:这种充填机适用于充填价格低、充填精度也低的自由流动固体物料。其原理是物料靠重力落入计量筒内,然后落入包装容器内。为了使物料迅速流入容器,有时对容器加以振动。如图 12-9 所示。

（2）真空-计量筒式充填机:这种充填机可以用来填充安瓿、大小瓶、大小袋等。填充容器的范围从 5mg～5kg。大部分填充精度为 1%。其原理是储料斗下面装有一个带有可调节容积的剂量筒转轮,计量筒沿转轮的径向均匀分布,并通过管子与转轮中心相连。转轮中心有一个圆环形真空充气总管,用来抽真空和进空气。物料从储料斗落于计量筒中,经过抽真空后密实均匀。运输带不断将容器送入转轮下方。当转轮到容器上方时,空气把物料吹入容器内。如图 12-10 所示。

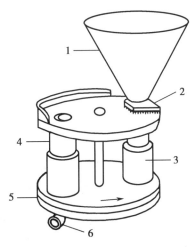

图 12-9　重力-计量筒式充填机示意图
1. 供料斗;2. 刷子;3. 计量筒;4. 伸
缩腔;5. 空腔组件;6. 排料口

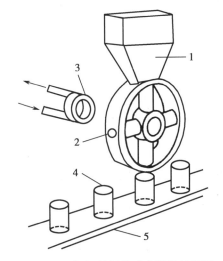

图 12-10　真空-计量筒式充填机示意图
1. 贮料斗;2. 计量筒转轮;3. 真空充气总
管;4. 容器;5. 传送带

（三）固体物料的计数充填法

在医药工业生产中，一些块状和颗粒状产品（如片剂、胶囊），由于实现自动化生产或实现了规格化、标准化生产，每种产品具有"相同"的分量和质量，这种产品多应用于技术定量包装。有些产品传统上就采用计数定量包装，如药片100或50片一瓶等。因而计数定量在固态的块状、颗粒和棒状产品以及单件包装的集合包装中应用甚广。

计数法按计量的方法分为两大类：第一类是包装物品具有一定规则的整齐排列，其中包括预先就具有规则而整齐的排列，或经过供送机构将杂乱包装物品按一定形式排列计数的方法；第二类是从杂乱包装物品的集合体中直接取出一定个数的方法。

点滴积累 ᐯ

1. 充填是产品包装中最常用的一种装料方法，是包装过程的中间工序，是指将产品（待装物品）按要求的数量放入包装容器内的过程。

2. 可充填的药品范围很广、种类繁多，按药品的物理状态分为颗粒充填、粉末充填、块状充填、液体灌装等；按计量方法分为容积充填法、称重充填法和计数充填法；按包装容器不同可分为装瓶、装罐、装袋、装盒、装箱等。

第三节　防潮包装

一、概述

（一）防潮包装的定义

防潮包装是指为防止潮气浸入包装物内影响内装产品质量所采取的一种防护性包装措施。采用低透湿度的材料或容器将产品密封包装，或在包装容器内装入适量的能吸收从容器内壁渗入的潮气的干燥剂等专门的技术手段可防止或减少环境潮气对产品的危害。科学的防潮包装能确保在药品流通过程中的质量安全，减少经济损失。

（二）湿度对产品包装系统的影响

1. 金属锈蚀　试验证明，当相对湿度超过临界值时，金属腐蚀速率就会大大加快。一些金属的腐蚀临界湿度为铁60%～70%、锌65%、铝60%～65%、镍80%。另外，当空气中含有盐分、尘埃、金属表面存在孔隙时会使临界湿度值降低，即更容易锈蚀。

2. 非金属吸湿变质　在高的湿度下，各种非金属材料均会吸收空气中的水分。吸湿后，材料即会膨胀，含水率增加，易发生霉变。通常当RH（环境相对湿度）大于60%～65%时，任何物体表面均会附有一层$0.0001～0.01\mu m$的水膜，严重时会出现凝露。一般极性分子材料表面水膜较厚，非极性分子表面水膜较薄。

3. 真菌生长　适宜的温度和湿度易于引发真菌在金属与各种有机材料中的繁衍生长。一般当温度达到25～30℃、相对湿度大于80%时真菌生长迅速，最终会破坏产品外观及表面层。当然，不同的真菌种类其适宜萌发的条件略有不同。

（三）防潮包装的种类

1. **密封包装**　这是传统的包装方法,采用不透气的刚性材料(金属、玻璃、硬塑料等)制成容器,将产品置放其中,再将容器口部焊封或加旋盖、扣盖、塞盖闭合,可有效地防止外界潮气的进入。

2. **真空与充气包装**　真空包装中抽去容器内的空气,避免了原来残留潮气对产品的影响。充气包装将包装内的空气连同潮气抽出,再适量充入其他干燥气体或惰性气体,减少了潮气对产品的侵蚀影响。

此外,贴体包装也具有防潮作用。

知识链接

防潮包装等级

根据我国国家标准 GB 5048《防潮包装》,防潮包装可分为1、2 和 3 三个等级,具体内容见下表。防潮包装设计时,可依据贮运、气候、产品的具体条件选择防潮包装的等级。具体见表12-1。

表 12-1　防潮包装等级的选择

级别	要求		
	防潮期限	温湿度条件	产品性质
1 级包装	1 ~ 2 年	温度大于30℃,相对湿度大于90%	对湿度敏感,易生锈易长霉和变质的产品,以及贵重、精密的产品
2 级包装	0.5 ~ 1 年	温度在 20 ~ 30℃之间,相对湿度在 70% ~ 90% 之间	对湿度轻度敏感的产品、较贵重、较精密的产品
3 级包装	0.5 年内	温度小于20℃,相对湿度小于70%	对湿度不敏感的产品

二、防潮包装材料与容器

具有阻隔潮气功能的材料均可作为防潮包装材料。常用的是具有一定厚度的各种金属、玻璃、陶瓷、塑料和各种经过处理的木材、纸、棉、麻等传统材料。

现代防潮包装中使用了许多塑料薄膜,如高密度聚乙烯(HDPE)、低密度聚乙烯(LDPE)、聚丙烯(PP)、双向拉伸聚丙烯(BOPP)、聚氯乙烯(PVC)、聚氨酯(PU)、聚酯(PET)、聚偏二氯乙烯(PVDC)、聚酰胺(PA)等。其中以 PE 在防潮包装材料中应用最广,因为其透湿性低且易于热封合。

还有许多阻隔性能更佳的防潮复合材料,如铝箔/PE、纸/PE、PP/PP、BOPP/PP、PE/铝箔/PE、布/铝箔/PE、PE/铝箔/PE/布等。此外,还有各种经特殊处理的防潮纸、浸蜡纸等。

用作防潮包装的容器有发泡聚苯乙烯(EPS)盒、高密度聚乙烯(HDPE)盒、多层复合膜封套、金属容器、木箱、玻璃钢箱盒、玻璃瓶罐等。

另外,为了在药品贮存流通期间保持容器内的低湿度(相对湿度60%以下),还需要使用具有良好吸湿性能的干燥剂,以吸收包装件中各种来源的潮气。包装内潮气来源主要有:①产品本身含有一定水分,贮存流通时会蒸发出来;②包装材料含有的水分;③密封容器空间内空气中的水分;④外界大气可渗漏过包装阻隔层。为了在商品贮存流通期间保持容器内的低湿度,还需要使用具有良好吸湿性能的干燥剂,以吸收包装件中各种来源的潮气。

经常采用一些干燥剂,如硅胶、活性炭、分子筛、无水氯化钙等放入包装内吸收水蒸气,以降低包装的湿度。其使用方法一般分为袋装,即用透气性好的细布袋或纤维纸(无纺布)袋盛装;容器装,用带小孔的金属或塑料罐、瓶、盒等盛装;另外还可借助黏合剂将干燥剂置入复合薄膜夹层的中间,该种复合膜内层多采用透湿性较好的聚乙烯,外层则用阻隔性能较强的单膜或复合膜制成。

> ▶▶ **课堂活动**
>
> 　　多维元素片中加入干燥剂袋,大家思考药品包装中常用的干燥剂主要是什么?　有哪些特性?　主要包装形式有哪些?

点滴积累 ╲╱

1. 防潮包装是指为防止潮气浸入包装物内影响内装产品质量所采取的一种防护性包装措施。
2. 防潮包装常见有密封包装和真空与充气包装形式,此外,贴体包装也具有防潮作用。

第四节　防霉腐包装技术

一、概述

(一)防霉腐包装技术的定义

在药品的生产、包装、运输、储存过程中,由于不断受到周围环境的污染,而使物品带有种类繁多的大量微生物。微生物的生长繁殖造成了物品的霉腐,这些霉腐微生物使物品的质量受到损害,外观受到影响。常见的霉腐微生物有毛霉、根霉、曲霉、青霉、木霉、镰刀霉、芽枝霉等。

防霉腐包装技术是使被包装物品处于能抑制霉腐微生物滋长的特定条件下,延长被包装物品的质量保持期限的包装技术。

(二)影响物品霉腐的主要因素

某种物品发生霉腐,第一是因为该物品感染上了霉腐微生物,这是物品霉腐的必要条件之一。第二是因为该物品含有霉腐微生物生长繁殖所需的营养物质,这些营养物质能提供给霉腐微生物所需的培养基(包括碳源、氮源、水、无机盐、能量等)。第三是必须有适合霉腐微生物生长繁殖的环境条件,如温度、湿度、空气等,这是物品霉腐的外界因素。影响物品霉腐的主要因素主要包括物品的污染、物品的成分与环境条件。

1. 物品霉腐的内在因素　物品的霉腐是由于霉腐微生物在物品上进行生长繁殖的结果,不同的霉腐微生物生长繁殖所需的营养结构不同,但都必须有一定比例的碳、氮、水、能量的来源,以构成一定的培养基础。不同的被包装物品含有不同比例的有机物和无机物,能够提供给霉腐微生物的碳、氮以及水分、能量不同。有的菌体能够正常生长繁殖,而另外的一些真菌则会不适应而使其生长受到抑制,故物品受到霉腐的形式、程度都不同。所以不同组成成分的物品对物品的霉腐的影响是起决定性作用的。

2. 物品霉腐的外界因素 霉腐微生物从物品中获得一定的营养物质,但要繁殖生长还需要适宜的外界条件。

(1) 环境湿度和物品的含水量:水分是霉腐微生物生长繁殖的关键。霉腐微生物是通过一系列的生物化学反应来完成其物质代谢的,这一过程也必须有水的参与。通常相对湿度愈大,则愈易霉腐。

(2) 环境温度:温度对微生物的生长繁殖有着重要的作用。微生物因种类不同,对温度的要求也不同。真菌为腐生微生物,生长温度范围较宽,为 10～45℃,它属于嗜温微生物。对菌体内的酶,最适宜的温度是 25～28℃。

(3) 空气的影响:真菌的生长繁殖还需要有足够的适量的氧气,在霉腐微生物的分解代谢过程中(或呼吸作用),微生物都需要利用分子状态的氧或体内氧来分解有机物并使之变成二氧化碳、水和能量。

(4) 化学因素:化学物质对微生物有三种作用,一是作为营养物质;二是抑制代谢活动;三是破坏菌体结构或破坏代谢机制。不同的化学物质对菌体的影响不同,这些化学物质主要有酸类、碱类、盐类化合物,氧化物,有机化合物以及糖类化合物等。

(5) 其他因素:紫外线、辐射、微波、电磁振荡等都将影响霉腐微生物的生命活动,影响物品的霉变和腐败。

案例分析

[案例] 中药饮片在贮藏过程中如果保管不妥, 极容易霉变, 尤其是在"黄梅季节", 温度高, 空气湿度大, 很多中药饮片都易霉变。 患者一旦服用了霉变的药品, 极可能由于霉菌毒素而引起肝、肾、神经系统、造血组织等方面的损害, 极大危害患者的生命安全。 请问药品防霉变的措施有哪些?

[分析] 预防中药饮片霉变是药品生产企业所需要面对的重要课题,中药饮片在贮藏过程中可以根据药材性质和特点, 采取如下必要的防护措施:①气相防霉腐包装技术;②气调防霉腐包装技术;③低温冷藏防霉腐包装技术;④干燥防霉腐包装技术;⑤电离辐射防霉腐包装技术;⑥紫外线、微波、远红外线和高频电场等技术。

二、常用的防霉腐包装技术

药品在流通过程中,在各环节都有被霉腐微生物污染的机会,如果周围有适宜的环境条件,药品就会发生霉腐。因此为了保护药品安全地通过贮存、流通、销售等各个环节,必须对易霉腐药品进行防霉腐包装。防霉腐包装技术当前主要有以下几种。

(一) 气相防霉腐包装技术

气相防霉腐包装技术是使用具有挥发性的防霉防腐剂,利用其挥发产生的气体直接与霉腐微生物接触,杀死这些微生物或抑制其生长,以达到商品防霉腐的目的。由于气相防霉腐是气相分子直接作用于商品上,对其外观和质量不会产生不良影响,但要求包装材料和包装容器具有透气率小、密封性能好的特点。

气相防霉腐剂有多聚甲醛防霉腐剂。多聚甲醛是甲醛的聚合物,在常温下可徐徐升华解聚成有甲醛刺激气味的气体,能使菌体蛋白质凝固,以杀死或抑制霉腐微生物。使用时将其包成小包或压成片剂,与商品一起放入包装容器内加以密封,让其自然升华扩散。但是多聚甲醛升华出来的甲醛气体在高温高湿条件下可能与空气中的水蒸气结合形成甲酸,对金属有腐蚀作用,因此有金属附件的商品不可使用。另外甲醛气体对人的眼睛黏膜有刺激作用,所以操作人员应做好保护。另一种常用气相防霉腐剂环氧乙烷的穿透力比甲醛大,杀菌力比甲醛强,又可在低温低湿下发挥杀菌作用,所以应用于不能加热、怕受潮的药品的杀菌防霉腐较为理想。

（二）气调防霉腐包装技术

气调防霉腐是生态防霉腐的形式之一。霉腐微生物与生物性商品的呼吸代谢都离不开空气、水分、温度这三个因素,只要有效地控制其中一个因素,就能达到防止商品发生霉腐的目的。如只要控制和调节空气中氧的浓度,人为地造成一个低氧环境,霉腐微生物生长繁殖和生物性商品自身呼吸就会受到控制。气调防霉腐包装就是在密封包装的条件下,通过改变包装内空气组成成分,以降低氧的浓度,造成低氧环境来抑制霉腐微生物的生命活动与生物性商品的呼吸强度,从而达到对被包装商品防霉腐的目的。具体内容参见防氧包装技术。

气调防霉腐包装技术的关键是密封和降氧,降氧是气调防霉腐的重要环节,包装容器的密封是气调防霉腐的保证。包装材料必须采用对气体或水蒸气有一定阻透性的气密性材料,才能保持包装内的气体浓度。

（三）低温冷藏防霉腐包装技术

低温冷藏防霉腐包装技术是通过控制商品本身的温度,使其低于霉腐微生物生长繁殖的最低界限,控制酶的活性。它一方面抑制了生物性商品的呼吸氧化过程,使其自身分解受阻,一旦温度恢复,仍可保持其原有的品质;另一方面抑制霉腐微生物的代谢与生长繁殖来达到防霉腐的目的。低温冷藏防霉腐所需的温度与时间应按具体商品而定。一般情况下,温度低,持续时间愈长,霉腐微生物的死亡率愈高。按冷藏温度的高低和时间的长短,分为冷藏和冻藏两种。低温冷藏防霉腐包装应使用耐低温包装材料构成。

（四）干燥防霉腐包装技术

微生物生活环境缺乏水分即造成干燥,在干燥的条件下,真菌不能繁殖,商品也不会腐烂。干燥防霉腐包装技术是通过降低密封包装内的水分与商品本身的含水,使霉腐微生物得不到生长繁殖所需水分来达到防霉腐目的。

（五）电离辐射防霉腐包装技术

能量通过空间传递称为辐射,射线使被照射的物质产生电离作用,称为电离辐射。电离辐射的直接作用是当辐射线通过微生物时,能使微生物内部成分分解而引起诱变或死亡。其间接作用是使水分子离解成为游离基,游离基与液体中溶解的氧作用产生强氧化基团,此基团使微生物酶蛋白的—SH 基氧化,酶失去活性,因而使其诱变或死亡。电离辐射一般是放射性核素放出的 α、β、γ 射线,它们都能使微生物细胞结构与代谢的某些环节受损。

电离辐射防霉腐包装目前主要应用 β 射线与 γ 射线,包装的商品经过电离辐射后即完成了消毒灭菌的作用。经照射后,如果不再污染,配合冷藏的条件,小剂量辐射能延长保存期数周到数月;大剂量辐射可彻底灭菌,长期保存。

（六）紫外线、微波、远红外线和高频电场

1. **紫外线**　是一种有杀菌作用的射线,是日光杀菌的主要因素。紫外线的波长范围为 100 ~ 400nm,其中波长 300nm 的紫外线具有杀菌作用,尤以波长 265 ~ 266nm 杀菌力最强。

2. **微波**　是频率为 300 ~ 300 000MHz 的高频电磁波,其杀菌机制是微生物在高频电磁场的作用下,吸收微波能量后,一方面转变为热量而杀菌;另一方面菌体的水分和脂肪等物质受到微波的作用,它们的分子间发生振动摩擦使细胞内部受损而产生的热能,促使菌体死亡。

3. **远红外线**　是频率高于 3 000 000MHz 的电磁波,其作用与微波相似,其杀菌机制主要是远红外线的光辐射和产生的高温使菌体迅速脱水干燥而死亡。

4. **高频电场**　杀菌机制是含水分高的商品和微生物能"吸收"高频电能转变为热能而杀菌。只要商品和商品上的微生物有足够的水分,同时又有一定强度的高频电场,消毒瞬间即可完成。

点滴积累 ∨

1. 防霉腐包装技术是使被包装物品处于能抑制霉腐微生物滋长的特定条件下,延长被包装物品的质量保持期限的包装技术。
2. 防霉腐包装技术当前主要有气相防霉腐包装技术,气调防霉腐包装技术,低温冷藏防霉腐包装技术,干燥防霉腐包装技术,电离辐射防霉腐包装技术,紫外线、微波、远红外线和高频电场技术等。

第五节　热成型包装技术

热成型包装在国外又叫卡片包装,主要用于医药、食品、化妆品、文具、小工具和机械零件,以及玩具、礼品、装饰品等方面的销售包装。

热塑性的塑料薄片加热成型后形成的泡罩、空穴、盘盒等均为透明的,可以清楚地看到商品的外观,同时作为衬底的卡片可以印刷精美的图案和商品使用说明,便于陈列和使用。而且包装后的商品被固定在泡罩和衬底之间,在运输和销售过程中不易损坏,从而使一些形状复杂、怕压易碎的商品得到有效的保护。所以这种包装方式既能保护商品延长保存期,又能起到宣传商品扩大销售的作用。热成型包装包括泡罩包装和贴体包装,它们虽属于同一类型的包装方法,但原理和功能仍有许多差异。

一、泡罩包装技术

20 世纪 50 年代末前联邦德国首先发明泡罩包装并推广应用于药片和胶囊的包装,当时是为了改变玻璃瓶、塑料瓶等瓶装药片服用不便、包装生产线投资大等缺点,加上剂量包装的发展,药片小包装的需要量越来越大。泡罩包装的药片在服药时用手挤压小泡,药片便可冲破铝箔而出,故有人称它为发泡式或压穿式包装,简称"PTP"(press through packaging)。这种包装具有重量轻、运输方便;密封性能好,可防止潮湿、尘埃、污染、偷窃和破损;能包装任何异形品;装箱不需另用缓冲材料以及外形美观、方便使用、便于销售等特点。此外,对于药品包装还有不会互混服用、不会浪费等优点,所以这种包装方式近年来发展很快。

(一)常见的泡罩包装结构

由于泡罩包装的迅速发展,目前市场上出现了越来越多的泡罩结构,如图 12-11 所示。

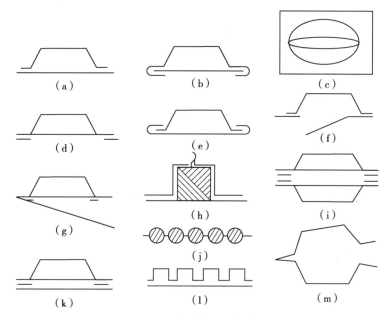

图 12-11　常见的泡罩包装结构

(a)泡罩直接封于衬底;(b)衬底插入特别的槽中;(c)压穿式泡罩;(d)罩泡封于冲有孔的衬底上;(e)泡罩或浅盘插入带槽的衬底后封口;(f)衬底有盖片可关合;(g)衬底有一半可折叠,可将产品立于货架上;(h)自由取用商品而无须打开泡罩;(i)双面泡罩,衬底为冲孔式;(j)全塑料无衬底条状包装;(k)双层衬底的泡罩包装;(l)分隔式多泡罩包装;(m)全塑料或双泡罩无衬底的泡罩包装

(二)泡罩包装材料的选用

从泡罩包装的结构来看,它主要由热塑性的塑料薄片和衬底组成,有的还用到黏合胶或其他辅助材料。

1. 塑料薄片　能用于泡罩包装的塑料薄片有许多种类,其中每种除了其主要材料本身所有的特征和性能外,还由于制造工艺和所用添加剂的不同,又赋予塑料薄片其他一些特征,如厚度、抗拉强度、延伸率、光线透过率、透湿度、老化、带静电、热封性、易切断性等。同时,被包装物品的大小、重量价值和抗冲击性以及被包装物品的形态,如是否有尖和棱角等都会影响泡罩包装的效果。因此在选用泡罩包装的材料时就要考虑塑料薄片和被包装物品的适应性,即选用材料要达到泡罩包装的技术要求,同时尽量降低成本。通常,泡罩包装用的硬质塑料片材有纤维素、苯乙烯和乙烯树脂三类。

其中纤维素应用最普遍,有酯酸纤维素、丁酸纤维素、丙酸纤维素。它们都具有极好的透明性和最好的热成型性、有好的热封性以及抗油和脂的透过性。我国目前大量使用 PVC 硬片作为成泡材料。

由于 PVC 的阻隔性不是很理想,国外已多采用以下几种材料作为成泡基材,且这些材料的生产工艺相当成熟。目前常用品种如下:

(1) COC:最早由日本开发的环烯状共聚物,具有非常好的热封性能,但是自身易碎裂,因此常与 PP 复合以利于对形状的保持,也可以与 ALCAR 复合,COC 可在现在多数高性能热成型设备上使用。

(2) ALCAR 复合材料:使用新型均聚物材料共聚而成,该材料不会黏附模具,模具表面有无涂层均可使用,但是摩擦系数较高,这样会使模具的设计复杂化。某种牌号的 ALCAR 材料可以在和 PVC 相同的成泡条件下成型。

(3) 铝箔复合成型材料:具有极高的阻气、阻湿、阻光性能,用于泡罩包装,可以对药品提供几乎完全的保护,而且是成泡材料中唯一不需加热可以模具冲压成型的材料,非常适合对光、气、湿敏感的药品包装。其基本的结构为尼龙(或 PP)/铝/PVC/(PP、PE、热封涂层)。

2. 衬底 衬底也是泡罩包装的主要组成部分,同塑料薄片一样,在选用时必要考虑被包装物品的大小、形状和重量。

衬底主要有白纸板、B 型和 E 型涂布(主要是涂布热封涂层)瓦楞片、带涂层铝箔和多种复合材料等几种,其中药品包装中最常用的是铝箔。

PTP 铝箔按使用方式分有可触破式铝箔、剥开式铝箔和剥开-触破式铝箔;从材料上分有硬质铝箔、软质铝箔、复合材料;从功能上分有防伪铝箔、儿童保护铝箔、儿童安全与老人便利铝箔、特殊防护铝箔等。

(三)泡罩包装的方法和原理

泡罩包装的泡罩、空穴、盘盒等有大有小,形状因被包装物品的形状而异;有用衬底的,也有不用衬底的。

目前药品包装中大多采用机械包装的形式,按其自动化程度分有半自动化、自动化单机和全自动化生产线类。

(1) 半自动化包装机:多为卧式间歇操作,手工充填为主,生产率较低,用于包装单件、颗粒等商品。改换品种时更换模具快,适合多品种小批量生产。

(2) 自动化单机:也是卧式为主,间歇与连续操作均有,生产率中等,有一定的通用性。既适合多品种小批量生产,也适合单一品种中批量生产。

(3) 全自动包装生产线:有卧式和立式两种,以药品(药片、胶囊和栓剂等)专用包装为主。PTP 采用多列式结构,生产率高,可以从 1000～5000 片/分钟,最新机型高达 9000 片/分钟。PTP 包装质量好,有检测装置和废品剔除机械,并可将加印、分送折叠使用说明书和装盒均连接于生产线内。PTP 是药品包装功能齐全,有代表性的包装线。

此外,由于包装机械成型部分、加热部分、热封部分等的多样性,造成包装机械种类的繁多,所以泡罩包装有多种,但其设计原理大致是相同的,典型的泡罩包装机械都必须有热成型材料供给部位、加热部位、成型部位、充填部位、封合部位、冲切部位、成型容器的输出和余料收取的部位,其包装操作过程见图12-12。

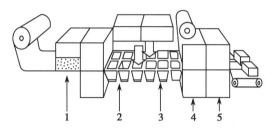

图 12-12 典型的泡罩包装操作过程
1. 塑料薄片软化;2. 形成泡罩;3. 充填药品、盖衬底;
4. 热封;5. 冲切成单品

全自动机械操作适合于单一品种大批量生产,不仅生产率高、成本低,而且符合卫生要求,因此药品和小件商品包装应用最多。

知识链接

泡罩新产品介绍

随着泡罩包装设备的不断更新,更加人性化的新型包装形式也随之出现。常见的有:

1. 为老年人设计的泡罩包装 Colbert 包装公司生产的 PharmaDial 泡罩卡片:它有一个泡罩部件,使用者必须将其旋转 90 卡才能获得药品,而且这个部件很容易抓住,在针对老年人进行的测试中反应良好。

2. "监督"患者吃药的泡罩包装为了防止药物误吃,市场上推出了药物泡罩包装卡(blister card),可根据服药周期向患者发出"嘟嘟"提示音。该袖珍型装置还能监控患者实际服药的时间。为协助病患者更有效地使用药品,泡罩包装卡上带有服药时间表、醒目的提示以及针对一天里面不同时间的颜色代码,甚至可将多种药物包装在一起以方便服用。

3. 儿童安全泡罩包装由美德维实伟克公司开发的 DosepakTM 套装,为了保证产品对儿童的安全,产品还设计了不影响产品打开的锁定装置。

二、贴体包装技术

贴体包装与泡罩包装类似,由塑料薄片、热封涂层和卡片衬底三部分组成。它的用途有两个方面:一是透明性,作为货架陈列的销售包装,典型的方式是悬挂式;另一方面是保护性,特别是包装一些形状复杂或易碎、怕挤压商品,如计算机磁盘、灯具、维修配件、玩具、礼品和成套瓷器等,在这方面甚至可以代替瓦楞纸板衬热、现场发泡、硬质泡沫塑料等缓冲包装。

日前最常用的塑料薄片是聚乙烯和离子聚合物。包装小而轻的商品时,用 $100 \sim 200\,\mu m$ 厚的离子聚合物薄片;包装大而重的商品时,用 $200 \sim 400\,\mu m$ 厚的聚乙烯薄片。衬底常用白纸板和经涂布的瓦楞纸板。

贴体包装机一般多为手动式,结构简单、价格便宜;因为更换品种不需要更换模具,所以比较灵活。

三、泡罩包装与贴体包装的选用原则

泡罩包装与贴体包装属同一种类型的包装,有共同的特点,如一般是透明包装,几乎可以看到商品的全部;通过衬底的形状和精美的印刷,可以增强商品的宣传效果;通过衬底的设计,包装件在商场和零售店内可悬挂陈列等。但由于它们的包装方法略有差异,所以各有其优缺点。经过比较就可根据它们的特点和商品的包装要求,择优选用。泡罩、贴体包装的不同特点见表12-2。

表12-2　泡罩、贴体包装的不同特点

比较内容	泡罩包装	贴体包装
包装保护性	通过适当选择材料,可具有防潮性、阻气性,可真空包装	衬底有小孔,没有阻气性
包装作业性	容易实现包装自动化、流水线生产,但需要更换符合商品的模具等,所以主要面向少品种的商品	难以实现自动化、流水线生产,因不需要模具,适合多品种小批量生产。包装大而重和形状复杂的商品有优势
包装成本	包装材料、包装机械昂贵,特别是大而重的商品小批量包装,成本高	和泡罩包装相比较便宜,但工人需要比例高,小而轻的商品大批量生产时比泡罩包装贵
商品效果性	美观性好	因衬底有小孔,美观性稍差
便利性	根据选择材质和构造,被包装商品可以容易地取出	一般不损坏衬底是不能将被包装商品取出的

泡罩包装与贴体包装的选用主要是从它们的不同特点出发,按照一定的原则进行选取。

1. 包装的保护性原则　包装的作用之一就是其防护作用,故选用时应遵循这一要求,对易潮、易霉腐的药品多采用泡罩包装。

2. 包装作业的方便和高效的原则　泡罩包装容易实现自动化、流水线生产,因此生产效率高、工人的劳动强度低,因此单一品种的大批量生产通常用泡罩包装(如药片的包装),而多品种小批量生产用贴体包装。

3. 包装成本尽量降低的原则。

4. 包装的美观性好和使用方便的原则。

点滴积累 ∨ ⋯⋯⋯⋯⋯⋯⋯⋯⋯⋯⋯⋯⋯⋯⋯⋯⋯⋯⋯⋯⋯⋯⋯⋯⋯⋯⋯⋯⋯⋯⋯⋯⋯⋯⋯⋯

1. 热成型包装包括泡罩包装和贴体包装。它们虽属于同一类型的包装方法,但原理和功能仍有许多差异。

2. 泡罩包装与贴体包装属同一种类型的包装,有共同的特点,也各有其优缺点,要按照一定的原则进行选取。

第六节　防氧包装

防氧包装是选择气密性好、透湿度低、透氧率低的包装材料或包装容器对产品行密封包装的方法,其主要特点是在密封前抽真空或抽真空充惰性气体或放置适量的除氧剂与氧的指示剂,将包装内的氧气浓度降至 0.1% 以下,从而防止产品长霉、锈蚀或氧化老化。防氧包装的方法主要有三种,即真空包装、充气包装、抗氧剂的防氧包装。

一、真空与充气包装

真空包装是将产品装入气密性包装容器,在密封之前抽真空,使密封后的容器内达到预定真空度的一种包装方法。充气包装是在已充填内装物的气密性容器中充填惰性气体(如 N_2、CO_2 等)的一种包装方法。

真空与充气包装是为了解决一个共同的问题而采取的两种不同的方法。它们同样使用高度防透氧材料,包装线的设备大多也是相同的,并且都是通过控制包装容器内的空气来推迟产品的变质。

(一) 真空包装与充气包装的特点

1. 降低容器内的氧气　对药品来讲,可减轻或避免药品氧化,并可抑制真菌、害虫生长与生存,对于保证药品的安全性具有非常重要的作用。

2. 用真空包装　因包装容器内排出空气后可加强热传导,如再行高温长菌,则可提高杀菌效力。

3. 充气包装　是在包装件抽真空后,立即充入一定量的惰性气体,或者不抽真空,而是用惰性气体置换出空气,结果使包装件内部既除去了氧气,内、外的压力也趋于平衡,可以克服真空包装的不足之处。

(二) 真空与充气包装的机制

真空与充气包装的功能相同,工艺过程略有差异,其机制的实质可归结为三个方面:除氧、阻气、充气。

1. 除氧　药品霉腐变质的主要原因是微生物所致,其次是药品与空气中的氧气接触发生化学变化而变质。微生物有嗜氧的与厌氧的两类。霉菌和酵母菌属于嗜氧类,当包装件内的氧气浓度小于 1% 时,它们的生长和繁殖速度就急剧下降;当小于 0.5% 时,多数细菌将受抑制而停止繁殖。当然,微生物的生长还受到温度、水分和营养物质的影响。

包装件内除氧的方法有两种:一是机械法,即用抽真空或用惰性气体置换;二是化学法,即用各种除氧剂。而真空与充气包装除氧是采用机械法,有时也辅之以化学法。

2. 阻气　采用具有不同阻气性的包装材料如塑料薄膜和塑料纸、箔等复合材料,阻挡包装件内外的气体互相渗透,可在真空与充气包装中使用多种塑料。

3. 充气　向包装件内充惰性气体,常用 N_2 和 CO_2,此外还有充 Ar 及其他特殊气体的。CO_2 气体对阻止霉菌的生长繁殖极为有效,当包装件内的浓度达 10% ~40% 时,对微生物有抑制作用;如果浓度超过40%时,则有制菌灭菌的作用。惰性气体本身具有抑制微生物生长、繁殖的效能。

（三）真空与充气包装的工艺过程

1. **机械挤压法**　如图12-13所示,包装袋经充填之后,从袋的两边用海绵类物品将袋内的空气排出,然后进行密封。这种方法很简单,但脱气除氧效果差,只限于要求不高的场合。

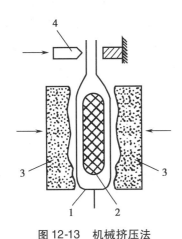

图12-13　机械挤压法

1. 包装袋;2. 被包装物;3. 海绵垫;4. 热封器

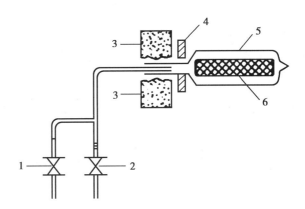

图12-14　吸管插入法

1. 阀门(1);2. 阀门(2);3. 海绵垫;4. 热封器;5. 包装袋;6. 被包装物

2. **吸管插入法**　如图12-14所示,从袋的开口插入吸管,开启阀门,由真空泵进行抽气,然后用热封器封口。如果要进行充气,可在抽真空后关闭阀门,开启阀门,进行充气。还有一种类似的方法,称为呼吸式包装。其原理是将物品充填到带有特殊呼吸口的袋里,然后封袋,通过呼吸管除去包装袋内的空气,充进惰性气体,最后将呼吸管密封。

3. **腔室法**　如图12-15所示,有一个真空腔室,整个包装过程除充填外均在腔室内进行。开始将充填过的包装袋放入腔室内,然后关闭腔室,开始用真空泵抽气,抽气完毕用热封器封口。如果进行充气包装则在抽气后充以惰性气体再封口。为了便于开启

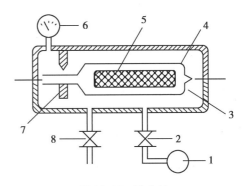

图12-15　腔室法

1. 真空泵;2. 阀门(1);3. 海绵垫;4. 包装袋;5. 被包装物;6. 真空表;7. 热封器;8. 阀门(2)

腔室,需要向腔室内充空气,最后开启腔室取出包装件。腔室法生产率较低,为了提高生产率,可以采用双真空腔室轮流操作,或采用多工位多腔室的自动连续真空包装机。

二、加抗氧剂的防氧包装

（一）抗氧剂的类型及其作用原理

抗氧剂能在较短的时间内与氧气发生不可逆的化学反应,并形成稳定的化合物。抗氧剂与氧气之间不是简单的物理吸附,温度和催化剂等影响化学反应的诸因素对脱氧效果均有影响。常见的有铁系抗氧剂、亚硫酸盐系抗氧剂、葡萄糖氧化酶抗氧剂、维生素C(抗坏血酸)抗氧剂;此外,还有硫氢

化物抗氧剂、碱性糖制剂以及非化学反应型光敏抗氧剂等。

在上述抗氧剂中,亚硫酸盐系脱氧速度最快,铁系脱氧速度最慢,有机抗氧剂脱氧速度居中,但它们的最终脱氧效果都很好。

（二）抗氧剂的用法及注意事项

1. 抗氧剂的包装后应用　抗氧剂可以制成粉末状或小颗粒状,用透气性良好的无纺布或纸或有孔塑料包好,外面再用高阻气性袋封好备用。也可将抗氧剂制成片状或丸状再密封包装。还可以将抗氧剂制成流体或半流体,用其浸渍或涂抹高发泡的塑料小条,烘干后,将载有抗氧剂的泡沫塑料块密封包装。必须在使用前临时开启抗氧剂外层的密封包装,然后将抗氧剂与产品放入包装容器,尽快密封。

2. 使用抗氧剂的包装容器应尽量减小预留空间,也可在封入抗氧剂之前,先将包装容器抽真空或与充气包装配合使用。

3. 封入抗氧剂的包装容器必须采用阻气性良好的包装材料,例如金属、玻璃或复合材料。

4. 在食品和药品包装中,抗氧剂应特殊标明,使消费者便于识别。

5. 有些场合抗氧剂可与干燥剂配合使用,以提高保护功能。

点滴积累

1. 防氧包装是选择气密性好、透湿度低、透氧率低的包装材料或包装容器对产品行密封包装的方法。

2. 防氧包装的方法主要有三种, 即真空包装、充气包装、抗氧剂的防氧包装。

第七节　喷雾包装技术

喷雾包装属于压力容器包装,有推进剂喷雾和机械泵喷雾两大方式。使用时可迫使被喷物按需要形态如雾、射流、粉末、泡沫等形式释放。

其优点是自备能量、使用快捷方便、对内容物有良好的保护性、释放性;其缺点是成本较高,容器不透明,使用人看不到产品的量,有微泄漏,有些按钮使用不顺手等。但作为一种方便、安全、宜人的包装形式,其发展前景极其广阔。

喷雾包装被广泛用于医药卫生用品领域,如口腔、鼻、咽喉用药;肛肠用药,常用于治疗瘙痒症、痔疮、结肠炎的药;皮肤用药,常用于治烧伤、抗感染、止痛、消毒、皮肤黏膜用药等。

一、喷雾包装技术原理

（一）喷雾的形成

典型的喷雾包装内容物是处在　定压力下的液态产品,再加上一种半液态半气态的雾化推进剂。在填充好的容器内,液体制品一般占全容积的 3/4 以上,上部空位充满了气体。当轻轻拨动开关时,阀门便开启了,容器中气体迫使液体从导管上升经阀门喷出。

（二）喷雾的特性

1. 干式喷雾(悬浮喷雾) 增大推进剂用量或压力,使雾粒直径小于 50μm,雾粒可在空气中悬浮 5 分钟以上。特别适合于杀虫剂和空气清新剂等产品。

2. 湿式喷雾(表面喷雾) 使用低量或低压推进剂,使雾粒直径大于 50μm,喷出微小雾滴附着于物体表面。

3. 泡沫 推进剂与内装物料被混合乳化,通过阀门从泡沫喷嘴中流出,推进剂的微粒气化后就形成大量小泡沫。

4. 膏体 推进剂与内装物料分隔开,当阀门打开时原膏状内装物仍以原形态流出。适用于食品、调料等产品。

5. 粉末 产品以粉末微粒形态喷射而出。

（三）推进剂

推进剂也称抛射剂,它在喷雾包装中起关键作用,它气化形成胶体微粒。液态的推进剂与内装物混合或混溶成均质的液体,再灌入容器内。当液相混合物穿过阀门,从约 0.5mm 直径的喷孔射出时,推进剂由于从气压容器内的高压中释放出来而立刻气化,使液态内装物气裂成细小雾粒。

常用推进剂可分为碳氟化合物、碳氢化合物和压缩空气三大类。20 世纪 40 年代起长期采用碳氟化合物(氟利昂),如二氯二氟甲烷、三氯氟甲烷等作为推进剂。但自发现氟利昂可加快大气层臭氧层损耗后,氟利昂逐渐被其他物质替代。主要替代物为碳氢化合物和压缩空气等非化学推进剂。目前常用的推进剂有液化石油气(LPG)、HFC-134a 和 HFC-152a、二甲醚(DME)及压缩气体(二氧化碳、氮、一氧化氮等)。

为克服压缩气体为推进剂制的产品使用时前后不均匀性的缺点,国际上已研制出来许多新的技术方法,例如将气雾剂制成贮气型、产气型、溶气型。

二、喷雾包装的生产技术结构

喷雾包装容器材料有钢板、铝板、玻璃、不锈钢和塑料,其中以钢板为大多数,占80%～90%,铝占 10%～15%。喷雾包装的促动方法有按钮式、机械泵式、压缩空气式,其中按钮式占80%左右,泵式约占 15%,其余为压缩空气式。

（一）按钮式喷雾阀结构

喷雾阀的主要作用有:①控制产品的流动;②使产品能以预定的形态释放,如泡沫状、喷雾状、喷流状。

阀是喷雾包装中影响产品使用质量的重要因素,许多潜在的、生产线上无法检测出来的微渗漏往往出自阀门部件及其装配处。目前常用的阀有直立式操作阀、套柄式操作阀两种。

（二）钢制喷雾罐体

1. 罐体材料与规格

（1）镀锡薄钢板:采用平均厚度为 0.15～0.16mm、镀锡层量(双面)为 5.65g/m² 的镀锡薄钢板。由于价格原因,目前镀锡层量最薄已达到 1.14g/m²。制罐体用的薄板选择最轻量的,厚度为

0.155～0.251mm。制作罐底和罐顶用的薄板则选相对厚些的,厚度为0.343～0.358mm。钢制喷雾罐容器的规格尺寸用包括双重卷边在内的直径乘以下底双重卷边至上部双重卷边的高度来表示,一般规格尺寸为54mm×73mm～76mm×192mm。

美国多数采用 DR-8 号板(DR 为二次减薄冷轧,8 为硬度相对值),它具有比同等厚度其他钢板有更大的硬度、强度和抗压陷性,成本也较低。

(2) 镀铬板:有的镀锡板经流体抛光处理后,放入加热的重铬酸钠溶液中,并通上电流,表面镀上一层极薄的铬和氧化铬,可改善涂漆黏附力,其抗氧化性和低温焊接性可达到最佳。

日本研制出一种金属铬和氧化铬双层镀铬钢板(ECCS),其镀层非常均匀,成本也较低,它对涂漆黏附性很好。

2. 耐压性　在美国,按运输部(DOT)的危险品运输法规,将按钮式喷雾罐的耐压值分为三个类别,第一类为无规范类,第二类为 DOT2P,第三类为 DOT2Q。这三类规范中产品的耐压力、最小厚度、塑性变形力和爆破压力的要求是逐渐增加的。

按法规,喷雾罐是在55℃时所使用压力下进行校验的。DOT 还要求对喷雾罐成品做热水槽处理(57～71℃,40～120 秒),以确保55℃时能达到预定压力验收值。

3. 内涂料　为了增加容器对内装物料的耐蚀性,容器内壁常涂以单层、双层或三层涂料。对某些不含水、与罐体材料无化学反应的产品,则容器内可不涂内涂料。

内涂层作业是在制罐身和罐底前进行的。内涂层使用环氧-酚醛树脂、脲-甲醛-环氧树脂等。若要增强密封性,在焊缝上可加镶条或在卷封前加有机溶胶衬料。某些化工油漆产品含有二氯甲烷、丙酮等一些能溶解乙烯基树脂的溶剂,则除了加边缝镶条外,再加酚醛外层涂料。

(三) 铝制喷雾罐体

铝制按钮式喷雾罐最早出现于 1948 年。铝罐是无缝的,经深度冲压而成。其规格也用直径和高度来表示,美国用外径表示,欧洲用内径表示。如 325ml 的铝罐,美国规格为 2.086in×6.5in(53mm×165mm);而欧洲规格为 52mm×165mm。一般有普通型铝罐和活塞型铝罐。

(四) 玻璃喷雾罐体

主要用于药品。这种玻璃压力容器用钠钙配方Ⅲ性玻璃制造。如不进行涂塑则需做热端处理和冷端处理,以提高其韧性,减少使用中被擦伤、碰伤和腐蚀的可能性。

通常使用黏胶型高分子量 PVC(如 HMW-PVC)涂层涂敷于瓶体表面,可增加拉伸强度、耐磨性和吸震性。

按钮式玻璃喷雾罐由于要耐受内压作用,比起泵式玻璃罐体质量大些,若破裂还会放出可燃性碳氢化合物或二甲醚气体。其优点是微滴要比泵式喷出的细微得多,如支气管扩张剂的微滴大小约 4μm,但泵式喷滴要达到 60μm,故尤其适合于医药行业。

(五) 特殊按钮式喷雾罐

1. 边沿排气式罐体　上端双重卷边的顶部每隔一小段距离有一条刻痕,当加压到 1.38～1.58MPa 时,顶端会向外膨胀,使那些经加工硬化处理的刻痕撕裂开并产生一系列微孔,可释放过高的内压力,这样就能防止罐体的爆裂。

2. 分式室罐(或称衬袋罐)体 使容器内的推进剂与物料分室隔开。代表产品是美国大陆制罐公司的赛普罗罐(Seprocan)。在54mm×41mm的铝罐内装有一个有着褶皱可涨缩的塑料袋,袋口沿上卷边部分地卷包,固定挂在喷雾罐体上端口。向袋里填充入产品,然后将一个尺寸略小一点的标准阀压装于袋子的顶部,并使袋口向外卷边,再靠扩张的方法将顶盖安装杯对着袋与罐的卷边压紧,形成封闭。此后,通过罐底中心孔将液化推进剂注入罐中下部空间,最后用气动锤将胶塞紧紧压进小孔内完成密封。

3. 气囊式喷雾罐体 其代表性产品是Enviro-Spray-Corp的系列喷雾包装,规格如202in×509in(54mm×141mm)。产品先被加进空罐内并插入一个非常特殊的小袋,阀被安在罐上并压接到位。当水溶性聚乙烯醇胶囊薄膜溶解时,这个胶囊里的枸橼酸液将与隔离室里的碳酸氢钠接触反应,产生预定量的CO_2气体。气体把袋子吹胀到一定程度,足以将容器内压力上升到720~790kPa,形成产品的喷射。喷射时压力逐渐下降,袋子进一步膨胀,使内壁破裂而露出另一个枸橼酸胶囊,待与碳酸氢钠粉发生反应。在喷雾罐使用周期中,这一过程重复6~7次,以保持容器内压力不变。

(六) 机械泵式喷雾罐

机械泵式喷雾可分为推压按钮式和枪机式两种。机械泵式喷雾包装不需承受较大内压力,大多采用HAPE、PP、PVC、PET和玻璃材料容器。

这种装置使用两个阀门来控制流体流入腔室,但是无法控制腔室内的压力大小。当促动器刚一按下,腔室中的部分气体被压出,由容器内的液体来取代。腔式上端的一个阀门防止空气重新进入腔室。当液体从腔室泵出时,同样数量的液体会从容器流入腔室。

新的细雾喷雾装置的奥秘在于它们可以使压力在腔室内形成,直至稍微一按促动器就可喷雾而不是喷出细流。腔室内的弹簧使阀门在容器顶部就位,直至在腔室内形成足够的可以产生喷雾的压力,当腔室内的压力大到足已超过弹簧的压力时,阀门被迫打开,于是就开始喷雾。

(七) 其他不用推进剂的喷雾包装

具有回弹性功能的橡胶容器式喷雾包装可完全摆脱推进剂,其代表性产品厂家如美国的Atmos和Akro、德国的FlexPack等。

生产时药液在压力下经阀门装入内胆内,橡胶管呈卵形膨胀并记忆能量。当阀门打开时,橡胶管的回弹力将药液呈雾状挤出喷孔。

此种喷雾器无燃爆危险,外包装形状自由。广泛用于化妆品、消毒剂、除臭剂、杀虫剂等产品。

三、喷雾包装的工艺流程

喷雾包装主要零件如容器、阀门、喷嘴等的生产已在喷雾包装作业之前由专门的制造厂完成。这里所述主要是指产品料剂的配制、物料和推进剂的灌装及质量检测三部分。

(一) 产品料剂的配制

按照各种产品的性能用途和使用要求进行料剂的配制是专门的技术领域,在此不作详述。

(二) 物料和推进剂的灌装

1. 一般灌装方法 内装产品与推进剂的灌装有三种方法。

（1）冷冻灌装法：这是充填非含水产品的最早方法，目前很少使用。

（2）经阀门压入法：这是最常用的灌装方法，即喷雾包装装配密封完成后，由专用装置将推进剂和料剂混合液通过阀门加压灌入。

（3）盖下灌装法：在封阀时将压缩气体充入罐内，而后经阀压力装入物料的方法。

2. 其他喷雾包装的灌装方法

（1）压缩空气作推进剂的灌装法：利用压力平衡原理进行冲击灌装。

有一种边充气边振摇的灌装机，其振摇速率为 300～500r/min，共 10～18 个工作头。边充灌边振摇可防止压缩空气灌装结束后滞留在阀门导管中，以免当第一次启用时被喷出，可促进其在料剂中充分吸收。

（2）二元包装系统灌装法

1）囊阀型（衬袋型）：先用盖下灌装法装入推进剂，同时将囊阀固定在灌口，再将物料经阀门压入囊中。

2）活塞型：先将剂料装入活塞上部罐中，封上阀门后将推进剂自罐底小孔充入罐中活塞下部空间，随机压入小孔胶塞。

（3）后泡胶灌装法：后泡胶是一种混有低沸点发泡材料的凝胶，沸点为 26℃，异戊烷和异丁烷（9∶1）混合物加到产品中去经轻轻摇动即可喷出泡沫状胶体。

在剂料灌入囊中之前将凝胶与发泡剂混匀，而后立即经阀门充装入囊，一旦充满完毕迅速以盖下灌装法将推进剂装入容器中，使得复杂的剂料混合，剂料灌装和推进剂灌装在一个工位上完成。

3. 质量检测

（1）水浴检漏法：是主要靠人工的检测方法，对马口铁罐靠磁性引导原理，使钢罐产品在水浴槽中行进并检查泄漏。1993 年 Pamasol 公司推出一种电子检漏仪，采用电子检漏法可检测出 0.003ml 量的推进剂泄漏。

（2）电子检漏法：1993 年 Pamasol 公司推出一种可检测出 0.003ml 量的推进剂泄漏。

（3）测压检漏法：1996 年 Pamaol 公司推出新一代测压检漏机，此法方便、快速、可靠。它在一个周期内可完成三个动作：①检查灌口有无变形，是否密封；②将罐肩与检测封口之间的空气抽出，至压力为零；③测 2～3 秒，若密闭空间的压力≥150Pa，说明此罐有泄漏。

（4）声呐检漏法：利用受压容器及管道泄漏时会产生噪声，将其放大来探测很小痕迹量的泄漏。

点滴积累 ╲

1. 喷雾包装属于压力容器包装，有推进剂喷雾和机械泵喷雾两大方式。

2. 喷雾包装容器材料有钢板、铝板、玻璃、不锈钢和塑料，其中以钢板为大多数。

3. 喷雾包装的工艺流程主要有产品料剂的配制、物料和推进剂的灌装、质量检测三部分。

目标检测

一、选择题

（一）单项选择题

1. 下列可以用作化学药剂对药品进行灭菌的是（　　）

    A. 苯甲酸　　　　　　　　B. 羟苯乙酯　　　　　　C. 过氧化氢　　　　　　D. 苯甲醇

2. 安瓿灌装时一般采用（　　）

    A. 常压计量灌装　　　　　　　　　　　　B. 负压计量灌装

    C. 等压法计量灌装　　　　　　　　　　　D. 机械加压法计量罐装

3. 下列不属于防潮包装的是（　　）

    A. 密封包装　　　　　　　B. 真空包装　　　　　　C. 充气包装　　　　　　D. 安全包装

4. 现代防潮包装中使用受限制的塑料薄膜是（　　）

    A. PE　　　　　　　　　　B. PVC　　　　　　　　C. PU　　　　　　　　　D. BOPP

5. 气相防霉腐中常用的药剂是（　　）

    A. 苯酚　　　　　　　　　B. 五氯酚　　　　　　　C. 油酸苯基汞　　　　　D. 多聚甲醛

（二）多项选择题

1. 包装容器的灭菌方法有（　　）

    A. 过氧化氢灭菌　　　　　B. 紫外线灭菌　　　　　C. 辐射灭菌　　　　　　D. 微波灭菌

2. 防潮包装中常用的干燥剂有（　　）

    A. 亚硫酸钠　　　　　　　B. 硅胶干燥剂　　　　　C. 碱石灰　　　　　　　D. 氯化钙

3. 真空包装的原理是（　　）

    A. 除菌　　　　　　　　　B. 除氧　　　　　　　　C. 阻气　　　　　　　　D. 防霉

4. 下列属于防霉腐包装技术的是（　　）

    A. 气相防霉腐包装技术　　B. 气调防霉腐　　　　　C. 低温冷藏　　　　　　D. 干燥

5. 以下关于贴体包装与泡罩包装的说法不正确的是（　　）

    A. 通常易潮、易霉腐的商品多采用泡罩包装

    B. 贴体包装美观性和阻气性优于泡罩包装

    C. 泡罩包装易实现包装自动化流水线作业，故成本低

    D. 泡罩包装与贴体包装都可对内装物起到保护、装饰美观作用

二、概念题

1. 无菌包装

2. 充填

3. PTP

4. 防潮包装

5. 防霉腐包装

三、简答题

1. 根据杀菌方法不同,无菌包装都有哪些类型?

2. 药品的防霉腐包装技术主要有哪些种类?

3. 气相防霉腐与气调防霉腐有何不同?

4. 试述泡罩包装与贴体包装的不同之处。

5. 简述喷雾包装技术原理。

ER-12章习题

（李　辉）

第十三章

ER-13章PPT

辅助包装技术

导学情景 ∨

情景描述：

据媒体披露，仅2012年，世界主要药品生产商因假冒药品造成的经济损失高达51.4亿美元。尤其是一些全球闻名的品牌药品，如辉瑞公司的西地那非（VIAGRA）等，全球各地仿冒品即有数十种之多，辉瑞公司每年因此造成的损失高达十几亿美元。

学前导语：

辅助包装技术涵盖药品包装通用性的工序，如封缄、捆扎、贴标、打印和防伪包装等，在保障药品质量、防止仿冒等方面起到重要作用，特别是新型包装辅助材料的不断出现和新工艺的不断应用，使辅助包装技术在药品领域越来越显示其关键作用。

在各种包装技术与方法中，一些具有通用性的工序，如封缄、捆扎、贴标、打印和防伪包装等，常被称为辅助包装技术。所用材料如胶黏剂、胶带、瓶盖和金属钉等，被称为辅助包装材料和元件。"辅助"包装工序在包装质量和功能方面起到重要作用，特别是新型包装辅助材料的不断出现和新工艺的不断应用，使辅助包装技术越来越显示其关键作用。

第一节　防伪包装技术

一、概述

防伪包装技术是指在产品包装过程中对制作假冒伪劣产品的行为起遏制作用的一系列技术手段，利用这些防伪技术，可以快速鉴别药品的真伪。目前的防伪包装技术有两个显著的特点：一是防伪手段的技术含量越来越高；二是防伪手段的有效周期越来越短。各种防伪技术主要是以包装为载体来实现的。选择防伪技术应视药品的属性与价值而定，简单、实用、有效、经济是选择防伪包装手段的重要原则。

> **案例分析**
>
> ［案例］国内某制药公司生产的多潘立酮包装的粘贴部位都印刷有条形码，请结合本节内容，指出原因。
>
> ［分析］条码技术既有防伪作用，又可避免混淆，不仅保证了消费者用药的安全，而且满足了物流的自动识别和快速识别的要求。

（一）条形码、电码防伪技术

条形码是一种较好且常用的防伪功能,在药品包装上直接印刷条形码可以达到很好的防伪目的。目前几乎所有的药品都使用了条形码技术,但此种防伪技术须使用专用的识别仪器识读,普通的消费者则无法用其识别真伪,所以它的防伪能力未被消费者认可,但它含有商品的一些详细信息,现在只是将它作为方便流通的代码。如果将其他的先进技术用于条码中,就会赋予条码新的内容。电码防伪标识及电话识别系统是通过在每一个药品包装上设置一个随机密码,将所有入网产品全部记录存档于防伪数据中心库,让消费者利用电话、电脑等工具核对密码的正确与否来识别产品真伪。但电码防伪标识存在漏洞,多数消费者不愿意查询,这就为造假者留下了空子。

（二）标识防伪技术

目前我国药品中使用最多的防伪手段是在包装盒的外部加贴防伪标识,将用防伪技术设计制作的不干胶标签粘贴在产品外包装或封口处,消费者购买时识别防伪标签即可。用这种标签式防伪简单易行,便于采用短期先进的防伪技术,常用于低值药品,或刚步入市场的初期预防性防伪的选择。因此,它可以是激光全息防伪标识,也可以是电话电码防伪查询标识、荧光防伪标识、热敏防伪标识、纹理查询标识、综合防伪标识、DNA 检测识别标识等,几乎所有具有防伪功能的标识、标签均可用于药品包装。有时,为防止标签的重复使用,须增加防揭换功能。

（三）印刷防伪技术

印刷防伪技术主要有多色串印、缩微印刷和油墨技术。多色串印可以一次印上多种色彩,并且中间过渡柔和,由于从包装上很难看出墨槽隔板的位置距离,故也能起到一定的防伪作用。如果在大面积的底纹印刷上采用这种工艺,其防伪作用将更为突出。缩微印刷是指将极微小的文字印在肉眼看似一条普通印刷的虚线、实线或图案的一部分,用放大镜或显微镜观察,可以看见缩微的文字、代码或图像。油墨技术是印刷技术在防伪包装上应用的一个主要方面,防伪油墨是在油墨连接料中加入特殊性能的防伪材料,经特殊工艺加工而成的特种印刷油墨,如紫外荧光油墨、红外荧光油墨、磁性油墨、光致变色油墨、光可变油墨、磷光油墨、热敏防伪油墨、水印油墨等。这类防伪技术的特点是实施简单、成本低、隐蔽性好、色彩鲜艳、检验方便、重视性强,缺点是消费者不易识别。

（四）包装结构防伪技术

一次性使用的包装容器,一旦开启即自行报废,也不能重复使用,此种防伪方式称为破坏性防伪包装,如泡罩包装、条形包装、双铝包装等。有的开启后虽可重复使用,但不能再保持商品原样,如扭断式防盗螺旋盖等。还有的是将容器设计得比较复杂,难以仿冒,或在容器结构、制造工艺方面加入制造公司的技术秘诀。

（五）采用防伪包装材料

此种方式包括个性化透视激光全息覆膜、个性化激光全息烫印标志等。个性化透视激光全息覆膜是在药品外包装上覆有一层特制的透明的激光全息薄膜,消费者变换观察角度可见到彩虹般效果的商家标志或名称。如采用镭射膜防伪,既保持了原有包装盒的印刷特色,又实现了闪烁的激光防伪效果。个性化激光全息烫印标志是在药品外包装上直接烫印激光全息标识,使其与包装物合为一体,明显区别于粘贴式标识,在烫印标识上运用像素全息、真彩色、合成加密等技术防伪。

▶▶ 课堂活动

（六）组合防伪技术

组合防伪是指同时使用两种或两种以上的防伪技术,提高防伪产品的难仿制性和易识别性。如有些厂家的药品

请同学们举例阐述药品包装的防伪设计（教师可先让学生到药店进行调查）。

包装采用防伪封口签、电话电码防伪标识以及防伪说明书等组合防伪技术。

二、药品防伪包装技术的发展

防伪包装不仅可以使企业能够遏制假药泛滥,便于消费者识假辨假,保护企业和消费者的合法利益,而且对于提升企业品牌形象和公司形象有着重要的作用。今后药品包装防伪技术的发展方向主要有以下两个方面:

（一）防伪技术从低技术含量向高科技方向发展

传统的防伪技术存在技术含量低、易仿造、防伪力度不够等缺点。研究开发保密时效长、独占性强、难以仿造的技术是药品包装防伪技术的发展方向之一。目前正在开发应用一些新型的防伪技术。如 RFID 智能标识技术,又称 RFID 无线射频识别系统,只需在货品上粘贴一张微型芯片,芯片上的天线就能将存储的信息传输给读卡器或扫描仪。无线射频标签为药品提供了几乎不能被复制的标识,任何曾被报告丢失或已经出售的药瓶都会在芯片上留下记录。FDA 将与几家主要制药厂合作,在药瓶上加装微型天线,利用 RFID 技术防止药品仿冒。据预测,RFID 防伪技术在医药领域的应用前景是比较可观的。

（二）从单一性向组合性防伪包装技术发展

组合防伪是指同时使用多种防伪技术,以取得最佳的防伪效果,从而提高防伪产品的难仿制性和易识别性。如陕西咸阳步长制药有限公司生产的步长牌"新脑心通"等使用组合防伪,方案是:①采用有色荧光安全线;②用有色荧光纤维印刷、长灯波检验;③采用防伪封口签;④防伪说明书,采用"步长制药"$50 \sim 60 g/m^2$ 专用图案水印纸、防伪专用序码印刷。又如哈药集团世一堂制药厂生产的"牛黄消炎片",使用了"世一堂专用封签"封口、电话电码防伪标识以及盒内说明书使用水印"世一堂"三字等组合防伪技术。

知识链接

纸币防伪技术

纸币的防伪要求是最高的,通常融合了近 10 种防伪技术（如 2015 年版人民币就有 7 种防伪标志）,如光变镂空开窗安全线、光彩光变数字、人像水印、胶印对印图案、横竖双号码、白水印、雕刻凹凸等,但纸币还是经常被人伪造。 由此可见防伪任务之艰巨。

点滴积累 ∨

1. 目前防伪包装技术的两个显著特点:一是防伪手段的技术含量越来越高;二是防伪手段的有效周期越来越短。

2. RFID 智能标识技术,又称 RFID 无线射频识别系统,其在医药产品防伪领域拥有良好的应用前景。

3. 药品防伪包装技术逐步从低技术含量向高科技含量、从单一性向组合性防伪发展。

第二节 封缄技术

封缄也称封闭、封合,是指包装容器装过产品后,为了确保内装物品在运输、储存和销售过程中保留在容器中,并避免受到污染而进行的各种封闭工艺。包装封缄的方法和使用的材料与元件很多,如黏合、热封、用封闭物封缄等。

一、黏合

(一) 黏合的定义

两种同类或不同类的固体,由于介于两者表面之间的另外一种物质(胶黏剂)的作用而牢固结合起来的现象叫黏合。

(二) 黏合材料

1. 冷胶黏合剂 分为溶液型和乳胶型。

(1)溶液型黏合剂:溶液型中多数为水溶性,以天然产物为基本原料,使用最多的天然水溶性黏合剂是以淀粉为基料的黏合剂,以纸制品黏合应用最多,适合手工操作的包装。化学溶剂的冷胶黏合剂虽然黏合速度快,但多有挥发物质,易燃或有毒性,因此使用受到限制。

(2)乳胶型黏合剂:是具有黏合作用的热塑性树脂在水中被分散乳化,待水分挥发或被吸收后固化的物质。黏合力强,能得到可靠的和长期稳定的黏结效果,具有足够的耐水性和耐油性,比水溶性黏合剂固化快。常用的有醋酸乙烯乳胶,俗称白胶水、白乳胶。这类黏合剂在包装中应用最为广泛,如用于成型、封合或箱、盒、软管、袋、瓶的贴标签。

2. 热熔胶黏合剂 热熔胶是一种不含水分的固体黏合剂,加热后呈流体涂敷到被黏合物表面,再压合使之散热、冷却固化而黏合。不需溶剂、无毒,黏合速度快,但耐热性差,操作时易受环境温度的影响。热熔胶黏合剂常用的有乙烯-醋酸乙烯共聚物(EVA),它能与蜡和增黏树脂配合制成更有用的黏合剂;低分子量聚乙烯为主体的热熔胶黏合剂主要用于纸材黏合。

3. 胶带

(1)普通胶带:普通胶带又称再湿型胶带。它是在不同基材上涂布一层水活化性黏合剂。使用时在胶面上涂一层水,水溶解黏合剂而产生黏结力,即可粘贴。基材有纸质、布质、纤维增强纸质、复合材料等。

（2）压敏胶带：将压敏黏合剂涂在基材上，使用时只要轻压基材背面，就可以黏合到物体上，不需溶剂或加热，且基材的背面可进行防黏处理，便于从胶带卷上拉开使用。黏合剂采用橡胶和黏性树脂或丙烯酸类树脂等。常用基材有纸质、布质、双向拉伸聚丙烯薄膜、拉伸聚酯薄膜等。

（三）黏合工艺

1. 冷胶黏合工艺　冷胶黏合剂的黏合过程可用手工操作，也可用涂布设备操作，其黏合操作程序为涂布—压合—固化（挥发）。此固化过程是溶解冷胶的水分或有机溶剂挥发，直至黏合剂本身固化的过程。被黏合物涂布黏合剂后，需在相当长的时间内保持压合状态，直至固化。冷胶为溶液型或乳胶型，其优点是不需要加热，节省能源，耐热性好，价格便宜。缺点是固化时间较长，不能适应高速包装机的要求和卫生条件。

2. 热熔胶黏合工艺　热熔胶黏合工艺的黏合过程为熔融—涂布—压合—固化（冷却）。热熔胶是一种不含水分的固体黏合剂，热熔胶必须在受热成为熔融状态下才能涂布，经冷却后固化而产生黏合力。热熔胶黏合工艺常用的涂布方法有滚轮涂胶法、喷嘴涂胶法和平板涂胶法等。主要特点有黏合速率快、无溶剂、经济效益较高等。

3. 胶带黏合工艺　将胶黏剂预先涂敷于带状基材上制成胶带，然后用胶带进行黏合。按基材上涂敷的胶黏剂种类不同，胶带分为胶质带和胶黏带两类。胶黏带使用方便，今后将成为外包装的主要封缄材料，特别是在自动包装机上应用。

二、热封法

（一）热封法的定义

热封法也称加热黏合，热封过程中不用外加材料，仅靠包装材料本身加热后熔化而黏合。适用于塑料薄膜、塑料捆扎带等。

（二）热封法工艺

1. 板式热封法　将待封的两层塑料薄膜平放在有伸缩性的耐热橡胶热板上，用加热后的加热板压在封口处，经过一定的时间提起加热板即完成热封。广泛用于聚乙烯、聚乙烯/玻璃纸复合薄膜的封合。由于加热是持续的，不适合用于热收缩薄膜和容易热分解的薄膜（如聚氯乙烯）。

2. 滚轮式热封法　加热滚轮中的一个或两个，将待封的两层塑料薄膜通过转动的两滚轮之间，完成热封，且可连续热封。适用于塑料薄膜（如聚乙烯/玻璃纸复合薄膜）。但对单一薄膜来说，会产生皱纹，影响外观，故不适用。

3. 带式热封法　待热封的两层薄膜夹在两条回转的金属带中间，随着金属带的运动，塑料薄膜通过加热板和冷却板而完成热封。由于薄膜在热封过程中被金属带夹持，所以对单一薄膜连续加热也不会产生变形。此法所用设备较复杂，多用于半自动封口机。

4. 滑动滚压式热封法　待热封薄膜是在两块加热板之间的缝隙滑过而加热，经加热软化的薄膜通过一对不加热的滚花轮，一边压紧一边滚压出各种不同花纹。此法可用于热封变形大的塑料薄膜，并可连续操作。因结构简单，封口可靠，广泛用于制袋机和自动包装机。

5. 脉冲热封法　在热封压板的下端装有镍铬耐热合金丝,热封时瞬间通过脉冲电流,加热镍铬合金丝,将合金丝压在薄膜上,当合金丝离开热封部分时已经冷却。这种方法需要冷却时间,封合速率受到限制。但因能得到稳定而满意的封合效果,对封合强度和密封性要求高的包装液体物料的制袋机,以及真空包装的封口等仍然广泛采用。

6. 超声波热封法　由高频振荡器将高频电能输送至磁致伸缩振子转换为纵向机械振动,再经过指数曲线型振幅扩大棒产生超声波,施加于重合的待封薄膜表面使薄膜熔化而封合。发热是以薄膜重合面为中心产生的,所以适合于热收缩薄膜的热封,常用于制袋机和包装机上。

7. 高频热封法　用上下两个电极压住薄膜,加上高频电压,由聚合物的介电系数损失发热而熔化完成热封。热封部分的最高温度是在热封面,所以薄膜不会过热,能得到强度高的封合缝。适合于热收缩薄膜的热封,常用于制袋机和包装机上。

三、用封闭物封缄

封闭物是药品装入包装容器后,为了确保药品在运输、储存和销售过程中保留在容器中避免受到污染而加在包装容器上的盖、塞等封合或覆盖器材的总称。

（一）瓶、罐类的封缄

瓶和罐的封闭物主要是盖。它们按用途可分为密封型、方便型、控制型和专用型四类,但由于在功能上的交叉和重叠,不能截然分开。

1. 密封型　密封型封闭物的主要功能是为了在大规模生产中提供密封和开启,几乎所有的封闭物都能提供密封性能,例如用于一般用途密封的螺旋盖。

2. 方便型　方便型封闭物主要是为满足消费者方便地开启和取用产品,并能使液体、粉末、片状和颗粒状产品从容器中倾倒、挤出、淋洒、喷雾或泵射出来。

3. 控制型　控制型封闭物要求容器的开启符合特殊规定,以保护消费者的安全和利益。这些开启控制可分为两大类:显示偷换封闭物和儿童安全封闭物。

（1）显示偷换封闭物:如图 13-1 所示,这一类封闭物有一个显示物或障碍物,这个显示物或障碍物一旦破坏或失去,消费者就会清楚地看到这个包装已经被人干扰过。

（2）儿童安全封闭物:使用这一类封闭物包装的药品可以避免 5 岁以下儿童开启包装,但对于成人使用却没有障碍,装有毒物质或有害物质的容器配上这种盖对儿童比较安全。如图 13-2 所示。

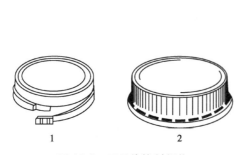

图 13-1　显示偷换封闭物
1. 撕拉箍圈式盖;2. 机械断开式盖

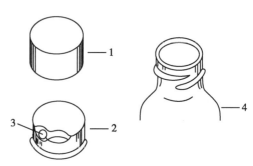

图 13-2　儿童安全封闭物
1. 外盖;2. 内盖;3. 滚珠;4. 容器

4. 专用型　是指为特殊用途或高级容器设计的封盖,它们包括艺术化封盖、特殊功能封盖、瓶塞和罩盖。

此外,有的瓶、罐类还有第二封口,如蜡、纤维素、金属箔片、热收缩性塑料以及其他衬垫等。它们主要起防气、防湿、装饰和防盗的作用。

> **知识链接**
>
> 塞的发展历史
>
> 　　塞多用于狭颈容器,用软木(天然的和人造的)、橡胶和塑料等制成。 由于各种盖不断发展,塞的应用范围不断缩小,有的与盖合为一体,有的已被盖所代替,但特殊物品的包装仍需用塞封缄,如无菌的抗生素粉剂及瓶装医用注射液等。

(二) 袋类的封缄

袋类的封闭物主要是夹子、按钮带、扭结带、带提环的套和扣紧条等。

(三) 纸盒、纸箱的封缄

纸盒、纸箱的封合除了用黏合和胶带封合外,还可用卡钉钉合,卡钉用金属制成,与订书机用钉相似。常用的有带形与 U 形两种。

点滴积累　∨

1. 封缄是为了确保内装物品在运输、储存和销售过程中保留在容器中,并避免受到污染而进行的各种封闭工艺。
2. 包装封缄的方法和使用的材料以及元件很多,有黏合、热封、用封闭物封缄等。

第三节　捆扎技术

一、概述

捆扎是用挠性捆扎原件(或另加附件)将多件无包装或有包装的货物捆在一起,起到集装货物、固定货物和加固包装容器的作用。可防止货件移动、碰撞、翻倒,还能起防盗、装饰的作用。

二、捆扎原件

(一) 捆扎原件的技术性能

捆扎后,捆扎原件会受到拉伸力、环境的温度、湿度和其他因素的影响,为保证捆扎的有效性,捆扎原件应具有一定的物理力学性能。

1. 强度　捆扎带的强度以断裂强度(N)和抗拉强度(MPa)来衡量,根据包装件的载荷和强度可作适当的选择。

2. **工作范围**　工作范围指的是捆扎带所承受拉力的最大值和最小值。一般捆扎带在工作范围内所能承受的拉力为断裂强度的40%～60%。

3. **拉伸应力和拉伸应力衰减**　捆扎原件受拉力后在其内部产生的应力称为拉伸应力。如果该原件在拉力作用下保持一定时间后,应力将衰减,衰减的应力称为拉伸应力衰减。

4. **延伸率与延伸恢复量**　延伸率是指捆扎带承受拉力后伸长的程度,用百分比来度量;延伸率表征材料塑性变形的大小,延伸率越小,则用该材料捆扎的包装件不易松散。回复力是指拉力去掉后,捆扎带缩回的延伸量,单位为cm,它表征了捆扎原件的弹性恢复能力。对三种塑料捆扎带来说,尼龙带回复率最高,其次是聚丙烯带和聚酯带。

（二）常用的捆扎原件

1. **金属捆扎原件**　金属捆扎原件有钢丝和钢带。钢带多用于要求高强度、高持续拉伸应力的包装件捆扎,如捆扎重型药品包装件或将包装件固定在拖车上,它能牢固捆扎刚体型和压缩型的包装件,并能抵抗日光、高温和酷冷的环境,但容易生锈。钢丝用于木箱的加强性捆扎和货物的固定性捆扎。

2. **非金属捆扎原件**

（1）尼龙捆扎带:尼龙捆扎带用于捆扎重型物品和收缩型包装件,它具有较高的持续拉伸应力和延伸率与回复率,在塑料捆扎带中价格较贵。

（2）聚丙烯捆扎带:用于较轻型包装件捆扎和纸箱封口。其持续拉伸应力稍差,而延伸率与回复率较高,价格便宜。

（3）聚酯捆扎带:用于要求在装卸、运输和储存中保持捆扎拉力的刚体型包装件的捆扎。

三、捆扎技术

不论是手工还是机器捆扎,操作过程都相同。先将捆扎带绕于包装件或货物上,再用工具或机器将带拉紧,然后将带的两端重叠连接。绕带几乎全是沿物品的高度方向进行,也就是铅垂方向。小纸箱绕一道或平行绕两道,也可绕成"十"字形的两道;较重较大的包装件或货物沿宽度方向绕2～3道,必要时再沿长度方向绕一道;重型包装件可绕成"井"字形4道或更多。捆扎带两端的连接方式有三种:①用铁皮箍压出几道牙痕连接用于钢带捆扎重型木箱或货物,也可在手工捆扎塑料带时用,因牙痕不切开,故接头强度不削弱;②用铁皮箍切出几道牙痕并间隔地向相反方向弯曲而连接主要用于钢带捆扎重型包装件;③用热黏合连接,在用机器捆扎塑料带时广泛采用。当捆扎时,经过绕带、拉紧过程后,用加热器将塑料带加热熔化一端,然后压紧冷却,即完成连接。

四、捆扎工具与设备

捆扎工具与设备发展很快,不同用途、不同规格的种类很多。常用的包装捆扎的工具与设备有三类:手动捆扎工具、半自动捆扎机、全自动捆扎机。

除通用的以外,还有一些用于托盘包装、大宗货物捆扎、压缩捆扎和水平捆扎的特种用途的捆扎机。但要与生产线联动,有的包装件还需要放在适当位置。

点滴积累　∨

1. 捆扎是用挠性捆扎原件（或另加附件）将多件无包装或有包装的货物捆在一起,起到集装货物、固定货物和加固包装容器的作用。
2. 常用的包装捆扎的工具与设备有三类,即手动捆扎工具、半自动捆扎机、全自动捆扎机。

第四节　贴标技术

标签是指贴在容器上的纸条或其他材料,上面印有产品说明和图样或者是直接印在容器或物品上的产品说明和图样,如印在桶、袋、塑料瓶、玻璃容器上的说明和图样。贴标是把标签粘贴在一个特定表面、物品或包装件上的工艺。

一、概述

（一）标签的种类

标签的材质有多种,如纸、金属箔及其复合材料和塑料等,根据包装需要进行选择。标签有多种分类方法,常以按放置在商品上的方法分,一般有以下几类:

1. 非黏性标签　无黏合剂的普通纸标签用水溶胶粘贴,目前仍被广泛使用。纸张大多是单面涂布纸,也有相当数量采用非涂布纸。

2. 压敏自黏标签　这种标签背面涂有压敏黏合剂,然后黏附在涂有硅树脂的隔离纸上。使用时将标签从隔离纸上取下,贴于商品上。压敏标签通常黏附在成卷的隔离纸上,用于高速贴标机。

3. 热敏自黏标签　标签背面涂一层热熔性塑料,使用时将标签加热,使塑料涂层熔化,然后贴在商品上。热敏标签比胶黏标签价格高些,但使用简便,可适应高速率贴标的需要,特别适合于将标签当做封闭物用的包装件。

4. 润湿型标签　这种标签为使用两种黏胶,即普通胶和微粒胶的带胶标签。前者在纸基材的反面涂敷一层不溶性胶膜,后者是将黏合剂以微小细粒的形式施加在基材上,这样就避免了普通胶纸经常出现卷曲的问题,其加工效率和可靠性较高。

（二）标签的形式

标签的形式多种多样,常用的为长方形、圆形或椭圆形,此外,还有各种异形的。药品包装采用卷筒标签,大多数是长方形的,而且围绕一周,在大量生产中将标签印刷在卷筒材料上,粘贴时速率很快,这样可以避免贴错标签。瓶装商品用的标签,除了用长方形的以外,还有贴于瓶肩部和瓶颈部的。其他形状的标签都切成单个的供使用,但压敏标签例外。

二、常用贴标技术设备

半自动或全自动贴标签设备适用于特殊类型的标签,例如湿胶型、压敏型或热敏型标签。常用贴标设备有以下几种:

1. 湿胶贴标机　湿胶贴标是最便宜的贴标方法,其设备有简单的半自动机和高速的全自动机。从标签储仓中一次传送出一枚标签,用黏合剂涂布标签,将带胶标签传送到待贴物品上方,再将产品固定在正确位置上,施加压力,使标签牢固粘贴在物品上。标签的传送分为真空传送和黏取传送。该机的特点是可以高速贴标,并可使用各种黏合剂。

2. 压敏贴标机　压敏标签预先涂有黏合剂,为避免黏住其他物品,胶面带有防黏材料的衬纸。因此所有的压敏贴标机都有一个共同的特点,即要有将标签从衬纸剥离的装置,一般是将成卷的标签展开,在张力下牵引它们绕过一剥离板,随着衬纸围绕一锐角挠曲,标签的前沿被剥离下来。当标签从衬纸上取下后,就可采用不同的方法将它们向前输送,并压贴在容器的正确位置上。

点滴积累 ∨ ⋯⋯⋯⋯⋯⋯⋯⋯⋯⋯⋯⋯⋯⋯⋯⋯⋯⋯⋯⋯⋯⋯⋯⋯⋯⋯⋯⋯⋯⋯⋯⋯⋯⋯⋯

1. 标签是指贴在容器上的纸条或其他材料,上面印有产品说明和图样或者是直接印在容器或物品上的产品说明和图样。

2. 按放置在商品上的方法分类,标签的种类包括:非黏性标签、压敏自黏标签、热敏自黏标签、润湿型标签。

目标检测

一、选择题

1. 关于条形码防伪技术的叙述,错误的是(　　　)

　A. 条形码具有多重防伪功能

　B. 须使用专用的识别仪器识别

　C. 作为方便流通的代码

　D. 每一个药品包装上都设有一个随机密码

2. 不属于热熔胶黏合工艺的涂布方法有(　　　)

　A. 滚轮涂胶法　　　　　B. 喷嘴涂胶法　　　　　C. 喷雾涂胶法　　　　　D. 平板涂胶法

3. 适合于热收缩薄膜的热封方法有(　　　)

　A. 板式热封法　　　　　B. 高频热封法

　C. 超声波热封法　　　　D. 滚轮式热封法

4. 封缄技术不包括(　　　)

　A. 黏合　　　　　　　　B. 热封　　　　　　　　C. 熔封　　　　　　　　D. 使用封闭物

二、简答题

1. 常用的防伪技术有哪些？举例说明。

2. 常用的热封工艺有哪些？

3. 瓶、罐封缄所用的盖的类型有哪些？举例说明。

4. 捆扎原件应具有哪些性能？

（李　辉）

实训项目

实训一　乳化植物油所需 *HLB* 值的测定

一、实训目的

1. 掌握乳化剂的性质及其在药剂中的应用。
2. 能根据不同的分散相优选乳剂所需的 *HLB* 值。

二、实训原理

表面活性剂为具有亲水基团和亲油基团的两亲分子,表面活性剂分子中亲水基和亲油基之间的大小和力量平衡程度的量,定义为表面活性剂的亲水亲油平衡值(hydrophile-lipophile balance,*HLB* 值)。非离子型表面活性剂的 *HLB* 值具有加和性,因而可利用以下公式来计算两种和两种以上表面活性剂混合后的 *HLB* 值:

$$HLB_{AB} = \frac{HLB_A \times W_A + HLB_B \times W_B}{W_A + W_B}$$

式中 W_A 和 W_B 分别表示表面活性剂 A 和 B 的量,HLB_A 和 HLB_B 则分别是 A 和 B 的 *HLB* 值,HLB_{AB} 为混合后的表面活性剂 *HLB* 值。

乳剂是一种动力学及热力学均不稳定的分散体系,故将油相分散制备成乳剂时,需要加入乳化剂以提高体系的稳定性。每种油相乳化时所需 *HLB* 值都不相同,比如棉籽油所需 *HLB* 值为 7.5,蓖麻油所需 *HLB* 值为 14,而油酸所需 *HLB* 值为 17。只有选择合适的 *HLB* 值,所制得的乳剂才更稳定,也就是说油相所需 *HLB* 值其实就是使该乳剂最稳定的 *HLB* 值,本实训项目的正是通过测定系列乳剂的稳定性来确定油相所需 *HLB* 值的。

三、实训仪器与材料

实训仪器:分析天平,25ml 具塞刻度试管 6 支。
药品与材料:植物油,吐温 80,司盘 80,纯化水。

四、实训内容

【处方】植物油 6ml　　混合乳化剂(司盘 80+吐温 80)0.6g

　　　　纯化水加至 20ml

【制法】

1. 配制不同 HLB 值得混合乳化剂：用司盘 80（HLB 值为 4.3）、吐温 80（HLB 值为 15）配成 6 组乳化剂各 0.6g，使其 HLB 值分别为 4.3、6.0、8.0、10.0、12.0、14.0。计算两种乳化剂的用量，并记录于实训表 1-1 中。

实训表 1-1　混合乳化剂中各组乳化剂的配比用量

乳化剂	混合乳化剂的 HLB 值					
	4.3	6.0	8.0	10.0	12.0	14.0
司盘 80 用量（g）						
吐温 80 用量（g）						

2. 取 6 支刻度试管，各加入植物油 6ml，在分别加入上述配制的混合乳化剂各 0.6g，然后加入纯化水至 20ml，加塞，剧烈振荡 3 分钟，即成乳剂。静置 5、10、20、40 分钟后，分别测定水层高度（可用试管上的体积刻度替代），记录于实训表 1-2，根据结果判断哪一个处方比较稳定，并由此确定乳化植物油所需 HLB 值。

实训表 1-2　乳化剂的稳定性测定结果

HLB 值	水层高度（ml）			
	5min	10min	20min	40min
4.3				
6.0				
8.0				
10.0				
12.0				
14.0				

【注解】

1. 实训表 1-1 中混合乳化剂的 HLB 值只是一个参考值，实际操作时因为称量的操作导致所得混合乳化剂的 HLB 值与参考值有偏离，此时应重新计算真实的 HLB 值填入实训表 1-2。

2. 本项目的 HLB 值未必是最优值，实际操作时还可根据结果进一步优化，以获取最优的 HLB 值。

3. 实际工作中，在优化的 HLB 值的基础上，还会进一步选用不同类型的乳化剂搭配来进一步筛选乳化剂的种类，并根据安全性、经济性等来确定乳化剂的用量。

五、实训检测

1. 不同的植物油（或油相）乳化时，所需 HLB 值各不相同，请分析原因。

2. 制备乳剂时需要采取剧烈振荡、研磨、高速剪切、甚至均质等过程，而制备微乳或自乳化给药系统时却只需要轻轻混合即可，请从界面能的角度进行分析。

实训二　高分子材料的溶胀与助悬作用

一、实训目的

1. 掌握高分子材料的性质与在药剂中的应用。
2. 能根据药物制剂的要求正确选择和使用合适的高分子材料。

二、实训原理

高分子溶液在制备时多采用溶解法,需要经过有限溶胀和无限溶胀的过程。水分渗入到高分子化合物分子间隙中,与高分子中的亲水基团发生水化作用使体积膨胀,这一过程称为有限溶胀。由于高分子空隙中间存在水分子,降低了分子间的作用力,溶胀过程继续进行,最后高分子化合物完全分散在水中而形成高分子溶液,这一过程称为无限溶胀过程。

混悬液中常加入助悬剂以保证制剂的稳定。助悬剂的作用不仅可增加混悬液中分散介质的黏度,降低药物微粒的沉降速度;又能被药物微粒表面吸附形成机械性或电性的保护膜,防止微粒间互相聚集或结晶的转型;或者使混悬剂具有触变性,从而使混悬剂稳定性增加。

羧甲纤维素钠为纤维素羧甲基醚的钠盐,属阴离子型纤维素醚,为白色或乳白色纤维状粉末或颗粒,易于分散在水中成透明胶状溶液,药剂中常用于增稠、助悬及成膜材料等,其1%水溶液pH为6.5~8.5,当pH>10或<5时,胶浆黏度显著降低,在pH=7时性能最佳。

三、实训仪器与材料

实训仪器:烧杯,玻璃棒,水浴锅,研钵,量杯。

药品与材料:炉甘石,氧化锌,甘油,羧甲纤维素钠(CMC-Na),蒸馏水。

四、实训内容

（一）羧甲纤维素钠水溶胶的溶解实验

【处方】羧甲纤维素钠0.5g　　蒸馏水50ml

【制法】①蒸馏水置烧杯中,取羧甲纤维素钠散布于内,使其自然溶胀,然后水浴稍加热使其完全溶解,调节pH至5~7,即得羧甲纤维素钠水溶胶(胶浆)。观察溶解情况。②蒸馏水置烧杯中,取羧甲纤维素钠散布于内,用玻璃棒搅拌片刻,观察溶解情况。③取羧甲纤维素钠至研钵内,滴加少量乙醇润湿分散后,再加水溶解即得羧甲纤维素钠水溶胶(胶浆)。观察溶解情况。

比较以上三种制法CMC-Na的溶解时间、结果及溶解状况分析填入实训表2-1中。

实训表 2-1　不同溶解方式对羧甲纤维素钠溶解性能的影响

制法	溶解过程分析
制法①	
制法②	
制法③	

【注解】羧甲纤维素钠作为亲水性纤维素材料,在溶解时需要使其自由吸收水分发生有限溶胀,并进一步分散形成高分子溶液(制法①);若在溶解时剧烈搅拌,则外层分子会迅速形成凝胶水化层,发生粘连并阻碍水分进一步进入,导致溶解困难或不完全(制法②);可以用少量乙醇分散,避免凝胶水化层的迅速生成,帮助其溶解(制法③)。

(二)羧甲纤维素钠水溶胶的助悬实验

【处方】炉甘石 1.5g　　氧化锌 0.5g　　甘油 1.0ml

　　　　1% 羧甲纤维素钠溶液

【制法】取炉甘石、氧化锌研细,过 100 目筛,分别称取处方量,并加甘油研磨成糊状,分次加入羧甲纤维素钠胶浆(制成品)或蒸馏水(随行对照),边加边研匀至 10ml,即得。

【沉降比测定】目的:观察高分子亲水胶对不溶性微粒制剂沉降的稳定性影响。方法:将样品移至量杯中,记录转移总液体体积 V,搅拌 30 秒后开始计时,读取各时间点(t)的固体沉降体积(V_t),沉降比 $SV = V_t/V$。按实训表 2-2 时间内观察记录羧甲纤维素钠对炉甘石、氧化锌两药物的助悬作用,随行空白样品为处方中药物的水混悬液。

实训表 2-2　羧甲纤维素钠水溶胶对不溶性微粒沉降的影响

不同时间沉降比	0min	5min	10min	20min	40min
炉甘石					
氧化锌					

【注解】炉甘石和氧化锌均为不溶于水的亲水性药物,可被润湿,故先加入甘油研磨成糊状,再与羧甲纤维素钠水溶胶混合,使吸附在微粒周围形成保护膜以阻碍微粒的聚合,而使本品趋于稳定,振摇时易再分散。

五、实训检测

羧甲纤维素钠水溶胶实验的影响因素有哪些?

实训三　乳化剂的性质考察

一、实训目的

1. 掌握乳化剂的性质与在药剂中的应用。

2. 能根据药物制剂的要求正确选择和使用合适的乳化剂。

二、实训原理

两种互不混溶的液体经乳化而形成的非均相分散体系称为乳剂(也称乳浊液)。被分散的液体称为分散相、内相或不连续相,一般直径在 0.1 ~ 100μm;包在液滴外面的液相称为分散介质、外相或连续相。乳剂的类型有水包油(O/W)型和油包水(W/O)型等,判别乳剂类型常采用稀释法和染色镜检法鉴别。

乳浊液是一种动力学及热力学不稳定的分散体系,故处方中除分散相和连续相外,还加入乳化剂,并且一般需在一定的机械力作用下进行分散。常用的乳化剂有各种表面活性剂、阿拉伯胶、西黄蓍胶等。一般系根据混合乳化剂的 HLB 值和油乳化所需 HLB 值来选择乳化剂。小量制备乳剂时,可采用在乳钵中研磨或瓶内振摇等方法。但大量生产乳剂时,采用搅拌机、乳匀机和胶体磨。

三、实训仪器与材料

实训仪器:乳钵,量筒(50ml),滴管,玻璃棒,离心机,显微镜,载玻片,普通天平等。

药品与材料:液体石蜡、阿拉伯胶、西黄蓍胶、吐温 80 等均系药用规格,氢氧化钙,蒸馏水,花生油等。

四、实训内容

(一) 液体石蜡乳

【处方】液体石蜡 12ml　　　　　阿拉伯胶 4g　　　西黄蓍胶 0.5g

　　　　5% 羟苯乙酯醇溶液 0.1ml　　香精适量　　　蒸馏水加至 30ml

【制法】(干胶法)将阿拉伯胶与西黄蓍胶粉置干燥乳钵中,加入液体石蜡,稍加研磨,使胶粉分散后,加水 8ml,不断研磨至发生噼啪声,形成浓厚的乳状液,即成初乳。再加水 5ml 研磨后,加入羟苯乙酯醇溶液和香精,研匀,即得。

(二) 石灰乳搽剂

【处方】氢氧化钙溶液 10ml　　花生油 10ml

【制法】(新生皂法)取氢氧化钙溶液与花生油置具塞三角瓶中,加盖振摇至乳剂生成。

(三) 鱼肝油乳剂

【处方】鱼肝油 50ml　　阿拉伯胶粉 12.5g　　西黄蓍胶细粉 0.7g

　　　　糖精钠 0.01g　　挥发杏仁油 0.1ml　　羟苯乙酯 0.05g

　　　　蒸馏水加至 100ml

【制法】(干胶法)将阿拉伯胶粉和鱼肝油研匀,一次加入 25ml 蒸馏水,研成初乳,加入糖精钠水溶液、挥发杏仁油、羟苯乙酯醇溶液,再缓缓加入西黄蓍胶胶浆,加蒸馏水加至 100ml,研匀,即得。

（四）乳剂类型鉴别

1. **稀释法**　取试管 3 支，分别加入液体石蜡乳、石灰乳搽剂和鱼肝油乳剂各 1 滴，再加入蒸馏水约 5ml，振摇，翻转数次，观察混合情况，并判断乳剂所属类型，将实验结果填入下表中。

2. **染色镜检法**　将液体石蜡乳、石灰乳搽剂和鱼肝油乳剂分别涂在载玻片上，用苏丹红溶液（油溶性染料）和亚甲蓝溶液（水溶性染料）各染色一次，在显微镜下观察并判断所属类型，将实验结果填入实训表 3-1 中。

实训表 3-1　乳化剂类型分析

项目	稀释法	苏丹红溶液		亚甲蓝溶液		类型
		分散相	分散介质	分散相	分散介质	
液体石蜡乳						
石灰搽剂						
鱼肝油乳						

五、实训检测

1. 乳化剂有哪几类？制备乳剂时应如何选择乳化剂？

2. 影响乳剂物理稳定性因素有哪些？

实训四　抗氧剂抗氧化作用实训

一、实训目的

1. 掌握抗氧剂和抗氧增效剂的性质与在药剂中的应用。

2. 能根据药物制剂的要求正确选择和使用合适的抗氧剂和抗氧增效剂。

二、实训原理

药物制剂的稳定性是评价药品质量的重要指标，而药物的氧化降解是药物制剂的不稳定因素之一。为了保证用药的安全有效，在药物的制备过程中常加入抗氧剂或抗氧增效剂，来避免药物被氧化。

维生素 C 具有烯二醇结构，易氧化变质，空气中的氧气、金属离子（特别是铜离子）等对其稳定性的影响很大，处方中需加入亚硫酸氢钠作抗氧剂，另外，还可加入少量的依地酸二钠，与溶液中的金属离子形成稳定的络合物，从而有效地抑制金属离子的催化作用，增强抗氧化效果。

三、实训仪器与材料

实训仪器：分析天平、紫外-可见分光光度计，pH 计，恒温水浴锅，烧杯，100ml 容量瓶，25ml 具塞试管,移液管,玻璃棒。

药品与材料:维生素 C,碳酸氢钠,亚硫酸氢钠,依地酸二钠,蒸馏水。

四、实训内容

（一）亚硫酸氢钠对维生素 C 的抗氧化作用实验

【处方】维生素 C 10.4g　　　依地酸二钠 5mg　　　碳酸氢钠 适量

蒸馏水 100ml

【制法】精密称取维生素 C 10.4g 和依地酸二钠 5mg,加蒸馏水约 75ml 使溶解,用碳酸氢钠溶液调节 pH 为 6.0±0.2,转移至容量瓶中,用蒸馏水定容至刻度,摇匀。取具塞试管,编号 1、2、3、4、5、6,精密量取 10ml 上述维生素 C 溶液,再分别加入亚硫酸氢钠 0、0、0.02、0.02、0.04、0.04g,摇匀,即得。

【吸光度测定】目的:观察处方中亚硫酸氢钠对维生素 C 注射液稳定性的影响。方法:取 1、3、5 号具塞试管,置水浴锅中 100℃加热 30 分钟,放冷后,分别观察 6 份样品的外观,并在 245nm 波长处测定吸光度,将实验结果填入实训表 4-1 中。

实训表 4-1　亚硫酸氢钠对维生素 C 的抗氧化作用实验

具塞试管编号	处方中亚硫酸氢钠质量（g）	吸光度（A）	外观
1			
2			
3			
4			
5			
6			

（二）依地酸二钠延缓维生素 C 的氧化作用实验

【处方】维生素 C 10.4g　　　亚硫酸氢钠 0.2g　　　碳酸氢钠 适量

蒸馏水 100ml

【制法】精密称取维生素 C 10.4g 和亚硫酸氢钠 0.2g,加蒸馏水约 75ml 使溶解,用碳酸氢钠溶液调节 pH 为 6.0±0.2,转移至容量瓶中,用蒸馏水定容至刻度,摇匀。取具塞试管,编号 1、2、3,精密量取 10ml 上述维生素 C 溶液,滴入 0.002mol/L 硫酸铜溶液 1 滴,再分别加入 0、0.5、1mg 依地酸二钠,摇匀,即得。

【吸光度测定】目的:观察处方中依地酸二钠对维生素 C 注射液稳定性的影响。方法:取 1、2、3 号具塞试管,置水浴锅中 100℃加热 30 分钟,放冷后,分别观察 3 份样品的外观,并在 245nm 波长处测定吸光度,将实验结果填入实训表 4-2 中。

实训表 4-2　依地酸二钠延缓维生素 C 的氧化作用实验

具塞试管编号	处方中依地酸二钠质量（g）	吸光度（A）	外观
1			
2			
3			

【注解】实验过程中将蒸馏水煮沸放冷后使用。

五、实训检测

实验中有无观察到维生素 C 注射液的外观变化？

实训五　崩解剂对片剂崩解作用实训

一、实训目的

1. 掌握不同崩解剂对片剂崩解性能的影响。
2. 能根据药物制剂的要求正确选择和使用合适的崩解剂。

二、实训原理

片剂是应用最为广泛的药物剂型之一，其质量与原料、辅料、处方组成、颗粒大小、颗粒硬度、工艺条件等因素有关，崩解时限作为其质量控制的一项重要指标也受上述因素的影响。在片剂的制备过程中，所用的崩解剂的种类不同、用量不同、添加方法不同，都会对片剂的崩解时限产生影响。

崩解系指口服固体制剂在检查时限内全部崩解溶散或成碎粒，除不溶性包衣材料或破碎的胶囊壳外，应全部通过筛网。片剂采用升降式崩解仪，主要结构为一能升降的金属支架与下端镶有筛网的吊篮，并附有挡板升降的金属支架上下移动距离为 55mm±2mm，往返频率为每分钟 30～32 次。将吊篮通过上端的不锈钢轴悬挂于金属支架上，浸入 1000ml 烧杯中，并调节吊篮位置使其下降时筛网距烧杯底部 25mm，烧杯内盛有温度为 37℃±1℃ 的水，调节水位高度使吊篮上升时筛网在水面下 15mm 处。除另有规定外，取供试品 6 片，分别置上述吊篮的玻璃管中，启动崩解仪进行检查，从片剂置于玻璃管开始计时，至片剂破碎并全部固体粒子都通过玻璃管底部的筛网（Φ2mm）为止，该时间即为该片剂的崩解时间，应符合规定崩解时限（一般压制片为 15 分钟）。如有 1 片不能完全崩解，应另取 6 片复试，均应符合规定。

三、实训仪器与材料

实训仪器：烧杯，玻璃棒，水浴锅，天平，量杯，药筛，压片机，崩解仪。

药品与材料：对乙酰氨基酚，淀粉，羧甲淀粉钠，海藻酸，硬脂酸镁，蒸馏水。

四、实训内容

不同崩解剂对片剂崩解性能的影响实验

【处方】 对乙酰氨基酚 20g　　15% 淀粉浆适量　　2% 崩解剂适量

　　　　　 1% 硬脂酸镁适量

【制法】 ①15% 淀粉浆的制备：称取淀粉 6g 于 40ml 蒸馏水中均匀分散，加热糊化，即可。②对乙酰氨基酚颗粒的制备：取对乙酰氨基酚细粉 20g，加入 15% 淀粉浆适量，制成软材，过 16 目筛制粒，湿粒在 60℃ 干燥，干颗粒过 16 目筛整粒。③加入不同的崩解剂：将②中的对乙酰氨基酚干颗粒平均分为三份，颗粒称重，第一份中加入 2% 干淀粉，记为 1 号处方；第二份中加入 2% 羧甲淀粉钠，记为 2 号处方；第三份中加入 2% 海藻酸，记为 3 号处方；最后再分别加入 1% 硬脂酸镁，混匀，三份颗粒在相同压力下压片，测定三种片剂的崩解时间。

【崩解时间测定】 目的：观察不同崩解剂对片剂崩解性能的影响。方法：每种处方取 6 片，分别置上述吊篮的玻璃管中，启动崩解仪进行检查，从片剂置于玻璃管开始计时，至片剂破碎并全部固体粒子都通过玻璃管底部的筛网为止，该时间即为该片剂的崩解时间，将实验结果填入实训表 5-1 中。

实训表 5-1　不同崩解剂对片剂崩解性能的影响

处方编号	崩解剂品种	崩解时间（分钟）						
		1	2	3	4	5	6	平均
1	干淀粉							
2	羧甲淀粉钠							
3	海藻酸							

【注解】 干淀粉应在 105℃ 干燥约 2 小时，使含水量在 8% ~ 10% 之间。

五、实训检测

对乙酰氨基酚片采用淀粉、羧甲淀粉钠、海藻酸作为崩解剂，崩解时间有无区别？为什么？

实训六　不同包装材料的抗湿性能实验

一、实训目的

1. 比较不同包装材料的抗湿性能。

2. 了解不同包装材料对药物稳定性的影响。

二、实训原理

药品质量固然受制于药物本身的理化性质，但药品的包装材料对药品稳定性同样起着至关重要的影响。

在药品贮存过程中,光、温度、湿度、微生物等环境因素易对其质量产生影响。当空气中的水蒸气压力大于药物本身所产生的饱和水蒸气压力时,则发生吸湿,药物吸湿,不仅物理状态发生变化,而且可加速药物化学降解,将药物包装后虽然可以避免药物受环境因素影响,但包装材料不同,会对药物保护作用产生较大影响,应根据剂型的特点选用不同的包装材料,以确保药品质量的稳定。

本实训以市售维生素 C 片为模型药,考察不同包装材料对维生素 C 片的吸湿速度及维生素 C 含量的影响。吸湿速度反映了在一定相对湿度和温度条件下吸湿量与时间的关系。将样品放在某一相对湿度与温度下,测定不同时间药物的吸湿量,求出吸湿速度。维生素 C 的含量测定采用碘量法,利用维生素 C 的还原性,可与碘液定量反应。以淀粉为指示剂,用 0.05mol/L 碘标准溶液滴定至溶液呈持续的蓝色,且 30 秒不褪色,即得。

三、实训仪器与材料

实训仪器:干燥器,酸式滴定管。

药品与材料:硝酸钾,市售维生素 C 片,单层塑料薄膜,滤纸,棕色西林瓶,碘标准溶液,淀粉指示剂,乙酸。

四、实训内容

(一) 吸湿率测定

配制硝酸钾饱和溶液($RH=92.5\%$,25℃),分别置于 4 个小型玻璃干燥器内,加盖,置于 25℃隔水式电热恒温培养箱中平衡 24 小时。

取市售包装(聚丙烯塑料瓶)维生素 C 素片,测定初始片剂含量(方法见下述),分成 4 组,每组 20 片,分别精密称定重量记为 W_0。分为市售包装(聚丙烯塑料瓶)、单层塑料薄膜、滤纸、棕色西林瓶 4 组,进行包装后置于上述干燥器中,加盖密闭,于室温下(不避光)放置 5 天后取出,去包装,精密称定各组片重记为 W_5;各组分别重新包装后,置上述干燥器中继续放置 5 天后取出,去包装,精密称定各组片重为 W_{10},计算吸湿率%。不同包装条件下维生素 C 的吸湿情况结果记录于实训表 6-1。

$$吸湿率\% = \frac{W_5 - W_0}{W_0} \times 100\% \quad 或吸湿率\% = \frac{W_{10} - W_0}{W_0} \times 100\%$$

实训表 6-1　不同包装条件下维生素 C 的吸湿情况结果

组别	时间(d)	样品重量(mg)	吸湿率(%)	外观
单层塑料薄膜包装组	0			
	5			
	10			
纸包装组	0			
	5			
	10			

续表

组别	时间（d）	样品重量（mg）	吸湿率（%）	外观
西林瓶包装组	0			
	5			
	10			
市售包装组	0			
	5			
	10			

（二）维生素 C 含量变化

精密称定各组放置 10 天的维生素 C 粉末适量（约相当于维生素 C 0.2g），置于 100ml 量瓶中，加入新沸过的冷水 100ml 和稀醋酸（60ml 冰醋酸加水稀释至 1000ml 即得）10ml 的混合液适量，振摇使维生素 C 溶解并稀释至刻度，摇匀，迅速滤过，精密量取续滤液 50ml，加淀粉指示液 1ml，立即用碘滴定液（0.05mol/L）滴定，至呈现蓝色并 30 秒不褪，每 1ml 碘滴定液（0.05mol/L）相当于 8.806mg 的维生素 C，每组平行操作 3 份。不同包装条件下维生素 C 的含量变化记录于实训表 6-2。

实训表 6-2　不同包装条件下维生素 C 的含量变化

组别	称样量（g）	消耗碘液体积（ml）	含量（%）	平均值（%）
初始片剂	1			
	2			
	3			
单层塑料薄膜包装组	1			
	2			
	3			
纸包装组	1			
	2			
	3			
西林瓶包装组	1			
	2			
	3			
市售包装组	1			
	2			
	3			

【注解】维生素 C 含量计算方法为：

$$C_{维生素C}\% = \frac{V_{I_2} \times 8.806}{1000 \times W_{维生素C}} \times 100\%$$

式中 V_{I_2}——滴定时所用碘标准溶液的体积(ml);$W_{维生素C}$——称取维生素 C 片的质量(g)。

五、实训检测

根据上述实验结果,试述不同药品包装材料对药品的防潮及含量变化的影响。

参考文献

［1］刘葵.药物制剂辅料与包装材料.2版.北京:人民卫生出版社,2013.

［2］张琦岩.药剂学.2版.北京:人民卫生出版社,2013.

［3］关志宇.药物制剂辅料与包装材料.北京:中国医药科技出版社,2017.

［4］杨凤琼,徐芳辉,江荣高.药物制剂.武汉:华中科技大学出版社,2016.

［5］梁秉文,黄胜炎,叶祖光.新型药物制剂处方与工艺.北京:化学工业出版社,2008.

［6］陆彬.药物新剂型与新技术.北京:人民卫生出版社,1998.

［7］国家药典委员会.中华人民共和国药典(四部).北京:中国医药科技出版社,2015.

［8］R.C.罗,P.J.舍斯基,P.J.韦勒.药用辅料手册.4版.郑俊民,译.北京:化学工业出版社,2005.

目标检测参考答案

第一章　绪　　论

一、选择题

（一）单项选择题

1. D　2. C　3. C

（二）多项选择题

1. AB　2. CD　3. ABCD　4. ABC　5. ABC　6. ABCD

二、简答题（略）

第二章　表面活性剂

一、选择题

（一）单项选择题

1. C　2. B　3. D　4. C　5. C　6. D　7. C　8. D　9. D　10. B　11. C　12. D　13. C
14. D　15. D

（二）配伍选择题

1. C　2. D　3. A　4. C　5. B　6. E　7. C　8. B　9. A　10. D　11. B　12. C　13. B
14. A　15. D

（三）多项选择题

1. ACD　2. CD　3. ABCD　4. ABC　5. ABC　6. AC　7. ACD

二、概念题（略）

三、计算题（略）

四、填空题

1. 临界胶束浓度；2. 亲油性，亲水性；3. 胶束；4. 非离子型表面活性剂，阴离子型表面活性剂，
阳离子型表面活性剂，两性离子型表面活性剂

五、简答题（略）

第三章 高分子材料

一、选择题

（一）单项选择题

1. C 2. A 3. D 4. A 5. D

（二）多项选择题

1. ABC 2. ABC 3. ABCD 4. ABCD 5. ABC

二、概念题（略）

三、简答题（略）

第四章 液体制剂辅料

一、选择题

（一）单项选择题

1. C 2. C 3. C 4. D 5. C 6. C

（二）多项选择题

1. ACD 2. ABCD 3. ABC 4. AC 5. ABCD

二、简答题（略）

三、实例分析（略）

第五章 无菌制剂辅料

一、选择题

（一）单项选择题

1. B 2. A 3. D 4. C 5. B

（二）多项选择题

1. ABCD 2. ABCD 3. AD 4. ABC 5. AC 6. BC

二、计算题

1. 0.75g 2. 7.7g

三、实例分析（略）

第六章 固体制剂辅料

一、选择题

（一）单项选择题

1. B 2. B 3. A 4. C 5. C 6. D 7. A 8. C

（二）多项选择题

1. CD　2. ACD　3. BD　4. ACD　5. ABCD　6. BC　7. ABCD

二、简答题（略）

三、实例分析（略）

第七章　半固体制剂基质与气体分散系统制剂辅料

一、选择题

（一）单项选择题

1. C　2. B　3. A　4. D　5. A

（二）多项选择题

1. ABCD　2. ABD　3. BD　4. ABD　5. ABC

二、简答题（略）

三、实例分析（略）

第八章　药物新剂型常用辅料

一、单项选择题

1. A　2. B　3. A　4. B　5. C　6. B　7. C　8. D　9. C　10. A　11. A　12. C　13. A　14. D　15. D　16. C

二、配伍选择题

1. C　2. B　3. A　4. E　5. D　6. A　7. B　8. C　9. B　10. E　11. D　12. A　13. B　14. C　15. D　16. E　17. B　18. A　19. B　20. D　21. C　22. A　23. E　24. B

三、多项选择题

1. ACD　2. ABD　3. BCD　4. CD　5. AC　6. BD　7. ABD　8. ABCD

第九章　中药炮制用辅料

一、选择题

（一）单项选择题

1. A　2. B　3. C　4. D　5. A

（二）多项选择题

1. AC　2. ABCD　3. BC　4. BD　5. CD

二、概念题（略）

三、简答题（略）

第十章　药品包装概述

一、选择题

（一）单项选择题

1. B　2. C　3. D

（二）多项选择题

1. ABCD　2. BC　3. ACD

二、简答题（略）

第十一章　药品包装材料

一、选择题

（一）单项选择题

1. D　2. C　3. B　4. C　5. D

（二）多项选择题

1. ABCD　2. ABC　3. ABCD　4. ABC　5. D

二、简答题（略）

第十二章　药品包装技术

一、选择题

（一）单项选择题

1. C　2. D　3. D　4. B　5. D

（二）多项选择题

1. ABCD　2. ABD　3. BC　4. ABCD　5. BD

二、概念题（略）

三、简答题（略）

第十三章　辅助包装技术

一、选择题

1. AD　2. C　3. BC　4. C

二、简答题（略）

药物制剂辅料与包装材料课程标准

供药物制剂技术、化学制药技术、中药制药技术、生物制药技术、药学专业用

ER-课程标准